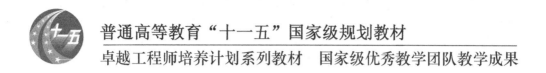

普通高等教育"十一五"国家级规划教材

卓越工程师培养计划系列教材　国家级优秀教学团队教学成果

程序设计语言与编译
——语言的设计和实现

（第4版）

王晓斌　陈文宇
余盛季　屈鸿　田玲　编著
龚天富　审

电子工业出版社
Publishing House of Electronics Industry
北京·BEIJING

内 容 简 介

本书是一本计算机专业的宽口径教材，新版覆盖 CCC2001 教程和 CCC2002 教程中编程语言（LP）模块（除自动机理论外）的全部知识点，内容涉及语言及其编译系统的设计要素、设计思想、设计方法、设计技术和设计风格等知识，全书分为上、下篇。上篇，程序设计语言的设计包括：绪论，数据类型，控制结构，程序语言设计；下篇，程序设计语言的实现（编译）包括：编译概述，词法分析，自上而下和自下而上的语法分析，语义分析和中间代码生成，代码优化和目标代码生成，运行时存储空间的组织，MINI 编译器的设计与实现，clang/LLVM 编译器平台介绍；附录包括形式语言与自动机简介。

本书的学习目标是，使读者掌握设计和实现一种程序设计语言的基本思想和方法，具有分析、鉴赏、评价、选择、学习、设计和实现一种语言的基本能力。本书力求简明、通俗，注重可读性，是大学计算机科学和软件工程等专业高级程序设计语言概论及编译技术课程教材，也是软件开发人员的学习参考书。

未经许可，不得以任何方式复制或抄袭本书之部分或全部内容。
版权所有，侵权必究。

图书在版编目（CIP）数据

程序设计语言与编译：语言的设计和实现／王晓斌等编著．—4 版．—北京：电子工业出版社，2015.3
ISBN 978-7-121-25482-6

Ⅰ．①程⋯ Ⅱ．①王⋯ Ⅲ．①程序语言－高等学校－教材 Ⅳ．①TP312

中国版本图书馆 CIP 数据核字（2015）第 024426 号

策划编辑：陈晓莉
责任编辑：陈晓莉
印　　刷：北京捷迅佳彩印刷有限公司
装　　订：北京捷迅佳彩印刷有限公司
出版发行：电子工业出版社
　　　　　北京市海淀区万寿路 173 信箱　邮编：100036
开　　本：787×1 092　1/16　印张：20.75　字数：595 千字
版　　次：1997 年 1 月第 1 版
　　　　　2015 年 3 月第 4 版
印　　次：2023 年 1 月第 6 次印刷
定　　价：45.00 元

凡所购买电子工业出版社图书有缺损问题，请向购买书店调换。若书店售缺，请与本社发行部联系，联系及邮购电话：(010)88254888，88258888。
质量投诉请发邮件至 zlts@phei.com.cn，盗版侵权举报请发邮件至 dbqq@phei.com.cn。
本书咨询联系方式：(010)88254113，wangxq@phei.com.cn。

第 4 版前言

本书是一本适合大多数学校计算机专业的宽口径教材，按照 CC2001 教程和 CC2002 教程改写，覆盖了编程语言（PL）模块（除自动机理论外）的全部内容。

作为计算机工作者，必须要与计算机进行交流、通信，所使用的工具是程序设计语言，用来告诉计算机"做什么"和"怎么做"。而程序设计语言数以千计，千姿百态，到底在大学中学习哪些语言才合适？我们的观点是，学会一两种语言的程序设计，更重要的是在此基础上了解语言的共性，这样，就具有鉴赏、评价、选择、学习和设计程序语言的能力。本书的上篇就是为达到上述目的编写的。以抽象的观点，将程序设计语言的共性抽象出来，然后用相应的语言去说明这些共性。

随着计算机技术的发展，有越来越多的人认为，编译程序的设计和实现是专家的工作领域，并非每个计算机专业的学生都需要设计和实现编译程序的知识和能力，有的学校减少了学时，有的学校更砍掉编译课程，取而代之更现代的课程。多年的教学经验告诉我们，编译系统作为计算机系统软件之一，其设计和实现的系统性，能使学生对软件系统的结构形成及系统的建立有充分的了解。因此，本书的下篇讨论了编译程序的五个阶段和每个阶段的基本实现技术。

编译原理课程内容已相对比较成熟，算法相对固定，但编译技术这些年发展迅速，特别是近几年大量编译辅助工具应运而生，且已经运用在实际编译器中。

第四版增加的内容包括 LEX、YACC 介绍、MINI 编译器的设计与实现、clang/LLVM 编译器平台介绍；本书为教师提供了教学参考资料，包括课件、教学指导书和习题答案，需要的老师可通过电子工业出版社的教材服务部获得教学支持。

本书由王晓斌、陈文宇、余盛季、屈鸿和田玲编写，龚天富教授审阅。

电子工业出版社陈晓莉编辑为本书的出版做了大量工作，在此表示衷心感谢。

若书中出现谬误，恳请读者不吝赐教。

作者

2015 年 1 月 于中国·成都

目 录

上篇 程序设计语言的设计 ……………………………………………………………… (1)

第1章 绪论 ……………………………………………………………………………… (1)
  1.1 引言 ………………………………………………………………………………… (1)
  1.2 强制式语言 ………………………………………………………………………… (2)
    1.2.1 程序设计语言的分类 ………………………………………………………… (2)
    1.2.2 冯·诺依曼体系结构 ………………………………………………………… (3)
    1.2.3 绑定和绑定时间 ……………………………………………………………… (4)
    1.2.4 变量 …………………………………………………………………………… (5)
    1.2.5 虚拟机 ………………………………………………………………………… (9)
  1.3 程序单元 …………………………………………………………………………… (10)
  1.4 程序设计语言发展简介 …………………………………………………………… (12)
    1.4.1 早期的高级语言 ……………………………………………………………… (12)
    1.4.2 早期语言的发展阶段 ………………………………………………………… (14)
    1.4.3 概念的集成阶段 ……………………………………………………………… (15)
    1.4.4 再一次突破 …………………………………………………………………… (16)
    1.4.5 大量的探索 …………………………………………………………………… (17)
    1.4.6 Ada语言 ……………………………………………………………………… (17)
    1.4.7 第四代语言 …………………………………………………………………… (18)
    1.4.8 网络时代的语言 ……………………………………………………………… (18)
    1.4.9 新一代程序设计语言 ………………………………………………………… (22)
    1.4.10 面向未来的汉语程序设计语言 ……………………………………………… (22)
    1.4.11 总结 …………………………………………………………………………… (24)
  习题1 ……………………………………………………………………………………… (27)

第2章 数据类型 ………………………………………………………………………… (28)
  2.1 引言 ………………………………………………………………………………… (28)
  2.2 内部类型 …………………………………………………………………………… (29)
  2.3 用户定义类型 ……………………………………………………………………… (30)
    2.3.1 笛卡儿积 ……………………………………………………………………… (31)
    2.3.2 有限映像 ……………………………………………………………………… (31)
    2.3.3 序列 …………………………………………………………………………… (32)
    2.3.4 递归 …………………………………………………………………………… (33)
    2.3.5 判定或 ………………………………………………………………………… (33)
    2.3.6 幂集 …………………………………………………………………………… (33)
  2.4 Pascal语言数据类型结构 …………………………………………………………… (35)
    2.4.1 非结构类型 …………………………………………………………………… (35)
    2.4.2 聚合构造 ……………………………………………………………………… (37)
    2.4.3 指针 …………………………………………………………………………… (41)

- 2.5 Ada 语言数据类型结构 (42)
  - 2.5.1 标量类型 (43)
  - 2.5.2 组合类型 (44)
- 2.6 C 语言数据类型结构 (48)
  - 2.6.1 非结构类型 (48)
  - 2.6.2 聚合构造 (50)
  - 2.6.3 指针 (53)
  - 2.6.4 空类型 (53)
- 2.7 Java 语言的数据类型 (54)
  - 2.7.1 内部类型 (54)
  - 2.7.2 用户定义类型 (55)
- 2.8 抽象数据类型 (55)
  - 2.8.1 SIMULA 67 语言的类机制 (56)
  - 2.8.2 CLU 语言的抽象数据类型 (60)
  - 2.8.3 Ada 语言的抽象数据类型 (61)
  - 2.8.4 Modula 2 语言的抽象数据类型 (64)
  - 2.8.5 C++语言的抽象数据类型 (66)
  - 2.8.6 Java 抽象数据类型 (69)
- 2.9 类型检查 (71)
- 2.10 类型转换 (72)
- 2.11 类型等价 (73)
- 2.12 实现模型 (75)
  - 2.12.1 内部类型和用户定义的非结构类型实现模型 (75)
  - 2.12.2 结构类型实现模型 (76)
- 习题 2 (81)

第 3 章 控制结构 (82)

- 3.1 引言 (82)
- 3.2 语句级控制结构 (82)
  - 3.2.1 顺序结构 (82)
  - 3.2.2 选择结构 (83)
  - 3.2.3 重复结构 (86)
  - 3.2.4 语句级控制结构分析 (88)
  - 3.2.5 用户定义控制结构 (90)
- 3.3 单元级控制结构 (90)
  - 3.3.1 显式调用从属单元 (90)
  - 3.3.2 隐式调用单元——异常处理 (94)
  - 3.3.3 SIMULA 67 语言协同程序 (103)
  - 3.3.4 并发单元 (104)
- 习题 3 (108)

第 4 章 程序语言的设计 (110)

- 4.1 语言的定义 (110)
  - 4.1.1 语法 (110)

  4.1.2 语义 ··· (113)

 4.2 文法 ··· (115)

  4.2.1 文法的定义 ··· (115)

  4.2.2 文法的分类 ··· (117)

  4.2.3 文法产生的语言 ··· (118)

  4.2.4 语法树 ·· (120)

 4.3 语言的设计 ·· (121)

  4.3.1 表达式的设计 ··· (122)

  4.3.2 语句的设计 ··· (123)

  4.3.3 程序单元的设计 ··· (125)

  4.3.4 程序的设计 ··· (126)

 4.4 语言设计实例 ··· (126)

 4.5 一些设计准则 ··· (128)

 习题 4 ··· (129)

下篇 程序设计语言的实现(编译) ·· (130)

第 5 章 编译概述 ·· (130)

 5.1 引言 ··· (130)

 5.2 翻译和编译 ··· (130)

 5.3 解释 ··· (131)

 5.4 编译步骤 ·· (131)

 习题 5 ··· (133)

第 6 章 词法分析 ·· (134)

 6.1 词法分析概述 ··· (134)

 6.2 单词符号的类别 ·· (135)

 6.3 词法分析器的输出形式 ·· (136)

 6.4 词法分析器的设计 ·· (136)

 6.5 符号表 ··· (142)

  6.5.1 符号表的组织 ··· (142)

  6.5.2 常用的符号表结构 ·· (143)

 6.6 Lex 介绍 ·· (145)

  6.6.1 Lex 原理 ··· (145)

  6.6.2 Lex 进阶 ··· (149)

  6.6.3 Lex 例子 ··· (151)

 习题 6 ··· (154)

第 7 章 自上而下的语法分析 ··· (155)

 7.1 引言 ··· (155)

 7.2 回溯分析法 ··· (156)

  7.2.1 回溯的原因 ··· (157)

  7.2.2 提取公共左因子 ··· (159)

  7.2.3 消除左递归 ··· (160)

 7.3 递归下降分析法 ·· (162)

  7.3.1 递归下降分析器的构造 ·· (162)

    7.3.2 扩充的 BNF ·· (164)
  7.4 预测分析法 ·· (166)
    7.4.1 预测分析过程 ··· (166)
    7.4.2 预测分析表的构造 ·· (168)
    7.4.3 LL(1)文法 ·· (171)
    7.4.4 非 LL(1)文法 ·· (172)
  习题 7 ·· (172)

第 8 章 自下而上的语法分析 (174)

  8.1 引言 ··· (174)
    8.1.1 分析树 ··· (174)
    8.1.2 规范归约、短语和句柄 ·· (176)
  8.2 算符优先分析法 ·· (177)
    8.2.1 算符优先文法 ··· (177)
    8.2.2 算符优先分析算法 ·· (178)
    8.2.3 算符优先关系表的构造 ·· (181)
  8.3 LR 分析法 ·· (183)
    8.3.1 LR 分析过程 ·· (184)
    8.3.2 活前缀 ··· (186)
    8.3.3 LR(0)项目集规范族 ·· (186)
    8.3.4 LR(0)分析表的构造 ·· (190)
    8.3.5 SLR(1)分析表的构造 ··· (191)
  8.4 Yacc 介绍 ·· (194)
    8.4.1 Yacc 原理 ··· (195)
    8.4.2 Yacc 进阶 ··· (199)
    8.4.3 Yacc 例子 ··· (202)
  习题 8 ·· (204)

第 9 章 语义分析和中间代码生成 (206)

  9.1 语义分析概论 ·· (206)
    9.1.1 语义分析的任务 ·· (206)
    9.1.2 语法制导翻译 ··· (206)
  9.2 中间代码 ·· (207)
  9.3 语义变量和语义函数 ··· (209)
  9.4 说明语句的翻译 ·· (210)
  9.5 赋值语句的翻译 ·· (211)
    9.5.1 只含简单变量的赋值语句的翻译 ·· (211)
    9.5.2 含数组元素的赋值语句的翻译 ··· (213)
  9.6 控制语句的翻译 ·· (218)
    9.6.1 布尔表达式的翻译 ·· (218)
    9.6.2 无条件转移语句的翻译 ·· (219)
    9.6.3 条件语句的翻译 ·· (221)
    9.6.4 while 语句的翻译 ·· (224)
    9.6.5 for 语句的翻译 ·· (226)

  9.6.6 过程调用的翻译 ··· (227)

习题 9 ··· (228)

第 10 章　代码优化和目标代码生成 ·· (229)

10.1 局部优化 ·· (229)
  10.1.1 优化的定义 ··· (229)
  10.1.2 基本块的划分 ··· (229)
  10.1.3 程序流图 ·· (230)
  10.1.4 基本块内的优化 ··· (232)

10.2 全局优化 ·· (233)
  10.2.1 循环的定义 ··· (233)
  10.2.2 必经结点集 ··· (234)
  10.2.3 循环的查找 ··· (234)
  10.2.4 循环的优化 ··· (235)

10.3 并行优化 ·· (237)
  10.3.1 数据的依赖关系分析 ·· (237)
  10.3.2 向量化代码生成 ··· (242)
  10.3.3 反相关与输出相关的消除 ·· (243)
  10.3.4 标量扩张 ·· (244)
  10.3.5 循环条块化 ··· (244)

10.4 目标代码生成 ··· (245)
  10.4.1 一个计算机模型 ··· (245)
  10.4.2 简单的代码生成方法 ·· (246)
  10.4.3 循环中的寄存器分配 ·· (246)

习题 10 ··· (248)

第 11 章　运行时存储空间的组织 ··· (250)

11.1 程序的存储空间 ·· (250)
  11.1.1 代码空间 ·· (250)
  11.1.2 数据空间 ·· (250)
  11.1.3 活动记录 ·· (251)
  11.1.4 变量的存储分配 ··· (252)
  11.1.5 存储分配模式 ··· (253)

11.2 静态分配 ·· (254)

11.3 栈式分配 ·· (257)
  11.3.1 只含半静态变量的栈式分配 ·· (257)
  11.3.2 半动态变量的栈式分配 ··· (258)
  11.3.3 非局部环境 ··· (259)
  11.3.4 非局部环境的引用 ··· (261)

11.4 参数传递 ·· (262)
  11.4.1 数据参数传递 ··· (263)
  11.4.2 子程序参数传递 ··· (265)

习题 11 ··· (266)

第 12 章　MINI 语言编译器的设计与实现 …………………………………………(268)

12.1　MINI 语言概述 ……………………………………………………………(268)
12.2　MINI 编译器概述 …………………………………………………………(269)
12.3　词法分析 ……………………………………………………………………(270)
12.3.1　概述 …………………………………………………………………(270)
12.3.2　MINI 语言词法分析程序的实现 …………………………………(270)
12.3.3　关键字与标识符的识别 …………………………………………(271)
12.3.4　为标识符分配空间 …………………………………………………(272)
12.4　语法分析 ……………………………………………………………………(272)
12.4.1　概述 …………………………………………………………………(272)
12.4.2　MINI 语言的语法 …………………………………………………(272)
12.4.3　MINI 语言语法分析程序的实现 …………………………………(273)
12.5　语义分析 ……………………………………………………………………(273)
12.5.1　概述 …………………………………………………………………(273)
12.5.2　MINI 语言的语义 …………………………………………………(274)
12.5.3　MINI 语言的符号表 ………………………………………………(274)
12.5.4　MINI 语言语义分析程序的实现 …………………………………(275)
12.6　运行时环境 …………………………………………………………………(275)
12.6.1　概述 …………………………………………………………………(275)
12.6.2　MINI 语言的运行时环境 …………………………………………(275)
12.7　代码生成 ……………………………………………………………………(276)
12.7.1　概述 …………………………………………………………………(276)
12.7.2　目标机器——MINI Machine ………………………………………(277)
12.7.3　MINI 代码生成器的实现 …………………………………………(280)
12.8　代码优化 ……………………………………………………………………(283)
12.8.1　将临时变量放入寄存器 …………………………………………(283)
12.8.2　在寄存器中保存变量 ……………………………………………(284)
12.8.3　优化测试表达式 …………………………………………………(285)
12.9　MINI 编译器的使用方法 …………………………………………………(285)
12.10　进一步的工作 ……………………………………………………………(288)

第 13 章　clang/LLVM 编译器平台介绍 …………………………………………(289)

13.1　发展背景 ……………………………………………………………………(289)
13.2　clang 架构 …………………………………………………………………(290)
13.3　静态单赋值指令 ……………………………………………………………(291)
13.4　代码转换过程 ………………………………………………………………(293)
13.5　clang 与 GCC 的比较 ………………………………………………………(296)
13.6　clang/LLVM 特色 …………………………………………………………(299)
13.7　目录结构 ……………………………………………………………………(300)

附录 A　形式语言与自动机简介 ……………………………………………………(302)
参考文献 ………………………………………………………………………………(321)

上篇　程序设计语言的设计

第1章　绪　　论

本章将讨论程序设计语言中的一些重要概念,为深入了解程序设计语言打下基础。最后一节简单介绍程序设计语言的发展历史。

1.1　引　　言

语言是人们交流思想的工具。人类在长期的历史发展过程中,为了交流思想、表达感情和交换信息,逐步形成了语言。这类语言,如汉语和英语,通常称为自然语言(Natual Language)。另一方面,人们为了某种用途,又创造出各种不同的语言,如旗语和哑语,这类语言通常称为人工语言(Artificial Language)。

1946年出现了第一台电子数字计算机(Electronic Digital Computer),它一问世就成为强有力的计算工具。只要针对预定的任务(问题),告诉计算机"做什么"和"怎么做",计算机就可以自动地进行计算,对给定的问题求解。为此,人们需要将有关的信息告诉计算机,同时也要求计算机将计算结果告诉人们。这样,人与计算机之间就要进行通信(Communication),既然要通信,就需要信息的载体。人们设计出词汇量少、语法简单、意义明确的语言作为载体,这样的载体通常称为程序设计语言(Programmig Language)。这类语言有别于人类在长期交往中形成的自然语言,它是由人设计创造的,故属于人工语言。本书将讨论这类语言的设计(Design)和实现(Implementation)。

每当设计出一种类型的计算机,就随之产生一种该机器能理解并能直接执行的程序设计语言,这种语言称为机器语言(Machine Language)。用机器语言编写的程序由二进制代码组成,计算机可以直接执行。对人来说,机器语言程序既难编写,又难读懂。为了提高程序的可写性(Writability)和可读性(Readability),人们将机器语言符号化,于是产生了汇编语言(Assemble Language)。机器语言和汇编语言都是与机器有关的语言(Machine-dependent Language),通常称为低级语言(Low-level Language)。其他与机器无关的程序设计语言(Machine-independent Language),通常称为高级语言(High-level Language)。由于计算机只能够理解机器语言,可直接执行用机器语言编写的程序,而用汇编语言和高级语言编写的程序,机器不能直接执行,必须将它们翻译成功能完全等价的机器语言程序才能执行。这个翻译工作是自动进行的,由一个特殊的程序来完成。将汇编语言的程序翻译为机器语言程序的程序称为汇编程序(Assembler),又称为汇编器;将高级语言程序翻译为低级语言程序的程序称为编译程序(Compiler),又称为编译器。编写一个高级语言的编译程序的工作,通常称为对这个语言的实现。

每种高级语言都有一个不大的词汇表(Vocabulary)及构造良好的语法(Syntax)规则和语义(Semantics)解释。规定这些基本属性,便于实现高级语言程序到低级语言程序的机器翻译。高级语言较接近于数学语言和自然语言,它具有直观、自然和易于理解的优点。用高级语言编写的程序易读、易写、易交流、易出版和易存档。由于易理解,使程序员容易编出正确的程序,以便验证程序的正确性,发现错误后也容易修改。因此,用高级语言开发软件的成本比用低级语言低得多。今天,绝大多数的软件都是用高级语言开发的,因此,高级语言是软件开发最重要的工具。

由于高级语言独立于机器,用高级语言编写的程序很容易从一种机器应用到另一种机器上,因而具有较好的可移植性(Portability)。

高级语言至今还没有完全取代低级语言,在一些场合还必须使用机器语言或汇编语言,例如编译程序的目标程序和各种子程序,以及实时应用系统中要求快速执行的代码段等。但是,随着功能强大且具有高级语言和汇编语言特性的 C 语言的出现,使应用汇编语言的人越来越少。

人们在进行科学研究的过程中,总是对具体现象和事物进行观察、分析和综合,以发现它们的重要性质和特征,建立相应的模型。这种通过观察、分析和综合建立模型的过程称为抽象(Abstract)。利用抽象模型,人们可以把注意力集中在有关的性质和特征上,忽略那些不相干的因素。本书在后面的讨论中,大量使用抽象的方法阐述程序设计语言的概念和结构,然后以各种语言中的具体实例来说明这些概念和结构,从而教会读者如何去设计一个程序设计语言。事实上,程序设计语言中处处都使用了抽象概念,例如变量(Variable)是存储单元(Memory Cell,Memory Location)的抽象;子程序(Subroutine 或 Subprogram)是一段多处重复执行的程序段的抽象等。

在此,我们讨论的对象是高级语言,接下来利用抽象的方法讨论高级语言具有的共性概念和结构以及它们的属性。为了叙述简洁,在不引起混淆的情况下,以下将高级语言简称为语言。

一种语言涉及设计者、实现者和使用者,有了设计者和实现者,才可能有使用者。读者在中学或进入大学后,已经使用过这种或那种程序设计语言,也就是说,已经是使用者。本书的目标是引导读者成为语言的设计者和实现者。由于教学学时及篇幅的限制,本书仅给出入门知识和技术,读者如果要真正设计或实现一个语言,尚需查阅相关的文献资料,建议感兴趣的读者阅读参考文献[59]。通过本书的学习,读者可以提高鉴赏和评价语言(或语言设计方案)的能力;了解语言的重要概念、功能和限制,以便具有为某个目的选择一种恰当语言的能力;具有设计一种语言或扩充现有语言的能力;初步具有实现一个语言的能力。最终使读者能够鉴赏、分析、选择、设计和实现程序设计语言。

1.2 强制式语言

通常的高级语言又称为强制式语言(Imperative Language),本书主要讨论强制式语言的设计和实现。

1.2.1 程序设计语言的分类

语言的分类没有一个统一的标准,通常按不同的尺度有不同的分类方法和结果。例如,按语言设计的理论基础来分类,可分为 4 类语言,即强制式语言,其基础是冯·诺依曼(Von Neumann)模型;函数式语言(Functional Language)的基础是数学函数;逻辑式语言(Logic Language)的基础是数理逻辑谓词演算;对象式语言(Object-oriented Language)的基础是抽象数据类型(Abstract Data Type)。

人们习惯上按语言的发展历程来对语言进行分类。

1. 第一代语言

第一代语言(First-generation Language)通常称为机器语言,它与机器孪生。实际上,它完全依赖于机器的指令系统(Instruction System),以二进制代码表示。这类语言的程序既难编写,又难读懂。

2. 第二代语言

第二代语言(Second-generation Language)通常称为汇编语言,它将机器语言符号化,用符号来代表机器语言的某些属性。例如,用符号名来代表机器语言的地址码。这样可以帮助程序员记忆,摆脱使用二进制代码的烦恼,提高了程序的可写性和可读性。

不同的机器有不同的机器语言和汇编语言,通常人们又把它们称为与机器有关的语言,或面向机器的语言。

3. 第三代语言

第三代语言(Third-generation Language)通常是指高级语言,这类语言的设计基础与冯·诺依曼体系结构有关。高级语言程序按语句顺序执行,因此又称为面向语句的语言(Sentence-oriented Language)。通常,每条语句对应机器的一组命令,因此又称命令式语言(Order Language)。用这类语言编写的程序,实际上是描述对问题求解的计算过程,因此也有人称它为过程式语言(Procedure Language)。

这类语言书写自然,具有更好的可读性、可写性和可修改性(Modifiability),读者使用过的语言大多是这种高级语言。高级语言程序就是要告诉计算机"做什么"和"怎么做"。

4. 第四代语言

第四代语言(Fourth-generation Language)是说明性语言(Declaration Language),它只需要告诉(说明)计算机"做什么",不必告诉计算机"怎么做";也就是说不需要描述计算过程,系统就能自动完成所需要做的工作。所以,这类语言又称为超高级语言或甚高级语言(Very-high-level Language),典型的例子是 SQL 语言。

5. 新一代语言

另一类不同风格的语言,如函数式和逻辑式语言,它们的理论基础和程序设计风格均不同于高级程序设计语言。它们不适合称为第五代语言或第六代语言,因此,语言学家把它们称为新一代程序设计语言。

1.2.2 冯·诺依曼体系结构

当今的计算机模型是由数学家冯·诺依曼提出来的,我们称为冯·诺依曼模型(Von Neumann Model)或冯·诺依曼机(Von Neumann Machine)。直到今天,几乎所有的计算机都是沿用这一模型设计的。1978 年,巴科斯(Backus)在获得图灵奖的颁奖大会上发表演说,批判了冯·诺依曼的体系结构和程序设计风格,称这种结构和风格影响了计算机系统的执行效率,提出了函数式程序设计风格,并发表了 FP 和 FFP 语言。今天,人们越来越多地强调使用并行体系结构和并行程序设计,以提高计算机的执行效率。

下面讨论冯·诺依曼体系结构和它对高级语言的影响。

冯·诺依曼机的概念基于以下思想：一个存储器（用来存放指令和数据），一个控制器和一个处理器（控制器负责从存储器中逐条取出指令，处理器通过算术或逻辑操作来处理数据），最后的处理结果还必须送回存储器中。我们可以把这些特点归结为以下 4 个方面。

（1）数据和指令以二进制形式存储（数据和指令在外形上没有什么区别，但每位二进制数字有不同的含义）。

（2）"存储程序"方式工作（事先编好程序，执行之前先将程序存放到存储器某个可知的地方）。

（3）程序顺序执行（可以强行改变执行顺序）。

（4）存储器的内容可以被修改（存储器的某个单元一旦放入新的数据，则该单元原来的数据立即消失，且被新数据代替）。

冯·诺依曼体系结构的作用体现在命令式语言的下述三大特性上。

（1）变量　存储器由大量存储单元组成，数据就存放在这些单元中，汇编语言通过对存储单元的命名来访问数据。在命令式语言中，存储单元及其名称由变量的概念来代替。变量代表一个（或一组）已命名的存储单元，存储单元可存放变量的值（Value），变量的值可以被修改；也正是这种修改，产生了副作用（Side Effect）问题（参见 3.3.1 节）。

（2）赋值　使用存储单元概念的另一个后果是每个计算结果都必须存储，即赋值于某个存储单元，从而改变该单元的值。

（3）重复　指令按顺序执行，指令存储在有限的存储器中；要完成复杂的计算，有效的办法就是重复执行某些指令序列。

1.2.3　绑定和绑定时间

一个对象（或事物）与其各种属性建立起某种联系的过程称为绑定（Binding）。这种联系的建立，实际上就是建立了某种约束。绑定这个词是由英文 Binding 音译过来的，过去也曾翻译成"联编"、"汇集"、"拼接"或"约束"等。现在之所以选定"绑定"这个词，除了它能形象地表达上述过程外，它还与英文读音一致。

一个程序往往要涉及若干实体，如变量、子程序和语句等。实体具有某些特性，这些特性称为实体的属性（Attribute）。变量的属性有名字（Name）、类型（Type）和保留其值的存储区等。子程序的属性有名字、某些类型的形参（Formal Parameter）和某种参数传递方式的约定等。语句的属性是与之相关的一系列动作。在处理实体之前，必须将实体与相关的属性联系起来（即绑定）。每个实体的绑定信息来源于所谓的描述符（Descriptor）。描述符实际上是各种形式的表格的统称（抽象），用来存放实体的属性。例如，程序员用类型说明语句来描述变量的类型属性，编译时将它存放在符号表（Symbol Table）中；程序员用数组说明语句来描述一个数组的属性，编译时将这些属性存放在一个专门设计的表格中，这个表格称为数组描述符，又称内情向量（Dope Vector）。

对于计算机科学来说，绑定是一个随处遇到且重复使用的重要概念，借助于它可以阐明许多其他概念。把对象（实体）与它的某个属性联系起来的时刻称为绑定时间（Binding Time）。一旦把某种属性与一个实体绑定，这种约束关系就一直存在下去，直到对这一实体的另一次绑定实现，该属性的约束才会改变。

某些属性可能在语言定义时绑定，例如，FORTRAN 语言中的 **INTEGER** 类型，在语言定义的说明中就绑定了，它由语言编译器来确定这个类型所包含的值的集合。Pascal 语言中允

许重新定义 **integer** 类型,因此 integer 类型在编译时才能绑定一个具体表示。若一个绑定在运行之前(即编译时)完成,且在运行时不会改变,则称为静态绑定(Static Binding)。若一个绑定在运行时完成(此后可能在运行过程中被改变),则称为动态绑定(Dynamic Binding)。

今后讲到的许多特性,有的是在编译时所具有的,有的是在运行时所具有的,凡是在编译时确定的特性均称为静态的(Static);凡是在运行时确定的特性均称为动态的(Dynamic)。

1.2.4 变量

强制式语言最重要的概念之一是变量,它是一个抽象概念,是对存储单元的抽象。如前所述,冯·诺依曼机基于存储单元组成的主存储器(Main Memory)概念,它的每个存储单元用地址来标识,可以对它进行读或写操作。写操作就是指修改存储单元的值,即以一个新值代替原来的值。语言中引入变量的概念,实质上是对一个(或若干个)存储单元的抽象,赋值(Assignment)语句则是对修改存储单元内容的抽象。

变量用名字来标识,此外它还有 4 个属性:作用域(Scope)、生存期(Lifetime)、值和类型。变量可以不具有名字,这类变量称为匿名变量(Anonymous Variable)。下面将讨论上述 4 个属性,以及它们在不同语言中所采用的绑定策略。

1. 变量的作用域

变量的作用域是指可访问该变量的程序范围。在作用域内,变量是可控制的(Manipulable)。变量可以被静态地或动态地绑定于某个程序范围。在作用域内变量是可见的(Visible),在作用域外变量是不可见的(Invisible)。按照程序的语法结构定义变量的作用域的方法,称为静态作用域绑定(Static Scope Binding)。这时,对变量的每次引用都静态地绑定于一个实际(隐式或显式)的变量说明。大多数传统语言采用静态作用域绑定规则。有的语言在程序执行中动态地定义变量的作用域,这种情况称为动态作用域绑定(Dynamic Scope Binding)。每个变量说明延伸其作用域到它后面的所有指令(语句),直到遇到一个同名变量的新说明为止。APL,LISP 和 SNOBL4 语言是采用动态作用域规则的语言。

动态作用域规则很容易实现,但掌握这类语言的程序设计比较困难,实现的有效性也偏低。对于动态作用域语言,给定变量绑定于特定说明之后程序执行到的某个特定点,因为其不能静态确定,所以程序很难读懂。

2. 变量的生存期

一个存储区绑定于一个变量的时间区间称为变量的生存期。这个存储区用来保存变量的值。我们将使用术语"数据对象"(Data Object),或简称"对象"(Object)来同时表示存储区和它保存的值。

变量获得存储区的活动称为分配(Allocation)。某些语言在运行前进行分配,这类分配称为静态分配(Static Allocation),如 FORTRAN 语言;某些语言在运行时进行分配,这类分配称为动态分配(Dynamic Allocation),如 C、C++语言。动态分配可以通过两种途径来实现:或者程序员用相关的语句显式提出请求,如 C++语言通过 new 进行;或者在进入变量的作用域时隐式自动进行分配,如 C 语言的活动记录分配。采用什么样的分配,这要看语言是如何规定的。

变量所分配的存储单元的个数,称为变量的长度(Length)。

3. 变量的值

变量在生存期内绑定于一个存储区,该存储区中每个存储单元的内容是以二进制编码方式表示的变量值,并绑定于变量。编码表示按变量所绑定的类型来进行解释。

在某些语言中,变量的值可能是指向某个对象的指针(Pointer),若这个对象的值也是指针,那么,可能形成一个引用链(Reference Chain),这个引用链通常称为访问路径(Access Path)。

若两个变量都有一条访问路径指向同一对象,那么,这两个变量共享(Share)一个对象。经由某个访问路径修改一个共享对象的值时,这种修改能被所有共享这个对象的访问路径获知。多变量共享一个对象,可以节省存储空间。但是,由于一个变量的值被修改,就造成所有共享这个对象的变量的值都被修改,使程序很难读懂。

特别地,访问匿名变量的基本方法是通过访问路径来实现的。

变量的值在程序运行时可以通过赋值操作来修改,因此,变量与它的值的绑定是动态的。一个赋值操作,例如

   b: = a

将变量 a 绑定的值复制到变量 b 绑定的存储区内,从而修改变量 b 绑定的值,以一个新值(a 的值)来代替 b 原来的值。

然而,有的语言允许变量与它的值一旦绑定完成就被冻结(Frozen),不能再修改。例如,在 Pascal 语言中,符号常数语句定义为

   const pi = 3.1416

在 ALGOL 68 中,语句

   real pi = 3.1416

定义了 pi 绑定于值 3.1416。在表达式中使用值 3.1416 可写成

   circumference : = 2 * pi * radius

式中的 pi 具有它所绑定的值 3.1416。这个绑定在整个程序执行过程中不能改变,即不能向 pi 赋新值。显然,语句

   pi: = 2 * pi

是错误的。Pascal 语言中的符号常数(Symbolic Constant)的值可以是一个数,也可以是一个字符串,这类变量在编译时即可完成对值的绑定。同时,编译程序可以在编译过程中合法地以这个值去替代程序中出现的相应符号名。ALGOL 68 的符号常数还可以定义为

   real pi: = 3.1416 + x

它允许将值定义成变量(或表达式中含变量),由于有变量,它只能在程序运行中待这些变量建立时才能完成绑定。

对一般变量而言,当它建立时,才会获得所分配的存储区,同时完成变量与存储区的绑定。此时,该变量绑定的值是什么呢? 这是变量值的初始化问题,这个问题十分微妙。例如,程序段

   procedure
    integer x, y;
    x: = y + 3;

中的语句

   integer x, y;

建立了两个整型变量,允许执行到该过程时,变量 x 和 y 绑定于不同的两个存储单元,但它们绑定的是什么整数值并不确定,原因是未对变量 x 和 y 赋初值。当执行到语句

$$x := y + 3;$$

时 y 绑定什么值是不明确的,即未对 y 赋初值,因而计算的结果 x 绑定什么值也不明确。在上述程序段中未对 y 赋初值就引用了它,程序可能出错。因此,在程序设计中,读者应当遵从对变量"先赋初值后引用"的原则。

虽然有许多方法可以解决"初值问题",但遗憾的是,通过语言定义来解决这个问题的大多数尝试都不太成功,因为同一语言的不同实现可能采用不同的方法。例如,FORTRAN 语言定义了一个初值语句(Initial Value Statement),不同的编译程序采用不同的方法来实现,程序员用起来很不方便。要在语言定义中设定一种方式,实现对所有变量初始化是十分困难的。

最简单也是最常用的解决办法是,在语言设计时,忽略初始化问题,在这种情况下,一旦存储区绑定于某个变量,该存储区当前的内容就是该变量绑定的初值。实际上,这个值是随机的位串。类似的方法还有,规定一个非初始化值(Uninitialized Value),由编译程序在把某存储区分配给变量时,将这个特殊的值赋给每个已分配的存储单元。当程序运行时,每引用一个变量,先检查引用单元的值是否是这个特殊的非初始化值,若是,则出现错误,由系统报告这一错误,这种方法可以彻底解决非初始化问题,但执行效率较低。

有些实现方法提供了定义初值的强制手段,例如,若定义整型变量,初值强制置 0,若定义字符串变量,初值强制置空串。总之,程序员在使用一个语言编程时,一定要注意初值问题。

4. 变量的类型

变量的类型可以看成与变量相关联的值的类,以及对这些值进行的操作(例如,整数加、浮点数加、建立、存取和修改等操作)的说明。类型也可用来解释变量绑定的存储区的内容(二进制位串)的意义。

根据上述对类型的定义,在定义语言时,类型名通常绑定于某一个值类和某一组操作。例如,布尔类型 **boolean** 绑定于值 **true** 和 **false**,以及操作 **and**、**or** 和 **not**。

语言实现时,值和操作绑定于某种机器的二进制代码表示。例如,**false** 可以绑定于位串 00000000,**true** 绑定于位串 11111111。**and**、**or** 和 **not** 操作可以通过表示布尔量位串操作的机器指令来实现。

在某些语言中,程序员可以用类型说明方式来定义新类型。例如,Pascal 语言的语句

type t = **array**[1..10] **of boolean**

在编译时就能建立一个名为 t 的类型,并使它绑定于一个实现(即由 10 个布尔值组成的数组,借助于下标 1~10 可访问每个数组元素)。类型 t 继承了它所代表的数据结构(布尔数组)的所有操作,用数组内的下标能够读取和修改类型 t 的对象的每个分量(元素)。

变量可以静态或动态地绑定于类型,大多数传统语言都采用静态绑定。例如,FORTRAN、ALGOL 60、COBOL、Pascal、ALGOL 68、SIMULA 67、CLU、C 和 Ada 语言等。在这些语言中,变量和它的类型定义之间的绑定通常都是由显式的变量说明来规定的。例如,语句

var x,y:**integer**;
    z:**boolean**;

将变量 x 和 y 绑定为整型,将变量 z 绑定为布尔型。然而,在某些语言中,例如 FORTRAN 语言允许隐式说明并绑定变量的类型。一个未被说明的新变量,它的第一次出现即可

根据变量名的第一个字母来绑定该变量是整型还是实型。语言设计时提出 I-N 隐式说明规则，以 I 到 N 开头的变量为整型，其他字母开头的变量为实型。这种隐式说明方式的优点是，可以省去显式类型说明语句，写程序要方便些。然而，它的缺点是，不利于编译时检查拼写错误。例如，有 FORTRAN 程序段：

```
INTEGER I,J,ALPHA
ALPHA = 5
ALPHA = ALPH + I
```

其中，ALPH 是一个新变量还是变量 ALPHA 的拼写错误，编译程序无法辨别，它总是把 ALPH 当作一个新变量来处理，这个新变量隐式说明为实型。

隐式说明的缺点不是语义上的问题，单就变量的类型而言，Pascal 语言和 FORTRAN 语言中变量的类型在语义上是等效的，两者均是在定义或编译时绑定于变量，它们都是静态绑定。不同的是，FORTRAN 语言具有确定的默认（隐式）类型说明规则，两种语言的绑定时间在某种意义下是相同的。

APL 和 SNOBOL4 语言的类型绑定是动态的，程序编译时无法确定变量的类型，只有在程序运行到某个语句时，才能确定变量的类型。例如，在 APL 语言中，一个变量名可以在执行期间的不同执行点分别表示一个简单变量、一个一维数组、一个多维数组或一个标号。实际上，APL 语言变量的类型不是显式说明的，而是在程序执行时隐式说明的，且动态变化。例如，APL 程序段

```
    ⋮
    A←5
    ⋮
    →A
    A←1 2 51 0
    A←0
    A[2;3]←5
    ⋮
```

当执行到语句

   A←5

时，A 成为具有值 5 的整型变量。若其后执行到语句

   →A

时，把 A 处理成标号变量，执行这条语句的意义是把控制转移到 A 绑定的值所标记的那个语句，若 A 的值是 5，则转移到标号为 5 的语句执行。当执行到语句

   A←1 2 51 0

时，使 A 成为具有 4 个元素，且其值分别为 1，2，51 和 0 的一维数组，隐含的下标下界为 1。

  动态绑定类型对建立和操作数据提供了很大的灵活性，但也影响程序的编写、检查和实现的效率。因为在语句中出现的变量类型，在编译时不能确定，它依赖于给定程序的执行路径，所以程序的可读性差。在上述程序片段中，语句

$$A[2;3] \leftarrow 5$$

的意义是对一个二维数组中位于第2行第3列的元素赋值为5,当程序执行到这个语句时,A应该已经绑定一个合适的二维数组,但在上述程序中,A此时绑定的类型是整型,其值为0,因此这个语句是错误的。而这个错误要执行到这个语句时才能发现,这就需要动态类型检查来查证上述错误。采用动态类型检查方式,可在程序运行时查证所使用的每个变量与它的类型是否一致。我们再考查语句

$$A \leftarrow B + C$$

若运行到这个语句时,B和C都是简单变量,或其中一个是简单变量,语句是正确的;若B和C是维数相同且大小相同的数组,语句也是正确的。这个语句的执行依赖于B和C,若B和C都是简单变量,则语句隐含的操作是简单加和赋值;若B和C是一维数组,则隐含的操作是由加和赋值构成的一个循环,且A被绑定成一个一维数组。

上例表明,有关APL语言变量的类型信息必须在运行时使用,它不仅用于执行动态类型检查,而且还用于选择执行这个语句的合适操作。为了能在运行时使用运行信息,有关描述符(说明)必须保留到运行时,并且在每次新的绑定完成时,必须对描述符中所保留的类型信息进行相应的修改。对于静态绑定的语言,例如Pascal语言的类型信息,在编译时就能确定并加以处理,所以在运行时不必保留类型描述符。

动态绑定的语言实现采用解释(Interpretation)方式处理更合适,因为对于一个不能确定变量类型的表达式,在运行之前没有足够的信息来生成合适的代码。语言实现采用编译还是解释方式,受到变量与类型绑定规则的严重影响。动态绑定的语言是面向解释的语言(Interpretation-oriented Language),静态绑定的语言是面向编译的语言(Compilation-oriented Language)。

动态类型绑定的语言,往往其作用域也是动态绑定的,因此,这类语言又称为动态语言(Dynamic Language)。

1.2.5 虚拟机

我们知道,程序设计语言早期经历了从机器语言发展到汇编语言的时期。机器语言实际上是计算机的指令系统,它是直接由电子线路(硬件)实现的,是实际的机器,我们把它记为 M_1。

为了使电子线路尽量简单,机器采用二进制代码,使用起来非常不便,于是出现了汇编语言。机器不能直接执行用汇编语言编写的程序,必须先将汇编语言程序(L_2)经汇编程序翻译成等效的机器语言程序(L_1)。也就是说,汇编语言程序要在实际机器(M_1)和汇编程序上才能执行,若把汇编语言看成某个虚拟机(Virtual Machine,Virtual Computer)的机器语言,那么这个虚拟机 $M_2 = M_1 +$ 汇编程序。

后来,程序设计语言又从汇编语言发展到高级语言,用高级语言编写的程序 L_3 必须经过编译程序编译成等效的汇编语言程序 L_2(或机器语言程序 L_1),机器才能执行。也就是说,高级语言要在虚拟机 M_2 和编译程序上才能实现。若把高级语言看成某个虚拟机的机器语言,那么 $M_3 = M_2 +$ 编译程序。

由此可见,虚拟机是由实际机器加软件实现的机器,它可看成一个有别于实际机器的新机

器。若一台实际机器配置上 Pascal 和 FORTRAN 编译程序,对 Pascal 用户来说,这台机器就是以 Pascal 语言为机器语言的虚拟机(Pascal 机);对 FORTRAN 用户来说,这台机器就是以 FORTRAN 语言为机器语言的虚拟机(FORTRAN 机),它们按各自的需要去使用,互不干扰。在计算机系统结构课程中,将专门讨论虚拟机的层次分级概念。图 1-1 给出一个网络应用程序的虚拟机层次。

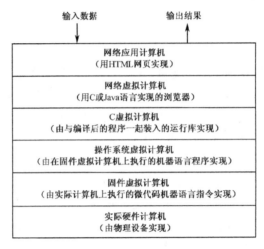

图 1-1　一个网络应用程序的虚拟机层次

这一节我们介绍了强制式语言的一些概念,这些概念在非强制式语言中,有些也适用。几十年来,已经有许多很成熟的强制式语言,图 1-2 给出了主要的强制式语言,以及它们之间的关系。

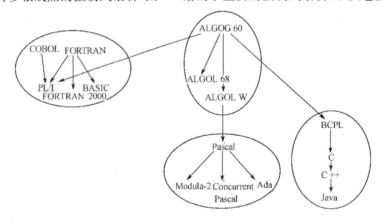

图 1-2　主要的强制式语言及其关系

1.3　程　序　单　元

为了后面讨论程序结构和语言实现问题,在此引入程序单元(Program Unit)和单元实例(Unit Instance)的概念。

在程序设计语言中存在一些实体,例如 FORTRAN 语言的子程序和 ALGOL 60 语言的分程序。它们作为程序执行过程中的独立调用单位,称为程序单元。在不引起混淆的情况下,简称单元(Unit)。通常,单元可以独立开发,有的语言(如 FORTRAN)允许程序单元独立编译,然后把若干个编译好的单元组合起来,成为一个完整的可执行程序。一个程序中的若干个程序单元在程序运行时依照控制流程逐一被激活(Activation)。

在编译时,一个单元的源程序称为单元表示(Unit Representation);在运行时,一个单元表示由一个代码段(Code Segment)和一个活动记录(Activation Record)组成,此时称单元表示为单元实例。程序单元可以看成一个抽象的概念,程序运行时对它赋予具体的代码段和活动记录,也就构成了一个单元实例。

代码段的内容是单元所具有的指令,这些可执行的指令对程序单元的每一个单元实例都是不变的。所谓活动记录就是包含执行这个单元所必需的信息,以及该单元的局部变量(Local Variable)所绑定的数据对象的存储区。活动记录的内容是可变的。数据对象在活动记录中的相对位置称为位移(Offset),活动记录所占存储单元个数称为活动记录的长度。局部变量在程序单元中是可见的。

程序单元可以命名,也可不命名。Pascal 的过程与函数和 C 语言的函数是命名的程序单元,ALGOL 60 语言的子程序是不命名的程序单元。程序单元不是孤立的,即不一定是一个完全独立的程序。若一个程序单元是子程序,那么它可由别的程序单元通过子程序调用来激活并开始执行,执行后返回调用点,因此返回位置是必须保留的信息。子程序被调用时将建立并激活该子程序的一个实例,其返回地址保存在这个实例的活动记录中。另外,在语言作用域规则允许的前提下,一个程序单元可以引用未被自己说明而由其他单元说明的变量,这种变量称为非局部变量(Nonlocal Variable)。在一个程序中,各个程序单元都可以引用的变量称为全局变量(Global Variable)。

一个程序单元可以引用哪些变量呢?按照上述定义,可以引用局部变量和非局部变量。我们把一个程序单元 U 可以引用的局部变量和非局部变量定义为程序单元 U 的引用环境(Referencing Environment)。局部变量绑定于存储在 U 的当前活动记录中的数据对象,它被称为局部环境(Local Environment)。非局部变量绑定于别的(说明该非局部变量)程序单元的活动记录中的数据对象,它被称为非局部环境(Nonlocal Environment)。显然,对程序单元U 来说,引用环境中的变量是可见和可以访问的,其他变量均是不可见和不可以访问的。若一个程序单元的引用环境中有两个变量绑定于同一个数据对象,则称这些变量具有别名(Alias)。当对绑定的一个非局部变量进行修改时,将产生副作用(参见 3.3.1 节)。

程序单元可以被递归地激活。当一个程序单元自己调用自己时,产生直接递归(Direct Recursion)。当一个程序单元调用别的程序单元,再由别的程序单元调用这个程序单元时,产生间接递归(Indirect Recursion)。当一个程序单元被递归激活,即它的上次活动尚未终止,又再次被激活,此时它的前一个活动记录尚未释放而又产生一个新的活动记录。按照程序单元实例的定义可知,一个程序单元可能具有多个实例。同一程序单元的不同实例的代码段是相同的,所不同的仅仅是活动记录。因此,在递归激活的情况下,活动记录与它的代码段之间的绑定必须是动态的。每次激活一个程序单元,必须完成活动记录与其代码段之间的绑定,形成一个单元实例。

某些语言,例如 FORTRAN,不支持单元的递归激活,因此这类语言的单元实例最多只能有一个,即只有一个代码段和一个活动记录。这类语言程序的单元实例代码段与活动记录之间的绑定是静态的。单元局部变量的数据对象的初始化(建立)可以在程序执行之前完成,即可静态实现分配。这类语言又称静态语言(Static Language)(参见11.2节)。

1.4 程序设计语言发展简介

程序设计语言在短短的50余年里发生了很大的变化,得到了很大的发展。风格迥异的上千种语言成为开发计算机软件的强有力工具。

从今天软件开发过程的观点来看,最早的软件开发仅有编码阶段。早期的计算机仅用于科学计算,其特点是:计算复杂,数据量少。那时一个任务完全可以由一个人完成程序的编写并由计算机加以实现。程序员所求解的问题(例如微分方程求解)都是他能理解的问题,他只需从数学家那里找到相应的数学求解算法就可以编程实现,没有必要进行需求分析或设计规范说明,其程序的维护也非常简单,只需要改正一些编程错误。当时的语言着眼于支持程序员个人,按照今天的观点来说,程序员所进行的工作仅仅是简单的应用。

随着计算机技术的发展,人们期望计算机的应用更加广泛,求解任务变得越来越复杂,计算机处于一个难于理解和更加复杂的环境之中。这时只靠程序员个人在头脑中进行需求分析和设计已不适应复杂任务的要求,它需要一个程序员"队伍"来共同进行需求分析和设计,并协同工作来完成预定的任务。另外,开发一个大系统需要花费大量的人力和物力,所以在建立新系统时,出于经济上的考虑,也不能完全把旧系统抛开,而是将它修改、补充和完善,以满足新的要求。因而程序的可维护性(Maintainability)就成为一个重要的现实问题。

随着系统变得越来越庞大,越来越复杂,系统的可靠性(Reliability)也成为另一个重要的现实问题。例如,若把一个不可靠的系统用来控制核电站,可能出现灾难性的后果。

除此之外,程序设计语言一般是针对某类计算机应用而设计的,在使用过程中可能发现它的不足(局限性),或者需要对其提出更高的要求并扩充其应用能力,这需要设计新的语言来适应这种变化,程序设计语言也由此得到发展。

在此我们关注的是高级程序设计语言,下面将沿着上述发展过程展开讨论。由于篇幅的限制,讨论中将只涉及那些对程序设计产生过一定影响的高级程序设计语言。

1.4.1 早期的高级语言

第一个高级语言要追溯到20世纪50年代,那时计算机非常昂贵而又稀少,有效地使用计算机是人们重视的问题。另一方面,机器的执行效率也是人们追求的目标。为此人们设计了高级语言,用以方便地表达用户的需求。然而高级语言程序只有经过编译,机器才能执行,而编译要占去一部分机器时间。更为严重的是,在当时编译生成的目标程序的执行效率要低于人工直接编制的程序的执行效率。因此,那时设计的高级语言以冯·诺依曼模型为基础,并且特别强调执行效率。实践证明,高级语言是有效地使用机器与机器执行效率之间的一个很好的折中。

这一历史时期最重要而又最具代表性的语言是FORTRAN(FORmula TRANslation)、ALGOL 60(ALGOrithmic Language 60)和COBOL(COmmon Business Oriented Language)。使用这些语言可以用接近人们习惯的语言编制程序,大大提高了机器的使用效率。

1. FORTRAN 语言

FORTRAN是1954年设计并于1957年在IBM 704机上实现的第一个高级语言。1958年又实现了FORTRAN Ⅱ,其后不久实现了FORTRAN Ⅲ,几年之后出现FORTRAN

Ⅳ。1966年,美国标准学会(American Standards Association)公布了ASA FORTRAN,后来又产生了FORTRAN 77和FORTRAN 90,今天,已经有了FORTRAN 2003和FORTRAN 2007。

FORTRAN语言完成了第一个编译器,它的文本编辑器用于程序的创建。FORTRAN语言将主程序、子程序和函数看成独立的模块进行编译,它没有递归调用。各个模块先要编译成可执行形式,再通过连接器(Linker)将主程序、子程序、函数和运行库连接成一个可执行程序,然后按照控制流程(执行步骤)执行这个可执行程序。

FORTRAN是典型的强调执行效率的语言,它结构简单,不强调程序设计技巧,达到了提高执行效率的目标。

FORTRAN语言主要用于科学计算。作为数值计算工具,它特别适合解决数据量少而计算复杂的问题。它提供4种数值型数据类型(整数类型、实数类型、复数类型和双精度实数类型)及布尔数据(逻辑类型)、数组、字符串和文件等数据类型,这些类型使得它可以在编译时静态分配存储空间。FORTRAN语言中引入了最原始的语言概念,如将变量作为存储单元的抽象,语句顺序执行,goto语句强制改变语句的执行顺序,通过全局(COMMON)环境共享数据对象(实现模块之间的通信)等。语法采用自然语言(英语)描述。

随着计算机的发展,FORTRAN语言已经吸取了许多后来出现的语言的优点,得到了很大的改进和发展。

2. ALGOL 60 语言

由于FORTRAN语言的成功,使欧洲人担心IBM会统治业界,因此,德国应用数学协会GAMM组织了一个工作组来设计一种通用语言。在美国,计算机协会也组织了类似的工作组,后来两个工作组合并,在彼得·诺尔(Peter Naur)的领导下开发出国际算法语言IAL,并在1958年以ALGOL 58命名,1960年公布了著名的算法语言ALGOL 60,1963年公布了ALGOL 60的修订版。

ALGOL 60语言在美国商业界未能取得成功应用,因为美国商业界已经习惯了应用FORTRAN语言,但它在欧洲还是取得了一些成就。

巴科斯(Backus)是定义ALGOL报告的编辑,他用乔姆斯基(Chomsky)开发的语法(Grammar,参见4.2节)分类中的上下文无关文法来描述ALGOL语言的语法,成功地将形式语言理论引入程序设计语言中,后来大多数高级语言都采用这种方法来定义语法。ALGOL 60报告是以诺尔名义发表的。由于巴科斯和诺尔在发展ALGOL中所起的巨大作用,这一方法被称为巴科斯-诺尔范式(BNF)。这种形式语言描述方法为语言定义开辟了新纪元,提供了精确的语法定义方法,从而减少了用自然语言说明的二义性,使得编程的语法错误大为减少。有趣的是,科学家们在严密定义ALGOL 60的语法和成分时,竟忽略了"程序"的定义,这个疏忽在ALGOL 60正式公布之后才被发现,并在1963年的修订版中补充定义。ALGOL 60引入了子程序(Block)结构、递归过程和动态数组等新概念。

3. COBOL 语言

1959年,美国国防部为了开发一种通用的商业语言(CBL)召开了一个专门会议,希望该语言尽量使用自然语言(英语)。会上意见分歧较大,会后专门组织了一个短期协会(Short Range Committee)来快速开发这一语言。1960年,公布了命名为COBOL的商用语言,完成了编译实现,并于 1961 年和 1962 年进行了修订。1968 年公布了 ANSI 标准,1974 年又公布了 ANSI 新标准。

由于 COBOL 语言使用近似于自然语言的方式编程,其可读性比较强,但它还是保留了形式语法,程序员不经过专门培训要完成编程还是比较困难的。COBOL 语言使用了大量不同的数据表示,以及语句中包含大量的不同变体选择,编译工作是相当复杂的。早期的编译器执行起来都很慢,但随着编译技术的发展,新近开发的编译器速度较快,产生的目标程序执行起来也更加有效。

COBOL 语言成功地将若干新概念引入程序设计语言中,除了上面提到的类自然语言编程外,还引入了文件和数据描述、变体记录等概念。

COBOL 语言的出现,打破了计算机应用领域仅限于科学数值计算的局面,开始应用于各种事务处理领域,特别是数据处理(计算简单、数据量特别大)领域,为计算机的应用和发展开辟了新纪元。COBOL 语言一直用得很好,我国早些年引进的应用软件,大多数是用 COBOL 语言开发的,只是后来才被 C 语言和其他一些语言所代替。

1.4.2 早期语言的发展阶段

随着计算机的发展和应用的日益广泛,实现的效率已经不再是人们唯一的追求目标。早在 20 世纪 60 年代就出现了一些基于数学原则的机器计算表示法语言,它们基于数学函数和函数作用,而不是基于冯·诺依曼模型的。这些语言的代表是 LISP,APL(A Programming Language)和 SNOBOL4。

1. LISP 语言

1960 年,John McCarthy 在麻省理工学院(MIT)设计和实现了 LISP 语言,它的设计基于函数和函数作用的数学概念,它奠定了函数式(或作用式)语言风格的基础。由于没有适用于函数式语言的计算机体系结构问世,因此它不得不在冯·诺依曼体系结构的计算机上执行,其执行效率低,执行速度慢。

通常,LISP 程序不经过编译而是通过解释来执行。人们为了提高执行速度,各种实现对 LISP 进行了不同的改造,出现了许多不同的版本。1981 年 4 月,各个不同的 LISP 学派召开了一次会议,试图将各种版本统一起来,于是出现了通用 LISP(Common LISP)语言。

由于 LISP 语言特有的数学特性,使它一出现就在计算机科学的研究中得到大量应用,特别是在人工智能领域。例如,在机器人、自然语言理解、定理证明和智能系统等研究领域应用非常广泛。

纯 LISP 语言从变量值可以被修改、赋值语句、**goto** 语句等冯·诺依曼体系结构概念中解放出来。它主要用来处理符号表达式,并引入了许多新概念。例如,语言有统一的数据结构(表);数据和程序有统一的表示方法(S 表达式),其中包括递归表达式、前缀表达式,并将递归作为基本控制结构等。LISP 语言的语义很容易用 LISP 程序描述,用 LISP 语言编写的函数 EVAL,可用来计算任何给定的 LISP 表达式,它是 LISP 语言的语义定义。

2. APL 语言

20 世纪 60 年代,由柯沃尔森研制并实现了 APL 语言。APL 语言表达式简洁,操作符丰富,采用非标准字符集,程序具有单行(One-Liner)结构特点(参见 1.2.4 节)。

APL 语言最大的特点是对矩阵的运算能力,其所有的操作都作用在向量或矩阵上,它用附加的操作来建立特殊的向量,例如对向量的所有元素进行设置和定值。APL 语言中没有操作优先级,语句从左到右执行。这种矩阵运算操作符能使程序员从低级重复的、逐个操纵矩阵元素的烦琐工作中解脱出来。

3. SNOBOL 语言

SNOBOL 语言是 20 世纪 60 年代初期公布的,后来又开发出 SNOBOL 2 和 SNOBOL 3,到 20 世纪 70 年代又研制出 SNOBOL 4。它是面向字符的符号语言,它的关键操作是模式匹配,即将一组变量与一个预先定义的模式相匹配,并通过将该组变量值赋给该模式来实现操作。

它的说明、类型定义、存储器分配,甚至过程的入口和出口均是动态的。其实现一般使用虚拟串来处理宏功能,在实际计算机的实现上只需重写宏定义,方便了程序移植。

SNOBOL 语言专门用于字符串数据处理,其语句由定义在符号名字符串上的运算规则组成,基本运算包括字符处理、模式匹配和替换等。SNOBOL 语言中提出了模式数据类型,为程序员定义数据类型提供了方便,并在串的处理方面达到较完善的水平。SNOBOL 4 主要用于文本编辑、代数表达式的符号处理等领域。

LISP、APL 和 SNOBOL 4 语言都是动态语言,它们是机器资源(时间和空间)的巨大耗费者,它们都要求高度动态的资源管理,因此很难在传统机器上有效地实现。然而,它还是成功地应用于一些特定的领域。例如,LISP 语言已成为一段时期内人工智能研究和应用的主要语言;APL 语言广泛应用于涉及大量矩阵运算的科学计算领域;SNOBOL 4 语言已成功地应用于文本处理。近年来,这些语言的原则在研究部门和工业部门已经受到广泛的关注。

LISP 和 SNOBOL 4 在语言发展中的重要贡献是强调符号计算。早期的计算机应用主要强调数值问题求解,例如 FORTRAN 和 ALGOL 60 语言是为数值问题求解而设计的语言。虽然 APL 语言具有字符处理能力,但它主要还是用来进行矩阵运算的。然而,数值计算仅仅是计算机应用的一个小分支,它的一个主要应用领域是符号信息处理,例如数据库查询、报表、文本处理和财务管理等。COBOL 语言可以看成这个应用领域的代表,它不是通过复杂的计算来处理数据,而是面向格式化数据。在这些语言中,只有 LISP 和 SNOBOL 4 语言是涉及符号计算的语言。

1.4.3 概念的集成阶段

这一时期的代表语言是 PL/1,1963 年,IBM 公司和它的用户提出设计一种比 FORTRAN 功能更强的语言。1964 年在英格兰的 Hursley 实验室中开发出一种新的程序设计语言 NPL(New Programming Language),后来更名为多用途程序设计语言 MPPL。后经扩充,简化命名为 PL/1,并在 1966 年正式完成 PL/1 语言的实现。

PL/1 语言的设计目标(即面向的问题)不很明确,它希望将已有的语言概念集成在一起,成为一种通用的语言。它吸取了 ALGOL 60 语言的分程序概念和递归过程,COBOL 语言的数据描述功能,LISP 语言的动态数据结构等概念,它还提出了异常处理(ExcePtion Handling)和某些简单的多任务功能。PL/1 语言可用于科学数值计算、数据处理和系统软件开发。显然,PL/1 语言的功能比已有的语言更强大,所以它在 20 世纪 60 年代后期和 70 年代中期得到了广泛应用。

PL/1 语言的另一个贡献是它的维也纳文本。它采用操作语义学形式描述语言，它作为一个成功的范例推动了形式语义学的研究，对理论研究做出了贡献。

PL/1 语言设计者的初衷可能很好，然而在当时的历史条件下，语言理论尚不成熟，对语言的特性、概念和问题尚缺乏认真的研究和实践，在没有良好的理论基础和实践经验的情况下，机械地把众多语言的特性组合在一起，其生命力不会很长，到 20 世纪 70 年代中期就很少使用它了。

1.4.4 再一次突破

20 世纪 60 年代后期设计的语言引入了很多有趣的概念，并且影响到后来的语言设计，最有代表性的语言是 ALGOL 68，SIMULA 67 和 Pascal。

1968 年，国际信息处理联合会 IFIP(International Federation for Information Processing) 以报告形式公布了一个 ALGOL 60 的后继语言 ALGOL 68。它一问世就遭到一些人的非议。它的精确定义太复杂，即使对熟练的程序员，这个报告也太难读懂、太难掌握，甚至无法理解和实现。

ALGOL 68 语言成功地将正交性(Orthogonality)和通用性原则应用到语言设计中。语言正交性原则使语言的性质以自由而又一致的方式组合，并且每种组合都是有意义的，可以预料其影响而又不受限制。例如，在语言定义的执行语句中，每个语句都要求产生一个值。ALGOL 68 语言还引入许多新概念，体现了不同语言概念对计算能力的影响。ALGOL 68 为语言的形式描述做了艰辛的努力，它的维恩加登语法(Wijngaarden Grammar)是首次严格描述完整语言的零型语法，这是一个重要贡献。ALGOL 68 语言过早衰落的原因在于其太强调自身的"纯洁"性，正交组合语言性质导致错综复杂的关系，缺乏通俗和友好的面对用户的语法记号。它曾用于欧洲一些高校和研究所，很少用于工业部门，在我国鲜为人知。

SIMULA 67 也是 ALGOL 60 的后继语言，是第一个用于模拟领域的语言。它是由挪威人 Nygaard 与 Dahl 开发的。他们把类(Class)引入 ALGOL，使得 Stroustrup 在 20 世纪 80 年代后期产生了 C++ 的类思想，并把它作为 C 语言的扩充。为了模拟领域应用，SIMULA 67 语言增加了一个特殊结构——协同程序(Coroutine)。这个结构是过程的发展，两个协同子程序可以互相交错调用和多次进入，它是并行程序设计思想的萌芽。SIMULA 67 类的概念可将数据结构和操作组合成一个模块，用以增强说明的层次性，奠定了抽象数据类型的基础。类的概念影响了 SIMULA 67 语言之后出现的大多数语言，如 CLU，Modula 2，Ada 和 Smalltalk 等。

Pascal 语言是由沃斯(Niklaus Wirth)设计的。1965 年，瑞士人沃斯在斯坦福大学开发一个 ALGOL 60 的扩展语言，它同时支持 IBM 360 的数据结构和指针，称为 ALGOL W。1968 年，沃斯回到瑞士开始设计 ALGOL W 的后继语言，他使用法国数学家 Blaise Pascal 的名字命名这个后继语言，即后来大家熟知的 Pascal 语言。经过广泛的研究之后，他将 Pascal 程序编译成一种中间代码(伪机器码)——P-code，然后对 P-code 解释执行。1970 年，第一个编译程序正式运行，这就是著名的 P-code 解释器。通过产生中间代码，Pascal 程序可以很方便地移植到其他的机器上执行。

Pascal 语言的最初设计目标是作为结构化程序设计的教学语言。随着微型计算机的降价和广泛应用，到 20 世纪 70 年代后期，人们对它产生了极大的兴趣。它的吸引力在于，在不牺牲语言功能的前提下保持了良好的简洁性。它是第一个体现迪可斯特朗(Dijkstra)和霍尔

(Hoare)的结构化程序设计思想的语言,其主要特点还在于一系列朴素而有效的用户自定义数据类型功能。它是这个时期最成功的语言之一。

BASIC(Beginner's All-purpose Symbolic Instruction Code)语言是由 Dartmouth 学院的 Tomas Kurtz 和 John Komeny 在 20 世纪 60 年代中期开发出来的,目的是为了向非理工科的学生提供一个简单的编程环境,使业余程序员也能快速掌握和使用。BASIC 语言的名字可直接翻译成"初学者通用符号指令码",它具有一个类似 FORTRAN 语言的简单代数语法并定义了有限的控制结构和数据结构。近代的 BASIC 语言已今非昔比,它吸收了许多语言的特性,大大扩充了其功能。BASIC 语言在我国一段历史时期内曾有广泛的影响。

BASIC 语言没有引入更多的新概念,但它的交互式工作环境对后来的语言发展产生了很大影响。它不采用编译方式而是采用解释方式来执行程序,这是它的另一个重要特点,它建立了一套新的程序设计风格。

1.4.5 大量的探索

20 世纪 60 年代,高级语言得到了蓬勃发展,计算机应用领域不断扩大,应用人员猛增,系统越来越大,实现的要求也越来越高,终于爆发了"软件危机"。这时,人们才感觉到软件开发应当按工程进行。于是,在 20 世纪 70 年代掀起了软件工程热潮,支持系统软件开发的程序设计语言也应运而生,如 CLU、Alphard、Mesa、Pascal 和 Gypsy 等语言。这大大推动了对程序设计语言的研究、试验和评价。

这一时期的语言研究涉及许多重要概念,例如信息隐蔽、抽象数据类型、异常处理和并行处理机制等。这些概念将在本书中进行专门的讨论。

20 世纪 70 年代,在实践中脱颖而出并发展延续至今的有 Modula 2 和 C 语言。Modula 语言是在 Pascal 语言成功的基础上,由沃斯(Wirth)于 1977 年设计的,1979 年编译实现,1982 年发表扩充报告,1984 年公布了 Modula 2。该语言支持独立编译的模块结构。Modula 2 是为实现实时系统和并行系统的综合功能而设计的,但该语言至今尚未广泛应用。

为了克服 ALGOL 60 语言太抽象的缺点,英国剑桥大学和伦敦大学在 1963 年推出了 CPL(Combined Programming Language)语言。1967 年,Richards 将 CPL 提炼,推出了保持 CPL 较好特性而又容易学习和实现的 BCPL(Basic Combined Programming Language)语言。1972 年,Ritchie 在实现 UNIX 操作系统时,使用了 BCPL 的一个子集,称为 B 语言。1978 年,Kemighan 和 Ritchie 发表了"The C Programming Language"一文,正式推出了实现 UNIX 操作系统的工作语言——C 语言。由于 C 语言功能强大,所占空间小,表达简洁,具有通用语言的特性,很快受到了广大用户的欢迎。C 语言最大的特点是具有高级语言和低级语言的优点,有人称它为"汇编语言的速记形式",所以它特别适合描述系统程序;同时,它也适用于各种应用领域,几乎所有程序设计任务都可用 C 语言编程实现。C 语言的缺点是,在大量使用指针的情况下,其出现的错误不易查找,存在不安全的因素。

1.4.6 Ada 语言

20 世纪 70 年代初期,系统开发的硬件费用逐步下降,软件开发费用急剧上升,软件的可移植性提到了议事日程上。首当其冲的是美国国防部系统,他们至少使用了 450 种通用语言,500~1500 种不同的高级语言和汇编语言,这给软件的移植带来了极大的困难。对于同一问题,因为使用的语言或机器不同,不得不做大量重复的编程工作,这也浪费了大量的物力和财力。于是,美国国防部(DOD)提出开发一种嵌入式的实时程序设计语言。

为了避免以前出现的语言选用和设计的混乱状态,DOD 成立了高级语言工作组(HOLWG)。该工作组工作非常细致,按军事计划来对需求进行调查,从 1975—1978 年,经历了"稻草人"、"木头人"、"锡人"、"铁人"和"钢人"计划后,最终确定了语言需求。HOLWG 最初的想法是使用或提高一种现有的语言,例如 Pascal、ALGOL 或 PL/1,但是人们最终认识到没有一种现有的语言能满足这些需求。

为了缩短设计和实现语言的周期,HOLWG 采用了国际招标的方式在全世界招标,这使得业界和研究机构之间展开了非常激烈的竞争,最初在提交的 17 个方案中选中了 4 个方案,并把这 4 个语言编码分别称为"红色语言"、"绿色语言"、"黄色语言"和"蓝色语言"。最终选定法国人 Jean Ichbiah 设计的绿色语言,称为 DOD-1 语言,后来为了纪念计算机先驱者——世界上第一位软件工程师 Ada Lovelace,将该语言称为 Ada 语言。

Ada 语言的出现在学术界引起了强烈反响,当然也有批评意见,批评者认为它太复杂,因此不实用。我们认为,Ada 与其他大多数语言不同,它是为一个专门的问题领域(即嵌入式计算机系统)设计的。这个领域对语言有一系列的特殊要求,因此它是在 Pascal 语言的基础上引入的一个规模不大的、容易理解的概念集合(如数据抽象、信息隐蔽和强类型等)。从某种意义上来说,Ada 语言是直接体现现代软件设计方法学的语言,因此它是对问题求解进行程序设计的一种恰当的描述工具。Ada 语言在某种意义下帮助我们打破了冯·诺依曼体系结构框架的思维模式。使我们可以按照实际问题空间考虑问题的解,从而使可读性、可靠性和可维护性都有所提高。

DOD 在公布 Ada 语言之后,硬性规定不允许对标准语言进行任何扩充,也不接受该语言的任何子集。Ada 语言参考手册严格定义了语言的一致性,不允许任何对语言的添加和减少,但后来这一规则在一定程度上有所松动。例如,一个简单的汽车控制系统很少使用复杂的文件管理系统,如果目标系统不要求此项功能,则为此应用系统编写的编译程序就可以不包含该功能。

1.4.7 第四代语言

在应用 COBOL 语言的传统领域中,有了越来越多的高级工具,这类工具称为超高级语言(Very-high-level Language),即所谓第四代语言(Fourth-generation Language)。例如,数据库和查询语言、扩展表格,以及可由程序员(甚至最终用户)用来开发应用的各种生成器。与一般语言相比,这类语言的特征是表达力更强,使用更方便,更接近于问题的描述。与高级语言相比,超高级语言除了包含用以描述实现算法的实现性成分外,还包含一些抽象级别更高的用以描述功能的成分。也可以说,超高级语言着重扩大程序员关于"做什么"的描述能力,而不是描述"怎么做"的细节,"怎么做"由系统帮助实现。从这个意义上说,这类语言也就是规范性语言,面向问题的语言(Problem-oriented Language)。典型的第四代语言是结构查询语言 SQL。

1.4.8 网络时代的语言

20 世纪 80 年代,当机器变得更快、更小和更便宜时,人们开始更广泛地应用在商业环境中,各家公司都用中央处理机汇总处理数据,如工资单;用分机处理本地事务,如订单、报表和营业额等,这时出现了分布式计算机系统。到 20 世纪 90 年代,分布式局域网开始进入全球网——因特网(Internet),这时世界进入了网络时代,出现了重要的网络语言 Java 和 C#。

1. Java 语言

Java 是一种通用、并发、基于类的面向对象的程序设计语言。Java 语言的名字来源于印度尼西亚的一个岛名"爪哇"。

Java 语言诞生于 1991 年,当时 Sun Microsystems 公司的 James Gosling 领导的 Green 小组试图开发一种面向消费类数字设备的语言。1992 年夏,他们实现了第一个版本,但他们的工作超前了,未得到业界的关注和接受。

1993 年,出现了 Mosaic 网络浏览器,这对 Internet 从学术领域走向商业领域起到了推动作用。Green 小组立刻认识到他们开发的语言可以用来提高浏览器的性能。因为浏览器需要执行若干协议,网络到用户的传输速率又很有限,所以当网络用户等待信息显示时,他们的计算机常常处于空闲状态。Sun Microsystems 公司认识到他们开发的语言在网络上很有价值。1994 年,Sun Microsystems 公司发布了包含 Java 虚拟机的 Hotjava 浏览器。1995 年 5 月 23 日,Netscape Communications 公司的创始人之一 Marc Andressen 宣布 Netscape 将在其 Netscape 浏览器集成 Java 虚拟机,而此时的 Netscape 已占有 70% 的浏览器市场。从那以后,Java 语言的应用迅速增加,虽然设计 Java 语言的目的是用于开发网络浏览器的小应用程序,但是作为一种通用的程序设计语言,Java 语言已被广泛接受,并且有可能代替 C 和 C++语言成为业界首选的编程语言。

Java 语言类似于 C 和 C++。从历史上看,它们之间有一定的关系。20 世纪 70 年代,C 语言作为一种开发操作系统的语言而出现,因此,C 语言的设计者主要是想开发一种允许访问计算机底层结构的语言。Stroustrup 在开发 C++时,从 SIMULA 语言中引入包的概念,从 Smalltalk 语言引入继承的概念,但基本的 C 语言并未修改。所以,C++语言沿袭了 C 语言所具有的便于开发系统程序的特点。当 Sun Microsystems 公司开发 Java 语言时,他们保留了 C++语言的语法、类和继承等基本概念,删除一些不好的特征。因此,Java 是一个比 C++更简单的语言,作为一种有用的语言,其语法和语义比 C++语言更合理。

可以说 Java 是在 C 和 C++语言基础上开发的语言,但又吸收了其他语言的一些有益的成分。类的概念来自于 C++和 Smalltalk 语言,但 Java 只限于单实现继承。接口的概念来自于 Obiective-C 语言,Java 提供多接口。包的概念来自于 Modula 语言,在 Java 中增加了层次性名字空间和逻辑开发单元。并发的概念来自于 Mesa 语言,Java 内置了多线程支持。异常处理的概念来自于 Modula 3 语言,在 Java 方法中增加了抛出异常的说明。动态链接与自动内存回收的概念来自于 LISP 语言,Java 的类可以在需要时装入内存,不需要时将其释放。

Java 与其他语言的不同之处在于,它为减少与具体实现的相关性,做出了特别的努力。Java 允许程序员只编写一次代码,就可以使其代码在 Internet 上的任何地方毫无阻碍地运行。Java 语言的设计目标是,只要给定足够的内存空间和时间,一个确定的程序无论在任何机器上,以何种实现方式运行,总能得到相同的运算结果。几年间,Java 语言已从"诞生"走向"成熟",并得到了广泛应用。同时,它还在不断地发展,并不断推出新的版本。这种改进和完善是建立在同原有版本完全兼容的基础之上的。Java 语言的特性很多,有些特性将在数据类型和控制机制中讨论,这里讨论它的一部分特性。

(1) 面向对象

过程式语言对问题求解的描述,是通过对计算机执行的一系列步骤的描述来实现的。而面向对象语言则用问题空间中的元素与对象来描述问题。这样,一个好的设计就可以得到可复用、可扩充和可维护的组件。这些组件可以灵活地适应处理环境的改变,因为对象之间的主要工作就是来回发送消息。

Java语言基于类(Class),类的实例就是对象。面向对象是一种程序设计方法,这些方法与程序设计语言一样,要经过"诞生"、"成熟"和"消亡"的历程。面向对象方法正处于"成熟"阶段。但是,现在也有人对它提出批评,认为它将被构件方法所代替。

(2) 解释性

Java源程序编译成平台中立的字节码,这些字节码可以传输到任何具有Java运行环境的平台,其中包括Java虚拟机,从而在运行时不需要重新编译和重新连接。Java解释器通常在网上运行,网上信息传输相对来说比较慢,在等待传输的空闲时间就可以解释执行Java字节码。另外,开发商还提供了一种即时(Just-in Time)编译器,对那些要求快速运行的程序进行即时编译,并充分考虑了优化,从而达到了与C++语言同样的执行速度。

(3) 简单性

Java的风格类似于C和C++,因而熟悉C和C++语言的程序员可以很快掌握Java语言的编程技术。Java语言提供了丰富的类库,使编程变得比较简单。Java语言抛弃了指针,明确了类型转换的语义规则,降低了程序出错的可能性,使程序逻辑更清晰。

(4) 高效性

Java语言的多线程并发执行,节省了CPU的空闲时间。高效字节码与机器代码的执行效率相差无几。

(5) 动态性

Java语言实现动态内存管理,能及时回收无用存储单元。

(6) 分布性

Java语言的动态特性使它在分布式环境,尤其是在Internet环境中提供方便的动态内容支持。

(7) 健壮性

健壮性主要反映程序的可靠性。Java语言为此提供了大量的支持。Java是强类型语言,制定了严格的编译时类型检查规范。Java语言没有指针,减少了许多隐藏错误。Java语言动态自动回收无用存储单元(释放无用单元),使程序员无须进行内存管理。Java语言鼓励用接口而不是用类。接口定义一组行为,而类实现这些行为。传递接口而不传递类,从而可隐藏这些实现细节。若要改变实现细节,只需要新类实现旧接口,其余一切照常工作。

(8) 安全性

Java语言定义了严密的安全规范,从而保证程序的安全执行。

(9) 可移植性

Java程序一次编写可到处运行。Java语言为内部类型的实现定义了严密的规范,不会出现各种不同的"方言"。

(10) 并发性

Java语言支持多线程,从而支持程序在单机上的并发执行,或者在多机上的并行运行。Java语言以监控状态模型为基础提供了对同步的支持。

(11) 平台无关性

Java程序是由Java虚拟机来执行的。Sun公司撰写了"Java虚拟机规范",各操作系统供应商提供与平台相关的符合规范的Java虚拟机。Java源程序经编译成字节码后,就可由各种不同操作系统上的遵守相同规范的Java虚拟机来执行,且能获得相同的执行结果。这就是Java跨平台的秘密,从而实现了Java语言与平台无关。事实上,Java语言的跨平台特性是以Java虚拟机不能跨平台为代价的。如果我们设想,BASIC语言有一个"BASIC虚拟机规范",各操作系统供应商按此规范提供各自的BASIC虚拟机,那么,BASIC语言也就具有跨平台的特性了。

2. C♯语言

C♯(C sharp)是微软开发的一种面向对象语言,其目标是既拥有C++的执行效率和运算能力,也具备如VB一样的易用性。C♯是基于C++的一种语言,同时包含类似Java的很多特征。

对于C/C++用户来说,最理想的解决方案无疑是在快速开发的同时又可以调用底层平台的所有功能。他们想要一种和最新的网络标准保持同步并且能和已有的应用程序良好整合的环境。另外,一些C/C++开发人员还需要在必要的时候进行一些底层的编程。

C♯是一种最新的、面向对象的编程语言。它使得程序员可以快速地编写各种基于Microsoft.NET平台的应用程序。

正是由于C♯面向对象的卓越设计,使它成为构建各类组件理想的选择——无论是高级的商业对象还是系统级的应用程序。使用简单的C♯语言结构,这些组件可以方便地转化为XML网络服务,从而使它们可以由任何语言在任何操作系统上通过Internet进行调用,即任何平台的应用程序都可以通过Internet调用它。

扩展交互性作为一种自动管理的,类型安全的环境,C♯适合于大多数企业应用程序。但实际的经验表明有些应用程序仍然需要一些底层的代码,要么是因为基于性能的考虑,要么是因为要与现有的应用程序接口兼容。这些情况可能会迫使开发者使用C++,即使他们本身宁愿使用更高效的开发环境。

C♯采用以下对策来解决这一问题:

(1) 内置对组建对象模型(COM)和基于Windows的API的支持;

(2) 允许有限制地使用纯指针(Native Pointer)。

在C♯中,每个对象都自动生成为一个COM对象。开发者不再需要显式的实现IUnknown和其他COM接口,这些功能都是内置的。类似地,C♯可以调用现有的COM对象,无论它是由什么语言编写的。

C♯是一种现代的面向对象语言。它使程序员快速便捷地创建基于Microsoft.NET平台的解决方案。

C♯增强了开发者的效率,同时也致力于消除编程中可能导致严重结果的错误。C♯使C/C++程序员可以快速进行网络开发,同时也保持了开发者所需要的强大性和灵活性。

C♯是被设计工作在微软的.NET平台上的,微软的目标是使数据和服务的交换在网页上更容易,并且允许开发人员构建更高的程序可移植性。C♯可以方便地用于XML和SOAP,并可以直接访问程序对象或方法,而不需要添加额外的代码。所以程序可以构建在已存在的代码上,或者多次重复的使用。C♯的目标是为市场开发产品和服务时更快捷且成本开销更低。

微软与ECMA(欧洲计算机制造商协)合作,建立了C♯的标准。国际标准化组织(ISO)

称赞C♯可以鼓励其他公司开发属于自己的产品。

C♯已经被Apex Software，Bunka Orient，Component Source，devSoft，FarPoint Technologies，LEAD Technologies，ProtoView和Seagate Software等公司采用。

1.4.9 新一代程序设计语言

程序设计语言受到冯·诺依曼概念的制约，使它存在许多局限性，摆脱冯·诺依曼概念的枷锁是众多计算机语言学家奋斗的目标。为此，出现了许多不同风格的语言，这些工作促进了语言基本理论和新的体系结构的研究。这些语言主要是函数式(LISP,FP,FFP)、对象式(Smalltalk,EIFFEL,C++)和逻辑式(Prolog)语言。

1.4.10 面向未来的汉语程序设计语言

从计算机诞生至今，计算机自硬件到软件都是以印欧语为母语的人发明的。所以其本身就带有印欧语的语言特征，在硬件上CPU、I/O、存储器的基础结构都体现了印欧语思维状态的"焦点视角"，精确定义，分工明确等特点。计算机语言也遵照硬件的条件，使用分析式的结构方法，严格分类、专有专用，并在其发展脉络中如同他们的语言常用字量和历史积累词库量极度膨胀。实际上，计算机硬件的发展越来越强调整体功能，计算机语言的问题日益突出。为解决这一矛盾，自20世纪60年代以来相继有2000多种计算机语言出现，历经五代，至今仍在变化不已。

汉语程序设计语言从根本上来说是完成了汉语言与计算机机器语言的有机结合，使程序设计语言具有汉语的优势特性。

汉语程序设计语言，是指我国自行开发，自主版权的以汉语为描述语言的计算机程序设计语言。该语言绝非曾流行过的任何一种计算机语言的简单汉化，或是为某种软件制造一个中文环境。这是一个完全由中国人自行开发，由中国人掌握全部源代码，从形式到内容全面符合中国人的思维方式，使用汉文字表达的计算机程序设计语言。汉语没有严格的语法框架，字词可以自由组合、突出功能的整体性语言。在计算机语言问题成为发展"瓶颈"的今天，汉语言进入计算机程序设计语言行列，已经成为历史的必然。汉语编程之父沈志斌认为"这是一个国家、一个民族的核心技术机密问题！"。

在字符上，西方语言是表音符号，而汉语是表意符号；在语言形态上，西方语言有严密的结构，通过词与词之间的组合形成语言块，方能进行完整的表述；在语言的运用中，为适应对象的需要大量造词。而汉语言以独立的词根为基本词素，自由组成词，在句子中运用自由，以极少量的常用词组合为无限的词汇。

在语言文化上，西方语言以分析形态为主，汉语则以整体功能为主。

1. 发展汉语程序设计语言的理由

(1) 计算机语言问题的解决，只能从人类语言中寻找解决方案。

(2) 计算机语言的现存问题是形式状态与功能需求的矛盾。

(3) 计算机硬件的发展已为整体性语言——汉语进入计算机程序设计语言提供了条件。

2. 汉语程序设计语言的技术特点

(1) 汉文字的常用字高度集中，生命力极强，能灵活组合，简明准确地表达日新月异的词汇，这些优点是拼音文字无法企及的。

(2)汉语言的语法简易灵活,词语单位大小和性质往往无一定规,可随上下语境和逻辑需要自由运用。汉语言的思维整体性强,功能特征突出。

(3)汉语程序设计语言的发明者采用核心词库与无限寄存器相结合的方法,实现了汉语言的词素自由组合;将编译器与解释器合一,使汉语程序设计语言既能指令又能编程;以独特的虚拟机结构设计,将数据流与意识流分开,达到汉语程序设计语言与汉语描述完全一致,通用自如。

具有汉语言特性的汉语程序设计语言的出现,打破了汉语言不具备与计算机结合的条件而不能完成机器编码的神话。还为计算机科学与现代语言学研究提出了一条崭新的路径,它从计算机语言的角度,从严格的机械活动及周密的算法上,向世人证实汉语的特殊结构状态,及其特殊的功能。

汉语编程的适用领域:由于汉语程序设计语言是一种计算机通用语言,它可以广泛适用于单片机、PC、服务器、工作站和大型机。

3．汉语程序设计语言发展

(1)历史

1983年汉语程序语言的发明人沈志斌开始研究如何用汉语来编写计算机程序。1984—1989年是汉语编程的基础构想和基础算法及其基本功能验证阶段。1989—1994年是汉语编程嵌入式系统的开发及应用的阶段,其中1992年完成汉语程序语言1.0版(DOS版本),1993年发展出汉语程序语言嵌入式系统,1994年由电子工业出版社出版《汉语程序设计语言》,为汉语编程技术建立了基础,并成功申报了国家发明专利(专利号:94107330.0)。1994—1999年是汉语编程嵌入式系统在多种行业中应用及Windows平台汉语编程系统发展阶段。随着世界信息技术的发展,汉语编程技术在与新技术的继承和调用上的灵活性已独具特点,1994年至今,是汉语编程嵌入式系统、汉语程序设计语言、汉语编程数据库开发环境、软件工程整体发展阶段,其中,1997年汉语程序语言1.0版(Windows 9.x NT版本),2000年3月汉语程序语言2.0版完成(浮点运算和浮点数据库)。

(2)现状

嵌入式系统已完成超小容量4KB在线编程,接口技术完备,PC:已完成DOS、Windows 9x、NT外挂汉语编程语言。

4．汉语程序设计语言的意义

(1)面对问题

汉语程序设计语言,极具针对性地解决了目前计算机语言所存在的问题。汉语程序设计语言有功能独特的解码器,可以从指令到编程使用一种语言。寻找到了极富创意的语言结构方案,可以使汉语程序设计语言适用于单片机、嵌入式系统、各种PC、大、中、小型机,完全相同于人类语言的描述方式,学习简易,编程方便,维护轻松。语言结构特殊,安全性极高,不受病毒及网络侵害。

(2)面向未来

汉语程序设计语言是面向未来的计算机语言,其通用的构造,灵活的形态及在网络间来往自如的功能,可为计算机使用者提供无限的发展空间。

（3）人才培养

在汉语程序设计语言的研发过程中，为解决汉语言与计算机有机结合的问题，公司研发人员步步攻关、层层铺码、开发工具、剖析硬件，培养了一批与传统计算机人员知识结构完全不同的技术人员。这些技术人员拥有最深层的语言开发资料，软硬一体化的设计思想。面对未来能够提出最新型的技术方案和有效地解决问题的办法。

5．汉语程序设计语言的作用

（1）打破西方对东方的计算机语言的垄断，使中国人拥有自主版权的先进的计算机语言。

（2）易学易懂的汉语程序设计语言，将极大地推动中国信息业的发展，造就无数的就业机会。

（3）世界最大计算机消费市场与先进的计算机语言结合，将改变现今的经济格局，形成世界上最大的软件产业市场。

（4）结合中国家电业的现状，快速提高中国家电的质量，将网络家电的概念，提高到整体智能家电的水平。

（5）改变计算机教育现状，把跟随西方的计算机教育，改变为自主创新的教育。

（6）迅速提高各行业信息化水平、沟通多学科的交流与边缘学科的发展，极大地促进国家综合国力的提高。

作为一个发展中国家，由于历史的缘由，在计算机语言开发上处于落后的地位。汉语程序设计语言开发成功的意义，仅仅在计算机语言研发深层资料的占有上就已非同一般。

特别要指出的是，汉语程序设计语言的实现不单是打破计算机语言的垄断格局，而是将世界计算机软件的开发与应用提高到一个新的水平。

1.4.11 总结

是否存在一种完美无瑕的语言？是否应该存在多种风格的语言？是否应该把多种风格融合成一个统一体，建立一个统一风格的语言？语言学家正在从数学基础、语义定义、实现和应用等方面对这些问题进行研究和探索。今后10年，将是一个令人激动的10年，预计将会产生和完善新一代程序设计语言。

表1-1中按出现年代顺序，列出一些本书涉及的主要语言。

表1-1 主要程序设计语言列表

语言	年代	创始人	先驱语言	应用领域
FORTRAN	1954—1957[1]	J. Backus(IBM)	—	数值计算
ALGOL 60	1958—1960[2]	委员会	FORTRAN	数值计算
COBOL	1959—1960[2]	委员会	—	商业数据处理
APL	1956—1960[2]	K. Iverson(哈佛)	—	矩阵运算
LISP	1956～1962[1]	J. Mc Carthy(麻省理工)	—	符号计算
SNOBOL 4	1962—1966[1]	R. Griswold(贝尔实验室)	—	串处理
PL/1	1963—1964[3]	IBM委员会	FORTRAN ALGOL 60 COBOL	通用
SIMULA 67	1967[3]	O. J. Dahletal(挪威计算中心)	ALGOL 60	通用模拟
ALGOL 68	1963—1968[3]	委员会	ALGOL 60	通用

续表

语　言	年　代	创　始　人	先驱语言	应用领域
BLiss	1971③	W. Wulf et al. (Carnegie Mellon U.)	ALGOL 68	系统程序
Pascal	1971③	N. Wirth(苏黎世 ETH)	ALGOL 60	通用、教育、结构程序设计
Prolog	1972①	A. Colmerauer(法国马塞)	—	人工智能
C	1974③	D. Ritchie(贝尔实验室)	ALGOL 68 BCPL	系统程序
Mesa	1974②	施乐 PARC	Pascal SIMULA 67	系统程序
并发 Pascal	1975③	P. brinch Hansen(Cal. Tech)	Pascal	并发程序设计
CLU	1974—1977①	B. Liskov et al.(麻省理工)	SIMULA 67	支持基于抽象的方法
Euclid	1977③	委员会	Pascal	可证明的系统程序
Gypsy	1977③	D. good et al. (U. ot Texas-Austin)	Pascal	可证明的系统程序
Modula-2	1977③	N. With(苏黎世 ETH)	Pascal Mesa	系统程序、实时
Ada	1979③	J. Ichbinh et ae. (Cll Honeywell Bull)	Pascal SIMULA 67	通用、嵌入应用、实时
Smalltalk	1971—1980①	A. kay(施乐 PARC)	SIMULA67	个人计算环境
C++	1984—1989①	Bjarne Stroustrup	C	系统程序
Python	1989	Guido van Rossum	—	应用程序
Java	1991~1994①	James Gosling(Green 小组)	C/C++	网络浏览器
Delphi	1995	Anders Hejlsberg	Pascal	图形界面,可视化
JavaScript	1995	Netscape 公司	Java	动态网页制作,开发交互式 Web 网页
PHP	1995	Rasmus Lerdorf	C,Java,Perl	高效动态网页
D	1999	Digital Mars 公司	C、C++	系统级编程语言
C#	2000	Anders Hejlaberg	C++、Java	各种应用程序
Simple	2009	Rob Pike	BASIC	各种应用程序
Go	2009	Rob Pike	—	各种应用程序
Opa	2011	Henri Binsztok	—	web 应用程序

注：①语言设计和最初实现；②语言设计；③第一个官方语言描述。

表 1-2(摘自文献[59])简要列举了自 20 世纪下半叶起每 5 年为一个时间段出现的有重要影响的语言和技术。该表忽略了一些在历史上发挥过一定作用的语言。

表 1-2　程序设计语言的主要影响

年　份	新技术及其影响
1951—1955	硬件：真空管计算机,水银延迟线存储器 方法：汇编语言,基本概念：子程序、数据结构 语言：表达式编译器的实验性使用
1956—1960	硬件：磁带、磁心内存、晶体管电路 方法：早期编译技术,BNF 语法,代码优化器,解释器,动态存储方法和表处理 语言：FORTRAN,ALGOL 58,ALGOL 60,LISP

续表

年 份	新技术及其影响
1961—1965	硬件:可兼容的体系结构,磁盘 方法:多任务操作系统,语法制导编译器 语言:COBOL,ALGOL 60(修订版),SNOBOL,JOVIAL
1966—1970	硬件:容量和速度增大而价钱降低,微型计算机,微程序,集成电路 方法:分时和交互式系统,优化编译器,翻译书写系统 语言:APL,FORTRAN 66,COBOL 65,ALGOL 68,SNOBOL 4,BASIC,PL/1 SIMULA 67,ALGOL-W
1971—1975	硬件:微型计算机,小型计算机过时,小规模的大容量存储系统,磁心内存的减少和半导体内存的增加 方法:程序检验器,结构化编程,作为研究方法的软件工程的早期发展 语言:Pascal,COBOL 74,PL/1(标准版),C,Scheme,Prolog
1976—1980	硬件:商业化微型计算机,超大容量存储系统,分布式计算 方法:数据抽象,形式语义,并行,嵌入和实时编程技术 语言:Smalltalk,FORTRAN 77,Ada,ML
1981—1985	硬件:个人计算机,第一代工作站,电子游戏,局域网,ARPA网 方法:面向对象编程,交互式环境,语法制导编译器 语言:Turbo Pascal,Smalltalk-80,Prolog,Ada 83,PostScript
1986—1990	硬件:微型计算机过时,工程工作站增长,RISC 技术,Internet 方法:客户/服务器计算机 语言:FORTRAN 90,C++,SML(Standard ML)
1991—1995	硬件:廉价而高速的工作站和微型计算机,大型并行结构,声音、图像、传真和多媒体 方法:开放式系统,环境框架 语言:Ada 95,过程语言(TCL,Perl),HTML
1996—2000	硬件:廉价计算机,个人电子助手,WWW,基于线缆的家用网络,兆字节硬盘存储 方法:电子商务 语言:Java,JavaScript,XML
2001~2014	硬件:第四代超大规模集成电路,阵列结构,多核,超长指令字,大容量 canhe 方法:网络编程,无线网络的新技术,云计算计算模型,大数据处理 语言:C#,Opa,Simple,Go

图 1-3 展示了主要高级程序设计语言及其相互之间的关系。

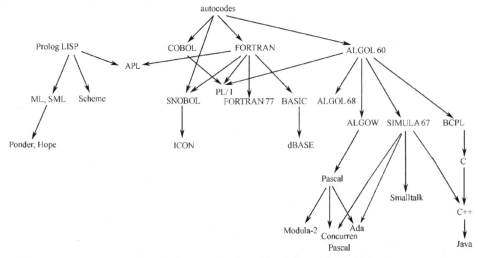

图 1-3 主要高级程序设计语言及其相互之间的关系

习 题 1

1-1 一种语言涉及哪三方面的人？他们与语言的关系如何？
1-2 什么是强制式语言？你知道哪些语言是强制式语言？
1-3 语言按发展进程进行分类可有几类语言？你能举出每类语言的实例吗？
1-4 什么是冯·诺依曼机？它的基础是什么？
1-5 在学习和使用计算机的过程中，你用到过绑定的概念吗？试举出一些绑定实例。绑定和绑定时间有何不同？
1-6 简述变量和它的属性。
1-7 什么是静态属性？什么是动态属性？分别举出几种静态和动态属性。
1-8 什么是虚拟机？你还知道哪些虚拟结构？
1-9 什么是程序单元？在你所使用的语言中，有哪些结构是程序单元？它们如何激活？
1-10 一个程序单元的引用环境是指什么？
1-11 一个程序单元如何递归地激活？有哪些递归激活方式？
1-12 什么是汉语程序设计语言？它的作用是什么？

第 2 章 数 据 类 型

本章将讨论程序设计语言的数据类型(Data Type),即类型结构。将类型作为数据结构的抽象表示,可以分为三个层次的抽象,即内部类型、用户定义类型和抽象数据类型。在各种语言中,用户定义类型的形式很多。我们将这些多种定义形式抽象成 6 种用户定义类型机制,并用 Pascal,Ada,C 和 Java 语言的类型结构来说明这 6 种机制。在引入抽象数据类型的概念后,用 SIMULA 67 的类、CLU 的簇、Ada 的程序包以及 C++ 和 Java 语言的类来说明抽象数据类型。同时,还将讨论数据类型与编译有关的几个问题,最后给出几种类型的实现模型。

2.1 引 言

读者大都学习过程序设计。所谓程序,实质上就是在数据的某些特定的表示方式和结构的基础上对抽象算法的具体描述。Pascal 语言的发明者,瑞士计算机科学家沃斯(Niklaus Wirth)于 1976 年出版的《算法＋数据结构＝程序》一书,精辟地以书名来刻画程序,程序设计语言必须以描述算法和数据结构作为它自身的主要结构。纵观现有的高级程序设计语言,通常都以数据类型来描述数据结构,以控制结构来描述算法。设计一个高级程序设计语言,主要工作就是设计数据类型结构和控制结构。本章将讨论语言的数据类型,第 3 章将讨论语言的控制结构。

在传统的高级语言中,通常都有数据类型的概念。数据类型实质上是对存储器中所存储的数据抽象。在机器语言中,存储器的一个存储单元的内容是一个二进制位串(序列)。这些位串实际可能是一条机器指令、一个地址、一个整数、一个实数或一个字符(串),它们在存储器中的意义直接受程序员的控制,程序员可用移位、逻辑运算和算术运算等操作对它们进行处理。在机器语言中,数据具有最原始的形式,没有任何的抽象。

早期的汇编语言的抽象只有符号名,程序员使用助记符命名操作码,也可用符号命名存储位置(单元)。即使这样简单的抽象,也使程序员受益匪浅,至少可以从机器的具体特征,特别是表示存储地址和操作的二进制位串中解脱出来,同时也提高了程序的可写性、可读性和可修改性(Modifiability)。

早期的高级语言 FORTRAN,COBOL 和 ALGOL 60 在引入数据抽象方面迈出了第一步。在这些语言中,存放在存储器中的数据不再被看成原始的无名位串,而是看成一个整数值、一个实数值、一个布尔值或其他值,即具有一定的数据类型。每种数据类型定义一组值的集合,以及对这组值进行的操作(运算)的集合。

数据类型的引入实现了数据抽象,这是一个重要的起点。在这些语言中,程序员不再为存储单元中的二进制位串的某一位是什么意义而操心,程序员也可以不了解机器的细节,这样就扩大了用户,提高了编制程序的效率,消除了程序中许多人为的错误。

语言的某种特定的数据抽象受到两个因素的影响:一是语言所面向的机器(只提供定点运算或同时提供浮点运算);二是语言所面向的应用领域,例如,FORTRAN 不适合串处理的问题,COBOL 不适合解微分方程的计算,两者都对需要高度动态数据结构的矩阵运算不合适。

语言根据所面向的机器和应用定义了不同的数据类型,这些类型称为内部类型(Built－in Type)。自 Pascal 语言开始,语言提供了由用户定义类型的方法。采用这类方法由用户自己定义的数据类型称为用户定义类型(User－defined Type),或简称自定义类型。

2.2 内部类型

计算机程序可以看成作用于某些输入,产生某些期望的结果(输出)的函数。在传统的语言中,函数计算是分步进行的,每一步都可能产生中间结果(Intermediate Result),并将它存储在程序变量中。语言之间的差异在于,其使用的数据类型、对数据所能进行的操作及存储和使用数据的方法等方面的不同。

通常,语言提供一些内部类型,这些类型又称语言定义类型(Language－defined Type),它们多数都能反映基本硬件特性。在语言级,一种内部类型标识共用某些操作的数据对象的抽象表示。例如,整数表示能实现＋,－,＊和/等定点操作的数据对象的集合。语言的编译器把这些抽象表示映射到实际的实现。例如,抽象表示"25"被映射成位串"0001 1001"(二进制序列),两个整数相加被映射成机器的定点加操作。

按照抽象的观点,内部类型至少具有 4 个方面的优越性。

1. 基本表示的不可见性

程序员不能访问表示某类型的值的基本位串,这些基本位串对程序员是不可见的。通过作用于位串的操作使位串改变,这种改变的结果作为内部类型的新值对程序员是可见的,但新位串仍是不可见的。例如,整数加

　　　25 + 9

属抽象层,对程序员是可见的,而对于翻译后的基本表示(二进制位串)

　　　0001 1001 ＋ 0000 1001

对程序员是不可见的,机器运算后的结果的基本表示

　　　0010 0010

对程序员也是不可见的,但这个基本表示经翻译后的结果"34"作为计算结果的新值对程序员是可见的。

基本表示的不可见性至少具有下列 4 个优点。

(1) 不同的程序设计风格

在传统硬件中,任何对象都可看成不加解释的位串,任何机器指令均可对这样的位串进行操作。一个存储单元的内容(位串)到底是一个整数还是其他什么,该进行什么样的操作,完全由程序员来管理。然而,数据类型的管理完全由实现来进行,这使得程序设计风格完全不同。

(2) 可写性

可写性是一个难以度量的性质,一般是指对某个问题以习惯和自然的方式来表述一个程序的可能性,以便程序员不必注意语言的细枝末节和技巧,把精力集中在问题求解上。虽然这是一个很主观的准则,但"25"比"0001 1001"的可写性好。可写性好可使程序员减少书写错误,从而使程序容易调试。

(3) 可读性

语言的可读性表现在用该语言编制的程序可进行逻辑跟踪,通过跟踪程序进行校验,发现

程序中所出现的错误。可读性也是一个主观准则,它在很大程度上依赖于感觉和风格。显然,"25"比"0001 1001"的可读性好。

(4) 可修改性

数据的抽象摆脱了许多机器的细节,使得程序便于修改。如果抽象的表示有改变,不会影响使用这种抽象的程序,不需要修改程序。因此,也提高了程序的可移植性,程序可以向使用不同内部数据表示的机器移植。

语言提供了读/写内部类型值的语句,大多数语言还提供了格式输出功能。实际机器以一种结构复杂的方法解释这些格式,让外部设备来执行输入/输出,不同的机器有不同的解释方法,而高级语言掩盖了包含在输入/输出中的复杂物理资源(例如寄存器、通道等)。

2. 编译时能检查变量使用的正确性

若语言中包含变量说明,那么对变量的非法操作可以在编译时查出。编译程序在编译时要对类型进行检查,编译时的类型检查称为静态类型检查(Static Type Checking)。静态类型检查不可能将一个程序中的所有数据操作错误检查出来,有的错误还需在运行时检查。例如,表达式 i/j 在静态检查时可能被认为是正确的,只要 i 和 j 都是实数。但在运行时尚需做进一步的检查,一旦 j 为 0,表达式就不再正确。

3. 编译时可以确定无二义的操作

通常,语言都用少数几个运算符来表示大量的操作,例如运算符"+"可以表示整数加,也可以表示实数加,有的语言甚至用来表示逻辑加。涉及执行表达式 A+B 的机器操作可由编译器来确定,因为编译时 A 和 B 的类型是确定的,编译器可根据 A 和 B 的类型来确定相应的操作。运算符的意义依赖于操作数的类型,它称为超载(或重载)(Overload)或多态(Polymorphic)。运算符"+"是超载的例子,它对整数加和实数加都有意义,编译时以不同的机器指令来实现。如果一个语言不允许运算符出现超载,那么,对不同的操作就要引入不同的运算符,这就使得语言定义变得冗长,程序员记忆的符号也要增加。若语言使一个运算符表示过多的操作,那么程序就变得难于理解。因此,合理地使用超载,可以提高语言的可读性和可用性(Usability)。

4. 精度控制

在某些语言中,程序员可以通过数据类型来显式定义数据的精度(Accuracy)。例如,FORTRAN 语言允许用户选择单精度或双精度浮点数;ALGOL 68 语言允许使用 **long real**,**long long real**,**long int** 和 **long long int** 来选择浮点数和定点数的精度;Ada 语言的数字数据类型的精度也可由程序员来选择。精度说明可以看成编译程序实施空间优化的命令,也可以看成对编译程序插入监控变量值的运行时检查。后者为估计计算结果的正确性提供了有效途径。精度说明也为程序员提供了不同情况采用不同存储字长的手段,以便有效地利用存储空间。程序的修改也很容易,若只需改变相应的字长,就仅限于改变源程序中的相关类型说明。

传统的程序设计语言都定义了内部类型,读者应当很好地了解和掌握这些类型。

2.3 用户定义类型

有些语言,如 ALGOL 68,Pascal 和 Ada 等,除了语言定义的内部类型外,还允许用户借助于语言提供的机制,自己定义新的数据类型。语言允许程序员规定基本数据对象的聚合

(Aggregate)，乃至聚合的聚合。例如，数组构造符 array 构造同种类型的聚合。一个聚合对象具有唯一的名字，可对它的单个分量进行操作，可选择适当的操作访问每个分量。许多语言也可对整个聚合赋值或比较。

我们在现有语言的聚合方法中，抽象出一些机制加以讨论。

2.3.1 笛卡儿积

n 个集合 $A_1, A_2, \cdots, A_n$ 的笛卡儿积(Cartesian Product)表示为
$$A_1 \times A_2 \times \cdots \times A_n$$
它是一个集合，其元素是有序的 n 元式 $(a_1, a_2, \cdots, a_n)$，其中 $a_i \in A_i, i=1,2,\cdots,n$。例如，一个正多边形用一个整数(正多边形边数)和一个实数(边的长度)来描述，那么任意正多边形都是笛卡儿积

  integer × real

的一个元素。COBOL 和 Pascal 的记录(Record)，PL/1，ALGOL 68 和 C 语言的结构(Structure)都是笛卡儿积的例子。用 Pascal 定义如下。

  type polygon = **record** no_of_edges：**integer**；
     edge_size：**real**
  end

语言把笛卡儿积数据对象看成由若干个域(Field)组成，每一个域都可以具有一个名字。在上述正多边形的例子中，以 polygon 命名变量的类型，它的每个变量具有两个域，一个名为 no_of_edges 的整型域，用来保存边数，一个名为 edge_size 的实型域，用来保存边的长度。笛卡儿积的域可用域名(Field Name)来选取，也可用语言规定的选择符(Selector)来选取。例如，在 Pascal 中为了使 polygon tl 为一个边长 7.53 的等边三角形，应当写成

  tl.no_of_edges：= 3；
  tl.edge_size：= 7.53；

其中圆点"."是 Pascal 规定的选择符。而在 ALGOL 68 和 Ada 语言中具有简单的形式

  tl：= (3, 7.53)

2.3.2 有限映像

从定义域类型 DT 值的有限集合到值域类型 RT 值的有限集合的函数称为有限映像(Finite Mapping)。语言的数组构造符 array 就是有限映像的实例。例如，Pascal 说明

  var a：**array**[1..50] **of char**

可看成从 1~50 的整数集合到字符集的有限映像。值域的对象可由下标索引(Indexing)来选取，即通过在定义域中提供相应的值作为下标(Index)来选取。a[k]称为下标变量(Indexed Variable)，它可以看成上述映像对自变量 k 的一个应用。

带有不在定义域中值的下标会导致一个错误，例如 a[55]就是对上述数组元素的一个引用错误。通常，这类错误要在运行时才能查出。

某些语言，例如 APL，ALGOL 68 和 Ada，下标可用来选取值域的多个元素。Ada 的

a[3..20]说明一个包含18个元素的 a 的一维子数组(Subarray),这样的操作称为分割(Slicing),它选取数组的一个切片(Slice)。

SNOBOL 4 语言提供更为有趣的有限映像,array 可构造值域集的所有元素不是同一类型的数组,数组的一个元素可能是整型,另一个可能是实型,第三个可能是字符串。换句话说,值域集的类型是其元素的所有类型的联合。

有限映像定义域类型 DT 到相应值的特定子集的绑定策略随语言而异,它有三种基本方式。

(1) 编译时绑定

例如 FORTRAN,C 和 Pascal 语言,程序员在编写程序时这个子集就已固定,所以在编译时就能冻结。

(2) 对象建立时绑定

ALGOL 60 最先采用这种限制,后来在 SIMULA 67 和 Ada 中也得到采用。在程序运行时,变量实例一旦建立,子集就固定了。

(3) 对象处理时绑定

这是在运行时期内执行的选择,它是最灵活也是代价最高的选择。例如,ALGOL 68 的灵活数组(Flexible Array)在运行中对象的生成期内,子集的范围是随时可变的,只有在处理对象时约束当前的子集范围。典型的动态语言 SNOBOL 4 和 APL 和后来的 CLU 都采用这种绑定。

2.3.3 序列

序列(Sequence)由任意多个数据项组成,这些项称为该序列的成分(Component)。每个成分都具有相同的类型,记为 CT。在这种构造机制中,成分出现的个数不需要说明,原则上要求能容纳任意大小的对象。

串是众所周知的序列,其成分类型为字符。数据处理中的顺序文件(Sequential File)的思想也来自于序列的概念。

现有语言中提供的序列构造形式不多,而且差异也较大,要抽象出共同的特性是困难的。例如,SNOBOL 4 把串看成具有丰富操作的数据对象,而 Pascal 和 C 语言却把串看成简单的字符数组,没有特别规定对串的操作。PL/1 和 Ada 提供了基本的串操作,但为了简化动态存储分配问题,要求程序员在串说明中规定一个串的最大长度。

串的一般操作有下列 4 种:

(1) 连接(Concatenation)

串"THIS_IS_"和串"AN_EXAMPLE"的连接结果是"THIS_IS_AN_EXAMPLE"。

(2) 首项选取

选取一个串的第一个成分,对上述连接结果的首项选取是"T"。

(3) 尾项选取

选取一个串的最后一个成分,对上述连接结果的尾项选取是"E"。

(4) 子串

以专门的说明指出从给定的串中取出期望的子串(Substring),要求说明标出子串的第一个字符和最后一个字符的位置。

顺序文件呈现更多的特殊问题，它依赖于与操作系统的接口。通常对文件只提供简单的基本操作，例如，Pascal 文件只允许在现有文件末端加入新值来修改文件，且只能顺序读取文件。

2.3.4 递归

若数据类型 T 包含属于同一数据类型 T 的成分，那么类型 T 称为递归类型（Recursive Type）。递归类型允许在类型定义中使用被定义类型的名字。例如，二叉树可通过递归来定义。类型 binary_tree 可以定义成一个三元式，第一个元素或者为空，或者为原子元素（Atomic Element）；第二个元素为（Left）binary_tree；第三个元素为（Right）binary_tree（参见 2.4.3 节）。

递归用来定义聚合的构造机制，这个聚合的大小是任意增加的，结构也可以很复杂。递归与序列相反，允许程序员为选取成分建立任意的访问路径。

指针（Pointer）是语言提供的最常用的建立递归数据对象的机制。递归类型的每个成分由一个单元表示，存储单元的内容是一个指向数据对象的指针，而不是数据对象本身。常常会遇到这样的情况，即数据对象的大小是任意的，所以我们需要这样的指针，以间接方式来标识这类可变的数据对象。例如，二叉树的每个结点都具有两个相关单元，一个包含指向左子树的指针，另一个包含指向右子树的指针（这里忽略了每个结点还应保存的其他信息）。树自身用另一个单元来标识，这个单元包含指向树根的指针，从这个单元出发，沿着适当的指针链可以访问每个结点。空指针对应空（子）树。

2.3.5 判定或

判定或（Discriminated Union）是一个选择对象结构的构造机制，规定在两个不同选择对象之间做出适当的选择，每个选择对象结构称为一个变体（Variant）。

COBOL 语言的重定义子句 REDEFINES 就是这样的结构，它支持判定或。在公用数据处理中，有这样的情况：某些存储记录的结构绝大部分都是相同的，仅有少部分域是不同的，因此可使用判定或构造机制来定义不同的变体。例如，在一个工资管理程序中，有一个域表示付给雇员的薪金，或者是月薪，或者是时薪，这取决于雇员的支付方式。为了说明这个问题，我们写一个 COBOL 程序段：

```
01 EMPLOYEE_ERCOD
   05 NAME                            PIC X(20)
   05 SALARY                          PIC 9999.
   05 HOUR_RATE REDEFINES SALARY      PIC 99V99.
```

其中，SALARY 和 HOUR_RATE 指同一域，但两者具有不同的 PICTURE（类似于类型概念）。

大多数近期的程序设计语言允许程序员在不同程度上以判定或机制来定义变量类型，例如，ALGOL 68 和 C 语言的 union，Pascal 和 Ada 的变体记录（Variant Record）。

2.3.6 幂集

通常，我们需要定义这样的变量，其值是某个类型 T 的各元素集合的任意子集，该变量的类型记为 Powerset(T)，即类型 T 的元素的所有子集的集合。这种构造机制称为幂集（Powerset)，T 称为基类型(Base Type)。例如，语言处理器接受下列选择集合 Set：

LIST_S	列源程序表的过程
LIST_O	列目标程序表的过程
OPTTIMIZE	优化目标代码
SAVE_O	在后备存储器上保留目标代码
SAVE_S	在后备存储器上保留源程序
EXEC	执行目标代码

让处理器执行的命令可以是 Set 的任意子集。例如：

{LIST_S,LIST_O}
{LIST_S,EXEC}
{OPTIMIZE ,SAVE_O, EXEC}

上述命令的类型均是 powerset(Set)。

类型 powerset 的变量是一个集合，因此对它们的基本操作是集合的操作，可以是"联合"、"与"，以及测试类型 T 的给定对象是否在这个集合中。有的语言缺乏支持集合的类型，为了表示幂集，程序员只好使用布尔数组、链表或其他低级机制来实现。

语言中允许程序员利用上述从现有语言中抽象出来的机制，定义以复杂的数据对象作为基本项的聚合。例如，Pascal 的结构变量说明

```
var a : record x:integer ;
             y:array[1..10] of char
end
```

定义了一个记录结构变量 a，而 a 的类型没有显式名字，但却描述了它的类型结构，这个结构是笛卡儿积，具有两个域，其中一个域是有限映像。许多语言，例如 ALGOL 68，Pascal 和 Ada 等语言提供了定义新类型的手段，使程序员可能对现有的类型重新命名，或聚合若干基本类型定义新类型。例如，Pascal 可以说明下列的笛卡儿积的类型：

```
type complex = record radius:real ;
                     angle:real
end
```

其中，类型 complex 的所有变量由两个域(radius 和 angle)组成，它们分别保存复数的绝对值和辐角。然后可再说明

```
var c1,c2,c3:complex;
```

规定名为 c1，c2 和 c3 的变量，其类型为 complex。

从上述两个 Pascal 的类型说明可以看出，一个对类型显式命名为 complex，一个未对定义的类型命名。

对程序设计来说，显式命名具有下列 4 个优点。

(1) 可读性

适当选择新类型名能提高程序的可读性。严格使用逐步求精的过程使通过类型定义的层次结构反映出一类数据的定义。例如，在 complex 定义之后，可以说明类型

```
    type voltage = complex;
         voltage_table = array[1..10] of voltage;
```

其中,第一个语句表明 voltage 由复数表示,第二个语句表明类型 voltage 的值在 10 点的空间内由类型 voltage_table 表示。

(2) 可修改性

表示对给定类型的变量数据结构的改变,只需改变类型说明,无须改变所有变量说明。但是,变量类型的改变要求对这些变量的操作也要做相应的改变,因此需要改变程序的某些指令。

(3) 可分性(Factorization)

复杂数据结构的样板定义只需书写一次,然后就可多次用于需要说明的变量。若在一个程序中有许多变量需要重复同一定义,就可使用这种机制,即以一个名字来代表这个定义,减少了再用时可能出现的错误。语言中可分性概念用得比较普遍,在早期的语言中,子程序(过程)就使用了可分性。把程序中相同的代码"分"出来,用一个名字来标识,待使用这段代码时,调用标识这段代码的名字即可。

(4) 一致性检查

因为允许程序员应用简单类型来定义新类型,所以影响了类型检查(Type Checking)的有效性。在这种情况下,原来只限于内部类型的检查,现在必须扩充到用户定义类型的检查。许多类型检查都可用语言规定的类型相容性(Type Compatibility),即等价性(Equivalence)来实现(参见 2.11 节),类型检查机制将两个相容的类型作为同一类型来处理。

下面将以 Pascal,Ada,C 和 Java 语言的部分类型结构,说明上述内部类型和构造用户定义类型的 6 种机制。

2.4 Pascal 语言数据类型结构

我们将以 Pascal 报告原始定义为基础进行讨论,以使读者对程序设计语言的数据类型有更进一步的认识。

2.4.1 非结构类型

Pascal 的数据类型最终建立在非结构的原始成分上。非结构类型有内部的,也有用户定义的。内部非结构类型是 **integer**、**real**、**boolean** 和 **char**。

类型 **integer** 是有序整数集的一个子集,这个子集的大小由具体实现定义。实现定义的最大整数用标准标识符 maxint 表示。类型 **real** 的值是实现定义的浮点数子集的一个元素。实数的最大值和精度依赖于实现和机器的基本浮点运算所受到的限制。类型 **char** 的值是一个有限字符集的元素,这个字符集及其字符间的顺序关系都是由实现来定义的。类型 **boolean** 只有 **true** 和 **false** 两个值,它们可以比较,**false** 看成比 **true** 小,并由布尔运算符 **and**、**or** 和 **not** 对它们进行操作。

整型、布尔型和字符型统称有序类型(Ordinal Type)。这些类型的每个元素都有唯一的前驱(Predecessor)和后继(Succession),分别由内部函数 pred 和 succ 计算有序的前驱和后继值。布尔值 true 定义成 false 的后继。函数 succ 和 pred 接受上述几种有序类型的参数,因而它们是超载操作符的又一例子。

Pascal 有两种定义新的有序类型的方法。

第一种方法是枚举所有可能的值，例如

```
type day = (sunday,monday,tuseday,wednesday,thursday,friday,saturday);
```

是用枚举方法说明的一个新的有序类型 day，这是用户自定义的非结构类型，其效果如下：

① 引入一个新数据类型 day；
② 定义 day 由 sunday 等 7 个元素组成；
③ 定义一个顺序 sunday＜monday＜…＜saturday；
④ 隐含对这个新类型变量可以进行的赋值和比较等操作。

因此，在变量说明

```
var today,tomorrow,yesterday,my_birthday:day;
```

之后，下列语句对变量所进行的操作是合法的：

```
today: = thursday;
tomorrow: = succ(today);
yesterday: = pred(today);
my_birthday: = tomorrow;
```

遗憾的是，枚举类型的值不能直接读/写，虽然 day 包含了一个星期的名字，还是必须以某种编码方式（例如用整数）来读 day 的值，然后显式将其转换为类型 day 的值。

第二种方法是规定一个有序类型的子界（Subrange）。例如，我们已经定义了 day，现在可以定义一个类型 work_day 作为由 monday 到 friday 的子界。下列程序段说明了这种情况：

```
type work_day = monday..friday;
     age = 0..120;
var my_age : age;
    class_day : work_day;
```

若新定义的类型没有给出显式名字，也是可以使用的。例如

```
var course_taught :(comp_sci_15,comp_sci_240);
```

规定 course_taught 为匿名类型的变量，它是一个枚举类型的变量，该枚举类型仅具有值 comp_sci_15,comp_sci_240。语句

```
course_taught: = comp_sci_240;
my_age: = 33;
if course_taught = comp_sci_15
    then class_day: = tuesday
    else class_day: = wednesday
```

是合法的句子。

子界类型的变量与它的基类型的变量具有相同的性质，但子界类型的值的集合仅是基类型值的集合的子集，这个性质通常在运行时进行检查。例如语句

```
class_day: = succ(class_day)
```

在运行时，若 class_day 已经为 friday，那么它的后继应该是 saturday，而 saturday 不属于子界类型 work_day，它将导致一个运行（时）错误。

2.4.2 聚合构造

1. 数组构造

array 构造符允许程序员定义有限映像。数组构造的一般形式为

  array[t1]**of** t2

其中,t1 是下标(或定义域)的类型,要求是有序类型;t2 是元素(值域)的类型,它是数组元素的类型。例如说明

  type flavor = (chocolate, mint, peach, strawberry, vanilla, bluecheese, catsup, garlic, onion);
    icecream_flavor = chocolate..vanilla;
    icecream_order = **array**[icecream_flavor]**of boolean**;
  var my_order, your_order: icecream_order;
    choice: icecream_flavor;

之后,可使用下列语句:

  for choice: = chocolate **to** vanilla **do**
    my_order[choice]: = **false**;

数组访问

  my_order[succ(choice)]

是合法的,但是需要在运行时检查下标是否越界。实际上,若 choice = vanilla,那么 succ(choice)产生 bluecheese,即产生一个不属于类型 icecream_flavor 的值,出现越界错误。

Pascal 把下标类型不同的数组看成不同的类型,例如说明

  type a1 = **array**[1..50]**of integer**;
    a2 = **array**[1..70]**of integer**;

定义了 a1 和 a2 两个不同的类型。在 Pascal 原始报告中,这样定义的数组类型会产生严重问题,它使得以形参定义的数组与替换的实参数组可能类型不同。换句话说,过程需要一个数组形参时,这个数组的类型是在过程定义时定义的,我们无法写一个过程,既能传递类型为 a1 的实参,也能传递类型为 a2 的实参。

在 Pascal ISO 标准中,为了解决上述问题引入了符合数组(Conformant Array)的概念,它能完成将形参数组大小匹配到实参数组大小的功能,要求实参和形参具有相同个数的下标,以及相同的成分类型。例如,过程

  procedure sort(**var** a: **array**[low..high: integer] **of** ctype);
  var i: integer; more: boolean;
begin {sort}
  more: = true;
  while more **do**
   begin
    more: = false;
    for i: = low **to** high − 1 **do**
     begin

```
                    if a[i]>a[i+1] then
                        begin
                            move_right(i);
                            more: = true
                        end;
                end;
        end;
end{sort};
```

使用了符合数组,当过程 sort 被调用时,实参是一个一维数组;形参的 low 和 high 需要绑定于实参的下界和上界。

然而,符合数组只解决了部分问题,例如,它仍不能在 sort 中说明一个大小为 how..high 的局部动态数组(Local Dynamic Array),因为绑定的子界必须在编译时是常数,所以不可能说明类型为 low..high 的变量 i。

Pascal 可以定义多维数组,例如

```
type row = array [-5..10] of integer;
var my_matrix: array [3..30] of row;
```

其中,变量 my_matrix 是一个元素为数组的一维数组,即二维数组,通常缩写成

```
var my_matrix: array [3..30, -5..10] of integer;
```

2. 记录构造

构造符 **record** 可以用来定义笛卡儿积。记录结构的一般形式为

```
record field_1: type_1;
       field_2: type_2;
       ...
       field_n: type_n
end
```

其中,field_i($1 \leqslant i \leqslant n$)是域标识符(Field Identifier),type_i($1 \leqslant i \leqslant n$)是相应域的类型。记录可以整体访问,也可用圆点"."作为选择符访问单个的域。例如说明

```
type reg_polygon = record no_of_edges: integer;
                          edge_size: real
                   end;
var t, q, p: reg_polygon;
```

定义了一个记录类型 reg_polygon 及其变量 t,q 和 p。这样,下列语句

```
t.no_of_edges: = 3;
t.edge_size: = 7.53;
q.no_of_edges: = t.no_of_edges + 1;
q.edge_size: = 2 * t.edge_size;
p: = q;
```

都是合法的。其中，t 定义成边长为 7.53 的正三角形，而 q 和 p 定义成边长为 15.06 的正方形。

Pascal 记录类型允许有可变部分，支持判定或。例如说明

```
type dept = (housewares,sports,drugs,food,liquor);
     month = 1..12;
     item = record price:real ;
              case available:boolean of
                true :(amount:integer;where:dept);
                false :(month_expected:month)
            end;
```

定义了一个可变记录类型 item。其中，标识符域 available 是记录结构的判定成分，若 available 的值为 **true**，那么可以用 amount 和 where 来刻画，否则以 month_expected 来刻画。

Pascal 允许程序员访问记录结构的所有域，包括标识符域。因此，若 i1 和 i2 被说明，那么，可对它们进行如下操作：

```
var i1,i2:item;
    ……
i1.price: = 5.24;
i1.available: = true ;
i1.amount: = 29;
i1.where: = liquor;
i2.price: = 324.99;
i2.available: = false ;
i2.month_expected: = 8;
```

其结果如图 2-1 所示。

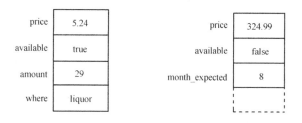

图 2-1 Pascal 变体记录结构示例

Pascal 把上述记录结构称为变体记录，它的类型检查只有在运行时进行。例如，i 是类型 item 的变量，那么

  i.amount

仅当标识符域的当前变体为 true 值时，才是一个正确的选择。

若改变一个变体记录的标识符域，就似乎（在概念上）建立了一个新记录，但这个新记录的所有域都未被初始化。例如，在上述语句之后加上语句

  i1.available: = false;

就建立了一个 i1 的新变体。这时 i1 尚未初始化,所以还不能取域 i1.month_expected 的值。然而,大多数 Pascal 允许实现这样的访问,原因之一在于若禁止这种访问,运行时要付出很高的代价来进行检查,有时甚至难以实现。另一个原因是使用变体记录的方法允许 Pascal 逃避严格的类型检查。实现上,变体记录的传统实现都是在同一存储区上重叠放置所有变体(参见图 2-13),因此,变体记录允许程序员根据每个变体的类型,以不同的观点来解释存储在该区域中的位串。在上例中,若变量 i1 的域 amount 和 where 已经赋值,再置 available 为 false 来改变变体,然后再按 month_expected 的值来解释先前存储在 amount 的值。

通过上述讨论可知,使用变体记录尽管是实际的,但也是不安全的。因为在这种情况下,同一存储区实际上可能对应两个不同的变体,也就具有不同的名字和类型。尽管它对某些问题的模式化带来了方便(例如,一个模拟输入设备的过程可以把一个变量看成字符序列,而另一个模拟专用处理器的过程可以把同一变量看成待读的整数),但一般来说这是危险的(例如,若两个名字都指同一数据对象,且都是可见的,那么以一个名字对这个数据对象进行修改,显然会影响到另一个名字),这样的程序既难读也难写。若以不同类型来看待某个位串,程序员就必须知道编译器如何表示不同的类型,使得程序编写完全依赖于实现。例如,要具体了解实现中几个字符与一个整数占相同的存储区(一个字长),在 4 个字符占一个字的实现上通过的程序,不能搬到一个字符占一个字的实现上,这样会出错。

由于 Pascal 的变体记录标识符域的标识符是可省略的,也使得 Pascal 变体记录不安全。例如,上述类型 item 可以说明成

```
record price:real;
    case boolean of
        true:(amount:integer;where:dept);
        false:(month_expected:month)
end;
```

在这种情况下,由于记录中没有一个域能表示当前可用的变体,所以变体记录自身就是不完全的,无论是 amount 还是 month_expected 都可能在它们尚未出现之前就被使用,甚至在运行时也无法查出这种错误。尽管可以让编译程序插入一个标识符域来解决这个问题,但这没有实际意义,因为程序员为了节省存储空间,经过慎重考虑才确定默认标识符域。

ALGOL 68 的"联合模式"与 Pascal 的变体记录一样,都支持判定或,但 ALGOL 68 的联合模式是安全的。Pascal 变体记录外部形式简单,非常通用,然而它所存在的问题不容忽视。

3. 集合结构

set 构造符是幂集构造受限制的形式,其基类型只能是有序类型,因此它不可定义实数、表和集合等的集合。实际上,每个实现都必须对基类型强加一个限制,大多数实现都不支持整数的集合。

下列说明定义一个枚举类型和两个该类型的集合变量:

```
type vegetable = (bean,cabbage,carrot,celery,lettuce,onion,mushroom,zucchini);
var my_salad,leftover:set of vegetable;
```

以上定义了两个集合类型变量,其基类型为 vegetable,因而下列语句是合法的:

```
leftover:=[bean..lettuce];
my_salad:=[carrot..onion];              赋一个有 4 个成员的集合值
if not beam in leftover
    then my_salad:=my_salad+leftover;    +表示集合的联合
```

4. 文件构造

Pascal 文件是任意类型的若干元素的序列。下列说明定义文件变量 t1 和 t2:

```
type pattern = record … end ;
    type file = file of pattern;
var t1,t2:type file;
```

每个文件都自动地引入一个缓冲区变量(Buffer Variable)与之对应,它包含文件的下一个元素。程序能读/写缓冲区,get 操作读下一个元素到缓冲区,put 操作把缓冲区的内容附加到文件末端。Pascal 文件仅能顺序处理,即由操作 put 和 get 隐含了更新文件的当前位置。

2.4.3 指针

指针是 Pascal 的第三类数据类型,是非结构的,可用来构造结构(递归)数据。

指针可引用匿名数据对象,这类数据对象是由建立语句 **new** 显式分配在堆(Heap)上的。下列说明

```
type tree_ref = ↑binary_tree_node;
    binary_tree_node = record info:char;
                            left,right:tree_ref
                      end ;
var my_tree:tree_ref;
```

使用了 Pascal 指针定义一个二叉树数据对象,其中 my_tree 定义成指向字符二叉树根结点的指针(↑)。赋值语句

```
my_tree:=nil;
```

构成空二叉树。任何指针都可以保存 **nil** 值,它指向的对象类型是独特的,即不指向任何元素,这样的指针称为空指针(Null Pointer)。若 P 不是空指针,那么 P 指向的对象用 P↑ 表示。语句

```
new(my_tree);
my_tree↑.info:=symbol;
my_tree↑.left:=nil ;
my_tree↑.right:=nil;
```

建立了只有一个结点的二叉树。其中第一个语句分配一个类型为 binary_tree_node 的记录,后三个语句使这个记录初始化。域 info 被赋予变量 symbol 的字符值,后两个指针指向 **nil**。图 2-2 说明了这个记录结构,其中假定类型为 Char 的变量 symbol 的字符值为 a。语句

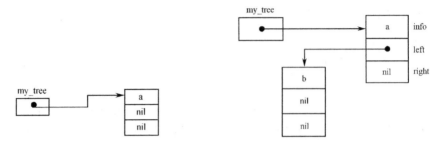

```
new(node_ref);
node_ref↑.info: = 'b';
node_ref↑.left:= nil ;
node_ref↑.right:= nil ;
my_tree↑.left:= node_ref;
```

实现在 my_tree 上加一个左(子)树,图 2-3 说明了结果的结构。

图 2-2 具有一个结点的二叉树　　　图 2-3 在图 2-2 所示二叉树上加左子树的二叉树

对指针的操作只能是赋值和比较(相等或不等),这些操作只有在两个指针指向对象的类型是一致的情况下才是合法的。Pascal 指针只能指向匿名数据对象,实际上不可能指向栈上分配给有关变量的存储单元。

我们已经对 Pascal 的数据类型进行了简要的分析和讨论,图 2-4 给出了该类型结构的概貌。

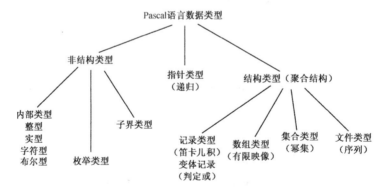

图 2-4 Pascal 语言的数据类型结构

2.5 Ada 语言数据类型结构

Ada 语言数据类型结构在很大程度上是以 Pascal 类型结构为基础的,但 Ada 类型结构更丰富、更系统。在这一节将讨论它的主要数据类型,在其他章节还会涉及 Ada 的一些数据类型。

2.5.1 标量类型

标量类型(Scalar Type)定义非结构数据对象,可分为数值类型(Numeric Type)和用户自定义的枚举类型(Enumeration Type)两种。数值类型可进一步分为整型和实型。整型和枚举类型也称为离散类型(Discrete Type)。任何标量类型的值的集合都是有序的,所以关系运算符对它们都有定义。

所有的整型都是由一个有序的整数值的集合组成的。Ada 预定义一个称为 INTEGER 的整型,还预定义了短整型 SHORT_INTEGER 和长整型 LONG_INTEGER。预定义 INTEGER 的值域取决于实现。例如,在 16 位机器上,它的值域为 -32768~32767。一个给定的 Ada 实现必须支持 INTEGER 数据类型,可以支持也可以不支持短整型和长整型。

程序员可以通过 **range** 结构来定义其他的整型,例如

    type TWO_DIGIT **is range** 0..99;

其中,保留字 **range** 后面跟着整型域的下界值和上界值,它们是可静态计算的任意表达式(常数或常数表达式)。

Ada 为实数值精心设计了一组丰富而又灵巧的定义方法,这里只讨论其中的主要部分,实型定义实数的近似值的集合。由于一个给定实现只能对数值数据提供有限的二进位表示,因而不可能对所有实数都提供精确的表示,实际上只能表示数学上实数的一个子集。

Ada 预定义一个称为 FLOAT 的实型,还预定义短实型 SHORT_FLOAT 和长实型 LONG_FLOAT。与整型一样,它们的精度依赖于实现。程序员可以定义自己的实型,例如

    type FLOAT_1 **is digits** 10;

FLOAT_1 和 FLOAT 一样,都是浮点实型。保留字 **digits** 后面跟着十进制有效位数的静态整型表达式,以描述浮点数的相对精度。其后还可跟上范围结构 **range**,例如

    type MASS_READING **is digits** 7 **range** 0.0..3.0;

其范围的上、下界必须取实数值,即可静态计算的任意实型表达式。

说明 FLOAT_1 中的数字 10 规定十进制实数的最小有效位数,而 FLOAT 的最小有效位数是预定义的。Ada 定义了一个属性 DIGITS,它给出相应实型数值的最小有效位数。若 T 是浮点实型,那么 T'DIGITS 就是类型 T 的最小有效位数。因此,T'DIGITS 规定类型 T 的实数近似表示的出错界限。

定点表示是另一种大家熟知的用来逼近实数值的技术。这种说明形式是用保留字 **delta** 后面跟着定义此类型的增量,而增量是静态实型表达式,例如

    type FIX_PT **is delta** 0.01 **range** 0.00..100.01;

其中,**range** 后面跟着范围说明,它应该是静态实型表达式,与浮点表示不一样,它是不可省略的。

Ada 的枚举类型与 Pascal 类似,例如

    type DAY **is** (SUNDAY,MONDAY,TUESDAY,WEDNESDAY,THURSDAY,FRIDAY,SATURDAY);

Ada 提供的字符型和布尔型是枚举类型的特例,例如

```
type CHARACTER is (the ASCII character set);
type BOOLEAN is (FALSE,TRUE);
```

2.5.2 组合类型

Ada 组合(或结构)类型分为数组和记录。

1. 数组

Ada 数组与 Pascal 数组一样,具有确定的下标界,例如

```
type MONTH is (JAN,FEB,MAR,APR,MAY,JUN,JUL,AUG,SEP,OCT,NOV,DEC);
type YEARLY_PAY is array (MONTH) of INTEGER;
type SUMMER_PAY is array (MONTH range JUL..SEP) of INTEGER;
```

其中,YEARLY_PAY 和 SUMMER_PAY 称为约束数组类型(Constrained Array Type),因为它的下标界是静态确定的。

Ada 的数组与 Pascal 的数组还有些不同,它支持动态数组,例如说明

```
type SOME_PERIOD_PAY is array (MONTH range 〈 〉) of INTEGER;
type INT_VECTOR is array (INTEGER range 〈 〉) of INTEGER;
type BOOL_MATRIX is array (INTEGER range 〈 〉, INTEGER range 〈 〉) of BOOLEAN;
```

其中,符号"〈 〉"称为框(Box),表示范围未说明,SOME_PERIOD_PAY,INT_VECTOR 和 BOOL_MATRIX 称为非约束数组类型(Unconstrained Array Type)。

Ada 数组类型由分量的类型、下标个数和下标类型来刻画,界的值不作为数组类型的一部分来考虑,因在编译时界的值尚未确定。在上例中,数组 SOME_PERIOD_PAY 的下标具有类型 MONTH,数组 INT_VECTOR 和 BOOL_MATRIX 的下标具有类型 INTEGER。"range 〈 〉"子句说明实际的界,它留下来未被说明,待数据对象成为实体时,界的值才能确定。例如在说明

```
SPRING_MONTH:SOME_PERIOD_PAY (APR..JUN);
Z:INT_VECTOR(-100..100);
W:INT_VECTOR(20..40);
Y:BOOL_MATRIX(0..N,0..M);
```

中,界的值不必用静态表达式给出,只要求处理对象说明时能最后确定即可。

界的实例化(即界的确定)还可通过参数传递完成。例如,下列函数接受类型为 INT_VECTOR 的对象,并累加它的分量。

```
function SUM(X:INT_VECTOR) return INTEGER;
    RESULT:INTEGER:=0;
    begin
        for I in X′FIRST..X′LAST loop
            RESULT:=RESULT+X(I);
        end loop;
        return RESULT;
    end SUM;
```

其中,变量 RESULT 局部于 SUM,当它被说明时赋初值 0;循环变量隐式说明;形参 X 自动与

实参具有相同的界,这些界可由数组名连接属性名 FIRST 和 LAST 来访问。因此,可用不同大小的数组作为实参来调用该函数。例如

   A:=SUM(Z)+SUM(W);

也可以在过程的局部说明中说明一个数组,它的界依赖于一个参数。例如

   TEMPORARY:INT_VECTOR(X´FIRST..X´LAST);

Ada 的串看成字符数组,STRING 的预定义为

   type STRING **is array** (POSITIVE **range**〈 〉)**of** CHARACTER;

其中,POSITIVE 是整型子界 1..INTEGER´LAST。

  除了传统地通过下标选取数组分量的方法外,Ada 还提供一个选取一维数组若干相继分量的方法,这种方法称为切片。它对串操作特别有意义,因为它支持子串的概念。例如,下列语句定义变量 LINE 为 80 个字符的串,并把一个一维字符数组赋予 LINE 的一个切片。

   LINE:STRING(1..80);
   ……
   LINE(1..11):=('D','e','a','r',' ','f','r','i','e','n','d');

2. 记录

  Ada 的记录类似于 Pascal 的记录,它们都支持笛卡儿积和判定或的构造方法。例如

   type COORDINATE **is**
    record
     X:INTEGER **range** 0..100;
     Y:CHARACTER;
    end record;

是一个笛卡儿积。我们曾经指出,原始 Pascal 定义中所支持的判定或带来不安全的问题,现在来考虑 Ada 是如何处理判定或的,以及它如何解决不安全问题。在 2.4.2 节中对有关变体记录的讨论中,曾写出了一个 Pascal 说明,这个说明在 Ada 中可以写成

   type DEPT **is** (HOUSEWARE,SPORTS,DRUGS,FOOD,LIQUOR);
   type MONTH **is range** 1..12;
   type ITEM(AVAILABLE:BOOLEAN:=TRUE)**is**
    record
     PRICE:REAL;
     case AVAILABLE **of**
      when TRUE =>AMOUNT:INTEGER;
         WHERE:DEPT;
      when FALSE =>MONTH_EXPECTED:MONTH
     end case;
    end record;

其中,类型 ITEM 具有一个判定式 AVAILABLE,它定义 ITEM 可能的变体。若 ITEM 的变体说明默认判定式的值,那么,在上述说明中已对这个默认值赋了初值 TRUE,因此对象可以说明成

```
        PEACH:ITEM;
```

也可以说明一个对象的变体是冻结的,例如

```
        ORANGE:ITEM(FALSE);
```

在这种情况下,编译器为 ORANGE 保留的存储区恰好是 FALSE 这个变体所需要的,运行时,变量不能改变为其他的变体。

  Ada 这种处理判定或的变量是安全的。事实上,判定式是强制性的,不能对它直接赋值。若判定式无默认初值,那么,任何对象说明中都必须对判定式加以约束(Constraint)。

  判定式的值只有在对象没有给出显式约束的情况下才能改变,例如 PEACH 可以改变而 ORANGE 不能改变判定式的值。然而,只有把记录作为一个整体时,判定式的值才能改变,单独对判定式赋值是不允许的。例如说明

```
        COCA_COLA:ITEM;
```

其中,变量 COCA_COLA 具有默认初值 TRUE。若在上述说明之后,再加语句

```
        COCA_COLA: = ORANGE;
```

使变量得到 ORANGE 的值,即可建立 FALSE 变体。我们也可以给 COCA_COLA 赋一个记录值,例如

```
        COCA_COLA:=(PRICE = >1.99,AVAILABLE = >TRUE,AMOUNT
                 = >1500,WHERE = >FOOD);
```

其中,赋值号的右边是一个记录值,由编译器自动转换成运行时测试。

```
        if not COCA_COLA.AVAILABLE then raise CONSTRAINT_ERROR
        end if ;
```

若 COCA_COLA.AVAILABLE 不为 TRUE,则产生一个错误。

3. 访问类型

Pascal 的指针类型在 Ada 中称为访问类型(Access Type),用于动态分配和释放数据。例如说明

```
        type BINARY_TREE_NODE;
        type TREE_REF is access BINARY_TREE_NODE;
        type BINARY_TREE_NODE is
            record
                INFO:CHARACTER;
                LEFT,RIGHT:TREE_REF;
            end
```

定义了一个二叉树,其中第一个语句有点陌生,它是所谓不完全类型说明,Ada 的递归类型需要不完全类型说明。

  若 P 和 Q 是类型 TREE_REF 的两个指针,那么由 P 指向的结点 INFO 成分是 P.INFO,结点本身是 P.all。因此,P 指向的结点对 Q 指向的结点赋值可写成

```
        Q.all: = P.all;
```

4. 子类型和派生类型

Ada 详细地区分了类型的静态特性和动态特性。静态特性在编译时检查，动态特性在运行时检查。类型的静态特性可用于操作，而动态特性仅仅是某种约束，例如对整数范围的约束、对数组下标的约束等。为了使得这种约束清楚起见，Ada 允许程序员通过定义子类型（Subtype）来规定类型的一个特性，例如

```
type FLAVOR is (CHOCOLATE,MINT,PEACH,STRAWBERRY,VANILLA,BLUECHEESE,CATSUP,GARLIC,ONION);
subtype ICE_CREAM_FLAVOR is FLAVOR range CHOCOLATE..VANILLA;
subtype SMALL_INT is INTEGER range -10..10;
subtype SMALL_POS_INT is INTERGER range 1..10;
subtype MY_INT_SET is INTEGER range A..B;
```

其子类型继承基类型的所有特性，但它的值还要满足某个约束。例如，ICE_CREAM_FLAVOR 继承了 FLAVOR 的所有特性，但它还被约束于子集 CHOCOLATE 到 VANILLA。子集 MY_INT_SET 表明约束可以包括表达式。但是，表达式不能静态求值，只有在说明出现的作用域入口详细说明子类型时，才能计算表达式的值。

子类型机制也可用来约束数组类型，例如

```
type MY_ORDERS is array (INTEGER range< >)of ICE_CREAM_FLAVOR;
subtype MONTHLY_ORDERS is MY_ORDERS(1..31);
subtype ANNUAL_ORDERS is MY_ORDERS(1..365);
```

其中，类型 MONTHLY_ORDERS 和 ANNUAL_ORDERS 的对象进一步说明产生的数组，相应的界值是 1..31 和 1..365。

也可以使用子类型机制来冻结判定或类型的变量，例如

```
subtype OUT_OF_STOCK is ITEM(FALSE);
```

其中，ITEM 是上面定义的变体记录。类型 OUT_OF_STOCK 的任何变量都规定 AVAILABLE 是 FLASE 而被冻结的。

最后，子类型也允许程序员用来绑定某个给定类型，这样的绑定可以是静态的，也可以是动态的。子类型机制并未定义新类型，只是简单地在值的集合上对一个对象采取某些限制。

Ada 的派生类型（Derived Type）与子类型不同，它定义新类型。派生类型说明的一般形式可以用扩充 BNF（参见 9.3.2 节）来定义，格式如下：

```
type ⟨新类型⟩ is new ⟨父类型⟩[⟨约束⟩];
```

其中，方括号内是可选择部分。例如说明

```
type POSITIVE is 1..INTEGER'LAST;
type WEIGHT is new POSITIVE range 1..100;
type LENGTH is new POSITIVE;
```

这些新类型继承了父类型（Parent Type）的所有特性（值、操作和其他属性），但它们被看作与父类型不同的类型。

5. 属性

Ada 的属性用来指定数据对象、类型的特性。一个属性的值是用一个实体名后面跟着一

个"'"及属性名来表示的,例如,2.5.1节中的 T'DIGITS。Ada预定义了40多个属性,另外还允许提供与实现有关的属性。

属性是程序设计的有力工具,用于支持规范的程序设计实践。例如,数组属性 FIRST 和 LAST,允许程序员写出任意大小的数组间操作的子程序,也允许程序员用语句来显示选取不同的候选项,以便响应某些属性的值。

Ada 语言数据类型结构如图 2-5 所示。

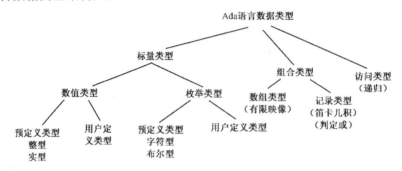

图 2-5　Ada 语言的数据类型结构

2.6　C 语言数据类型结构

C 语言是当今最常用的语言,其数据类型比较丰富,在这一节将讨论它的主要数据类型。

2.6.1　非结构类型

C 语言的非结构类型包括内部类型和用户定义类型两类。

1. 内部类型

C 语言内部类型比较丰富,给了程序员很大的底层控制权。非结构的内部类型有整型、实型和字符型。

整型分为基本型、短整型、长整型和无符号型。一般短整型最大值不大于基本型的最大值,长整型的最大值不小于基本型的最大值,它们都是整数集合的子集。表 2-1 展示了各类整型数据类型的特性。

表 2-1　各类整型数据类型的特性

类　　型	类型标志符	数　值　范　围	占用字节数
基本型	int	$-32768 \sim 32767$	2
短整型	short[int]	$-32768 \sim 32767$	2
长整型	long[int]	$-2^{31} \sim (2^{31}-1)$	4
无符号整型	unsigned[int]	$0 \sim 65535$ 即 $0 \sim 2^{16}-1$	2
无符号短整型	unsigned short	$0 \sim 65535$ 即 $0 \sim 2^{16}-1$	2
无符号长整型	unsigned long	$0 \sim (2^{32}-1)$	4

注:对不同的机器,占用字节数可能有所不同。

实型又称为浮点型,其值是实数集合的一个子集,可分为单精度和双精度两种类型。

表 2-2 展示了浮点型数据类型的特性。

表 2-2 浮点型数据类型的特性

类型	类型标志符	占用字节数	能表示数值的有效位	数据范围	阶的范围
单精度型	float	4	7 位	$-10^{38} \sim 10^{38}$	$-38 \sim 38$
双精度型	double	8	15~16 位	$-10^{308} \sim 10^{308}$	$-308 \sim 308$

字符型数据的值是一个有限字符集的元素。在 C 语言中，int 类型与 char 类型数据在内存单元中的存储没有本质区别（实际存储的字符是 ASCII 码），可以给一个字符型的变量赋字符常量或赋数字值，例如

  char a;
  a = 'a'; 赋字符常量'a'
  a= 2; 赋数字 2，尽管 2 对应的 ASCII 码不是可见的

由此可见，在 C 语言中对字符的处理与数字相同，所以有 char 和 unsigned char 之分。

在 C 语言中，没有布尔（**bool**）型，0 就表示 **false**，任意非 0 值表示 **true**，这样用起来非常方便和随意。

2. 用户定义类型

C 语言的非结构类型的用户定义类型称为枚举类型（Enumeration），例如

  enum bool{**false**,**true**};

或

  typedef enum {**false**,**true**}bool;

定义了一个新类型，其类型名为 bool，可取值为 **true** 和 **false**（分别表示真和假，类似于 Pascal 的类型 boolean）。这是一个非结构的用户定义类型，其效果为

① 引入一个新的数据类型，名为 bool。
② 定义 bool 数据类型的取值为 **false** 和 **true**。
③ 定义一个顺序：**false** < **true**。
④ 隐含对这个新类型的变量可进行赋值和比较等操作。例如程序段

  enum bool{**false**,**true**};
  enum bool b;
  b = **true** ;
  if (b = = **true**){ }

其中，**true** 和 **false** 供编译器识别，编译实现时将它们翻译成 1 和 0，在生成的目标（二进制机器）代码中根本就不会出现 **true** 和 **false**。甚至可以直接对 b 赋值 1，例如

  b = 1;

enum 默认元素从 0 开始对应，但可以显式改变顺序，例如

  typedef enum {**false** = 1,**true** = 2}badbool;

或

  typedef enum {**false** = 1,**true** = 1}verybadbool;

2.6.2 聚合构造

1. 数组

C语言中用数组构造实现有限映像,可分为一维数组和二维数组,格式分别为

    〈类型说明符〉 〈数组名〉[常量表达式]

和

    〈类型说明符〉 〈数组名〉[常量表达式][常量表达式]

数组是有序数据的集合,数组中的每个元素都属同一类型,与前面的类型说明符一致。使用一个统一的数组名和下标来唯一确定数组中的元素。下标从 0 开始,例如

    int intarr[5];   命名为 intarr 的数组包含 5 个元素,其类型为整型
    char chararr[255];   命名为 chararr 的数组包含 255 个元素,其类型为字符型
    bool boolarr[3];   命名为 boolarr 的数组包含 3 个元素,其数型为布尔型

可以进行操作

    intarr[2] = 4;
    chararr[2] = 'a';
    boolarr[0] = true;

但是操作

    intarr[5] = 0;
    chararr[-2] = '5';

都是不安全的。

C语言可定义二维数组,通常的方法是定义一个一维数组,它的元素又是一个一维数组。例如

    float farr[3][4];

定义一个一维数组 farr,它有 3 个元素 farr[0],farr[1]和 farr[2]。其中每个元素又是一个包含 4 个元素的一维数组。二维数组的排列顺序是按行存放的,即在内存中先存放第一行的元素,再存放第二行的元素。例如数组 a[3][4]的存放顺序为

    a[0][0]   a[0][1]   a[0][2]   a[0][3]
    a[1][0]   a[1][1]   a[1][2]   a[1][3]
    a[2][0]   a[2][1]   a[2][2]   a[2][3]

C语言还可定义多维数组,例如 **char** c[2][2][2]。

在 C 语言中,对数组名的处理相当于常指针,例如

    int a[10];   定义 a 为包含 10 个整型数的数组
    int * pa;   定义 pa 为指向常整型变量的指针变量
    pa = a;   直接将 a 值赋给 pa

与语句

    pa = &a[0];

等价。

2. 结构

构造符 **struct** 支持笛卡儿积，其定义形式为

  struct〈结构体名〉
    〈成员表列〉；

其中，花括号内是结构体中各成员（或称分量），由它们组成一个结构体，相当于 Pascal 的记录类型。对成员类型的说明形式为

  〈类型标识符〉〈成员名〉；

也可以将"成员表列"称为"域表"，每个成员称为结构体中的一个域。例如，学生登记表的一个记录可以表示为

```
struct student
    {
    int num;
    char name[20];
    char sex;
    int age;
    float score;
    char addr[30];
    };
```

结构体变量不能整体输入和输出，只能对其中的各个成员分别进行操作。例如

```
struct student me ,you;     定义两个 student 类型的变量 me 和 you
strcpy(me.name,"john");
me.sex = 'M';
me.age = 21;
me.score = 60;
strcpy(me.addr,"UESTC");
```

可以把一个结构体变量整体赋给该结构体另一个变量，例如

  you = me;

在内存中，结构体各个成员变量依次存储，而且结构体变量的赋值只是纯粹地按位复写。C 的结构体可以嵌套使用，例如定义

```
struct date
    {int month;
     int day;
     int year;
    };
```

在 student 结构体中加入生日，形成

```
struct student
    {int num;
    char name[20];
    char sex;
```

```
        struct date birthday;
        int age;
        float score;
        char addr[30];
    };
```

引用时可以一级一级地找到最低一级的成员,例如

```
        me.birthday.day = 7;
```

即可引用到 day,上述语句是对 me 的结构体赋值,其生日是 7。

3. 联合

C 语言的构造符 **union**（联合）,支持判定或,即变体记录,但它与 Pascal 变体记录有很大的不同,它没有标识符域,只是把不同类型的变量存放在同一(段)内存单元中,形成变体。一个单元究竟存放的是哪种类型变量的值,编译器不提供任何信息,所以在程序设计时把应该使用哪个数据(类型)的判定完全交给程序员,显然这是非常不安全的。另外,程序员在编程时还必须知道编译器是如何表示(实现)不同类型的,使得编制程序完全依赖实现。例如,程序员要具体了解编译器把几个字节作为一个字长。

联合结构举例说明如下:

```
    union data
        {int i;
        char c;
        float f;
        };
    union data a,b,c;
```

其访问形式与结构一样,例如

```
    a.i = 2;
    a.c = 's';
    a.f = 3.14;
```

上述程序段中,同一(段)内存单元可用来存放几种不同类型的数据,但在某一瞬间只能存放一类数据,即只有一个成员起作用,不是同时把它们存放起来。存放新成员时,原有的成员就被覆盖了。上述程序段中,实际存放的是 a 的值 3.14。

4. 文件

C 语言把文件看成一个字符序列,它支持用户定义类型构造的序列。文件是由一个个字符(字节)数据顺序组成的。根据数据的组织形式,可分为 ASCII 码文件和二进制文件,即把文件看成一个字节流或二进制数据流,不考虑记录的边界。这表明 C 语言的文件与 Pascal 语言文件不同,它并不是由记录组成的。文件 **FILE** 是由语言预定义的,其格式如下:

```
    typedef struct
        {
        int    _fd;        文件名
        int    _cleft;     缓冲区中剩下的字符
```

```
    int    _mode;          文件操作模式
    char   *_next;         下一字符位置
    char   *_buf;          文件缓冲区位置
}FILE;
```

C语言中文件的操作比较丰富,有建立、打开、关闭、定位、读和写文件等操作。除了顺序读/写文件外,也可随机读/写文件。

2.6.3 指针

指针是C语言的第3类数据类型,是非结构的,可用来构造结构数据,支持递归。

C语言规定,所有变量在使用前必须定义,规定其类型。指针变量的值是地址,必须将它定义成"指针变量"。例如

```
    int    i,j;
    int    *pi,*pj;
```

定义两个整型变量i,j和两个指向整型数据的指针变量pi和pj。通过赋值语句

```
    pi = &i;
    pj = &j;
```

使pi指向i,pj指向j。

在C语言中没有空指针的概念,可以对指针赋0值表示空。指针用来定义递归类型的数据,例如

```
    struct tree
    {
        char day;
        struct tree * lchid;
        struct tree * rchild;
    };
    struct tree * my_tree;
```

其中,第1个成员为数据项,第2个和第3个成员分别为左分支和右分支。语句

```
    struct tree * my_tree;
```

定义了一个指向二叉树根结点的指针。语句

```
    my_tree = 0;
```

构成空二叉树,可以把0指针看成空指针。如何构造一棵二叉树是大家熟知的,这里不再讨论。

2.6.4 空类型

C语言有一种特殊的数据类型void,称为空类型。它也是非结构的,主要有下述两种用途。

C语言没有严格区分过程和函数,它把一般语言的过程和函数统一在函数中。函数一般

要返回函数值,过程则无须返回过程值。为了统一起见,表示一个不返回函数值的函数,就定义它的返回值为空类型 void。

空类型的另一个用途是 void 指针。它是一个特殊类型,用它定义的指针变量,内容是一个地址,但这个地址的存储单元的数据类型不确定,可把任意类型的指针赋给它,也可以把它赋给任意类型的指针。

C 语言不支持用户定义类型构造机制的幂集。

C 语言的数据类型结构如图 2-6 所示。

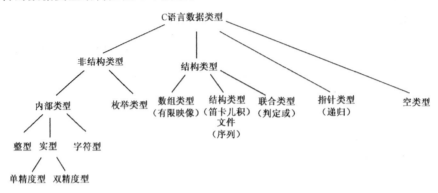

图 2-6　C 语言数据类型结构

2.7　Java 语言的数据类型

Java 也和其他语言一样,具有三种层次的数据类型。但是,Java 是基于类的面向对象的语言,因此,用户定义类型比较简单。

Java 语言规范将数据类型定义为基本类型和引用(Reference)类型。基本类型又分为整数类型、浮点类型、布尔类型等。引用类型分为类类型、接口类型和数组类型。

2.7.1　内部类型

(1) 整型

关键字为 **int**,内部表示为 32 位有符号补码整数。另外,还有长整数 **long**,内部表示为 64 位有符号补码整数;短整数 **short**,内部表示为 16 位有符号补码整数;字节长度整数 **byte**,内部表示为 8 位有符号补码整数。

(2) 实型

关键字为 **float**,单精度浮点数;另外,还有双精度浮点数,关键字为 **double**。

(3) 字符型

关键字为 **char**,内部表示为 16 位无符号 Unicode 字符。

(4) 布尔型

关键字为 **boolean**,N/A,布尔值为 **true** 或 **false**。在 C 和 C++ 语言中,布尔型是枚举类型,表示为整数 0 或 1。Java 的布尔型是一种独立的数据类型,因此布尔值不能直接转换成数值。

2.7.2　用户定义类型

Java 语言不支持指针、结构和联合，它只支持数组，其语法格式为

〈类型〉〈数组名〉[ ]|〈类型〉〈数组名〉[ ][ ]

Java 定义数组的方法与 C 和 C++ 语言类似，也要求说明数组元素的类型。

Java 的数组与 C 和 C++ 的数组有很大的不同，它不需要说明数组的上、下界，实际上，它是一个动态的灵活数组。因此，在说明数组时，并不分配存储空间，也没有实际建立一个具体的数组。必须利用 **new** 语句来显式分配一个实际空间，即建立一个实际的数组，将数组实例化。Java 称数组的实例为对象。

语句

  int ai[ ]

定义了一个整型数组，它仅说明 ai 是一个整型数组。但语句

  int ai[ ] = **new** int[10]

在说明 ai 为整型数组的同时，还将 ai 初始化，即它有 10 个元素。一旦用 **new** 建立了实际数组，它的元素个数是不能随意改变的。

数组元素类型可以是任意类型，既可以是基本类型，也可以是引用类型。

2.8　抽象数据类型

Pascal、ALGOL 68 和 SIMULA 67 等语言的用户定义类型，例如，2.4.2 节定义的用户定义类型 reg_polygon，与这些语言的内部类型有着某些相似之处。无论内部类型还是用户定义类型都要建立某种基本表示的抽象。位串是 **integer** 的表示，记录是 reg_polygon 的表示。并且，每种类型都关联一组操作，算术和比较操作是与 **integer** 关联的，插入和打印是与 reg_polygon 关联的。

然而，内部类型与用户定义类型也有重要的区别。对程序员来说，内部类型隐蔽了基本表示，不能对它的基本表示直接进行操作。程序员不能访问表示一个整数的位串的某个特定位。而对用户定义类型来说，例如，对类型 reg_polygon，除了规定的插入和打印操作外，程序员还可以对其基本表示（记录）的成分直接进行操作。例如

  t.no_of_edges: = 3

是合法的，它确定 t 是一个等边三角形。

这里存在两个级别的抽象：内部类型是对（硬件）二进制位串的抽象；用户定义类型是对内部类型和已定义的用户定义类型作为基本表示的抽象。内部类型的基本表示是不可见的，而用户定义类型的基本表示是可见的。在这一节我们将讨论具有信息隐蔽（Information Hiding）、封装（Packaging，Encapsulation）和继承（Inheritance）等特性的新类型，称它们为抽象数据类型（Abstract Data Type），它们是以内部类型和用户定义类型为基本表示的更高层次的抽象，它的基本表示也是不可见的。

20 世纪 60 年代末期，当 IBM 360 出现在市场时，使计算机的计算能力大大提高，给人们带来了许多方便。但是，IBM 360 的操作系统是由许多技术人员协作研制（编程）实现的，在使用中不断发现错误，究其原因在于编程人员众多，难免存在重复使用存储单元的问题，造成信

息破坏。这时,有人惊呼"信息爆炸"和"软件危机"。为了避免自己的信息被别人破坏,人们提出了"信息隐蔽"的程序设计技术。程序设计语言也提供了相应的结构来支持这种技术。

所谓信息隐蔽,实际上是一个术语,即程序员在定义的抽象中,应该对用到这个抽象的用户隐蔽尽可能多的信息。如通常用到的函数,就具备一些这样的能力。封装实质上是语言为了支持信息隐蔽而提供的手段。将数据和对该数据进行的操作组成一个实体,用户不知道该实体对数据的行为(操作)的实现细节,只需根据该实体提供的外部特性接口来访问实体。

在大型软件设计中,有许多软件是可以重复使用的,我们把这种特性称为重用(Reuse)。重用可以减少许多重复开发,避免浪费人力与时间等资源,达到提高软件开发效率的目的。程序设计语言为了支持软件重用,提出了继承的概念。若一个程序中两个组成成分之间存在特殊联系,由一个组成成分去继承另一个组成成分的性质或特性,这样就实现了继承。在程序设计中,我们经常使用继承。

许多语言,例如 CLU,Ada,Modula_2,C++和 Java 等,都设计了支持上述特性的机制,接下来我们将讨论这个机制。

前已叙述,内部类型和用户定义类型是不同的两个级别的抽象。一方面,可用 reg_polygon 作为新类型;另外,它又是根据更低级别的抽象来实现的。无论语言的内部类型还是用户定义类型,都是建立基本表示的抽象,都关联一组相应的操作。内部类型隐蔽了基本表示,不能对它的成分进行操作;用户定义类型具有更高级别的抽象,它由更低级别的抽象来实现,可以对其基本表示的成分进行操作。为了在语言的程序中定义新类型,语言应具有下列两个特性。

① 在允许实现这个新类型的程序单元中,建立与表示有关的具体操作。
② 对使用这个新类型的程序单元来说,新类型的表示是隐蔽的。

满足特性①和②的用户定义类型称为抽象数据类型(Abstract Data Type)。特性①使程序反映在程序设计时发现的抽象,使程序结构易于理解。特性②强制区分抽象层次,以提高程序的可修改性。传统的语言不能同时满足特性①和特性②,例如 SIMULA 67 的类只满足特性①而不满足特性②。新近的语言,例如 CLU,Ada、C++和 Java 语言提供了定义抽象数据类型的机制,能同时满足特性①和特性②。

抽象数据类型是从更一般的信息隐蔽原则派生出来的。抽象数据类型隐蔽了表示的细节,通过过程来访问抽象数据对象。对象的表示是被保护的,防止了任何外界试图对它的直接操作。要对抽象数据类型的实现进行修改,只能在描述这个实现的程序单元中,对它的程序进行修改,而不影响整个程序的其他部分。抽象数据类型不只根据表示结构来为对象分类,而且还根据对象行为来为对象分类。这里对象行为指对数据的操作,如建立、修改和访问对象等操作。从 SIMULA 67 开始,许多程序设计语言,例如并发 Pascal,CLU,Mesa,Euclid,Modula 2,Smalltalk,EIFFEL,C++和 Ada 等,都提供了某种语言构造,用于封装实现数据抽象的表示和具体操作,使程序员能在某种程度上定义抽象数据类型。在本书中将简要讨论 SIMULA 67,CLU,Ada,Modula 2,C++和 Java 语言的有关机制。

2.8.1 SIMULA 67 语言的类机制

从图 1-3 可以看出,SIMULA 67 是 ALGOL 60 的扩展,它又是一些面向对象语言和支持抽象数据类型语言的前身,这主要表现在类(Class)的概念上。

SIMULA 67 主要用于系统描述和模拟,在描述离散事件的模拟这类特殊需要时,产生了类,后来人们发现它可作为一般工具,用于根据抽象层次来组织程序。

类的概念导致了抽象数据类型的思想,但类本身尚不是抽象数据类型,它仅满足抽象数据定义的特性①而不满足特性②。事实上,类为实现信息隐蔽模块和后来的面向对象程序设计奠定了基础。

类说明的一般形式为

〈类头〉;
〈类体〉

其中,类头包括类名和形式参数;类体是传统的分程序,可包含变量、过程和类的局部说明,以及一些执行语句。例如,用极坐标表示复数概念可由下列类说明描述:

```
class complex(x,y);real x,y;
begin real angle,radius;
    radius: = sqrt(x**2+y**2);
    if abs(x)<epsilon
        then begin
        if abs(y)<epsilon
            then error
            else begin if y>epsilon
                then angle: = pi/2
                else angle: = 3*pi/2
                    end
                end
        else angle: = arctan(y/x)
end complex
```

其中,参数 x 和 y 代表一个复数的两个笛卡儿坐标值,局部变量 angle 和 radius 代表复数在极坐标下的辐角和半径。sqrt 和 arctan 是内部函数,error(未做说明)是在该类中可使用的一个报错过程。全局变量 epsilon 代表一个逼近零的正实数,全局变量 pi 代表 π 的值。

类说明定义了一类数据对象的原型(Prototype)或模板(Template)。类的每个实例(Instance)是一个可操作的数据对象。类的实例在 SIMULA 中称为对象,可多次动态建立,且仅能通过指针引用。例如语句

```
ref(complex)c;
c:- new complex (1.0,1.0);
```

其中,第一条语句说明 c 是一个指向复数的指针;第二条语句使 c 指向一个新建立的复数对象。":—"是 SIMULA 专用的引用赋值号,可读为"指向"。上述语句的效果如图 2-7 所示。

类实例的属性是指类体的局部变量和类头中的参数,可用圆点选择符"."在此类的外部访问类实例的属性。因此,SIMULA 的类不满足抽象数据类型定义中的条件②,例如,执行完上述两条语句之后,写出语句

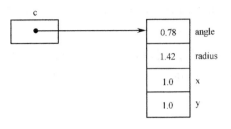

```
my_angle: = c.angle;
my_radius: = c.radius;
my_x: = c.x;
my_y: = c.y;
```

使得 my_angle = 0.78，my_radius = 1.42，my_x = 1.0，my_y = 1.0。

图 2-7 复数类的一个实例

类实例的访问只能通过引用变量(例如上例中的指针 c)完成。类实例没有名字，类的每个实例必须由 **new** 语句显式建立。类的实例是一个初始化了的对象，因为 **new** 语句要导致类体自动执行。

更一般地讲，类可视为支持抽象数据类型的封装机制，它可以封装实现对数据操作的各种过程。例如，用于实现复数加和乘的过程 add 和 multiply，可以封装到类 complex 的类体说明中。这些操作作为 complex 的属性，可以用圆点访问，并可以带有参数。add 和 multiply 封入类 complex 的过程头为

  procedure add(operand);**ref** (complex) operand;

和

  procedure multiply(operand);**ref** (complex) operand;

这里过程体从略。变量 c1 和 c2 引用的两个复数相加可表示为

  c1.add(c2)

即 c2 作为参数传递给 c1 所关联的 add 过程。

虽然已经将 add 和 multiply 两个操作封装在类说明中，但 SIMULA 67 的圆点表示法允许访问对象的所有属性，因而语句

  c1.angle: = c2.angle;
  c1.radius: = c2.radius + c3.radius;

是正确的。在已知 c2 和 c3 的辐角时，c1 代表了 c2 和 c3 相加。换言之，add 和 multiply 不是对复数对象的仅有操作，因为用户可以直接访问复数的内部表示。

SIMULA 67 还有一个特殊的构造用来定义类型的判定或和类属(Generic)抽象数据类型，这一构造称为子类(Subclass)，用来实现继承。它的用途很广，并可作为一种通用工具用于根据抽象层次来组织程序。它的说明方式是在类说明之前再加上另一个类的名字作为前缀。

假定我们要定义一个抽象的栈，并允许程序员对栈执行如下操作：

① 引用第一元素，即栈顶元素(top)；
② 在第一元素前下推一个新元素(push)；
③ 上推第一元素(pop)；
④ 测试栈是否为空(empty)。

这些操作与栈中元素的类型无关。我们先描述可作为栈内成员的元素类如下：

  class stack_member;
  begin ref (stack_member)next_member;
    next_member : - **none**
  end ;

上述说明指出了所有栈对象有唯一的一个共同性质，即它们都具有一个引用栈中下一项的属性。换句话说，stack_member 的每个实例都具有属性 next_member，其初值为 none，它是一个指向空值的指针。类 stack 说明为

```
class stack;
begin ref (stack_member) first;
    ref (stack_member) procedure top;
        top: = first;
    procedure pop;
        if ¬empty then first: - first.next_member;
    procedure push(e); ref (stack_member) e;
    begin if first = /= none
        then e.next_member: = first;
        first: = e
    end push;
    boolean procedure empty;
        empty: = first = = none;
    first: = none
end stack
```

其中，符号"¬"代表逻辑"非"；"=/="代表"不等于"；"=="代表"等于"；过程 empty 返回布尔值；stack 的每个实例初始化为空栈，即属性 first 的初值为 none。

有了上述 stack_member 和 stack 的定义，我们可构造出具有特定栈元素类型的栈，例如

```
stack_member class complex (…);
    ……
end complex;
```

定义一个复数栈，其中省略号参见复数类的定义。语句

```
new complex;
```

产生的对象具有 stack_member 和 complex 的所有属性。换句话说，它们可作为栈元素的复数。complex 称为 stack_member 的子类，它比 stack_member 更特殊，具有自己的属性，同时继承了 stack_member 的属性。

设已知 s 具有类型 **ref**(stack)，下面的语句用于建立一个复数栈：

```
s :- new stack;
```

此时，栈 s 不包含任何元素，s.empty 将返回 **true**。设 c1,c2 和 c3 为复数对象，其类型为 complex，可用语句

```
s.push(c1);
s.push(c2);
s.push(c3);
```

把它们插入栈，用 s.top 观察栈顶元素，用 s.pop 移出栈顶元素。

stack_member 可看成其所有子类型对应的类型的联合。例如，程序中出现向量说明

```
    stack_member class vector (…);
            ……
            end vector;
```

则具有类型 ref(stack_member)的变量既可引用复数的 stack_member,也可引用向量的 stack_member。

在上述情况下,向量对象和复数对象可以插入同一个栈里,因为所有的栈只关心其操作对象的 next_member 属性,而 stack_member 的所有子集都包含这一属性。这样将对象自由插入栈里会导致不安全性。例如,把两个向量对象(v1 和 v2)插入上述复数栈,即用

```
    s.push(v1);
    s.push(v2);
```

插入栈里,待将来的某一次 pop 操作既可能产生向量对象,也可能产生复数对象。如果产生向量对象,而又使用 v.angle 操作,这显然是一个不存在的操作,将引起错误。因此,在把 stack 定义成类属类型时必须小心,不得把不同类型的元素压入同一个栈实例中。

概括起来,SIMULA 67 融会了许多有趣的性质,它们是:
① 允许使相互关联、高度依赖的程序设计对象组织到一个封装构造(类)中;
② 提供了一种有用的语言构造(子类),使得具有层次性的系统能通过继承性来分解;
③ 把抽象对象看作仅能通过引用访问的实体,并提供了显式操作引用的机制;
④ 允许说明类实例的伪并行机制(参见 3.3.3 节)。

2.8.2　CLU 语言的抽象数据类型

簇(Cluster)是 CLU 用来定义抽象数据类型的机制。下面的例子说明了簇的应用和 CLU 的若干性质。我们定义一个复数的抽象数据类型,它具有下述操作。

(1) 建立 create

接收一对实数作为参数,分别把参数看作实部和虚部,建立一个复数(CLU 的数据对象必须显式建立)。

(2) 加 add

接收一对复数作为参数,返回它们的"和"作为结果。

(3) 相等 equal

接收一对复数作为参数,若它们相等,返回 true,否则返回 false。

实现该数据对象的抽象数据类型描述如下:

```
    complex = cluster is create ,add,equal
      rep = record[x,y: real ]
      create = proc (a,b: real ) returns (cvt)
      return (rep $ { x:a ,y : b })
      end create
      add = proc (a,b: cvt) returns (cvt )
      return (rep $ { x : a.x + b.x , y :a.y + b.y })
          end add
      equal = proc (a,b: cvt) returns (bool)
```

```
        return (a.x = b.x and a.y = b.y)
    end equal
end complex
```

簇头(cluster is ...)列出了抽象数据类型 complex 可用的操作,这里是 create,add 和 equal。**rep** 子句说明抽象数据类型的数据对象所具有的具体表示的数据结构,以便在类型封装机制内使用。这里的具体表示为一记录结构,它包含两个实数域,一个代表实部,一个代表虚部。**rep** 子句之后,是实施若干操作的过程,以及一些类内部的局部过程,本例无局部过程,只有 create,add 和 equal 三个过程。

关键字 **cvt** 用于对象的抽象表示和具体表示之间的相互转换,仅能在簇内使用。例如,对于过程 add,从簇外看,它的两个参数 a 和 b 是类型 complex 的抽象表示,但在簇内 add 过程内部,需要它的内部表示(这里是 **record** ...),因此需要将抽象表示转换成具体表示。这样,在 add 内部,a.x 是合法的。类似地,过程结束时所要返回的值的具体表示也要转换成抽象表示。

```
    return (rep $...)
```

的含义为返回一个具体表示类型(此例为记录 **record**)的对象,而 **returns cvt** 使该对象在返回调用者时转换成抽象表示。

CLU 语言变量的作用域和生存期互不相干,这是它与其他语言不同的地方。例如

```
    P: complex
```

说明 P 的类型是 complex,但这里的 P 未建立,它必须在其后的某个地方显式建立。例如

```
    P: = complex $ create (h,k)
```

这里的 P 才实际存在。其中,符号 $ 类似圆点表示法中的圆点,h 和 k 为实参。该语句调用簇 complex 的 create 操作,**create** 过程的 **return** 语句产生一个对象并赋予 P。

CLU 变量被一致看成对数据对象的引用,赋值语句

```
    x: = e
```

使得 x 指向 e 计算所产生的结果数据对象,在此赋值之前 x 可能引用了一个对象,赋值仅使 x 引用另一个对象,并未修改原来的对象,原来的对象还可以为其他变量所引用(若已无其他变量引用该对象,它就变成不可访问的对象)。这种形式的赋值称为共享赋值(Assignment by Sharing)或引用赋值(Assignment by Reference)。

CLU 的参数传递由赋值定义。例如调用

```
    complex $ add (x,y)
```

把 x 和 y 分别赋予形式参数 a 和 b,结果使同一数据对象分别由 x 和 a,y 和 b 共享。

CLU 的过程和簇可以是类属的,此外我们不再进行详细讨论。

2.8.3 Ada 语言的抽象数据类型

Ada 语言程序由一组程序单元组成,程序单元包括子程序和程序包(Package)。程序包是封装机制。Ada 语言具有典型的类 ALGOL 嵌套结构,子程序或程序包的说明内可包含变量、子程序和程序包的局部说明。程序包用途很广,适用范围可从一般实体(如变量、常量、类型)说明到相关子程序集簇(如求解微分方程的程序包)或描述抽象数据类型。一般的实体说明如

下述例子：

```
package COMPLEX_NUMBERS is
   type COMPLEX is record
      RE: INTEGER;
      IM: INTEGER;
   end record;
   TABLE: array(1..500) of COMPLEX;
end COMPLEX_NUMBERS;
```

它说明了一个类型 COMPLEX 和一个变量 TABLE，它们在定义的程序包 COMPLEX_NUMBERS（即 COMPLEX_NUMBERS 的作用域）内有效。程序包内说明的名字可以在程序包的作用域内用圆点表示法引用，例如

```
COMPLEX_NUMBERS.TABLE(K)
```

在用程序包集簇相关子程序或描述抽象数据类型时，通常需要隐蔽一些局部实体。对于相关子程序集，需隐蔽的局部实体可能是局部变量或局部过程。对于抽象数据类型，则可能是具体表示和某些内部的辅助变量和过程。Ada 程序包通常包括两个部分：程序包规格说明和程序包体。程序包规格说明定义了程序包向外部世界提供的可以访问的实体，称为移出（Export），它是程序包的可见部分（Visible Part）。程序包体包含全部隐蔽了的实现细节和一个初始化部分，是程序包的不可见部分（Invisible Part）。

下面给出一个程序包，它有两个移出函数：

① BELONGS_TO(X) 判定 X 是否属于某个（有序）整数集，返回一个布尔值。

② POSITION(X) 给出 X 在集中的顺序位置。

有序整数集的表示结构和内容被隐蔽在程序体之内，BELONGS_TO 和 POSITION 是该集合上仅有的两个操作。定义如下：

```
package INT_SET_PACK is
   function BELONGS_TO(X: INTEGER) return BOOLEAN;
   function POSITION (X: INTEGER) return INTEGER;
end INT_SET_PACK;
package body INT_SET_PACK is
   STORED_INT : array(1..10) of INTEGER;
   function BELONGS_TO(X : INTEGER )return BOOLEAN;
   ……
   end BELONGS_TO;
   function POSITION(X : INTEGER )return INTEGER;
   ……
   end POSITION;
   …    数组 STORED_INT 初始化，即集合的初始化
end INT_SET_PACK;
```

在前面曾用 CLU 定义过复数的抽象数据类型，现在用程序包定义这个抽象数据类型：

```
package COMPLEX_NUMBERS is
```

```
        type COMPLEX is private ;
        procedure INITIALIZE(A,B:in REAL;X:out COMPLEX);
        function ADD(A,B:in COMPLEX)return COMPLEX;
    private
        type COMPLEX is
            record R,I:REAL;
            end record ;
end COMPLEX_ NUMBERS;
package body COMPLEX_ NUMBERS is
        procedure INITIALIZE(A,B:in REAL;X:out COMPLEX)is
        begin X.R: = 1;
            X.I: = 2;
        end INITIALIZE;
        function ADD(A,B:in COMPLEX) return COMPLEX is
        TEMP:COMPLEX;
        begin TEMP.R: = A.R + B.R;
            TEMP.I: = A.I + B.I;
                return TEMP;
        end ADD;
end COMPLEX_ NUMBERS;
```

在定义中,模块移出的 COMPLEX 类型是私有类型(Private Type),即规格说明中的 private... end COMPLEX_NUMBERS 部分。私有类型的结构和值的集合定义得很清楚,但却不能被该类型的使用者直接使用,它所表示的细节在程序包之外是不可见的,只有通过为它定义的一组操作才能知道私有类型。COMPLEX 类型的变量只能由该程序包移出的 INITIALIZE 子程序和 ADD 函数操纵。另外,预定义的赋值、相等和不等操作也可以使用。

移出类型还可定义成受限私有类型(Limited Private Type) limited private,此时,赋值、相等和不等操作,在此类型上并未自动定义,程序若需要,必须显式定义(作为附加过程)。

上例中,过程的参数说明成 in 和 out 。in 说明代表一个不可修改的输入参数,out 说明代表一个输出参数,其值由过程设置。程序包(和过程)还可以是类属的,它们在使用之前必须实例化。下面给出一个描述类属的例子。

```
    generic
        type COMPONENT is private ;
    package SET_ MANIPULATION is
        type SET is limited private ;
        procedure INSERT(S:in out SET;ELEM:in COMPONENT);
        procedure DELETE(S:in out SET;ELEM:in COMPONENT);
        procedure IS_ IN(S:in SET;ELEM :in COMPONENT) return BOOLEAN ;
    private
        type SET is
```

```
        record STORE:array(1..MAX_CARDINALITY)of COMPONENT;
            CARDINALITY:INTEGER range 0..MAX_CARDINALITY:=0;
        end record;
    end SET_MANIPULATION;
```

其中,过程 INSERT 和 DELETE 分别用于向集合加入和删除一个元素;函数 IS_IN 用于测试集合成员;表示集合数据结构的是一个数组,其成员类型是一个参数,由程序包前缀的 generic 子句说明。全局变量 MAX_CARDINALITY 限制了集合的最大基数。COMPONENT 是私有类型,即程序包内对该类型变量的唯一合法操作是赋值、相等和不等。若需要其他操作,可以作为其他类属参数提供。类型 SET 的 CARDINALITY 域用于记录集合存放的元素个数,其初始化为零。

类属模块的实例化需经一个实在类属参数说明,例如

```
    package INTEGERS is new SET_MANIPULATION(INTEGER);
    package FLAVORS is new SET_MANIPULATION(FLAVOR);
```

此处的 FLAVORS 是在 2.5.2 节中 Ada 子类型中定义的一个类型。从语义上讲,这两个实例可看成两个独立的程序包说明,只是碰巧它们具有相同的内部结构,同属于一个类属。在这两个实例的作用域内,可以写出下列说明:

```
    A,B：INTEGERS.SET  A 和 B 具有实例化成 INTEGER 的 SET 类型
    C：FLAVORS.SET  C 具有实例化成 FlAVOR 的 SET 类型
```

2.8.4 Modula 2 语言的抽象数据类型

Modula 2 语言是由 Pascal 语言发展而来的,增加了模块(Module)概念。模块构造提供 Ada 程序包所能提供的几乎所有功能。

Modula 2 程序由一组模块组成,每个模块具有类似于 Pascal 的嵌套结构,即子程序或模块说明可以包含子程序和模块的局部说明。

Modula 2 用移入(Import)和移出(Export)子句说明模块的移入和移出实体。例如

```
    ……
    var a,b:integer;
    module x;
        import a;
        export g,h;
        var g:integer;
            h:boolean;
        procedure f(…);
        ……
        end f;
    end x;
```

模块 x 从外界移入一个变量 a,移出变量 g 和 h。移入实体必须是在模块定义处基于作用域规则的可见实体;移出实体必须是模块内的局部定义实体,移出实体在模块外(模块的作用域内)是可见的。

模块构造可用于封装一组相关子程序或访问一个加防护的隐蔽数据结构。前述用 Ada 写出的模块 INT_SET_PACK 可用 Modula 2 改写成：

```
module Intsetpack;
    export BelongsTo,Position;
    var Stored_Int : array[1..10]of integer;
    procedure BelongsTo(x : integer): boolean;
    ……
    end BelongsTo;
    procedure Position( x : integer): integer;
    ……
    end Position;
    ……
```

Modula 2 的过程可以返回值；模块可以有一个模块体，当进入模块作用域时，模块开始执行；此处省略的模块体可用于初值化 Stored_Int。

Modula 2 模块可以移出任何种类的实体，包括类型。当一个类型被移出时，类型的结构细节也同时移出。Modula_2 提供了一个解决封装数据类型信息隐蔽的办法，不过该办法只对出现在语言嵌套结构最外层的模块（由它实现抽象数据类型）有效。对 Modula_2 语言而言，需移出实体的最外层模块分成两部分：定义模块（DM）和实现模块（IM）。定义模块主要用于列出模块的所有移出实体，这些实体可为移入这些实体的模块所用。为了隐蔽移出类型的细节，Modula_2 提供一种所谓不透明(Opaque)移出。不透明移出意味着只是类型的名字被列入定义模块，而所有的细节均在对应的实现模块中给出。为了得到高效的实现，规定不透明移出限定为指针，因而抽象数据类型对象须要定义成可访问对象。

下面定义一个复数抽象数据类型：

```
definition modul ComplexNumbers;
export qualified Complex,Initialize,Add;
{属性qualified 指用户可用圆点表示法(模块名.移出实体)访问移出名字}
type Complex;
{这是一个不透明移出,这里不给出类型的细节,在对应的实现模块中给出细节}
procedure Initialize (A,B:real ;var x:Complex);
procedure Add(A,B:Complex):Complex
end ComplexNumbers.
implementation module ComplexNumbers;
    type C = record
                R,I:real
            end;
    type Complex = pointer to C;
    procedure Initialize(A,B:real ;var x:Complex);
    begin
        new(x);
```

```
            x↑.R: = A;
            x↑.I: = B
        end Initialize;
        procedure Add(A,B:Complex):Complex;
            var T:Complex;
        begin
            new(T);
            T↑.R: = A↑.R+B↑.R;
            T↑.I: = A↑.I+B↑.I;
            return(T)
        end Add
    end ComplexNumbers.
```

2.8.5　C++语言的抽象数据类型

C++语言是当前应用广泛的面向对象程序设计语言,它定义的类(class)抽象数据类型与SIMULA 67类似,将类的实例称为对象(Object)。但它与 SIMULA 67 有很大的不同,它满足抽象数据类型的条件(1)和(2),支持封装(信息隐蔽)、继承和多态性。

C++语言类定义的一般形式为

```
class〈类名〉
{
    private:
        私有段数据声明;
        私有段函数定义;
    protected:
        保护段数据声明;
        保护段函数定义;
    public:
        公有段数据声明;
        公有段函数定义;
};
```

其中,类名为一般标识符,代表该类的类型名;花括号内的部分称为类内(类体);花括号以外部分称为类外。一个类的类体封装了一些数据和对这些数据所进行的操作,分别称为数据成员(Data Member)和函数成员(Function Member)。成员又可分为私有(Private)段成员、保护(Protected)段成员和公有(Public)段成员。

一个类的定义实现了数据封装和信息隐蔽,被封装和隐蔽的部分包括私有段和保护段所有成员(函数与数据)、公有段函数的实现,这些在类外是不可见的(保护段成员在派生类中可见)。数据封装是一个相对概念,只是对类外而言,类外是不可见的,而对于类内,所有成员都是可见的。类的实例是对象,对象继承了类中的数据和方法(操作),只是各实例(对象)的数据初始化状态和各个数据成员的值不同。

在 C++语言中,类外部的函数或者其他的类只能通过使用类的公有段成员来访问这个类。因此,类的公有段成员(公有段数据和公有段成员)提供了类的外部接口,而私有段成员以及所有段成员函数的实现细节(函数体部分)则由类封装起来,而让类的使用者看不到。类的私有数据只能严格通过成员函数访问,任何类外(除了友元)对私有数据的访问都是非法的。使用私有数据这一语言特性来隐藏由类对象操纵的数据,然后提供一些成员函数来访问这些数据,但隐藏了改变这些数据的能力和实现细节。这样,使得类对数据的描述和类提供给外部世界来处理数据的接口这两件事互相独立,这就给出了面向对象的重要性。

C++语言的继承是通过派生类来实现的。下面的例子定义了一个数组类,队列和堆栈是派生类。

```cpp
#include<iostream.h>
class Array
{
  protected:
    int * p;
    int size;
  public:
    Array(int num)
    {
      size = (num>6)? num:6;
      p = new int[size];
    }
    ~Array()
    {
      delete[] p;
    }
    int & operator[](int idx)             //超载[]
    {
    if(idx<size)
      return p[idx];
    else
      {
        expend(x - size + 1);
        return p[idx];
      }
    }
    void expend(int offset)
    {
      int * pi;
      pi = new int[size + offset];
      for(int num = 0;num<size;num++)
        pi[num] = p[num];
      delete[]p;
      p = pi;
```

```cpp
            size = size + offset;
        }
        void contract (int offset)
        {
            size = size - offset;
        }
    };
class Queue:public Array
    {
        int first, last;
        public :
            Queue (int a):Array(a)
            {first = last = 0;}
            void join_queue (int x)
            {
                if last = = size
                    expend(1);
                p[last + +] = x;
            }
            int get( )
            {
                if first<last
                    return p(first + +);
                else
                {
                    cout≪"空队";
                    return -1;
                }
            }
    };
class stack:public Array
    {
        int top;
        public :
            stack (int a):Array(a)
            {top = 0;}
            void push (int x)
            {
                if top = = size
                    expend(1);
                p[top + +] = x;
            }
    int pop( )
```

```
    {
        if top>0
          return p(- - top);
        else
          {
            cout≪"空堆栈";
            return -1;
          }
    }
};
```

2.8.6 Java 抽象数据类型

Java 的抽象数据类型称为类(Class),这是 Java 的基础。

类的实例称为对象。

类说明格式为

  class 〈类名〉
  {〈类体〉}

类的说明还可以有更多的属性,如类的超类(Super class),或称父类,其格式为

  class〈类名〉**extends**〈父类名〉
  {〈类体〉}

这样说明的类是父类的子类,它可以继承父类的变量和函数。

列出类实现的接口(Interface)的类说明格式为

  class〈类名〉**extends**〈父类名〉**implements** call
  {〈类体〉}

接口是一种比类更加抽象的概念,它只定义了一些公用的行为和操作,而无任何实现过程。这些类的行为或操作被称为抽象方法(Abstract Method)。

对于任何类,都可以实现其需要的接口。同时,一个类虽然只能有一个父类(单一继承),但它却可以实现多个接口,从而以这种方法来实现多重继承。

带有 **public**(公共)的类说明表明,它可以被当前包(Package)之外的其他对象调用。默认的情况下,类能被其定义在同一包中的其他类调用。以下说明

  public class〈类名〉**extends**〈父类名〉**implements** call
  {〈类体〉}

定义的类能被其他类或对象调用。

Java 可以定义抽象类(Abstract Class),抽象类是未完全定义的函数类,它本身不具备实际的功能,只能用于衍生子类,可包含抽象函数(没有实现的函数)的定义,不能实例化。其格式如下:

  abstract class〈类名〉**extends**〈父类名〉
  {〈类体〉}

Java 还可以定义最终（Final）类。这种类不能通过扩充来建立新的类，即不能构造其子类。其格式如下：

  final class ⟨类名⟩ **extends** ⟨父类名⟩
  {⟨类体⟩}

一个抽象类不能说明成最终类，因为抽象类有未实现的函数，必须通过定义它的子类来实现这些函数。

综上所述，类说明可概括为

  [⟨修饰符⟩]**class** ⟨类名⟩[**extends** ⟨父类名⟩][**implements** ⟨接口名表⟩]
  {⟨类体⟩}

其中，修饰符包括 **public**，**abstract** 和 **final**。接口名表中为以逗号分隔的多个接口名(用于实现类)。

下面是一个 Java 程序实例。

  一个数组元素求和的程序。
```
(1) import Java.io.*;
(2) class DataConvert{
(3)   public int convert(byte ch){return ch-'0';}};
(4) class Datastore extends DataConvert{
(5)   public void initial(int a)
(6)     {ci = 0;
(7)      size = a;};
(8)   void save(int a)
(9)     {store[ci++] = a;};
(10)  int setprint (){ci = 0; return size;};
(11)  int printval (){return store[ci++];};
(12)  int sum ()
(13)    {int arrsum = 0;
(14)       for (ci=0;ci<size;ci++)arrsum = arrsum + store[ci];
(15)       return arrsum;};
(16)  private static int maxsize = 9;
(17)  int size; // size of array
(18)  int ci; // current index into array
(19)  int [] store = new int [maxsize];};
(20) class sample {
(21)  public static void main (string argy[ ])
(22)    {int sz ,j;
(23)     byte [] Line = new byte [10];
(24)     Datastore x = new Datastore ();
(25)     try
(26)       {while (( sz = System.in.read(Line)) = 0)
(27)         {int k = x.convert (Line[0]);
```

```
(28)            x.initial(k); }
(29)            for(j = 1; j <= k; j++)x.save(x.convert(Line[j]));
(30)            for(j = x.Setprint(); j > 0; j--)
(31)              System.out.print(x.printval());
(32)            System.out.print (";SUM = ");
(33)            System.out.println(x.sum()); }
(34)            catch(Exception e){ System.out.println("File error ."); }
(35)        } // End main
(36)    } // End class sample
```

在这一节,我们介绍了某些语言的抽象数据类型,我们对每一种抽象数据类型均给出了它的实例。因为编程不是本书的目的,所以通过这些程序读者只需了解每种抽象数据类型的结构和形式,以及它们的属性就可以了。

下面 3 节我们将以较短的篇幅来讨论与编译有关的数据类型问题。

2.9 类型检查

在语言中引入类型,使得一个类型定义了一类值的集合,以及对这类值所能进行的操作(运算)的集合。对同一类型数据允许使用这个类型相应的操作,这样,程序员使用的操作是否恰当就可根据数据对象的类型来进行检查,以便写出正确的程序。这种对数据对象的类型及其使用的操作是否匹配的一致性检查称为类型检查(Type Checking)。

语言的类型检查可分为静态检查(Static Checking)和动态检查(Dynamic Checking)。在编译时就能进行的检查称为静态检查;而在运行时才能进行的检查称为动态检查。因为静态检查在编译时完成,所以可用编译器做大量的一致性检查,使程序更正确、更有效。对动态检查的语言而言,程序员在编写程序时可暂不说明数据对象的类型,其类型留待运行时确定,一般需要编译器给出相应的描述符。虽然动态检查的语言编写程序比较方便,程序员不必为类型是否匹配花太多的精力,但程序中变量的类型不明显,程序难读懂,也容易出错,影响程序的可靠性。动态检查还降低了程序执行的效率。

语言可以按类型进行分类。可分为无类型语言、弱类型语言和强类型语言。一个语言没有类型定义,则称为无类型语言,如函数式语言 FP 和 FFP 就是无类型语言。一个语言的所有类型检查都可在编译时完成,则称为强类型语言,如 ALGOL 68 和 Ada。若一个语言的类型检查全部或部分要在运行时完成,则称为弱类型语言,例如 Pascal 语言。下面讨论 Pascal 是弱类型语言的原因。

(1) Pascal 在编译时,不能确定一个过程中的过程参数和子程序参数的类型。例如说明

```
procedure who_knows(i,j: integer ;procedure f);
var k : boolean ;
begin
  k:= j < i;
  if k
    then f(k)
    else f(j)
end ;
```

可能出现一个或两个都不正确的调用,因为与形参 f 相关联的实参可能类型不匹配,或参数个数不匹配。这些错误在编译时都无法预见,因为错误的发生取决于调用 who_knows 的实参,所以只有在运行时才能查出。

(2) Pascal 的子界不能静态检查。例如在

    a:= b + c;

中,若 a,b 和 c 都属同一子界类型 1..10,那么,在执行之前不能确定 b+c 的结果值,即不能确定对 a 的赋值是否越界,只能在运行时计算出 b+c 的结果值时才能确定。

再如 Pascal 数组下标类型作为数组类型的一部分,每次访问数组元素时,需要在运行时检查下标是否越界。

(3) 由于 Pascal 变体记录的标识符域可以在运行时改变,因而在编译时检查变体记录的正确使用是不可能的。

(4) Pascal 没有严格规定类型的一致性规则,因此它的类型检查基于不稳定的基础,其效果随实现而异。

2.10 类 型 转 换

类型转换是将一种类型的值转换为另一种类型的值。

我们曾经指出,表达式 a + b 中的运算符是一种超载,它可以是定点加,也可以是浮点加。当 a 和 b 同为整型,它就是定点加;当 a 和 b 同为实型,它就是浮点加。那么,a 和 b 一个是整型,一个是实型时又代表什么加呢？通常,每种语言都会做出自己的规定,使 a 和 b 转换成相同的类型(或者同为整型,或者同为实型)。将一个类型的值转换成另一个类型的值,在程序设计中经常出现,通常称为类型转换(Type Conversion)。

类型转换可分为拓展(Widening)和收缩(Narrowing)两类。若转换之前的每一个值都在转换之后的类型中有相应的值,即转换之后的类型值的集合包含转换之前类型值的集合,这样的转换称为拓展,例如整数到实数的转换。反之,若转换之前类型值的集合包含转换之后类型值的集合,则称为收缩,如实数到整数的转换。收缩可能导致某些信息的丢失。在 PL/1 语言中,由实数到整数的收缩采用截断,而 Pascal 从实数到整数的转换使用舍入法进行收缩。

在某些语言中,这种类型转换的要求和规则都是隐式的,它由编译器自动生成有关转换代码来实现。这些代码根据对象的类型和语言给出的类型优先规则来确定。例如,FORTRAN 类型优先级别是

    COMPLEX > DOUBLE PRECISION > REAL > INTEGER

若给定操作 a op b,那么在 op 执行之前,低级的类型向高级的类型转换。一般来说,语言对基本数据类型提供了适当的类型转换,而对复合类型或用户定义类型不提供类型的转换,由程序员自行解决。Pascal 中对基本数据类型仅允许从整数到实数的转换,以及子界类型与整数间的拓展与收缩。因此在

    var r : real;
        i : integer;
    i:= r;

中的赋值语句是非法的,必须以显式的方法写成

```
    i: = frunc(r)
```
或
```
    i: = round(r)
```
使实数 r 截断或舍入成整数后再赋值给整型变量 i。

ALGOL 68 对类型转换给出了完全的、形式化的隐式转换规则。它一共提出了 6 种隐式强制转换规则，用以强制将一种类型的值转换到另一种类型的值。这种自动转换削弱了编译器对程序的类型检查能力，因为它使变量的类型说明失去部分作用，掩盖了一些程序员类型使用中的错误。

C++语言允许的类型转换有 4 种：

标准类型→标准类型
标准类型→类类型
类类型→标准类型
类类型→类类型

标准类型为除 **class**、**struct** 和 **union** 类型（即所有的类类型）外的其他所有类型。对于标准类型，C++提供了两种类型转换：隐式类型转换和显式类型转换。

1. 发生隐式转换的情况

混合运算：级别低的类型的值向级别高的类型的值转换；
将表达式的值赋给变量：表达式的值向变量类型的值转换；
实参向形参传值：实参的值向形参的值进行转换；
函数返回结果：返回的值向函数返回类型的值进行转换。

2. 显式类型转换

方式为

（1）强制法

　　（类型名）表达式

或者

　　（类型名）（表达式）

（2）函数法

　　类型名（表达式）

它们都将表达式强制地转换为类型名所代表的类型的值。

2.11 类型等价

Pascal 语言要求赋值语句的两边要有"相同的类型"。何谓相同的类型？这是一个语义问题。通常把它称为类型等价（Type Equivalence），或类型相容性（TyPe Compatibility）。本节讨论类型等价的非形式化规则，这些规则对如何使用类型检查给出了准确的规定。

若 T1 和 T2 是两个类型，且 T1 的任何值都可以赋予 T2 类型的变量，反之亦然；类型 T1 的实参可对应类型 T2 的形参，反之亦然，则称类型 T1 和 T2 是相容的（Compatible）。

考虑 Pascal 说明

```
type t = array[1..20]of integer ;
var a, b : array[1..20]of integer ;
  c : t;
  d : record a : integer ;
           b : t
       end
```

可对其定义两种类型等价变量概念。

1. 名字等价

若两个变量具有相同的用户定义类型名或内部类型名,则称它们具有相容的类型。上述程序中变量 c 和 d.b 具有相容的类型。若两个变量具有相容的类型,仅当它们的类型名是相同的,则称两个变量名字等价(Name Equivalence)。有人这样定义两个变量等价:出现在同一说明中的两个变量是等价的。根据这一定义,上述程序中的 a 和 b 是等价的。Ada 语言就采用这样的名字等价定义。

2. 结构等价

若两个变量的类型具有相同的结构,则它们具有相容的类型,并称两个变量结构等价(Structural Equivalence)。按照这一定义,用户定义类型名仅作为其代表的结构的缩写(或注释),而不引起任何新的语义特性。为了验证结构等价,只需用它们的定义来替换用户定义名,重复这一过程,直到没有用户定义类型名为止。若最后留下的结构描述正好是相同的,那么这两个变量是结构等价的。上例中 a,b,c 和 d.b 具有相容的类型,因为它们是结构等价的。当用指针建立递归类型定义时,结构等价定义可能导致无限循环。采用结构等价语言,通过提供相应的规则可防止这一问题的发生。ALGOL 68 采用结构等价来定义类型的相容性;Pascal 没有规定采用哪种类型的相容性概念,把它留给实现来确定。遗憾的是,这样做的结果使得一个 Pascal 程序可能被这一个编译器接受,而被另一个编译器拒绝。

在大多数情况下,原始 Pascal 定义的实现采用结构等价,选择名字等价的程序就是非法的。例如,赋一个整数值到一个被说明成整数子界的变量是非法的,除非语言定义了相应的转换。参数传递采用名字等价。ISO Pascal 严格定义了主要基于名字等价的相容性。

Ada 类型的相容性通过名字等价来定义,属于同一类型的不同子类型的对象都是相容的。在编译时尽可能检查界限,余下的在运行时检查。

ALGOL 68 采用基于结构等价的类型相容性概念,尽量彻底忽略用户定义名字。因此,它的强类型特性是以纯静态类型概念为基础的。例如,ALGOL 68 说明

```
mode celsius = int ;
mode fahrenheit = int ;
```

使 celsius 和 fahrenheit 具有相容的类型,因为它们是结构等价的。前者表示摄式温度,后者表示华氏温度,由于它们两者类型相容,所以,它们的变量可以相互赋值。这样可以使一个表示摄氏温度的变量值,合法地赋予表示华氏温度的变量,虽然这很可能是一个程序错误。Ada 语言解决这个问题的办法是,定义两个 INTEGER 的派生类型:

```
type CELSIUS is new INTEGER ;
type FAHRENHEIT is new INTEGER ;
```

这使得两者的变量属于不同的类型,彼此的变量相互赋值是非法的。

名字等价的实现比较简单,而结构等价的实现需要的模式匹配过程可能十分复杂。

2.12 实现模型

这一节将讨论数据对象的实现模型。因为在计算机内对数据结构的表示依赖于硬件,所以我们提出的模型仅仅是原理性的,只给出简单易懂的表示,并未考虑实现方法的有效性。这里给出的模型并不是独立于语言的,重点给出 Pascal 语言的例子,仅供参考。

在实现模型中,一个数据用描述符和数据对象来表示,而不使用实际的数据结构。数据对象的所有属性的集合用描述符来描述。通常,在编译时将所有描述符保存在一张表中,以便编译时随时使用。有些描述符需要保存到运行阶段,而且存储在描述符中的属性可能随运行而变化。描述符的格式高度依赖于编译时表的总体结构,这里所列出的描述符仅仅是功能性的。

2.12.1 内部类型和用户定义的非结构类型实现模型

对大多数计算机来说,硬件以定点和浮点算术运算来支持整型和实型数据的处理。通常,整型和实型变量的表示如图 2-8 和图 2-9 所示。

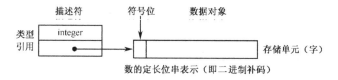

图 2-8 整型变量的表示

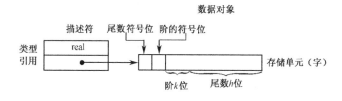

图 2-9 实型变量的表示

子界中值的表示与它的基类型表示一样,所以它们之间值的传递不需要任何转换,只需在运行时检查是否越界。子界的描述符必须包含子界的界值,这个值在运行时用来做越界检查。

枚举类型 t 的值映像到整数 $0 \sim (n-1)$,其中 n 是 t 的基数。若所有运行时的访问都经过包含类型 t 的信息描述符,那么,这个映像就不会引起类型 t 的值与其他枚举类型值的混淆。

布尔型和字符型数据可以看成枚举类型,并按上述方法实现。为了节省存储空间,字符可能存储在比字小的存储单元中,若硬件直接按字节编址,显然字符可存储在字节中。也可能把同一程序单元的几个布尔说明压缩到同一存储单元(字或字节)中,用每一个特定位表示一个布尔值。在这种情况下,访问单个布尔值就相当于访问字(或字节)的某一位,因为机器没有位地址,所以执行效率很低。

2.12.2 结构类型实现模型

1. 笛卡儿积

笛卡儿积(Pascal 的记录)类型的数据对象的标准表示是成分的顺序排列,描述符包含类型名和一个三元式(选择符名,域类型,指针),其中指针指向数据对象,每个域都对应一个三元式。例如,Pascal 记录的类型说明

```
type t = record a : real;
             b : integer
end
```

的表示如图 2-10 所示。

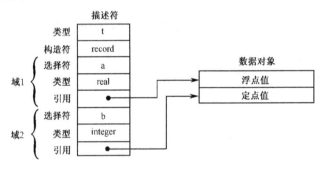

图 2-10 Pascal 记录的表示

笛卡儿积的每个成分占用整数个可编址的存储单元(字或字节),在程序内通过给定的域名进行引用。域名不能用作变量的值,因此,在强类型语言中,笛卡儿积的描述符不需要保留到运行。对每个域的引用都是由编译器局部于程序单元并计算出它在活动记录中的位移。这里是针对 Pascal 记录而言的,若记录的成分包含动态数组,处理起来就要复杂得多。

在 Pascal 语言中,可用显式说明 packed 更有效地选择使用存储单元。此时,可以把几个成分压缩到一个可编址的存储单元中。例如

```
packed record a : char ;
              b : 0..7
end
```

中的变量可由一个字的两个字节来表示。

2. 有限映像

有限映像(Pascal 的数组)的传统表示是为每一成分分配整数个可编址的存储单元(例如字)。描述符包含有限映像的类型名、定义域类型的基类型名、界的值、界类型名、存储每个元素所需的存储单元个数(如几个字)和存储数据对象的存储区的首地址。例如,Pascal 的数组说明

```
type a = array [0..10] of real
```

的表示如图 2-11 所示。

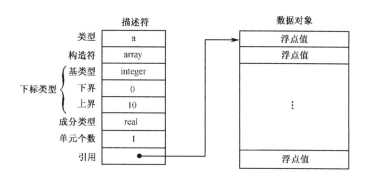

图 2-11 Pascal 数组的表示

因为数组的引用通常用下标变量来索引,所以描述符中的界需要保留到运行,以便运行时执行越界检查。

对 a[i] 的引用计算从数组首地址到 a[i] 的位移,但这里仅计算在该程序单元的活动记录内局部于数组的地址,实际地址尚需进一步计算和实现。若定义域类型是子界 m..n,每个元素所占存储单元个数是 k,那么,按照 k*(i−m) 计算 a[i] 从首地址 b 到所分配的存储之间的位移。对 a[i] 的引用可以写成

$$b+k*(i-m) = b-k*m+k*i = b'+k*i$$

其中,$b' = b-k*m$ 是编译时能计算出的数值。

有的语言支持动态数组,这时,描述符中某些属性要到运行时才能决定。此时,可将描述符分成静态部分和动态部分。静态部分只包含编译时所需信息(例如数组成分的类型和对动态部分的引用);动态部分在运行时分配到单元活动记录中,它在活动记录内的位移在编译时就能确定。动态部分包含对数组数据对象的引用,即指向这个对象的指针(该对象通常只能在运行时计算)和界的值。任何对数组元素的访问都编译成通过动态描述符的间接地址。

3. 序列

字符序列(串)和在后备存储器上的记录序列(文件)的表示方法是不同的,它们(特别是文件)依赖于语言的语义和机器体系结构。Pascal 语言的串类似于压缩字符数组,因此,它的长度是静态确定的,且不能改变。在 Ada 语言中,串类似于动态字符数组,因此,它的长度通常在编译时不能确定。在运行时,进入串所在的程序单元之后,当串变量被说明时其长度才能确定。在这两种语言中,串都可由别的数组表示。

在其他语言(例如 SNOBOL 4 和 ALGOL 68)中,串可以任意改变其长度,没有对程序员规定界限。显然,这样的串是动态的,必须分配在堆上。图 2-12 说明了一个长度为 5 的可变长串的表示。它的描述符分成静态和动态两部分,动态部分分配在活动记录栈上,包含当前的串长度(用于动态检查)及指向串在堆上的存储区的指针。分配在堆上的串是字的链表,每个字包含一个或多个字符。存储在一个字中的字符个数取决于字长。图 2-12 中假定每个字包含两个字符。

4. 判定或

判定或(Pascal 的变体记录)类型的变量并不限制在任何特定的变体中,可随赋值结果而变化。因此,为这种变量分配的存储空间应足以容纳需要最大空间变体的值。Ada 语言提供

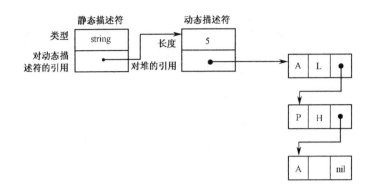

图 2-12 可变长串的表示

了将一个变量绑定于一个特定变体的选择。此时分配的存储空间量恰恰是每个变体所需要的。

Pascal 记录说明

```
type v = record a : integer ;
            case b : boolean of
            true :(c : integer );
            false :(d : integer ;
                    e : real )
        end
```

中的判定或类型变量的表示如图 2-13 所示。

标识符域的描述符有一个表项指向 case 表，对每一可能的标识符值，case 表都有一个表项指向有关变体的描述符。

5. 幂集

对幂集可以通过提供可访问的存储空间（如机器字）来有效地实现。机器字至少要有足够的位数来表示可能的成员，即基类型的元素个数。若在某个集合 S 中出现基类型的第 i 个元素，那么与 S 相关联的字的第 i 个位置为"1"。若与某集合 S 相关联的字的所有位都为"0"，那么表示 S 是一个空集。两个集合的联合很容易通过它们相关联的字的"或"操作来实现，交集通过"与"操作来实现。

若机器不允许位访问，为了测试一个成员，就得对字进行移位，把所要求的位移到可访问的位置（如符号位），或者使用屏蔽码。这种表示幂集的方法所能表示的集合个数，将受到该集合基数的限制，这种限制通常等于一个机器字的位数。

6. 指针

指针变量的值绑定于它的类型对象的绝对地址上。其类型描述体现在指针描述符中。若指针值为 **nil**，可由一个特定地址值来表示，这个值实际上是硬件产生的一个错误陷阱，以便捕捉经由值为 **nil** 的指针产生的错误引用。例如，这个值可以是一个超出物理地址空间且指向保护区的一个地址。

指针变量分配在活动记录栈上，而它指向的数据对象分配在堆上。

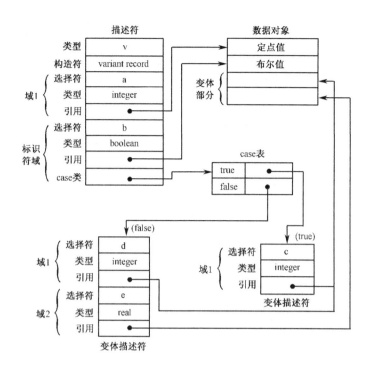

图 2-13 判定或类型变量的表示

7. 层次结构数据结构对象的表示

通常,用任意复杂的结构来聚合非结构类型可以形成结构类型。因此,结构类型变量的描述符可以组成一棵树,并用子树来描述它的每一成分类型。例如,类型 t 的数据对象说明如下:

    type t = **record** a : **real**;
                  b : t1;
                  c : **integer**
        end;

其中

    t1 = **array**[0..3]**of integer**;

可表示如图 2-14 所示。

类似地,二维数组变量的类型说明

    type t2 = **array**[0..2]**of** t4;

其中

    t4 = **array**[0..5]**of integer**;

的表示如图 2-15 所示。

类型 t2 的一个数组的成分类型是 t4,它的每个成分由 6 个连续存放的整数值表示。数组的每个基本成分的下标由 (i,j) 表示,其中 i 是属于子界 0..2 的值,它选取一个类型为 t4 的成分;j 是属于子界 0..5 的值,它选取该成分内的一个整数。若 b 是数组在它的活动记录内的起始地址,那么,由表达式 b+6*i+j 给出对数组基本成分的引用。

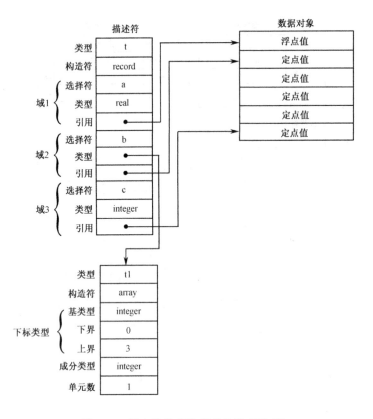

图 2-14 层次结构的数据对象的表示(1)

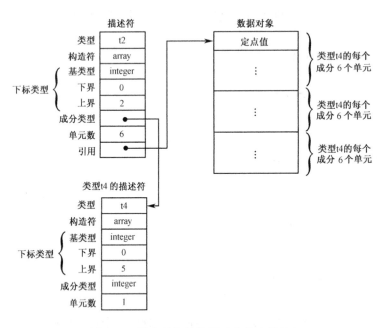

图 2-15 层次结构的数据对象的表示(2)

关于类和抽象数据类型的表示,已超出本书的范围,此处不再深入讨论。

习 题 2

2-1 Pascal 语言赋值语句为 A:=A + 2，假定 A 有初值为 0，试设想机器如何实现这个赋值语句？哪些值是可见的？哪些值是不可见的？

2-2 在 2.3 节中指出的对数据聚合的 6 种方法，不同的语言有不同的表现，试用你所了解的几种语言对比这 6 种方法的不同用法。

2-3 试举出一些超载(或多态)的运算符。

2-4 有限映像(即数组)的定义域类型 DT 到相应值的特定子集的绑定策略可以在编译时绑定，也可在对象建立时绑定，或在对象处理时绑定。请对上述 3 种情况举出语言结构的实例。

2-5 Pascal 类型定义机制与抽象数据类型有什么差别？

2-6 何谓强类型？它的优点是什么？

2-7 给出一个简单例子，证明 Pascal 原始定义不是强类型的。

2-8 何谓动态检查？何谓静态检查？试分别举出相应的例子。静态类型检查的含义是什么？

2-9 试设计一个测试程序，用来测试你所使用的 Pascal 编译程序所选用的类型相容规则。

2-10 试设计一个简单的测试程序，测试你所使用的 Pascal 实现的变体记录的安全性。

2-11 试设计一个简单的测试程序，评估你所使用的 Pascal 实现指针的安全性。

2-12 在 2.7 节中说明的类 stack 有一个属性 first，它用来指向栈顶的第一个元素。属性 pop，top，push 和 empty 用来对栈实例进行操作。我们来讨论这样的问题：first 是从类的外层可直接访问的，因此是非保护的。在类的外层分程序说明的所有变量和过程都是外层可访问的。为什么不能通过说明 first 为类的内层分程序的局部变量，使它成为外层不可访问的？能否使它成为局部于各过程中的一个过程？

2-13 SIMULA 67 语言的类和抽象数据类型有什么不同？

2-14 CLU 语言的簇与 Ada 的程序包有什么不同？

2-15 在 C 语言中，为什么没有布尔(bool)型？

第3章 控制结构

本章将讨论语言中描述算法的机制,即控制结构。主要讨论各种语句级控制结构和单元级控制结构,并以各种语言的适当语句结构来做出说明。

3.1 引　　言

在第 2 章中我们讨论了数据对象在程序中的表示,对各种数据类型进行了分析和讨论,并简单介绍了各种基本数据类型的实现模型。各种语言程序为了实现对问题的求解,除了提供对数据对象的表示外,还提供了各种各样的数据处理操作,这些操作按特定的顺序来执行。此外,语言还提供了描述(表示)程序中执行顺序的机制,即提供了描述算法的工具,通常把这些机制称为控制结构(Control Structure)。

所谓控制结构是程序员用来规定各个成分执行流程的控制机制。为了能流畅地书写程序,语言提供了丰富的控制语句。归纳起来,有语句执行顺序控制和程序单元执行顺序控制。对语句执行顺序的控制称为语句级控制(Statement-level Control),对程序单元执行的控制称为单元级控制(Unit-level Control)。

除了语言本身定义的控制结构外,有些语言还提供了用户定义控制结构的机制,这些已超出本书的讨论范围,此处不对其进行深入研究。

3.2 语句级控制结构

语句级控制结构是语言用来构造各种语句执行顺序的机制。传统语言有 3 种语句级控制结构:顺序(Sequencing)、选择(Selection)和重复(Repetition)。语句级控制结构对程序的可读性和可维护性是很重要的,下面将对三种控制结构分别加以讨论。

3.2.1 顺序结构

顺序结构是语言可用的、最简单的控制结构,例如

　　　　A;B

表明语句 A 执行之后,紧接着执行语句 B。其中";"是用来分隔语句并对语句定序的控制算符,称为顺序运算符(Sequencing Operator)。若干个语句可以通过顺序运算符组合在一起作为一个单独的语句,这样的语句在 ALGOL 60 和 Pascal 中称为复合语句(Compound Statement),它们是用语句括号 **begin** 和 **end** 括起来的。形式如下:

　　　　begin $S_1;S_2;\cdots;S_n$ **end**

其中,$S_1,S_2,\cdots,S_n$ 都是语句。

采用行格式的语言,例如 FORTRAN,以行结束符来分隔语句,并强制规定它们按顺序执行。

3.2.2 选择结构

选择控制结构允许程序员在某些可选择的语句中做出一种选择来执行。FORTRAN 语言的逻辑 IF 语句是选择语句的一个例子,它根据布尔表达式的值来规定执行语句的顺序。例如

  IF (I.GT.0) I=I-1

规定若 I 为正数,I 的值减 1;否则,不执行 I=I-1。

  if 语句是功能更强的选择语句,类 ALGOL 及 FORTRAN 77 都有这样的语句。if 子句是测试条件,**then** 和 **else** 子句是两个可选择项,根据执行 **if** 子句的测试结果对它们做出一种选择,即从两个控制路径中做出一种选择。例如

  if i=0
   then
    i:=j
  else begin
    i:=i+1;
    j:=j-1
   end

若 i=0,则 j 的值赋予 i;反之,i 加 1,j 减 1。可选择项可以是任意语句,包括复合语句。若上例中删除 **begin** 和 **end**,那么在 i=0 时也要执行 j:=j-1。

  ALGOL 60 语言的选择结构会引起二义性(Ambiguity),例如

  if x>0 **then if** x<10 **then** x:=0 **else** x:=1000

不能确定 **else** 是内层条件(**if** x<10)还是外层条件(**if** x>0)的分支。若在执行 **if** 语句之前,x 具有值 15,那么,按照两种不同的解释,x 可能被赋予 1000,或者根本不改变,存在两种不同的结果。为了消除二义性,ALGOL 60 要求 **then** 分支不允许再嵌入条件语句,若一定要嵌入,可加入语句括号 **begin** 和 **end**。这样,上述语句应写成

  if x>0 **then begin if** x<10 **then** x:=0 **else** x:=1000 **end**

或

  if x>0 **then begin if** x<10 **then** x:=0 **end else** x:=1000

  PL/1 和 Pascal 语言为了解决二义性问题,规定 **else** 分支自动匹配最近的无 **else** 的条件,这就是所谓"最近匹配"原则。按照这一原则,前一种条件语句取消语句括号 **begin** 和 **end** 也是正确的。这样的无二义规则在语言定义中已说明,它虽然消除了二义性,但条件结构若多层嵌套,读起来也是非常困难的。所以,使用 **begin** 和 **end** 来显式指明 **if** 结构的分支是明智的,以免产生不必要的错误。

  ALGOL 68 语言为了解决这个问题,在语法上为 **if** 语句增加了一个结束符号(或称右半括号)**fi**,这样在 **then** 和 **else** 分支不再使用语句括号 **begin** 和 **end**。上述 **if** 语句在 ALGOL 68 中可以分别写成

  if x>0 **then** i:=j **else**
    i:=i+1;
    j:=j-1 **fi**

和

```
if x>0 then if x<0 then x:=0 else x:=1000 fi fi
```

及

```
if x>0 then if x<10 then x:=0 fi else x:=1000 fi
```

Ada 语言采用类似的方法,相对 **if** 的右半括号用 **end if**。

若要在许多选项的情况下做出一个选择,ALGOL 68 和 Ada 允许程序员根据不同条件采用缩写的办法。例如

```
if a
  then S₁
  else if b
         then S₂
         else if c
                then S₃
                else S₄
              fi
       fi
fi
```

是一个正确的程序段,但很难读,可用 ALGOL 68 缩写符 **elif**(Ada 使用 **elsif**)来消除内层的 **fi**,即

```
if a
  then S₁
elif b
  then S₂
elif c
  then S₃
  else S₄
fi
```

这样,程序就好读多了。

PL/1 语言采用特别的 **SELECT** 结构来规定从两个以上的分支中做出选择。上例在 PL/1 语言中可以改写成

```
SELECT:
   WHEN(A)S₁;
   WHEN(B)S₂;
   WHEN(C)S₃;
   OTHERWISE S₄;
END;
```

在 ALGOL 68,Pascal,C 和 Ada 语言中使用 **case** 语句来表示多重选择结构,它根据表达式的值规定分支的选择。例如,下列 Pascal 程序段:

```
var operator:char;
```

```
    operand1,operand2,result:boolean;
    ……
    case operator of
        ´•´:result: = operand1 and operand2;
        ´+´:result: = operand1 or operand2;
        ´=´:result: = operand1 = operand2
    end
```

根据字符变量 operator 的值来确定对 operand 1 和 operand 2 的布尔操作,以计算 result。

在 ALGOL 68 中,**case** 语句基于整型表达式的值,若表达式的值是 i,那么选择第 i 个分支执行。而 Pascal 基于任何有序类型表达式的值,每个分支按照表达式可能计算出的值显式列出,因此每个分支在程序的 **case** 中出现的次序是无关紧要的。

原始 Pascal 定义没有规定当选择表达式的值超出显式列出的值的范围时,应如何获得结果。后来 ISO Pascal 规定,在这种情况下属于出错。ALGOL 68 规定了一个选择子句——**out** 子句,当选择表达式的值不在指明的值的集合中时,执行 **out** 子句。若 **out** 子句省略,以 **skip** 语句(空语句)来代替,即此时什么也不做。许多 Pascal 使用 **otherwise** 选择项来覆盖这种情况。

Ada 语言的多重选择结合了 ALGOL 68 和 Pascal 的功能。首先,选择分支使用枚举类型和整数类型的表达式;其次,在选择中要提供判别表达式的类型的所有可能值。利用缩写 **others** 来代表所有未显式列出的值。这样,上例在 Ada 中可改写成

```
    case OPERATOR of
        when ″•″ = >RESULT: = OPERAND1 and OPERAND 2;
        when ″+″ = >RESULT: = OPERAND1 or OPERAND 2;
        when ″=″ = >RESULT: = OPERAND1 = OPERAND 2;
        when others = >…产生错误信息…
    end case;
```

科学家 Dijkstra 1976 年提出了一个既简单又具有很强功能的选择结构,它的一般形式为

```
    if B₁ → S₁
    □ B₂ → S₂
    □ B₃ → S₃
    ……
    □ Bₙ → Sₙ
    fi
```

其中,$B_i(1 \leqslant i \leqslant N)$ 是布尔表达式,称为卫哨(Guard);$S_i(1 \leqslant i \leqslant N)$ 是语句表;$B_i \to S_i(1 \leqslant i \leqslant N)$ 称为卫哨命令(Guarded Command)。**if** 语句的语义是,若有多个卫哨计算为真,执行这些卫哨对应的任一 S_i(显然,选择是非确定的);若所有的 B_i 计算都不为真,程序失败。因此,强制要求程序列出所有可能的选择。

Dijkstra 提出的结构非常著名,其最有趣的特性是对非确定化(Nondeterminism)的抽象,它为并行计算和实时处理提供了良好的结构。在某些实际选择集合互不相交的情况下,程序员可以不必详细说明每一种情况。例如计算 A 和 B 的最大值,可写成

```
    if A ≤ B → MAX: = B
```

```
□A≥B→MAX:=A
fi
```

这里没有必要把 A＝B 的选择列出来。

在实时处理中,应用这种结构非常方便。例如,在某个控制系统中,卫哨作为控制条件,在某一时刻有多个卫哨同时计算为真,就可能同时去执行几个任务,也可以根据响应时间的要求,去执行最紧迫的任务。

3.2.3 重复结构

在程序设计中,一个上亿次计算的任务,不可能写出上亿条的指令让计算机执行,唯一可行的方法是使许多指令重复执行。因此,许多语言都提供了这样的控制结构,它允许程序员规定在某些语句(指令)上循环。

FORTRAN 语言提供 **DO** 语句,它引入了一个计数器(循环控制变量)来控制重复次数,这个次数是固定的,循环控制变量的值在整数有限集上,例如

```
DO 7 I = 1,10
   A(I) = 0
   B(I) = 0
7 CONTINUE
```

实现对数组 A 和 B 的元素(下标从 1 到 10)置 0。这是一种"计数器制导"(Counter-driven)的重复控制结构,也是非常有用的结构。COBOL,ALGOL 60,C 和 PL/1 等大多数语言都采用这种控制结构。Pascal 语言允许计数器制导循环,但它的计数变量的值可在任何有序集上。例如

```
type day = (sun,mon,tus,wed,thu,fri,sat);
var week_day:day
   ……
for week_day = mon to fri do …
```

Pascal 还允许计数器递减,可写成

```
for week_day = fri down to mon do …
```

Pascal 还规定控制变量和它的上下界在循环体内不改变,在循环外循环控制变量的值无定义。这种限制并非是为了约束程序员,主要是规定循环计数器的作用域,以增强程序的可读性和可维护性。

在循环计数器值的有限集合上重复,可用来模式化预先知道重复次数的情况,例如对数组进行处理。另一方面,客观世界存在更一般的情况,即预先并不知道重复次数。例如,处理一个文件的所有记录的程序,文件有多少个记录一般是不知道的。为此,在 FORTRAN 之后出现的大多数语言都提供了"条件制导"(Condition-driven)的重复结构。在这种结构中,设置了一个新限制,这种限制通常是一个布尔表达式,一直重复到布尔表达式的值被改变。

Pascal 语言支持两种形式的条件制导循环结构。第一种是 **while-do** 循环,它描述任意多次的重复,包括 0 次;第二种是 **repeat-until** 循环,它描述至少一次以上的重复。例如,文件处理程序可用 Pascal 语言写成

```
while not eof(f) do
```

        begin
            "从文件 f 中读一个项";
            "处理这个项"
        end

在执行循环体之前,先要计算 eof(它是文件尾标,这里主要是查文件尾标),只要 eof(f)不是文件尾标,**not** eof(f)总为真,执行循环体,直到文件尾标查到,这时 **not** eof(f)为假,停止循环。因此,这个程序对空文件也是正确的,这时一次都不执行循环体。

repeat-until 循环除了在循环体出口测试条件外,其他类似于 **while-do** 循环。若在上例中,假设文件至少包括一个元素(项),那么可以写成

    repeat
        "从文件 f 中读一个项";
        "处理这个项"
    until eof(f)

其中,循环次数等于测试条件 eof(f)为假的次数。但对空文件这个程序是错误的。

PL/1 和 ALGOL 68 语言把 Pascal 的计数器制导和条件制导结合后合成一种形式,它是各种可选择成分的组合。ALGOL 68 循环的一般形式可写成

    for i **from** j **by** k **to** m **while** b **do** ⋯ **od**

其中,**do** 和 **od** 是封闭循环体的一对符号;**for**,**from**,**by**,**to** 和 **while** 等子句是所有可能的选择。若 **for** 子句省略,就不存在循环控制变量;若 **from** 子句省略,就隐式给定循环控制变量的初值为 1;若 **by** 子句省略,计数器每次重复之后的增量为 1。例如,执行循环体 10 次的语句可写成

    to 10 **do** a:=a+2 **od**

该语句使 a 的值增加 20。

省略 **for**,**from**,**by** 和 **to** 等子句后就是一个条件制导循环;若再省略 **while** 子句,则确定一个无终止的循环。此时,必须在循环体内显式给出离开循环的出口,循环才会终止。

ALGOL 68 的循环控制变量在循环体内不能修改,它的作用域定义为循环体。因此,在循环体外不能访问它。跟在 **by** 和 **to** 后面的表达式的值在循环体内可以改变,在循环范围内这些表达式仅计算一次,即在开始执行循环之前计算。因此在循环体内对它的操作无论怎样改变,都不影响循环终止条件。

Ada 语言仅有一种循环结构,其形式如下:

    loop
        〈循环体(语句序列)〉
    end loop ;

其中,在第一行的 **loop** 前面可以加重复说明,重复说明可以是

    while〈条件〉

或

    for〈计数变量〉**in**〈离散范围〉

还可以是

```
       for〈计数变量〉in reverse〈离散范围〉
```
另外,可使用无条件出口语句
```
    exit;
```
终止循环,也可使用条件出口语句
```
    exit when〈条件〉;
```
终止循环。若具有出口语句的循环嵌套在其他循环内,它终止内层循环和包围它的所有外层循环。例如

```
    loop
     ……
     loop
       ……
       exit MAIN_LOOP while A = 0;
       ……
     end loop;
     ……
    end loop MAIN_LOOP;
```

在内层中,当 A=0 时,控制转移到跟在 end loop MAIN_LOOP 之后的语句执行。出口语句用来控制提前终止循环,它与 PL/1 的 LEAVE 语句具有相同的效果。

其他一些语言也提供了终止当前循环的机制,例如 C 语言的 **continue**(继续)语句。虽然这类结构不常用,但它在程序设计中有特殊功能。例如,在处理一个记录序列时,当发现某个记录有错,就需要结束处理这个记录,跳过去处理下一个记录。

在 Ada 语言中,使用 Dijkstra 的卫哨命令表示法,循环可用括号 **do** 和 **od** 内的各种命令来说明。例如

```
    do B₁→S₁
    □ B₂→S₂
     ……
    □ Bₙ→Sₙ
    od
```

的语义是每重复一次,执行 $B_i(1 \leqslant i \leqslant N)$ 为真的语句 S_i;若两个或两个以上的 B_i 为真,选择是非确定的;若都不为真,循环终止。基于卫哨命令的选择和重复促进了良好结构和优美算法的生成,使用这种结构的程序经得住程序正确性的形式证明。

3.2.4 语句级控制结构分析

顺序、选择和重复可以帮助程序员组织语句的控制流程,是基本控制工具。顺序是按计算机程序计数器提供的顺序获得指令的一种抽象。选择和重复是对硬件显式修改程序计数器的值,实现无条件转移和条件转移的抽象,这样的控制既简单又有效。

显然,抽象控制结构比显式控制转移修改指令计数器的低级控制机制更好些,它更面向问题,程序员通过使用顺序、选择和重复的一般模式就能较好地表达他们的意图。

无论如何,高级语言结构最终还是要翻译成传统计算机的条件转移和无条件转移机器代

码。但这已与程序员无关,将由编译器生成有效的机器代码,因而采用高度抽象概念有利于程序设计。例如 C 语言中条件语句

   if B S_1 **else** S_2

对应的控制可以表示为(伪代码形式)

   if B **goto** B.true
   goto B.false
  B.true: /* S_1 的代码 */
   …
   goto S.next
  B.false: /* S_2 的代码 */
   …
  S.next:

  大多数程序设计语言有 **goto** 语句,这是任意修改程序计数器值的抽象。Dijkstra 于 1968 年发表了一篇著名论文,论述了 **goto** 语句对程序设计的影响。文章中指出,包含许多 **goto** 语句的程序隐含许多出错的机会。他提出废弃 **goto** 语句,因为它使得程序正确性证明变得很困难,使用它是危险的。**goto** 语句还破坏了程序各语句的顺序连续性,违反了常规习惯,因此应当拒绝这种结构。

  图 3-1 说明,过多地使用显式转移 **goto** 语句,会使程序晦涩难读,容易出错,致使程序开发要付出难以容忍的代价。

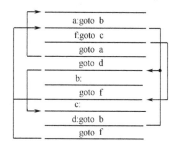

图 3-1 带显式转移的程序结构

  但是,若不允许使用 **goto** 语句,而语言又缺乏专门的控制结构,编写的程序也会不符合自然语言习惯而难于理解。另外,至今我们仍不清楚究竟应该提供哪些专门的控制结构,才能更好地满足程序设计的所有需要。

  虽然各种语言建立了多种多样的控制结构,但至今没有一种语言的控制结构是令人满意的。Böhm 和 Jacopini 于 1966 年在理论上证明,使用顺序、选择(**if then else**)和重复(**do while**)就可以对计算机所有可能的算法进行编码。因此,这 3 种结构组成了控制结构的有效集合。然而,仅使用这 3 种控制结构写出的程序不太自然,更可能产生拙劣的程序。实际上,增加一些控制结构(例如,增加多重选择 **case**,计算器制导循环 **for** 和条件制导循环 **repeat-until** 等),虽然在理论上是多余的,但这样的确能提高程序的可写性和可读性。

  大多数语言都提供了丰富的控制结构,通常也提供了不受限制的 **goto** 语句。究竟怎样的选择才是最佳的语言设计,对这个问题仍然有争议。若程序是以条理清晰的方法设计的,那么在这个程序中只有偶然出现的 **goto** 语句。然而,一旦允许使用 **goto** 语句,就无法强制程序员不使用(或少使用)它,没有经验的程序员就可能编写出结构糟糕的程序。那么,我们只能劝告程序员,有节制地使用 **goto** 语句!

  Java 吸取了 Diikstra 的建议,废弃了 **goto** 语句,因此它不支持 **goto** 语句,使程序逻辑更加清晰。但为了实现控制转移,特别设计了 **break** 语句和 **continue** 语句,从而实现"有节制"地使用 **goto** 语句。

综上所述,在语言设计中,影响语言选择控制结构的因素很多,要在一个语言中完全集各家之长是非常困难的。例如,为了易于学习,对于我们所涉及的语言,应当选择什么样的最小控制结构集合才是合理的?这个问题没有确切的答案,只能针对语言的应用领域做出合理的选择。

3.2.5 用户定义控制结构

与数据类型一样,有的语言也提供了用户定义控制结构的机制。

Pascal 语言基于计数器循环的控制变量类型可以是任意有序类型,它不只是整数的子集。这样,用户通过定义不同的有序类型即可达到定义不同控制结构的目的。而 CLU,Alphard 和 Euclid 等语言提供了进一步的抽象,它们允许程序员拥有任意抽象数据类型的控制变量,并提供说明如何产生这样的控制变量值的顺序构造。Smalltalk 语言的方法更为一般,它以不变的对象世界来处理控制结构。

可以认为上述语言是可扩充(Extensible)的,用户可以通过定义新的(抽象)数据类型、操作(过程)和控制结构来扩充基本语言。

3.3 单元级控制结构

本节将讨论实现程序单元之间控制流程的机制。最简单的机制是 ALGOL 60 的分程序,后来的许多语言都采用了这种机制。在程序顺序执行的过程中,遇到一个分程序,就建立一个新的引用环境,并执行这个分程序。更强的机制允许程序员通过显式调用单元(例如函数和过程),把控制从一个单元转移到另一个单元。我们将讨论 4 类单元级控制结构。

(1) 在大多数情况下,被调用单元从属于调用单元。换句话说,调用单元以显式名字调用它的从属单元,而从属单元简单地转移控制返回调用单元,即返回隐式规定的单元。典型的例子是子程序,它执行返回操作把控制返回到主程序,返回的单元是隐含的。

(2) 被调用单元也是隐含的,例如异常处理程序(Exception Handler)。一个单元若发生一个异常事件,隐式激活相应的异常处理程序。

(3) 各单元以对称的模式组成一组协同程序(Coroutine),在这种情况下,单元之间彼此显式激活。这些单元以交错的方式进行,例如 CLU 中的重复构造和 SIMULA 67 中的协同程序。

(4) 各单元可组成一组并发(Concurrent)或并行(Parallel)的单元或进程(Process),它们之间不存在调用和返回的概念,而是并行处理,每个单元都被看成独立自主的单元。

下面我们对这 4 种情况分别加以讨论。

3.3.1 显式调用从属单元

这种类型的调用覆盖所有的子程序,从 FORTRAN 语言的子程序和函数,到 Ada 语言的过程都属于显式调用。每个子程序(函数、过程)都有一个名字,通常都由调用语句使用被调用单元的名字来进行调用。

执行调用语句时将控制转向被调用单元,被调用单元执行完后,又将控制返回调用单元,并继续执行紧跟在调用语句后面的语句。

Java 语言用对象名进行对象的调用。对象是具有状态和行为的软件模块。一个对象的状态包含在它的成员变量中,它的行为是通过它的函数来实现的。所谓调用对象,实际上是调用它的函数,且通过 return 语句返回函数值,也可以不返回值(也可返回空值(void))。对象是类的实例,是可执行的。类说明仅仅是创建类的模板,类说明后,可以建立多个实例(对象),类的操作由编程人员在创建对象时提供。对象说明仅仅是声明它的"类型"是哪一个类,用 new 语句才能创建一个对象。用 new 语句创建一个对象时,为对象分配一段内存空间,并通过类的构造函数将它初始化。new 语句返回一个引用(Referend)赋予一个适当类型的变量,这个引用实际上就是通常语言中的指针,以实现相应的调用。函数调用也被称为发消息(Messages)。

当控制从调用单元转向被调用单元时,还可进行参数传递(Parameter Passing)。参数传递可实现单元之间的通信。当然,单元之间的通信可以通过全局环境来进行,但每次调用允许传递不同的数据,为实现单元之间的通信提供了灵活性,同时也提高了程序的可读性和可修改性。

在大多数程序的子程序调用中,使用位置方法来实现实参与形参的绑定。例如,一个子程序说明为

  subprogram $S(F_1, F_2, \cdots, F_N)$;
   ……
  end

并且子程序调用是

  call $S(A_1, A_2, \cdots, A_N)$

那么,位置方法暗示实参 A_i 绑定形参 $F_i(i=1, 2, \cdots, N)$。

位置参数绑定方式很方便,但它也有缺点。在参数比较多,又允许多个参数省略的情况下,很容易出错。若在上例中设 N=10,且第 2,4,5,6,7,9 个参数可省略,假若这些参数的实参都省略,那么,必须用","来占领相应的位置,这时的程序调用语句是

  call $S(A_1, , A_3, , , , , A_8, , A_{10})$

其中,省略的实参为空,其后的逗号保留。读者可能已经注意到,上例很可能把逗号的位置弄错,多一个逗号或少一个逗号都会造成形参与实参的绑定错误,同时也降低了程序的可读性。

为了克服上述缺点,有些语言提供了关键字(Keyword)绑定方式,过程调用显式列出相应实参与形参的绑定关系。例如上述调用语句可写成

  call $S(A_1 \Rightarrow F_1, A_3 \Rightarrow F_3, A_8 \Rightarrow F_8, A_{10} \Rightarrow F_{10})$

显然,关键字绑定方式对允许省略参数的过程调用特别有用,省去了许多无用逗号,避免了许多错误。

在参数可省略的情况下,一般都要在过程头做出专门的规定,指出以什么样的特定值来替代省略的实参。

像语句级控制结构中的 **goto** 语句会影响程序的可读性一样,在子程序调用中,副作用(Side Effect)和别名(Aliase)也会影响程序的可读性,容易引起程序出错。下面将对此进行讨论。

1. 副作用

对非局部环境的修改称为副作用。通常,一个程序单元要在运行时建立一个自己的局部

环境(参见第13章),并可以对自己的环境进行引用和修改。同时,也有一些其他单元的环境可被这个单元引用和修改,这种修改就产生了副作用。副作用原则上提供了一种程序单元之间的通信方法,它通过非局部变量来完成。然而,为此需要设置大量的非局部变量,各程序单元可不受限制地访问它们,使得程序难读懂,也难于理解。在这种情况下,每个单元都有可能引用和修改在非局部环境中的变量,这种不受约束的引用和修改容易造成不该发生的错误。

一旦全局变量用于通信,就难于区分所产生的副作用是否是需要的。例如,若单元 U_1 和 U_2 由于疏忽修改了非局部变量 X,而 X 又用于单元 U_3 和 U_4 的通信,显然 U_1 和 U_2 对 X 的修改产生的副作用是不需要的。这类错误很难发现和消除,因为引起这类错误的征兆很难被发现。一个简单的类型错误就会引起上述问题。如果在编译时检查调用指令,也难查出调用会影响哪些变量,为了弄清调用的影响,通常必须查遍整个程序,因而降低了程序的可读性。

对于大型程序,通常都由若干程序员并行独立开发若干程序单元。在这种情况下,不受约束地访问非局部变量是非常危险的。一种解决方法是使用参数,使它们仅用于调用单元与被调用单元之间的通信。参数传递方法对时间要求严格的应用(例如实时控制)是不合适的,因为引用调用的参数在编译时都编译成间接访问,降低了程序执行效率。另一种方法是,严格限制两个单元共有的非局部变量,只有作为两个单元通信的非局部变量才设置。也可以规定,某些变量仅允许某些单元读,而不允许写。

副作用也用于引用调用(参见13.4节)的参数传递中,副作用体现在对实参的修改。这时,实参是被调用单元的非局部变量。在这种情况下,应特别小心,不要对实参产生不需要的副作用。

在函数子程序中,副作用特别有害。例如

$$w: = x + f(x,y) + z$$

其中,f(x,y)是函数,它用在表达式中,以函数名(可带参数)来调用。在 Pascal 语言中,若实参是引用调用,那么对 f 的调用就可能引起 x 和 y 值的改变,这样,表达式 x+f(x,y) 与表达式 f(x,y)+x 的值可能不同。另外,若 z 是 f 的全局变量,对 f 的调用可以引起 z 值的改变,因此 f(x,y)+z 与 z+f(x,y) 的值可能不同。由于副作用的原因,对 w 赋值的语句的计算结果与计算表达式各项的先后次序有关,影响了程序的可读性,也使表达式不遵从交换律。

除了影响可读性外,副作用还影响到编译程序对某些表达式生成优化的目标代码。例如

$$u: = x + z + f(x,y) + f(x,y) + x + z$$

考虑到 f 的副作用,不能对子表达式 x+z 提公因子而只计算一次,因为前面的 x+y 的值可能与后面的 x+y 的值不相同。甚至 f(x,y) 也不能只计算一次,由于 f 的副作用,使得

$$f(x,y) + f(x,y) \neq 2 * f(x,y)$$

2. 别名

在单元激活期间,若两个变量表示(共享)同一数据对象,则称它们是别名。若两个变量具有别名,那么用一个变量名修改数据对象,另一个共享这个数据对象的变量对这个修改是自动可见的。例如 FORTRAN 语言的等价语句

```
EQUIVALENCE(A,B)
A = 5.4
```

使 A 和 B 绑定同一数据对象,并对它们赋值为 5.4,因此语句

```
B = 5.7
WRITE(6,10)A
```

打印出来 A 的值为 5.7,即对 B 的赋值同时影响到了 A 和 B。

若过程参数传递方式是引用调用,那么形参和实参共享同一数据对象,引起别名。考虑下列 Pascal 过程,它不使用任何局部变量来完成交换两个整型变量的值。

```
procedure swap(var x,y:integer);
begin
    x:= x + y;
    y:= x - y;
    x:= x - y
end
```

我们来检查并判断它是否能正确地工作。按一般理解,回答是肯定的。然而,事实上,只有两个参数不是同一变量时,过程的工作才是正确的。例如调用

```
swap(a,a)
```

将 a 置 0,因为这时 x 和 y 成为别名,在过程中对 x 和 y 的赋值都影响同一单元。调用

```
swap(b[i],b[j])
```

在下标 i=j 时,也会出现同样的问题。指针也有别名问题,例如

```
swap(p↑,q↑)
```

当 p 和 q 指向同一数据对象时,也无法实现交换。

归纳起来,形参和实参共享同一数据对象,过程调用具有重叠(相同)的实参,都会引起别名。

当形参引用调用实参时,它与全局变量表示同一数据对象,或者有重叠的数据对象时,也会引起别名。例如,若 swap 过程写为

```
procedure swap(var x:integer);
begin
    x:= x + a;
    a:= x - a;
    x:= x - a
end
```

其中,a 为全局变量,那么调用

```
swap(a)
```

将产生不正确的结果,因为 x 和 a 是别名,共享同一数据对象。Pascal 的过程或函数的参数传递方式如果是值调用,就不引起别名,这时参数实际上是过程内的局部变量,相应的实参仅在过程的出口受影响。

别名的存在对程序员、程序的阅读者及语言的实现者都是不利的。程序中偶然出现不同名字表示同一对象,使子程序难于理解。这个问题不可能通过检查子程序来发现,若要发现必须检查调用子程序的所有程序单元。作为别名造成的后果,可能使子程序调用产生不期望得

到的结果。

别名也影响编译器生成优化的代码,例如

```
a: = (x - y * z) + w;
b: = (x - y * z) + u
```

其中,若 a 与 x,y 或 z 中任一个是别名,那么,两个赋值语句中的子表达式 x－y * z 不止计算一次,从而影响了优化。

针对别名的困难性和不安全性,有些语言已限制使用它们。Gypsy 和 Euclid 是最著名的例子,它们是 1970 年之后基于 Pascal 设计的语言,主要用于验证系统程序。副作用和别名对程序验证(Program Verification)非常不利,因此这两种语言都排除了这种特性。

定义别名允许在同一单元实例中以两个以上的名字访问同一数据对象,因此可有两种方法来消除别名。一种方法是,完全废除可能引起别名的结构,例如指针、引用调用、全局变量和数组等。这样做的结果使语言的能力受到太大的限制。Euclid 语言采用另一种方法,对上述结构限制使用,排除了别名出现的可能性。

参数传递为引用调用时,仅在实参重叠时会引起别名。若实参是简单变量,必须保证它们是可区分的,因此,过程调用

```
P(a,a)
```

在 Euclid 中认为是不合法的。在参数传递中,传递一个数组和一个数组元素也是被禁止的。例如,若过程 P 的过程头为

procedure P(**var** x: integer; **var** y: array [1..10] **of** integer)

那么,调用

```
P(b[i],b)
```

是不合法的,因为 b[i]是 b 的别名。这类不合法的别名可在编译时查出。然而,调用

```
swap(b[i],b[j])
```

仅当 i=j 时才会产生别名,所以,Euclid 特别规定上述情况的调用必须满足条件 i≠j。对这种情况,由编译器生成这个条件作为合法性断言(Legality Assertion)。在测试阶段,对由编译器生成的合法性断言进行运行时检查。若运行时断言计算为假,执行失败,产生相应的错误信息,合法性断言主要用于验证。事实上,Euclid 系统包括一个程序验证器(Program Verifier),若一个 Euclid 程序被认为是正确的,仅当验证器证明了所有合法断言为真时才成立。

指针可以产生别名,全局变量和过程形参也可以产生别名,Euclid 对此都有相应的解决办法,我们在此不再做进一步的讨论。

3.3.2 隐式调用单元——异常处理

前已叙述,子程序和过程是通过名字显式调用的,从而使控制从一个单元转向另一个单元。现在讨论不通过名字显式调用,而隐式地将控制从一个单元转向另一个单元,即异常处理程序的控制转移问题。

异常处理是一种语言机制,它既为不同层次的各种过程间进行通信提供了一种工具,也给出一种与传统过程调用和过程终止不同的特殊控制转移。

异常(Exception)是指导致程序正常执行中止的事件。它靠发信号来引发,用异常条

件(Exception Condition)来表示,并发出相应的信号,引发相应的异常。异常引发后,需要进行处理,这种处理由专门的异常处理程序来完成。异常处理程序就是隐式调用的程序单元。

异常事件还不能严格定义,因为我们总是希望,即使出现硬件/软件失败,或偶然发生例外,或无效输入等情况,程序仍要合理地运行。然而什么是正常处理状态,取决于程序设计者所采取的策略和应用的性质。因为,一个异常处理状态并不意味着出现灾难性错误,有的是可以修补的,只有在某种意义下,程序单元无法继续执行时,才会导致程序正常运行的中止。

早期语言中除 PL/1 外,通常没有专门的异常条件及异常处理程序。许多近期开发的语言提供了异常处理机制,使涉及异常事件的处理独立出来,不包括在程序的主流程中,以保证程序的逻辑按基本算法进行。

有关异常处理的主要问题可归纳如下:
① 异常如何说明,它的作用域是什么?
② 异常如何发生(或如何发信号)?
③ 发出异常信号时,如何控制要执行的程序单元(异常处理程序)?
④ 发生异常时,如何绑定相应的异常处理程序?
⑤ 处理异常之后,控制流程转向何处?

在这些问题中,问题⑤的解决对语言处理异常机制的能力和可使用性有很大的影响。语言设计中可能的基本选择是,相应的异常处理程序执行完之后,允许控制返回发生异常事件的那一执行点。在这种情况下,异常处理程序可对执行的程序进行某些"修补",终止相应的异常事件,以便程序继续正常地执行。这种方法已在 PL/1 和 Mesa 语言中采用,其功能很强,又很灵活,但对不熟练的程序员掌握起来比较困难,程序中可能隐藏了不安全因素,虽然消除了错误征兆,但却未真正排除引起出错的原因。例如,为了处理一个不可访问的操作数的值所引起的异常事件,处理程序可以简单地随意产生一个可访问的值来处理这个异常事件。虽然解决了程序继续执行的问题,但并未真正消除出错的因素。

另一种方法是,终止引起异常的程序单元的执行过程,把控制转向异常处理程序。从概念上说,这意味着引起异常的活动不能恢复;从实现的观点来看,这意味着删除发信号单元的活动记录。Bliss,CLU 和 Ada 等语言采用了较简单的方案。下面分别介绍 PL/1,CLU 和 Ada 等语言的异常处理机制。

1. PL/1 语言的异常处理机制

PL/1 是最早设置异常处理的语言,它将异常称为条件(Condition),异常处理程序由 **ON** 语句说明。例如

  ON〈条件〉〈异常处理程序〉

其中,条件即异常名;异常处理程序可以是简单语句或分程序。而由语句

   SIGNAL〈条件〉

显式引发一个异常。

语言预定义了一些异常,例如以零为除数的异常 ZERODIVIDE。系统提供的处理程序所执行的操作由语言规定。然而,内部异常处理程序执行的操作也可由用户重新定义,只需对该异常名重新说明一次即可,例如

```
ON ZERODIVIDE BEGIN ;
    ……
            END ;
```

一个程序单元被激活后,在执行期间遇到一个 ON 语句时,异常名就与相应的处理程序建立起绑定关系,这种关系一建立,就一直有效,直到遇到该异常的另一个 ON 语句时,建立新的绑定关系,该异常名原来的绑定关系自然失效。换句话说,该异常改换了处理程序。若在同一分程序中,出现同一异常有多个(大于 1 个)ON 语句,那么每个新绑定关系使前一个绑定关系失效。若在内层分程序中出现与外层相同的异常名的 ON 语句,这个新绑定关系在内层分程序有效,外层的绑定仅仅是被这个内层绑定"遮住"了,待内层分程序执行终止时,外层的绑定关系才可能恢复。

当自动或由 SIGNAL 语句引发一个异常时,执行当前绑定于该异常的处理程序,类似于在那一点显式调用子程序而引起执行异常处理程序。因此,除非处理程序另有规定,通常在处理程序执行完后,控制返回发出 SIGNAL 的那一点。

从上面的讨论可以看出,在程序某点引起的异常与相应异常处理程序的绑定是高度动态的,这样的结构给编程带来了难度。因此,这种结构不太理想。另外,PL/1 中的 ON 语句不允许带参数,即引发异常的程序不能直接与异常处理程序进行通信,因而不得不使用全局变量来进行通信,显然这是不安全的。同时,全局变量并非总是可以使用的,例如,当引发 STRINGRANGE(指超出串的范围进行访问)异常时,若在作用域内有两个以上的串,就无法使处理程序知晓是哪一个串引发的。在这种情况下,通常使 PL/1 异常处于无效状态。

PL/1 异常处理机制对内部异常设置了"使可能"(Enabling)和"使不能"(Disabling)两种状态。为了与我们的习惯相符,本书将"使可能"称为"允许","使不能"称为"禁止"。用户定义的异常都是允许的,因为他们设置这些异常都要显式发出信号。然而大多数内部异常都默认允许的信号,系统直接绑定于系统提供的标准出错处理程序。为了使一个原来处于允许状态的异常成为禁止(屏蔽)状态的异常,可用显式"NO〈异常名〉"为前缀的语句、分程序或过程来实现。例如

```
(NOZERODIVIDE):BEGIN ;
    ……
            END ;
```

使得内部异常 ZERODIVIDE 的处理程序在该语句、分程序或过程中失效。前缀的作用域是静态的,它附加在语句、分程序或过程上,其作用域也就是这些语句、分程序或过程。类似地,可以使处于禁止状态的异常成为允许状态的异常。例如

```
(ZERODIVIDE):BEGIN ;
    ……
            END ;
```

现在简要讨论 PL/1 异常处理机制的实现模型。在程序执行期间,当遇到 ON 语句时,就将条件(异常名)和指向相应处理程序的指针保留在当前活动记录的一个表项中。当给定单元激活单元 U 时,立即为 U 建立一个活动记录,该单元对所有 ON 语句建立的表项都可通过 U 的活动记录的固定单元进行访问。当引发一个异常时,检索 ON 语句的表项,从最新的表项开始,直到发现为该条件所建立的 ON 语句的异常处理程序为止。若所有表项查完,都未发现为

该条件所建立的异常处理程序,则采用默认的活动。

这种检索栈上所有活动记录的方法效率非常低。我们知道,仅当引发一个异常时,才会进行检索,为了提高检索的有效性,可增加分程序和 ON 语句处理的开销。对程序中所有可能引发的异常条件,专门设置一个表,对应条件 C 的表项是一个指向指针栈的指针,而指针栈的每个指针指向为 C 建立的相应 ON 语句的活动记录。所有的栈初值为空,在执行期间遇到一个 ON 语句时,一个新表项插入到相应的栈项。当分程序活动终止时,在活动期下推的所有栈都必须上托。

2. CLU 语言的异常处理机制

CLU 语言的异常机制与 PL/1 语言相比,功能要弱一些,但使用方法更方便,主要表现在两个方面。

(1) 当过程 P 引发一个异常时,只能将其信号传送给调用 P 的过程。这样做的目的是使程序具有良好的结构,但在表达方面要弱一些。

(2) 发信号的过程被终止,且不再恢复。

CLU 的异常仅由过程引发,实际上,若一个语句引发异常,包含这个语句的过程立即随异常的引发而返回。过程内可以发信号的那些异常必须在过程头中加以说明,借助于发信号指令在过程中显式引发这些异常。例如过程说明

    coca_cola = **proc**(a:**int**,s:**string**)return(**int**)
        signals(zero(**int**),overflow,has_format(**string**))

表明,该过程含有两个参数,它是一个函数,正常情况下返回一个整数值;非正常情况下,可通过引发所列出的三种异常(zero,overflow 和 had_format)之一来终止过程。

内部操作能引发一个异常的集合。例如除数为 0 的除法可以发信号。当引发一个异常时,过程返回到它的直接调用者,因而异常的处理应当由调用者提供的异常处理程序来完成。由此可见,异常处理程序静态绑定于调用者。

异常处理程序由 **except** 子句绑定于语句,它的语法形式如下:

    〈语句〉**except**〈处理程序表〉**end**

其中,语句可以是语言的任何语句。如果语句内的一个过程调用引发了一个异常,控制将转向处理程序表。处理程序表的形式如下:

    WHEN〈异常表 1〉:〈语句 1〉
        ……
    WHEN〈异常表 n〉:〈语句 n〉

若引发的异常属于异常表 i,那么语句 i(即处理程序体)将执行。当处理程序执行结束时,控制将转移到紧跟在附加这个处理程序的语句之后,即执行紧跟在上例 **end** 之后的语句。若引发的异常不在任何异常表中,那么重复处理静态包围的语句。若在产生调用的过程内未查到相应的处理程序,CLU 专门设置了一个特殊的异常 **failure**,该异常返回的结果是一个串。**failure** 异常无须在过程头列出,每一个过程都可引发该异常,每当未查到相应的处理程序时,过程隐式发信号给语言定义的 **failure** 异常,并退出该过程而返回。

下面简单讨论 CLU 异常处理的实现模型。它的实现容易理解,当对一个异常发信号时,控制返回调用者,就像 return 那样正常返回。但是,它们的返回点是不同的,**return** 返回紧跟

在调用语句后面的语句执行,而发信号时返回相应的异常处理程序。

因此,CLU 异常的实现比较容易,它对每一个过程附有一个(固定内容的)处理程序表,用以存储过程中出现的所有与处理程序有关的信息。表中的每个表项的内容如下:

(1) 由处理程序处理的异常表。
(2) 一对指针,它们指向附有异常处理程序的过程的正文部分(即处理程序作用域)。
(3) 一个指向处理程序的指针。

在过程 P 中引发一个异常时,在 P 的活动记录内找出调用 P 的指令地址,这个值用于检索调用者处理程序表,用来确定相应的返回点。

3. Ada 语言的异常处理机制

Ada 语言的异常处理机制类似于 Bliss 和 Gypsy 语言中所使用的方法,在某些方面与 CLU 语言的处理方法类似。

Ada 预定义了若干个异常,若程序员感到不够用,还可以自己定义异常。异常说明与类型说明类似,例如

```
PECULIAR,BUFFER_FULL,ERROR:exception;
```

这些自定义异常一经说明便可用于该说明的作用域内,通过 **raise** 语句引发异常,并由相应的异常处理程序完成异常处理。

一个程序单元可以显式引发异常,一般形式为

```
raise〈异常名〉;
```

例如

```
raise HELP;
```

异常处理程序紧跟在子程序、程序包或分程序之后,并以关键字 **exception** 指出。例如

```
begin …;
exception when HELP = > …;
        when DESPERATE = > …;
end;
```

若引发异常的单元为异常提供处理程序,控制将直接转移到那个处理程序,一旦处理程序执行完后,引发异常的单元也终止。若当前执行的单元 U 并未提供相应的异常处理程序,那么异常将被传播(Propagation):若 U 是一个分程序,那么终止 U 的执行,并在包围 U 的单元内隐式引发这个异常;若 U 是一个子程序,那么子程序返回调用单元,并在调用点隐式引发这个异常;若 U 是一个程序包体,那么异常传播给包含这个程序包说明的单元。

Ada 与 CLU 处理异常的不同之处在于:Ada 异常是多级的。换句话说,Ada 异常允许引发这个异常的单元 U 之外的其他单元来处理。

Ada 异常处理的实现可用 CLU 实现的处理程序表来完成。其基本区别在于,不一定需要直接调用者提供异常处理程序,而需要穿过由过程激活的动态链(参见第 13 章)为所要求的处理程序建立一个表项。

4. C 语言的异常处理

C 语言中实现异常处理的方法是将用户函数与出错处理程序紧密地结合起来,但是这将

造成出错处理使用的不方便和难以接受。

可以使用 C 标准库的 assert() 宏作为出错处理的方法。为了在运行时检查错误,assert() 被 allege() 函数所取代。allege() 函数对一些小型程序很方便,对于复杂的大型程序,所编写的出错处理程序也将更加复杂。

若错误问题发生时在一定的上下文环境中得不到足够的信息,则需要从更大的上下文环境中提取出错处理信息,下面给出了 C 语言处理这类情况的三种典型方法。

(1) 出错信息可通过函数的返回值获得。如果函数返回值不能用,则可设置一个全局错误判断标志(标准 C 语言中 errno() 和 perror() 函数支持这一方法)。正如前文提到的,由于对每个函数调用都进行错误检查,这十分烦琐并增加了程序的混乱度。

(2) 可使用 C 标准库中一般不太熟悉的信号处理系统,利用 signal() 函数(判断事件发生的类型)和 raise() 函数(产生事件)。由于信号产生库的使用者必须理解和安装合适的信号处理系统,所以应紧密结合各信号产生库,但对于大型项目,不同库之间的信号可能会产生冲突。

(3) 使用 C 标准库中非局部的跳转函数:setjmp() 和 longjmp()。setjmp() 函数可在程序中存储一典型的正常状态,如果进入错误状态,longjmp() 可恢复 setjmp() 函数的设定状态,并且状态被恢复时的存储地点与错误的发生地点紧密联系。

5. C++ 语言的异常处理

异常处理是 C++ 语言的一个主要特征,它提出了出错处理更加完美的方法。

(1) 出错处理程序的编写不再烦琐,也不需将出错处理程序与"通常"代码紧密结合。在错误有可能出现处写一些代码,并在后面加入出错处理程序。如果程序中多次调用一个函数,在程序中加入一个函数出错处理程序即可。

(2) 错误发生是不会被忽略的。如果被调用函数需发送一条出错信息给调用函数,它可向调用函数发送描述出错信息的对象。如果调用函数没有捕捉和处理该错误信号,在后续时刻该调用函数将继续发送描述该出错信息的对象,直到该出错信息被捕捉和处理。

如果程序发生异常情况,而在当前的上下文环境中获取不到异常处理的足够信息,我们可以创建一个包含出错信息的对象并将该对象抛出当前上下文环境,将错误信息发送到更大的上下文环境中。这称为异常抛出。如:

    throw myerror("something happened");

myerror 是一个普通类,它以字符变量作为其参数。当进行异常抛出时我们可使用任意类型变量作为其参数(包括内部类型变量),但更为常用的办法是创建一个新类用异常抛出。

关键字 **throw** 的引入引起了一系列重要的相关事件发生。首先是 throw 调用构造函数创建一个原执行程序中并不存在的对象。其次,实际上这个对象正是 **throw** 函数的返回值,即使这个对象的类型不是函数设计的正常返回类型。对于交替返回机制,如果类推太多有可能会陷入困境,但仍可看作是异常处理的一种简单方法,可通过抛出一个异常来退出普通作用域并返回一个值。

因为异常抛出同常规函数调用的返回地点完全不同,所以返回值同普通函数调用具有很小的相似性(异常处理器地点与异常抛出地点可能相差很远)。另外,只有在异常时刻成功创建的对象才被清除掉(常规函数调用则不同,它使作用域内的所有对象均被清除)。当然,异常情况产生的对象本身在适当的地点也被清除。

另外，我们可根据要求抛出许多不同类型的对象。一般情况下，对于每种不同的错误可设定抛出不同类型的对象。采用这样的方法是为了存储对象中的信息和对象的类型，所以别人可以在更大的上下文环境中考虑如何处理我们的异常。

如果一个函数抛出一个异常，它必须假定该异常能被捕获和处理。正如前文所提到的，允许对一个问题集中在一处解决，然后处理在别处的差错，这也正是C++语言异常处理的一个优点。

如果在函数内抛出一个异常（或在函数调用时抛出一个异常），将在异常抛出时退出函数。如果不想在异常抛出时退出函数，可在函数内创建一个特殊块用于解决实际程序中的问题（和潜在产生的差错）。由于可通过它测试各种函数的调用，所以被称为测试块。测试块为普通作用域，由关键字 **try** 引导。

C++的异常处理语句的格式如下：

```
try
{
    语句；
}
catch（类型1 [变量名1]）{ 语句； }
catch（类型2 [变量名2]）{ 语句； }
……
catch（类型n [变量名3]）{ 语句； }
```

如果没有使用异常处理而是通过差错检查来探测错误，即使多次调用同一个函数，也不得不围绕每个调用函数重复进行设置和代码检测。而使用异常处理时不需做差错检查，可将所有的工作放入测试块中。这意味着程序不会由于差错检查的引入而变得混乱，从而使得程序更加容易编写，其可读性也大为改善。

异常抛出信号发出后，一旦被异常处理器接收到就被销毁。异常处理器应具备接受任何一种类型的异常的能力。异常处理器紧随try块之后，处理的方法由关键字catch引导。

每一个**catch**语句（在异常处理器中）就相当于一个以特殊类型作为单一参数的小型函数。异常处理器中标识符就如同函数中的一个参数。如果异常抛出的异常类型足以判断如何进行异常处理，则异常处理器中的标识符可省略。

异常处理部分必须直接放在测试块之后。如果一个异常信号被抛出，异常处理器中第一个参数与异常抛出对象相匹配的函数将捕获该异常信号，然后进入相应的**catch**语句，执行异常处理程序。catch语句与**switch**语句不同，它不需要在每个**case**语句后加入**break**用以中断后面程序的执行。

终止与恢复在异常处理原理中含有两个基本模式：终止与恢复。假设差错是致命性的，当异常发生后将无法返回原程序的正常运行部分，这时必须调用终止模式（C++支持）结束异常状态。无论程序的哪个部分只要发生异常抛出，就表明程序运行进入了无法挽救的困境，应结束运行的非正常状态，而不应返回异常抛出之处。

另一个为恢复部分。恢复意味着希望异常处理器能够修改状态，然后再次对错误函数进行检测,使之在第二次调用时能够成功运行。如果要求程序具有恢复功能,就希望程序在异常处理后仍能继续正常执行程序,这样,异常处理就更像一个函数调用——C++程序中在需要进行恢复的地方如何设置状态(换言之就是使用函数调用,而非异常抛出来解决问题)。另外也可将测试块放入 while 循环中,以便始终装入测试块直到恢复成功得到满意的结果。

可以不向函数使用者给出所有可能抛出的异常,但是这一般被认为是非常不友好的,因为这意味着他无法知道该如何编写程序来捕获所有潜在的异常情况。当然,如果他有源程序,他可寻找异常抛出的说明,但是库通常不以源代码方式提供。C++语言提供了异常规格说明语法,我们可以利用它清晰地告诉使用者函数抛出的异常的类型,这样使用者就可方便地进行异常处理。这就是异常规格说明,它存在于函数说明中,位于参数列表之后。

异常规格说明再次使用了关键字 **throw**,函数的所有潜在异常类型均随着 **throw** 而插入函数说明中。所以函数说明可以带有异常说明如下:

  void f() **throw**(toobig,toosmall,divzero);

而传统函数声明:

  void f();

意味着函数可能抛出任何一种异常。

如果是

  void f() **throw**();

这意味着函数不会有异常抛出。

为了得到好的程序方案和文件,为了方便函数调用者,每当写一个有异常抛出的函数时都应当加入异常规格说明。

(1) unexpected()

如果函数实际抛出的异常类型与我们的异常规格说明不一致,将会产生什么样的结果呢?这时会调用特殊函数 unexpected()。

(2) set_unexpected()

unexpected()是使用指向函数的指针来实现的,所以可通过改变指针的指向地址来改变相对应的运算。这些可通过类似于 set_new_handler() 的函数 set_unexpected() 来实现,set_unexpected() 函数可获取不带输入和输出参数的函数地址和 void 返回值。它还返回 unexpected 指针的先前值,这样可存储 unexpected() 函数的原先指针值,并在后面恢复它。为了使用 set_unexpected()函数,必须包含头文件 except.h。

对于避免阻碍程序执行是十分必要的。

如果函数没有异常规格说明,任何类型的异常都有可能被函数抛出。为了解决这个问题,应创建一个能捕获任意类型的异常的处理器。这可以通过将省略号加入参数列表中来实现这一方案。

  catch(…)
  {
    cout << "an exception was thrown" << **endl**;
  }

为了避免漏掉异常抛出,可将能捕获任意异常的处理器放在一系列处理器之后。

在参数列表中加入省略号可捕获所有的异常,但使用省略号就不可能有参数,也不可能知道所接收到的异常为何种类型。

有时需要重新抛出刚接收到的异常,尤其是在无法得到有关异常的信息而用省略号捕获任意的异常时。这些工作通过加入不带参数的 throw 就可完成:

```
catch(…)
{
  cout << "an exception was thrown " << endl;
  throw;
}
```

如果一个 catch 句子忽略了一个异常,那么这个异常将进入更高层的上下文环境。由于每个异常抛出的对象是被保留的,所以更高层上下文环境的处理器可从抛出来自这个对象的所有信息。

总之,各种语言的异常处理机制不尽相同,但这些异常处理都具有很大的用处。首先,它们可以处理预料中的错误,特别是由于某种原因造成的硬件中断;其次,可以重复试验各种操作(每次试验改变异常处理程序),并可执行某些善后处理工作。合理地使用异常处理,可提高程序的质量和调试效率。

6. Java 语言的异常处理

Java 语言支持异常处理。异常事件的引发称为抛出(Throw),与异常处理程序的绑定称为捕捉(Catch)。

throw 语句抛出一个异常事件,实际上是建立一个可抛出的(Throwable)对象,其格式如下:

```
throw<可抛出对象名>;
```

有可能抛出异常事件的 Java 语句应放在 **try** 语句中,其格式如下:

```
try{
  有可能抛出异常事件的一条或多条 Java 语句;
}
```

catch 语句绑定并执行相应的异常处理程序,其格式如下:

```
catch(参数)
{(语句);}
```

其中,参数可以是一个类,也可以是一个接口。

若 **try** 语句带有多个 **catch** 语句,则当一个异常事件被抛出时,系统将执行与参数相匹配的第一个 **catch** 语句。

异常处理程序执行完后,最后要执行 **finally** 语句,其格式如下:

```
finally
{(语句);}
```

finally 语句完成异常处理之后的一些现场清理工作,然后执行随后的语句。

3.3.3 SIMULA 67 语言协同程序

实现两个或两个以上程序单元之间交错执行的程序称为协同程序。例如,设有单元 C_1 和 C_2,由 C_1 先开始执行,当执行到 C_1 的"resume C_2"命令时,显式激活 C_2,将 C_1 当前执行点的现场保存起来,将控制转向 C_2 的执行点;若 C_2 又执行到某个"resume C_1"命令时,将 C_2 当前执行点的现场保存下来,恢复 C_1 的执行,并将控制转移到 C_1 的执行点(即上次激活 C_2 的那一点),继续执行下去。

C_1 和 C_2 似乎在并行地执行,我们将这种执行称为伪并行(Pseudo Parallel)。实际上,C_1 和 C_2 是在交错地执行,它是并行的一种低级形式。

常规的子程序机制不能描述并行执行的程序单元,CLU 和 SIMULA 67 等语言设置了描述这种交错执行过程的机制。在这一节中将介绍 SIMULA 67 语言的协同程序。协同程序是一个类实例,一般形式为

  class〈类名〉(参数);
    〈参数说明〉;
  begin
    〈说明〉;
    〈语句表1〉;
  detach;
    〈语句表2〉;
  end

若设类为 x,变量 y1 和 y2 是对 x 的引用,那么可写成

  y1: - **new** x(…);y2: - **new** x(…)

当遇到一个 **new** 时,建立类的一个新实例,并执行类体。若遇到 **detach** 语句时,控制返回产生 **new** 的单元。作为 **detach** 的结果,单元活动的行为就是恢复协同程序,然后依次恢复其他协同程序。图 3-2 说明了两个协同程序之间的控制转移关系。

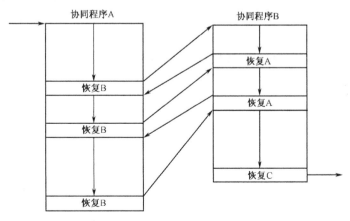

图 3-2 协同程序之间的控制转移关系

现在举出 4 人玩纸牌游戏的例子来说明协同程序的工作过程。构造一个模拟 4 人玩牌游戏的程序,对每一人(方)设计一个程序单元,共有 A、B、C 和 D 共 4 个程序单元。每一程序单

元活动之后,应当激活下一单元。每当一个单元被激活时,它立即执行,这时的执行点是上次它将控制转移到下方时将要执行的那一点,假定每一方都使用同样的策略,程序可描述如下:

```
begin boolean gameover; integer winner;
  class player(n,hand); integer n;
                        integer array hand(1:13);
  begin ref (player)next;
    detach;
    while not gameover do
    begin 出牌;
      if gameover then winner: = n
                  else resume (next)
    end;
  end
  ref (player)array P(1:4); integer i;
  integer array cards(1:13);
  for i: = 1 step 1 until 4 do
  begin 第 i 家拿牌;
    p(i): - new player (i,cards)
  end;
  for i: = 1 step 1 until 3 do
    p(i).next: - p(i+1);
    p(4).next: - p(1);
  resume P(1);
  打印胜利者(winner)
end
```

程序的第一个循环(**for** i: =1 **step** 1 **until** 4 **do** ⋯)建立玩牌的 4 方;第二个循环(**for** i=1 **step** 1 **until** 3 **do** ⋯)把各方同它的下一方链接起来;而第 4 方链接第 1 方;然后恢复第 1 方,游戏开始。按照链接建立的次序,相继恢复下一方,第 4 方的下一方为第 1 方。在出牌中判断胜利者,若判出胜利者,则将 gameover 置为真,将胜利者置于变量 winner 中,待协同程序实例终止时,控制返回激活这组程序单元的程序,然后由主程序打印优胜者的名单,并结束游戏。

Java 语言不支持协同程序。

3.3.4 并发单元

协同程序建立以交错方式执行的活动模型是十分恰当的。但是,在许多应用中,建立系统的并行执行模型也是很有用的。在这种模型中,系统由一组并发单元以并行方式执行(无论实际上它们是否以并行方式执行)。这种机制在操作系统领域尤为重要。为了描述并发单元,对在程序单元之上执行的基本机器的物理体系结构进行抽象是必要的。机器可以是多处理机(每个处理机分配一个程序单元),也可以是多道程序的单处理机。并发系统的并行性概念不是基于程序单元的执行速度而建立的,它是建立在各程序单元并行活动的基础之上的,因而允许单处理机或多处理机实现并行。事实上,在多处理机上,各个程序单元在各自的处理机上执行,与几个单元共享一个处理机相比,它们的执行速度有很大差别。

协同程序是描述并发程序单元的一种低级语言构造,它们通过一组并发单元显式交错执行,用来模拟在单处理机上的并行性。因此,它们不能描述一组并发单元,仅是一种通过模拟并行性而共享处理机的特殊方法。许多近期的语言提供了一些描述并行性的专门机制。

Java 的线程(Thread)实现程序单元的并发执行。线程可以看成是一个程序的控制流程中的程序单元。若一个单元一个单元地执行,可以看成是单线程(Single-thread)的;若几个单元同时执行,称为多线程(Multi— thread)。要实现多线程同步运行并共享资源,需要相应的同步机制。Java 使用监视器(MonitorS)实现同步。监视器是一个上层机制,它限定在同一时刻只能有一个线程执行被监视器保护的程序单元。监视器赋予每一线程一把锁(Lock),它可以锁定(Lock)一个线程,也可以为一个线程解锁(Unlock,这通过 **wait**,**notify** 和 **notifyall** 语句来实现,从而能十分有效地把控制从一个线程转移到另一个线程。**wait** 语句使当前线程处于等待状态,直到其他线程用 **notify** 或 **notifyall** 将它唤醒。**notily** 语句选择一个正在等待获取监控器的当前线程并且唤醒它。当然,这里存在选择的策略问题,通常使用优先关系。**notifyall** 语句唤醒实例对象的等待线程中的所有线程。

尽管并行性正成为语言的一个重要方面,但是它的主要促进因素和原则都来自于传统的操作系统领域。下面的例子有助于弄清并发程序设计的基本问题和概念。设某个系统包含两个并行活动:一个生产者的生产活动和一个消费者的消费活动。生产者生产一系列的"值",并依次将它们存放在某个缓冲区 N 中;消费者以生产者相同的次序从缓冲区移出这些值。这个模式表达了操作系统的许多功能,如文件的输入和输出。可用两个程序对上述活动模式化,从概念上讲,它们是不终止的程序。生产者和消费者的程序可刻画为

单元 producer	单元 consumer
repeat 生产一个元素;	**repeat** 从缓冲区移出一个元素;
存放这个元素到缓冲区;	对该元素执行某个运算;
forever	**forever**

两个单元有一个共同目标,从生产者传递数据到消费者,它们合作重复这个活动。为了使这两个单元对两个活动的速度变化不敏感,设置了缓冲区来缓冲。然而,为了保证合作操作,无论生产者、消费者处理的速度快还是慢,程序员都必须保证不会向已满的缓冲区写数据,或从空缓冲区读数据。并发程序设计语言提供同步语句(Synchronization Statement),它允许程序员在必要时延迟一个单元的执行,以便同别的单元正确合作。在上例中,如果发生向已满的缓冲区再存数据,就必须延迟生产者的程序单元,直到消费者至少取出一个数据。类似地,若缓冲区已空,消费者欲从缓冲区取数据,就必须延迟消费者程序单元,直到生产者至少向缓冲区存入一个数据。

若生产者和消费者都能合法地访问缓冲区,还会出现另一种更微妙的同步问题。例如,设 t 表示所有项目总数,append 是生产者向缓冲区存数的操作,remove 是消费者从缓冲区取数的操作,这两个操作都要修改 t 的值,可以执行相应操作来实现。

① $t:=t+1$

② $t:=t-1$

假定①和②是这样实现的:

```
读 t 到一个专用寄存器；
更新专用寄存器的值；
将专用寄存器的值写到 t；
```

其中，所谓更新是对①加 1，对②减 1。因此，形如①和②的动作是不可分的机器指令，即这样的动作一旦执行，就必须在执行完其他动作后才能开始执行。因为它们是不可分的，所以①和②只能交错执行。

若 t 的值在执行一对操作 append 和 remove 之前为 m，假若①和②是可分的，那么执行完这一对操作之后的结果可能是 $m,m+1$ 或 $m-1$，显然只有 m 才是正确的结果。为了保证正确性，必须确保执行①时不能开始执行②，反之亦然。因此，①和②必须以互斥(Mutual Exclusion)的方式执行，①或②就像不可分的操作一样。

现在能够说明关于并行性抽象的要求，以及用来定义这样的抽象对语言构造的要求。一个并发系统可看成一个进程的集合，每一进程可用一程序单元表示。若各个进程的执行在概念上是可重叠的（即正在执行的进程尚未终止，另一个进程可能开始执行），那么这些进程是并发的。若进程 $P_1,P_2,\cdots,P_N$ 期望的活动彼此不交错的话，那么它们是不相交(Disjoint)的。不相交的各个进程不访问任何共享对象，一个进程执行的结果与其他进程无关，特别是各个进程执行的速度是任意的，彼此没有关系。然而，进程通常是交错的，这是因为存在如下情况：

① 竞争——进程之间通过竞争得到共享资源，因为这些资源是以互斥的方式使用的。
② 合作——进程之间通过合作以达到共同的目标。

仅当在各个进程的基本活动中保持某种优先关系，它们才能正确地交错执行。这样的关系定义了各个活动之间的一个优先次序。在例子中，若用 P_i 和 C_i 分别表示生产者和消费者的第 i 个元素，那么正确的合作要求为

$$C_j \rightarrow P_{j+N} \text{ and } P_j \rightarrow C_j \text{ for all } j$$

其中，符号"→"读为优先于。

语言为了实现进程之间的同步，需要提供同步语句（或称原语）以实现进程之间的通信。基本的同步机制有信号灯、管程和会合。这三种机制适合于并发进程的"共享存储器"模式，即适合于访问公用存储器的并发进程。其他业已开发出来的并发程序设计范例或许更加适合分布式系统。远程过程调用扩充了过程调用的概念，在这种情况下，调用和被调用单元处于不同的进程。同步是由调用者等待被调用者的返回信息来实现的。消息传递范例是类似 Smalltalk 这样的语言对消息处理方式在并发进程上的扩充。消息可用来通信和同步。详细研究各种模式和机制已超出本书的范围，此处，只对信号灯、管程和会合做进一步的讨论。

信号灯(Semaphore)概念是由 Dijkstra 提出来的，后来作为同步原语引入到 ALGOL 68 语言中。信号灯是一个数据对象，该数据对象采用一个整数值(s)，并可用原语 P 和 V 对它进行操作(ALGOL 68 相应使用 **down** 和 **up** 操作)。信号灯在说明时，以某个整数值对它初始化。

原语 P 和 V 操作的定义是

```
P(s):if s>0 then s:=s-1
          else 挂起当前进程
V(s):if 信号灯上有挂起的进程
     then 唤醒进程
     else s:=s+1
```

原语 P 和 V 是不可再分的原子操作，即两个进程不能同时对同一信号灯执行 P 和 V 操作。基本的实现方法是，必须保证 P 和 V 的行为类似于基本机器指令。

信号灯需要满足下列要求：

（1）有一相关数据结构，它记录在该信号灯上挂起的进程标识。

（2）当原语需要唤醒一个进程时，要有选择唤醒哪一个进程的策略。

通常，信号灯的数据结构是一个先进先出的队列。也可以对进程赋予优先数，基于这样的优先数可设计出更为复杂的策略。

下面用类 Pascal 语言，基于信号灯概念，写出"生产者-消费者"问题的程序如下：

```
const n = 20;
shared var 缓冲区长度 n, 缓冲区项目总数 t;
semaphore mutex: = 1;{用于保证互斥, 并发进程共享变量, 初值为1}
          in: = 0;{缓冲区项目数, 初值为0, 并发进程共享变量}
          spaces: = n;{缓冲区自由空间数, 初值为n, 并发进程共享变量}
process producer;
    var i:integer;
    repeat
        producer(i);
        p(spaces);{等待自由空间}
        p(mutex);{等待缓冲区可用}
        添加项目 i 到缓冲区;
        v(mutex);{终止访问缓冲区}
        v(in);{缓冲区项目数加1}
    forever
end producer;
process consumer;
    var j:integer;
    repeat
        p(in);{等待缓冲区项目}
        p(mutex);{等待缓冲区可用}
        从缓冲区移出一个项目到 j;
        v(mutex);{终止访问缓冲区}
        v(spaces);{缓冲区增加一个自由空间}
    forever
end consumer
```

由关键字 **process** 和 **end** 包围的代码段可并发地处理；**shared var** 说明可由进程并发地访问变量。信号灯 spaces 和 in 用来保证访问缓冲区时逻辑上（缓冲区满）的正确性。特别是，当缓冲区已满还要试图添加一个新项目时，spaces（缓冲区可用空间量）挂起 producer。类似地，若试图从空缓冲区取项目时，in（已在缓冲区的项目数）挂起 consumer。

信号灯 mutex 用来强制互斥地访问缓冲区，是互斥操作 append 和 remove 所需要的，因为这两个操作可并发地修改 t(缓冲区项目总数)的值。变量 t 是前面讨论互斥问题时引入的。

使用信号灯进行程序设计,要求程序员对每个同步条件关联一个信号灯。信号灯是一个非常简单而又低级的机制,使用它们可能导致程序设计和理解的困难。另一方面,对信号灯很少做静态检查,编译器不可能检查出对信号灯的不正确使用,找出使用错误几乎是不可能的,因为只有编译程序知道程序的语义才能检查出对信号灯的不正确使用。因此,对不熟练的程序员来说,使用信号灯需要自我约束,在访问共享资源之前,不能忘记执行一次 P 操作,释放资源时不要忽略执行一次 V 操作。

为了解决同步问题而使用信号灯,比互斥问题更糟糕。在"生产者-消费者"例子中,当缓冲区已满时,通过执行 P(spaces)操作,进程 producer 把自己挂起,这就要求在每次消费之后,程序员要记住写一个 V(spaces)操作,否则生产者可能变为永远被封锁。

PL/1 语言是首先把并发单元称为任务的语言。一个过程若与它的调用者并发地执行就可产生一个任务,任务可以赋予优先数。任务通过使用事件来达到同步的目的,事件类似于信号灯,但它只能取 0(布尔常数 0)值或 1(布尔常数 1)值,且只能取两者中的一个值。对事件 E 完成操作 WAIT(E),表示对信号灯的 P 操作;完成操作 COMPLETION(E),表示对信号灯的 V 操作。

PL/1 语言实际上对信号灯概念进行了扩充,它允许 WAIT 操作对几个命名事件或整型表达式 E 操作。例如,WAIT(E1,E2,E3)(1)表示对事件 E1、E2 和 E3 中任一个的等待。

ALGOL 68 语言以并行子句来描述并发进程,它用成分语句详细说明并发,并以模式 sema 的数据对象为信号灯提供同步。

并发单元的实现已超出本书的范围,在此不再进行更深入的讨论。

习 题 3

3-1 试论述 got 。语句对程序设计的影响。

3-2 结合程序设计实践,简述有哪些语句级控制语句,可以方便地描述各种算法?

3-3 结合程序设计实践,举出各种语言的重复结构。

3-4 结合程序设计实践,举出各种语言的选择结构。

3-5 对未提供专门异常处理机制的语言来说,在它的过程中引发异常可用两种方法:一种是返回标识引发异常的特殊代码;另一种是把"修复"过程作为过程参数传递。两种方法有什么不同?

3-6 在 Ada 语言中,引发异常之后,即非正常结束子程序后,传值和传地址的参数传递方式在实现上有何不同?

3-7 简述从 PL/1 语言诞生至今,在程序设计语言中有过几种典型的异常处理机制?它们各有什么优缺点?

3-8 为了强制互斥访问缓冲区,在"生产者—消费者"问题中使用了信号灯。你能写出操作 append 和 remove 的实现,使它们不需要互斥引发吗?(提示:试写一个不使用变量 t 的解。)

3-9 当信号灯用于互斥时,可对每一个信号源关联一个信号灯 SR,对 R 的每次访问可写成

```
    P(ST) ;
        access R ;
    V(SR) ;
```

试问 SR 的初值应该是什么?

3-10 某些计算机(如 IBM 360)提供了不可分的机器指令 **test** 和 **set**(TS),它们可用于同步目的。设 X 和 Y 是两个布尔变量,指令 **TS**(X,Y)复制 Y 的值到 X,并置 Y 的值为 **false**。若一组并发进程必须以互斥方式执行某些指令,可使用一个初值为真的全局布尔变量 PERMIT 和局部变量 X,方法如下:

```
repeat
    TS(X,PERMIT)
until X;
```

以互斥方式执行的各种指令;

PREMIT:=true 在这种情况下,进程并不挂起自己(称为"忙"等待)。

(1) 试将这种方法与基于信号灯的、由 P 和 V 实现的方法进行比较。

(2) 试描述如何以"忙"等待方法,通过使用 test 和 set 原语实现对信号灯的 P 和 V 操作。

3-11 如何用 Ada 语言来实现信号灯?

第4章 程序语言的设计

第3章和第2章已经讨论了程序设计语言的控制结构和数据类型,它们分别用来描述程序的算法和数据结构。有了这些基础后,我们可以着手进行语言的设计。在这一章中将给出最简单的语言设计方法,使读者在科研和软件开发中需要设计一个语言时,知道如何入手。这里仅仅给出一些使读者成为语言设计者的入门知识,要设计一个通用语言或功能强大的语言,需要许多语言理论、技术和方法等知识,读者尚需查阅相关的文献。参考文献[59]提供了许多相关的知识,有兴趣的读者可以深入学习和研究它。

在这一章中介绍的有关文法的知识,读者应当熟练掌握,它不仅仅在本章中需要,而且也是下篇(编译部分)最重要的基础。

4.1 语言的定义

我们读一个程序时,总想了解程序的意义是什么,编译程序是如何编译这个程序的。这就要求对每种语言加以明确的定义,以便语言的使用者和实现者,以及人和机器能无二义地确定程序是否有效;对有效的程序,了解它的含义和作用是什么。

程序设计语言用来描述计算机处理数据时所执行算法的形式表示,它主要由两部分组成,即语法(规则)和语义(规则)。

某个语言的程序就是根据某个语言的各种规定得到的一个最大的语法单位,程序与语言的关系,就像一篇英语文章与英语(语言)的关系。

语法是一组规则的集合,用以构造程序及其成分。任何实际有用的语言都具有无限多个句子,要把这些句子一个个地枚举出来是不可能的,所以往往采用有限描述来对语言加以定义。常用的方法有两种:一种是生成的观点,即通过一组有限的规则(产生式)把有效的句子生成出来;另一种是识别的观点,即通过一组识别图来识别合法的句子。

语义也是一组规则的集合,用以规定语法正确的单词符号和各种语法单位的含义。常用的描述语义的方法是,通过映射每一语言结构到已知其含义的论域(Domain)来表示其语义。

最早是用自然语言来描述语言结构的含义,这种描述是非形式的、冗长的、易于引起二义的,但它能给出一个语言的直观梗概。语义的形式描述是计算机学科的一个重要研究领域,目前已有指称语义学(Denotational Semantics)、操作语义学(operational Semantics)、代数语义学(Algebraic Semantics)和公理语义学(Axiomatic Semantics)等多种描述方法。

4.1.1 语法

每种语言都是建立在字汇表基础上的。字汇表的元素通常称为字(Word 或单词符号),在形式语言领域中称它们为符号(Symbol),本书将采用符号这一术语。符号是由字母表(Alphabet)上的字符串(String)构成的,字母表是该语言允许使用的所有字符(Character)的集合,字符是字母表中的元素(Element)。符号是由字符组成的有限串,由词法规则(Lexical Rules)规定什么样的字符串可以构成语言的有效符号。例如,通常所说的"以字母开头的字母数字串"即为符号"标识符"的词法规则。词法规则定义（单词）符号，它是最简单的语法规则。

语言的特征是，有的符号序列被认为是正确的、符合形式规定的句子(Sentence)；而另一些符号序列则被认为是不正确的、不符合格式要求的。用什么来确定一个符号序列是正确的还是不正确的句子呢？是用语法或语法的结构来确定的。实际上，语法定义为一组规则(Rule)或公式(Formula)，它确定（形式上正确的）语言句子的集合。更重要的是，这样一组规则不仅使我们能够决定一个符号序列是否为一个句子，而且还提供句子的结构，这对于确定句子的含义是有帮助的。因此，语法和语义显然是紧密相关的。虽然结构的定义总是考虑从属于更高的目的——语义，但并不妨碍只从结构方面来进行讨论，而不管其意义和解释。

语法包括词法规则和各个语法单位（即程序及其成分）的形成规则。程序设计语言中的语法可以使用文法或语法图进行描述。

1. 用文法描述语法规则

文法的产生式实际上就表达了形成规则，如 C 语言算术表达式的定义：

$$E \to E+T | E-T | T$$
$$T \to T*F | T/F | T\%F | F$$
$$F \to (E) | I$$
$$I \to L | IL | ID$$
$$L \to a|b|c|d|e|f|g|h|i|j|k|l|m|n|o|p|q|r|s|t|u|v|w|x|y|z$$
$$D \to 0|1|2|3|4|5|6|7|8|9$$

其中：I 代表标识符。

ALGOL 语言的所有形成规则都是以文法的形式描述的。我们称文法是语法的形式描述。

2. 用识别图（或称语法图）来描述形成规则

事实上，任何以产生式给定的文法，均可以构造一个等效的语法图，用来识别该文法所生成的合法句子（从识别的观点来考虑语言的定义），即用所谓识别图(Recognition Graph)，或称语法图(Syntax Graph)来定义给定的语言。

语法图构造规则如下：

① 每一非终结符 N 连同其相应的各个产生式

$$N \to \alpha_1 | \alpha_2 | \cdots | \alpha_n$$

映射到一个语法图 N，其结构由产生式右边按下面的规则②～⑥决定。上述产生式中的 α_i ($i=1,2,\cdots,n$) 是终结符和/或非终结符的序列。

② α_i 中每出现一个终结符 x，以圆框中的 x 来标记，如图 4-1 所示。

③ α_i 中每出现一个非终结符 N，以方框中的 N 来标记，如图 4-2 所示。

④ 形如

$$N \to \alpha_1 | \alpha_2 | \cdots | \alpha_n$$

的产生式映射到图 4-3。其中，每个带方框的 α_i 是把构造规则②～⑥应用到 α_i 得到的。

⑤ 形如

$$N \to \beta^1 | \beta^2 | \cdots | \beta^m$$

的产生式映射到图 4-4。其中，每个带方框的 β_i 是把构造规则②～⑥应用到 β_i 得到的，每个 β_i

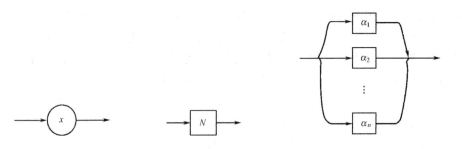

图 4-1 终结符的标记　　图 4-2 非终结符的标记　　图 4-3 $N \rightarrow \alpha_1 | \alpha_2 | \cdots | \alpha_n$ 的标记

或者是终结符,或者是非终结符。

⑥ 形如

$$N \rightarrow N\beta | \gamma$$

的产生式映射到图 4-5。其中,β 和 γ 是终结符和/或非终结符序列。

利用构造规则,上述标识符文法的语法图如图 4-6 所示,算术运算符文法的语法图如图 4-7 所示,算术表达式文法的语法图如图 4-8 所示。将上述三图归并得到算术表达式进一步的语法图,如图 4-9 所示。

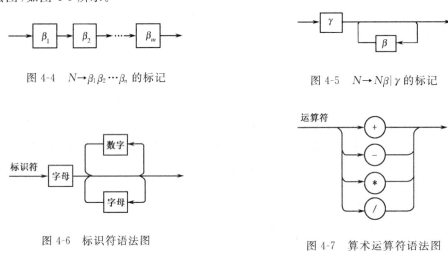

图 4-4 $N \rightarrow \beta_1 \beta_2 \cdots \beta_n$ 的标记　　　　　图 4-5 $N \rightarrow N\beta | \gamma$ 的标记

图 4-6 标识符语法图　　　　　图 4-7 算术运算符语法图

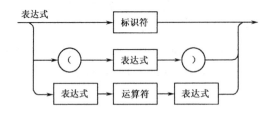

图 4-8 算术表达式语法图

在语法图中,终结符用圆框标记,非终结符用方框标记。任何一个非终结符均可由仅有的一个入口边和一个出口边的语法图来定义。若一个终结符序列是合法的,那么必须从语法图的入口边通过语法图而到达出口边,且在通过的过程中,恰恰能识别该终结符序列。在通过标

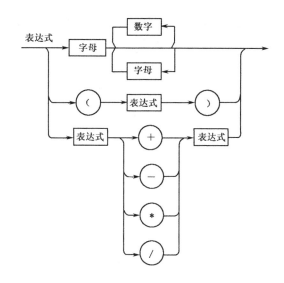

图 4-9 加入标识符和算术运算符的算术表达式语法图

识终结符的圆框时,标记的终结符与被识别的终结符正好符合,则该终结符被识别;若通过标记为非终结符的方框,那么由通过该非终结符的语法图来识别;若遇到分支,可以经由任一边来识别,若经由这个边识别不成功,则返回再选另一边来识别,这种情况称为回溯(Back track),直到所有分支的边都识别不成功,则该终结符序列是不合法的,不属于该语法图定义的语言。该语法图能识别的所有终结符序列的集合即为该语法图定义的语言。

早期的 FORTRAN 语言的语法定义是采用自然语言来描述的;ALGOL 60 首次采用 BNF 对程序设计语言的语法进行形式描述,为语言定义做出了重要贡献;Pascal 首次采用语法图来定义语言,给出了较为直观的语法结构。BNF 和语法图是语言文法的等价表示,语法图从识别的观点来定义语言,它更直观、更简洁、更清晰地给出语言的语法结构图像。在具体的语言设计中,是采用生成的方法还是采用识别的方法来定义语言,可根据需要确定。

实际上,一个语言的语法描述正如上面所提到的那样,具有两方面的基本用途,它用于产生和识别一个正确的程序,语言的语法描述对语言的设计者、实现者和使用者都是非常有用的。

① 表达语言设计者的意图和设计目标。

② 指导语言的使用者如何写出一个正确的程序。例如,当你对 **if** … **then** … **else** … 语句的嵌套没有把握时,查看一下相应的 BNF 或语法图就可以确定。

③ 指导语言的实现者(编译程序设计者)如何编写一个语法检查程序来识别所有合法的程序。由于文法描述的形式化,也使这个过程大大形式化了,出现了多种形式的编译程序自动生成器(Compiler Automatic Generator)。LEX 和 YACC 是著名的词法分析程序和语法分析程序的自动生成器。

4.1.2 语义

我们已经指出,语言的语义规则定义语言合法句子的含义。例如,Pascal 的语义帮助我们判定语句

    var s : **set** of(red,white,blue)

是对名为 s 的变量留出空间,进而告诉我们变量 s 的值可以保存在被压缩的集合{red,white, blue}的幂集元素中。再如 C 语言的语义帮助理解语句

    if (a>b)max = a ;**else** max = b;

必须先计算关系表达式 a > b 的值,然后按照所得值决定计算 max = a 或 max = b。

    应当强调指出,语法规则告诉我们如何形成这个语句,语义规则告诉我们这个语句的作用和意义是什么。

    虽然 BNF 和语法图已成为语法描述的典型工具,但语义描述至今尚无人们普遍接受的典型描述工具,许多语言仍采用自然语言作为描述语义的工具。在本章的语言设计中,采用自然语言来描述语义,在下篇(编译部分)涉及到的语义,将以操作语义学的方法来描述,即以一个抽象机(Abstract Machine)的行为来描述语言的各个结构的作用和含义。

    所谓抽象机是指不存在像 IBM PC 或 VAX 780 那样的实际机器与之对应的机器,它能简单地表示程序设计语言运行时的需要,并非要实际有效地执行。它也可以用来讨论语言实现模型,只要应用这里讨论的概念,就可以简单地加以实现。然而,这种实现或许是无效的,为了使其有效,任何真正的实现都必须在许多方面与模型有所不同,例如数据结构的组织和访问。这里建立的模型,只是为了简单地以给定的抽象机结构来说明语言结构的作用,并不强求在实际机器上实现,仅以实现抽象机来确定语言的语义。实际上,在实际机器上实现时,仅需实现与抽象机同样的作用,但必须给出实际机器的具体限制和结构,因此,应当将语言的语义问题和实现问题分开。

    这里描述一个称为 GAM 的抽象机的简单结构,用它来定义和理解语言结构的语义。它由一个指令指针 ip(Instruction Pointer)和一个存储器(Memory)组成。存储器分为代码区(Code Area)和数据区(Data Area)。代码区又称代码存储器,记为 C,用以存放程序。通常在运行这个程序时,代码存储器的内容不允许被修改。数据区又称数据存储器,记为 D,用以存放程序中被操纵的数据,包括工作单元。指令指针 ip 总是指向代码区的一个存储单元,这个单元的内容是一条指令(Instruction)。C[i]和 D[i]表示相应存储区的第 i 个单元,假定每条指令占 4 个存储单元(字节),那么,

    ip: = ip + 1

表示移动指针指向下一条指令。图 4-10 表示 GAM 机器的结构。

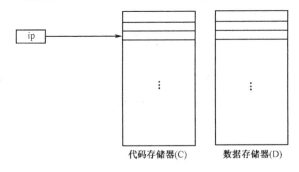

图 4-10　GAM 机器结构

    GAM 一旦启动,由专门的装入程序(Loader)将一个要运行的程序装入代码存储器中,并置 ip 指向该程序的第一条指令。然后依次完成下述工作:

(1) 执行 ip 所指向的指令。

(2) 修改 ip 的内容。

若所执行的指令已修改过 ip,则不再修改 ip(显然刚执行的指令是一条转移指令)。若所执行的指令未修改 ip,那么修改 ip 使之指向下一条指令,即 ip:=ip+1。

(3) 若 ip 指向特殊的 STOP 指令,则终止执行,否则转回执行(1)。

假设 GAM 对各种程序设计语言所常用的运算符(如+,−,*,/,>,<,>= 等)都有相应的指令与之对应。以 GAM 的操作来定义语言的语义时,是基于我们已经"知道"和"理解"了 GAM 的语义。因此,一旦用 GAM 的操作来定义语言结构的作用时,就知道了语言结构的意义。比如,当你查阅英汉字典时,英语单词的意义是以汉语来定义(解释)的,若理解汉语的意义,也就理解了相应英语的意义。语言结构就像上述例子中的英语,而 GAM 的操作就像上述例子中的汉语。因此,只要知道 GAM 操作的语义,也就知道了语言结构的语义。

应当注意,为了成功地应用这种方法,GAM 自身的语义应尽可能地简单,以使我们能够把问题集中到语言的语义上,而不是抽象机自身的复杂性上。因此,GAM 必须是一个简单的模型工具。

4.2 文　　法

文法自从乔姆斯基(Chomsky)于 1956 年建立语言的形式描述以来,形式语言的理论发展很快。这种理论对计算机科学产生了深刻影响,特别是对程序语言的设计、编译方法、计算复杂性等方面有更大的作用。同时,它还促进了计算机科学的理论研究工作,并取得了不少的成果,使得计算机的理论工作走在计算机发展的前面。然而随着计算机及其应用的迅速发展,今天的理论工作远远落后了。巴科斯和诺尔把乔姆斯基的描述首先应用于程序语言的定义中。

我们已经讨论了语言的定义,它是由语法和语义定义的。语法定义可有三种方法:自然语言(如 FORTRAN)、BNF(如 ALGOL 60)和识别图(语法图,如 Pascal)。把语法的形式描述(BNF)称为文法,将用于语言的设计和语言的实现(编译)。

4.2.1 文法的定义

文法 G 定义成一个四元式

$$G = (V_T, V_N, S, P)$$

其中,V_T 为终结符的非空有限集;V_N 为非终结符的非空有限集;S 是文法的开始符,$S \in V_N$;P 为产生式的非空有限集,产生式是一个有序偶对(α,β),通常写成

$$\alpha ::= \beta$$

或

$$\alpha \rightarrow \beta$$

产生式又称为规则或重写规则(Rewrite Rule),现在人们习惯用于用后一种形式($\alpha \rightarrow \beta$)表示产生式。β 是产生式的右部,α 为产生式的左部,α 和 β 均是由终结符和/或非终结符组成的符号串,但 α 至少应含有一个非终结符。即

$$\alpha \in (V_T \cup V_N)^* V_N (V_T \cup V_N)^*$$

和

$$\beta \in (V_T \bigcup V_N)^*$$

如果使用 V 表示 V_T 和 V_N 的联合,即

$$V = V_T \bigcup V_N$$

那么有

$$\alpha \in V^* V_N V^*$$

其意义是 α 至少有一个非终结符,而

$$\beta \in V^*$$

为了今后描述方便,通常约定以英文大写字母表示某个非终结符,以英文小写字母表示某个终结符,以希腊小写字母表示由终结符和/或非终结符组成的某个符号串。例如,用 I 表示标识符,L 表示字母,D 表示数字,则标识符的文法可以写成

$$G_0 = (\{a,b,\cdots,z,0,\cdots,9\},\{I,L,D\},I,P)$$

其中,I 为文法的开始符号,P 为

I→L	规则 1
I→ID	规则 2
I→IL	规则 3
D→0	规则 4
D→1	规则 5
……	……
D→9	规则 13
L→a	规则 14
L→b	规则 15
……	……
L→z	规则 39

注意,在文法中使用了省略号,只有在不产生歧义(二义)时,才能允许使用省略号,在正式定义语言时,应将每个符号写出来,尽量不使用省略号,以免产生歧义。

在上述文法 G_0 的定义中可以看出,有许多规则的左部是完全相同的,因此采用一种缩写的方法。若有一组产生式

$$\alpha \to \beta_1$$
$$\alpha \to \beta_2$$
$$\cdots\cdots$$
$$\alpha \to \beta_n$$

则简记为

$$\alpha \to \beta_1 | \beta_2 | \cdots | \beta_n$$

其中,每个 $\beta_i (1 \leqslant i \leqslant n)$ 称为候选式(Candidate form),实际上,每个候选式代表一条完整的规则。这样,G_0 中的规则可以简写成

$$I \to L | ID | IL$$
$$D \to 0 | 1 | \cdots | 9$$
$$L \to a | b | \cdots | z$$

按照上述约定,还可以进一步简化,当给出一个文法时,不用给出四元式,只需给出它的规则。若约定第一条规则的左部非终结符为文法的开始符,大写英文字母为非终结符,小写英文字母为终结符,则文法 G_0 可以由产生式

$$I \to L | ID | IL$$
$$D \to 0 | 1 | \cdots | 9$$
$$L \to a | b | \cdots | z$$

完全确定。按照上述方法,如果令 E 表示表达式,A 表示运算符,i 表示变量或常量(终结符),一个只有 + 和 * 的表达式文法 G_1 可简写成

$$E \to EAE | (E) | i$$
$$A \to + | *$$

显然,通过上述文法可以知道,对于文法 G_1 有 $V_T = \{+, *, i, (,)\}$,$V_N = \{E, A\}$,开始符为 E。

4.2.2 文法的分类

乔姆斯基将文法分成 4 类:0 型、1 型、2 型和 3 型。0 型强于 1 型,1 型强于 2 型,2 型强于 3 型。这几类文法的差别在于对产生式施加不同的限制。

(1) 0 型文法

上一小节定义的文法即是 0 型文法。在它的产生式 $\alpha \to \beta$ 中,$\alpha \in V^* V_N V^*$,$\beta \in V^*$,此外无别的限制。0 型文法生成的语言称为 0 型语言,0 型文法又称为短语文法(Phrase Grammar),简记为 PSG。0 型文法的能力相当于图灵(Turing)机,或者说任何 0 型语言都是递归可枚举(Recursively Enumerable)的;反之,任何递归可枚举集(Recursively Enumerable Set)必定是一个 0 型语言。

(2) 1 型文法

文法 G 的任何产生式 $\alpha \to \beta$ 均满足 $|\alpha| \leq |\beta|$,仅仅 $S \to \varepsilon$ 例外,但 S 不得出现在任何产生式的右部。其中,$|\alpha|$ 表示符号串 α 的符号个数,即 α 的长度;ε 表示没有任何符号的符号串,即空符号串,$|\varepsilon| = 0$。1 型文法也称为上下文有关文法或前后文有关文法(Context-sensitive Grammar,简记为 CSG)。

1 型文法生成的语言称为 1 型语言,又称为上下文有关语言(Context-sensitive Language),它是递归集(Recursive Set)的子集,也就是说,1 型文法生成的语言一定是递归集,但递归集不一定是 1 型语言。

(3) 2 型文法

文法 G 的任何产生式均为 $A \to \beta$ 形式,其中,$A \in V_N$,$\beta \in V^*$,称 G 为 2 型文法。2 型文法的产生式左边仅有一个非终结符,它不受上下文限制,因此也称为上下文无关文法(Context-free Grammar,简记为 CFG)。

2 型文法生成的语言称为 2 型语言,也称为上下文无关语言(Context-free Language,简记为 CFL)。

(4) 3 型文法

文法 G 的任何产生式均为 $A \to \alpha B$ 或 $A \to \alpha$ 的形式,其中,$A, B \in V_N$,$a \in V_T^*$,称 G 为 3 型文法,也称正则文法(Regular Grammar)或右线性文法(Right Linear Grammar)。3 型文法也可以定义成 $A \to B\alpha$ 或 $A \to \alpha$(其中 $A, B \in V_N$,$a \in V_T^*$)形式,称 G 为左线性文法(Left Linear

Grammar),可以证明,每个左线性文法均可找到一个等价的右线性文法。

3 型文法生成的语言称为 3 型语言,它是 2 型语言的一个子集,特别称为正则集(Regular Set)。通常强制式语言属于 2 型语言,该语言的单词(符号)属于正则集。因此,描述一个强制式语言通常使用上下文无关文法和正则文法就足够了。

4.2.3 文法产生的语言

在 4.1 节定义了一组语法规则,产生了一个只有 4 个简单句子的语言,现在来讨论如何定义一个文法产生的语言,或者说,什么样的句子是一个文法产生的。

1. 推导与归约

设文法 $G=(V_T, V_N, S, P)$,如果 $\alpha\beta\gamma \in V^*$,且有 $\beta \rightarrow \delta \in P$,则称 $\alpha\beta\gamma$ 可以直接推导出 $\alpha\delta\gamma$,记为

$$\alpha\beta\gamma \Rightarrow \alpha\delta\gamma$$

也可以说 $\alpha\delta\gamma$ 是 $\alpha\beta\gamma$ 的直接推导(Direct Derivation),其逆过程称为直接归约(Direct Reduction),即 $\alpha\delta\gamma$ 直接归约成 $\alpha\beta\gamma$。

如果有 $\alpha_1 \Rightarrow \alpha_2, \alpha_2 \Rightarrow \alpha_3, \cdots, \alpha_{n-1} \Rightarrow \alpha_n$,即存在一个推导序列

$$\alpha_1 \Rightarrow \alpha_2 \Rightarrow \alpha_3 \Rightarrow \cdots \Rightarrow \alpha_{n-1} \Rightarrow \alpha_n$$

则称 α_1 推导(Derivation)出 α_n,或者说 α_n 归约(Reduction)为 α_1,记为 $\alpha_1 \overset{+}{\Rightarrow} \alpha_n$。若有 $\alpha_0 \overset{0}{\Rightarrow} \alpha_n$ 和 $\alpha_0 \overset{+}{\Rightarrow} \alpha_n$,则记为 $\alpha_0 \overset{*}{\Rightarrow} \alpha_n$,表示 α_0 经过 0 次(即 $\alpha_0 = \alpha_n$)或多次直接推导才推导出 α_n。

例如,使用 4.2 节定义的文法 G_0 可以推导出任意的标识符,推导过程如下:

$$I \Rightarrow ID \Rightarrow I5 \Rightarrow IL5 \Rightarrow IB5 \Rightarrow LB5 \Rightarrow AB5$$

推出了标识符 AB5。

利用文法 G_1 可以推导出表达式 $i+i*i$,推导过程如下:

$$E \Rightarrow E+E \Rightarrow i+E \Rightarrow i+E*E \Rightarrow i+i*E \Rightarrow i+i*i$$

每次推导都使用 G_1 的一条产生式(规则),用其右边替换左边,每次只能改变一个非终结符。若每次推导均改变(被替换)最左边的非终结符,则称为最左推导(Leftmost Derivation),上述推导即为最左推导。当然,要推出 $i+i*i$,由于使用规则的先后顺序不一样,可以有多种不同的推导,例如

$$E \Rightarrow E*E \Rightarrow E*i \Rightarrow E+E*i \Rightarrow E+i*i \Rightarrow i+i*i$$

若每次被替换的非终结符均是最右边的,这种推导称为最右推导(Rightmost Derivation),最右推导又称为规范推导(Canonical Derivation)。

最左推导的逆过程称为最右归约(Rightmost Reduction),最右推导的逆过程称为最左归约(Leftmost Reduction),又称规范归约(Canonical Reduction)。

2. 句型

设有文法 $G=(V_T, V_N, S, P)$,若 $S \overset{*}{\Rightarrow} \alpha, \alpha \in V^*$,则称 α 为 G 的一个句型(Sentential Form)。从上述定义可以看出,从文法的开始符推导出的任意符号串均是该文法的句型,开始符自身也是一个句型,它由 0 步推导出。

3. 句子和语言

若文法 G 的某个句型仅由终结符组成,则称该句型为文法 G 的一个句子(Sentence),即若 $S \overset{*}{\Rightarrow} \alpha$ 且 $\alpha \in V_T^*$,则称 α 为 G 的一个句子。例如,文法 G_1 的一个推导

$$E \Rightarrow E+E \Rightarrow E+E*E \Rightarrow E+i*E \Rightarrow E+i*i \Rightarrow i+i*i$$

显然 i+i*i 是 G 的一个句子。

把文法 G 的所有句子的集合称为 G 产生的语言,记为 $L(G)$,即有

$$L(G) = \{\alpha \mid S \overset{*}{\Rightarrow} \alpha \text{ and } \alpha \in V_T^*\}$$

文法 G_0 产生的语言是所有标识符的集合,文法 G_1 产生的语言是所有仅含运算符 + 和 * 的表达式(包括常数和标识符,即 i)的集合。一个文法定义的语言可以是有限集合,也可以是无限集合(如定义标识符的文法和定义表达式的文法)。如果在一个文法中包含有递归定义的产生式,那么该文法定义的语言是无限集合。

设文法 G 的产生式为

$$S \to aS \mid b$$

这是一个右线性文法,不难看出 $L(G) = \{a^n b \mid n \geq 0\}$。

设文法 G 的产生式为

$$S \to aS \mid aP$$
$$P \to bP \mid bQ$$
$$Q \to cQ \mid c$$

这是一个右线性文法。若使用 $S \to aS$ 共 $i-1$ 次,可以产生 $i-1$ 个 a,记为 a^{i-1},即 $S \overset{*}{\Rightarrow} a^{i-1}S$,最后总要使用一次 $S \to aP$(只可能使用一次这个产生式),因此,有 $S \overset{*}{\Rightarrow} a^i P$,之后不可能再生成 a,也有可能根本不使用第一个产生式,这时的 $i-1$ 为 0,所以可确定 $i \geq 1$。同理,使用产生式 $P \to bP$ 共 $j-1$ 次,则有 $S \overset{*}{\Rightarrow} a^i b^{j-1} P$,最后总要使用产生式 $P \to bQ$ 一次,则有 $S \overset{*}{\Rightarrow} a^i b^j Q (i,j \geq 1)$。再同样使用最后两个产生式,即

$$S \overset{*}{\Rightarrow} a^i P \overset{*}{\Rightarrow} a^i b^j Q \overset{*}{\Rightarrow} a^i b^j c^k$$

其中,$i,j,k \geq 1$。$L(G) = \{a^i b^j c^k \mid i,j,k \geq 1\}$。

上述文法生成的语言是所有 i 个 a 后跟 j 个 b 再跟 k 个 c 的符号串的集合,符号串中 a,b 和 c 至少都要有一个。如果提出更高的要求,要 $i=j=k$,即要求符号串中 a,b 和 c 的个数相等,且所有的 a 在前面,所有的 c 在后面,所有的 b 在中间。实际上,这时的 i,j 和 k 是相关的。文法产生式必须满足每当生成一个 a 就要记住它,以使 a 生成完后再生成相同个数的 b 和 c。这已经不是 3 型语言,使用 3 型文法不能实现,甚至使用上下文无关文法也无法实现,因为它们上下文有关。我们可以给出一个上下文有关文法 G 来产生这个语言。

(1) S→aSPQ

(2) S→abQ

(3) QP→PQ

(4) bP→bb

(5) bQ→bc

(6) cQ→cc

上述文法不是推导出这个语言的唯一文法,如果读者感兴趣的话,可以自己写出一个文法产生这个语言。

通常可以有多个文法产生同一个语言。如果对文法 G 和 G',有 L(G)=L(G'),则称 G 和 G'是等价的。

4.2.4 语法树

对一个句子或一个句型的推导过程不止一种,可以用一棵树来表示多种不同的推导,这种树称为推导树(Derivation Tree),或称语法树(Syntactic Tree),也可称为分析树(Parse Tree)。语法树有助于理解一个句子语法结构的层次,也可表示一个句型的各种可能的(但未必是所有可能的)不同推导过程,当然也包含了最左推导和最右推导。所以,一个句型的语法树是这些不同推导的共性抽象,是它们的代表。

语法树通常表示成一棵倒置的树,其根在上,枝叶在下。根由开始符标记,前面曾经讲到,开始符是一个特殊的句型,它是由 0 次推导推出的句型,只有根的语法树就是以开始符为句型的语法树。随着推导的展开,当树枝上标记的是非终结符,并用它的某个候选式进行替换时,这个非终结符标记的相应结点就产生下一代新结点,候选式中自左至右的每一个符号对应标记一个新结点,每个新结点和其父结点之间均有一连线。在一棵语法树生长过程中的任何时刻,所有那些没有后代的末端结点的标记自左至右的排列就是一个句型。如果自左至右末端结点的标记均为终结符,那么,这棵语法树代表了一个句子的各种推导过程。此时不存在新的推导,推导终止。

下面以文法 G_1 的句子 i+i*i 为例,说明它的语法树的生长过程。

(1) G_1 的开始符为 E,因此根结点的标记为 E。

(2) 用产生式 E→E+E 的右边替换左边的 E,得到推导 E⇒E+E,此时可建立具有三个分枝的语法树,每个分枝的标记自左至右为 E,+和 E,如图 4-11 所示,其中 E+E 是新句型。

(3) 在句型 E+E 中,使用产生式 E→i 替换句型最左边的 E,得到推导 E⇒E+E⇒i+E,它的语法树如图 4-12 所示,其中 i+E 为新句型。

(4) 在句型 i+E 中,使用产生式 E→E*E 的右边替换句型中的 E,得到推导 E$\overset{*}{\Rightarrow}$i+E⇒i+E*E,它的语法树如图 4-13 所示,其中 i+E*E 为新句型。

图 4-11　句型 E+E 的语法图

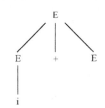
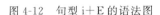
图 4-12　句型 i+E 的语法图

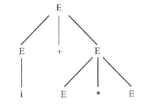
图 4-13　句型 i+E*E 的语法图

(5) 在句型 i+E*E 中,用产生式 E→i 右边的 i 替换句型左边的 E,得到推导 E$\overset{*}{\Rightarrow}$i+E*E⇒i+i*E,它的语法树如图 4-14 所示,其中 i+i*E 为新句型。

(6) 在句型 i+i*E 中,使用产生式 E→i 右边的 i 替换句型中的 E,得到推导 E$\overset{*}{\Rightarrow}$i+i*E⇒i+i*i,它的语法树如图 4-15 所示,其中 i+i*i 为新句型,这个句型全部由终结符组成,因此不存在新的推导,语法树也不会再有后代。

这棵语法树第一代是根结点 E,它有三个儿子,即第二代的 E,+和 E。父子同名在语法树中是常见的,只要有递归产生式就会出现这种情况。这三个儿子中老大和老三同名,也为 E。老大和老三都有儿子,它们是第三代。老大的儿子为 i,i 为第三代,i 是末端结点,没有后代。老二为+,也是末端结点,没有后代。老三又有三个儿子,它们分别为老大 E、老二 * 和老三 E,它们是第三代,其中老大和老三又有自己的儿子,都是 i,它们是第四代,是末端结点,再没有后代。这里要注意的是,语法树的最终表示(参见图 4-15)中并未表明谁先生儿子。

我们说语法树表示一个句型或一个句子的各种不同推导,但未必表示全部可能的推导。例如,对上述句子 i+i*i 采用推导

$$E \Rightarrow E*E \Rightarrow E*i \Rightarrow E+E*i \Rightarrow E+i*i \Rightarrow i+i*i$$

相应推导构成的语法树如图 4-16 所示,显然它与图 4-6 是不相同的。如果一个文法存在某个句子对应两棵不同的语法树,则称这个文法是二义的(Ambiguous)。文法 G_1 就是二义文法(Ambiguous Grammar)。一个二义文法产生的语言不一定是二义的。对一个二义文法 G,很有可能存在一个非二义文法 G',使得 $L(G)=L(G')$,也就是说它们产生相同的语言。

对文法 G_1 产生的表达式,如果考虑运算符+和 * 的运算优先关系和结合规则,例如 * 的优先性高于+,且它们都服从左结合律,那么可以构造一个文法 G_2,它的规则如下:

E→T|E+T
T→F|T*F
F→(E)|i

其中,将 E 看作"表达式",将 T 看作"项",将 F 看作"因子",G_2 就是一个无二义文法,并且有 $L(G_1)=L(G_2)$。

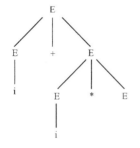
图 4-14　句型 i+i*E 的语法图

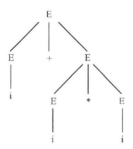
图 4-15　句型 i+i*i 的语法图

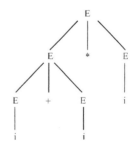
图 4-16　i+i*i 的语法图

已经证明,二义性问题是不可判定的,即不存在一个算法,在有限步骤内能确切判定一个文法是否为二义的。事实上,人们已找出先天二义语言(Inherent Ambiguity),即产生这个语言的每个文法都是二义的。

为了实现语法分析的唯一性,我们总希望文法是无二义的,因此对二义文法,应将它变换成与之等价的无二义文法。

4.3　语言的设计

在 2.1 节中已经提到沃斯的"算法十数据结构=程序"的思想,而程序设计语言是描述程序的工具,因此,语言就必须描述算法和数据结构。在第 2 章和第 3 章中,已经较为详细地研

究了现有强制式语言在这方面的成果,并以若干实际的语言作为实例,为设计语言打下了基础,这些实例可供设计中借鉴。

所设计的语言的复杂程度依赖于设计目标,即语言面向的问题和面向的机器。本节将给出设计一个强制式语言的入门知识和方法,这仅仅涉及到一般性问题,若读者在科学研究和软件开发中需要设计一个实用的语言,还需补充相应的理论、抽象和设计等方面的知识。

语言的设计首先需要定义语言的字母表和语言的词法规则。语言的单词符号一般包括:关键字、标识符、常量、运算符、界符。然后再定义其他的语法规则和语义规则。字母表和词法规则定义相对简单,本书从略。

4.3.1 表达式的设计

强制式语言对数据的处理(运算)主要在表达式中进行,所以设计表达式至关重要。通常可将表达式分为逻辑表达式(Logic Expression)、关系表达式(Relational Expression)和算术表达式(Arithmetic Expression),它们是彼此相关的。

〈表达式〉→〈逻辑表达式〉|〈关系表达式〉|〈算术表达式〉

1. 逻辑表达式

通常,一个表达式由它的运算对象和运算符组成。逻辑表达式的运算对象通常为布尔常量、布尔变量、关系表达式和逻辑表达式(递归)。运算符有非($\neg$)、与($\wedge$)和或($\vee$),其中$\neg$为一元运算符,它们有运算的优先顺序,且服从左结合律。下面用BNF形式定义逻辑表达式,其语义规则采用自然语言描述,并在相应产生式的下面给出说明,以表达该规则的语义。

〈逻辑表达式〉→〈布尔常量〉|〈布尔变量〉|〈关系表达式〉
　　　　　　|$\neg$〈逻辑表达式〉
　　　　　　|〈逻辑表达式〉$\vee$〈逻辑表达式〉
　　　　　　|〈逻辑表达式〉$\wedge$〈逻辑表达式〉

说明:逻辑运算符$\neg$为一元运算符,逻辑运算符的优先运算顺序由低到高为$\vee$,$\wedge$和$\neg$。逻辑表达式的值为**true**(真)和**false**(假)。

〈布尔常量〉→**true**|**false**

说明:布尔常量取值为**true**(真)和**false**(假)。

〈布尔变量〉→〈标识符〉

说明:布尔变量取值为**true**(真)和**false**(假)。

2. 关系表达式

关系表达式通常用来判断某个条件成立或不成立,它的运算对象通常为算术表达式,运算符通常有6种。

〈关系表达式〉→〈算术表达式〉〈关系运算符〉〈算术表达式〉

说明:关系表达式成立,取值为**true**;关系表达式不成立,取值为**false**。

〈关系运算符〉→<|<=|>|>=|=|<>

说明:关系运算符<,<=,>,>=,=和<>分别表示小于、小于等于、大于、大于等于、等于和不等于,运算符之间优先顺序由高到低分为两级:

```
<,<＝,>,>＝,
 ＝,<>
```

有的语言规定关系运算符之间没有优先关系。

3．算术表达式

算术表达式是语言中对数据进行运算的最重要的表达式,其运算符根据语言面向的问题有很多种,并采用了重载。通常算术表达式处理的原始数据和中间数据有整数和实数,如果面向的问题要求数据的精确度很高,还有双精度数据。实数的描述比较烦琐,它分为正负号部分、整数部分、小数部分和指数部分。指数部分又分为正负号部分和整数部分,用 BNF 形式描述比较冗长,此处从略。如果读者需要,很容易找到相关资料查阅。算术表达式的运算符之间有优先顺序,且服从左结合律。

〈算术表达式〉→〈常量〉|〈变量〉|(〈算术表达式〉)
　　　　　　|〈算术表达式〉〈算术运算符〉〈算术表达式〉

通常,定义算术表达式不用上述文法,而是把"先乘除,后加减"的运算优先顺序和服从左结合律的规则考虑到文法中,以避免二义性。

〈算术表达式〉→〈算术表达式〉+〈项〉|〈算术表达式〉-〈项〉|〈项〉
〈项〉→〈项〉*〈因子〉|〈项〉/〈因子〉|〈因子〉
〈因子〉→(〈算术表达式〉)|〈常量〉|〈变量〉
〈变量〉→〈标识符〉
〈常量〉→〈整型常量〉|〈实型常量〉
… 关于算述运算符和各种常量的定义从略。

这里定义的算术表达式比较简单,没有考虑下标变量和函数等。标识符的定义参见 4.1.1 节。

4.3.2 语句的设计

强制式语言是面向语句的语言,通过语句描述问题的求解过程,因此设计强制式语言的语句非常重要。在第 2 章和第 3 章中已经看到,语句的形式是多种多样的,在这一小节,将讨论一些主要的语句,如有必要,将用 BNF 对它进行定义。在十分必要时,才在说明中给出有关语义规则,对读者早已熟知的语句,没有给出语义,以节省篇幅。

语句主要分为两类,一类是说明语句(Declaration Statement),另一类是执行语句(Execute Statement)。

说明语句不需要由编译程序生成目标代码,它用来告诉编译程序一些实体的属性,编译程序获得这些属性信息后,将它存放在相应的描述符中,以供编译程序在生成目标代码时使用。

执行语句要由编译程序生成目标代码来实现它的语义。

1．说明语句

说明语句主要包括变量说明和类型说明。
内部类型不需要说明,用户定义类型需要通过类型说明语句来说明。

⟨说明语句⟩→⟨常量说明⟩|⟨变量说明⟩|⟨类型说明⟩
⟨常量说明⟩→ **const** ⟨标识符⟩ = ⟨常量⟩

说明:这里的标识符是为常量取的名字。在程序中,常量是以它的名字出现的,运行时不改变其值。

⟨变量说明⟩→ **var** ⟨变量表⟩:⟨类型⟩
⟨变量表⟩→⟨变量⟩|⟨变量表⟩,⟨变量⟩
⟨变量⟩→⟨标识符⟩
⟨类型⟩→ integer|real|char|boolean|⟨类型名⟩

说明:这里定义了4种内部类型,它们分别是整型、实型、字符型和布尔型。

⟨类型说明⟩→ **type** ⟨类型名⟩ = ⟨用户定义类型⟩
⟨类型名⟩→⟨标识符⟩
⟨用户定义类型⟩→…   (从略)

用户定义类型的形式较多,它们有各自的构造符,参见第2章,这里不再赘述。

2. 执行语句

执行语句主要有数据处理语句(赋值语句)和语句执行顺序控制语句(控制语句)。

⟨执行语句⟩→⟨读语句⟩|⟨写语句⟩|⟨赋值语句⟩|⟨控制语句⟩|⟨复合语句⟩
⟨读语句⟩→ **read** (⟨变量⟩)

说明:将键盘输入的数据传送给变量。

⟨写语句⟩→ **write** (⟨变量⟩)

说明:将变量的值传送到显示屏上。

(1) 赋值语句

⟨赋值语句⟩→⟨变量⟩:=⟨表达式⟩

说明:语句执行的结果是将表达式计算出来的值赋予变量。这里的表达式在4.1.1节中已定义过,但其定义仅仅是对算术运算有用,如果要进行字符处理,还需定义相应的表达式。另外,如果要对数组运算,这里的变量还应包括下标变量。还有更多其他形式,可根据需要选取。

(2) 控制语句

语句之间的执行顺序在3.2节中已详细讨论过。只要用顺序、选择和重复三种语句控制结构就能描述计算机可执行的一切算法。由于语句形式较多,功能也不尽相同,在编程中,如果选取的语句形式较少,书写程序会不够流畅;如果选取语句形式较多,书写方便,但增加了编译程序的工作量,应当针对面向的问题选择一个折中方案。

一条语句结束总应该有一个结束符,这个结束符有两个作用:一个作用是定序,它的语义是该语句执行完后紧接着执行结束符后的语句,除非强行改变,也就是说,结束符起到了语句顺序运算符的作用;另一个作用是断句,它告诉编译程序该语句到此为止,以便编译程序做相应的处理。语句结束符在不同的语言中有微妙的差别,有的语言真正将其作为结束符,因此,在每个语句的末尾必须加上它(例如 Ada 语言);有的语言将它作为两语句之间的分隔符(例如 Pascal 语言),因此在一个语句后面没有紧跟语句时,就不必加这个结束符,Pascal 语言就是这样处理的。

（3）复合语句

像表达式一样，语句也可以加括号。如果有若干语句依次执行，并把它们看成一个整体时，可用语句括号将它们括起来，并将其看成一个语句，这样的语句称为复合语句（Compound Statement）。语句括号通常用 begin 和 end 标识。

〈复合语句〉→**begin**〈语句表〉**end**
〈语句表〉→〈语句〉|〈语句表〉;〈语句〉

这里的语句只能是执行语句，如果有说明语句，那就不是复合语句，而是我们将要讲到的分程序。

语句括号在不同的语言中，可能采用不同的符号，例如，在 C 语言中，采用的是花括号｛和｝。

4.3.3 程序单元的设计

在自上而下逐步求精的程序设计方法中，通常将总的需求划分成若干小的需求，然后再将这些小需求划分成更小的需求，这样逐步划分下去，直到每一个小需求的功能很明确，非常容易编一段程序来实现。这样的一段程序有独立的功能并组成一个模块，这样的模块就是在第 1 章中讲到的程序单元。在语言设计中，程序单元的设计是非常重要的，它还可以把一段重复使用的程序独立出来，用一个名字来代表，以实现重用，例如子程序。

程序单元需要建立它的局部环境，因此必须有说明语句，这是它与复合语句不同的地方。一个程序单元必须标识它的头和尾以供编译程序进行区分。区分头和尾的方法很多，为了让编译程序知道程序单元的性质或属性，通常都要规定相应的关键字，例如 **function**（函数），**procedure**（过程）。

程序单元可以命名，也可以不命名。通常，函数和过程都要命名，并用调用语句按名调用。分程序（Block）是不命名的程序单元，它是嵌套结构，也可以并列，按照分程序执行顺序自然调用（在哪里定义，就在哪里执行）。有的程序单元可以带参数，以实现调用单元和被调用单元之间的通信，例如函数和过程都是这样处理的。分程序不带参数，单元之间的通信依靠非局部变量来实现。

设计一个程序单元，还必须设计如何调用它，它的语义说明应该包括：参数如何传递（参数传递方式参见 11.4 节），程序单元执行后应将控制转向哪里，以及其他应当规定的属性。

要设计一个程序单元，需要考虑的问题很多，上面提到的仅仅是最基本的要求。可以用 BNF 来对上述内容进行归纳。

〈程序单元〉→〈程序单元关键字〉〈程序单元名〉(〈形参表〉);〈程序单元体〉
〈程序单元关键字〉→ **procedure** | **function** | **class** | ⋯

在第 2 章中介绍到的各种抽象数据类型和 3.3 节介绍到的各种程序单元，使用了多种不同的关键字，但有的语言没有使用特别的关键字，而是借用了语句括号 **begin**（如 ALGOL 60 语言）。

〈程序单元名〉→〈标识符〉
〈形参表〉→〈形参〉|〈形参表〉,〈形参〉

说明：这里没有具体定义形参，它可以是变量、数组，甚至也可以是过程。如果定义形参，就要说明其类型,以便进行语法检查。定义形参还要说明其与实参的结合(绑定)方式,通常有按位置结合和按关键字结合(参见 3.3.1 节)。还要说明参数传递方式(参见 13.4 节),这都是语义问题。

通常,把上述内容称为程序单元头,紧接其后的是程序单元体。

〈程序单元体〉→**begin**〈说明部分〉;〈执行部分〉**end**
〈说明部分〉→〈说明语句表〉
〈说明语句表〉→〈说明语句〉|〈说明语句表〉;〈说明语句〉

如果允许程序单元中再嵌套程序单元,那么这里的说明语句还应扩大到程序单元说明。

〈执行部分〉→〈执行语句表〉
〈执行语句表〉→〈执行语句〉|〈执行语句表〉;〈执行语句〉

说明:还要规定程序单元如何调用,程序单元执行后应将控制返回到什么地方。

通常,许多语言都规定了"先定义,后使用"的原则,需要把说明部分放在执行部分的前面,当然有的语言不严格遵守这个原则。

下面描述一个分程序说明,在编译部分将要用到它,这是 ALGOL 60 语言的定义方法。

〈分程序〉→**begin**〈说明部分〉;〈执行部分〉**end**
〈说明部分〉→〈变量说明表〉;〈数组说明表〉;〈过程说明表〉;〈分程序表〉
〈变量说明表〉→〈变量说明〉|〈变量说明表〉;〈变量说明〉
〈数组说明表〉→〈数组说明〉|〈数组说明表〉;〈数组说明〉
〈过程说明表〉→〈过程说明〉|〈过程说明表〉;〈过程说明〉
〈分程序表〉→〈分程序〉|〈分程序表〉;〈分程序〉

说明:在分程序说明中,先定义局部变量和数组,再定义过程和函数(函数在上面未列出),然后再定义内层分程序。过程可以嵌套定义,要通过调用语句进行调用,并可递归调用。分程序可以嵌套定义,也可以并列定义,一般在哪里定义就在哪里调用。

4.3.4 程序的设计

语言是用来描述程序的工具,因此,它必须定义程序的语法结构。程序必须有一个头,首先应当有一个关键字,然后跟一个标识符作为程序名,其后还可以跟参数(Pascal 程序头就带参数)。程序头后面是程序体。

ALGOL 60 报告发表后,发现它未定义程序,后来在 1963 年的修正报告中才补充定义了程序,这个定义非常简单,形式如下:

〈程序〉→〈分程序〉

诺尔在执笔写报告时,一直认为分程序就是程序,但批评者认为他有所遗漏,所以他才在补充报告中修正。

至此,我们对如何设计语言提出了一个思路,以引导读者了解如何着手进行程序语言设计。在浩瀚的语言大海中,这是很不全面的,但我们总可以入门了。在下一节将实际设计一个语言,以应用上述知识。

4.4 语言设计实例

这一节首先设计一个极小的语言,它面向的问题是求解 n 的阶乘,面向的机器就是一般的

PC;然后用设计的语言编写出计算 $n!$ 的程序。

由于 n 一定是正整数,因此,数据类型可以仅仅是整数,甚至是无符号整数。

考虑到计算 $n!$ 最简便的算法为

if $n<=0$ **then** $F:=1$ **else** $F:=n*F(n-1)$

根据这个算法,需要考虑关系表达式、赋值语句、if 语句和函数等,且函数需要递归调用。另外,输入和输出语句总是需要的。程序可选择分程序,这样就可以方便地设计出一个计算 $n!$ 的语言。用 BNF 自上而下地定义这个语言。

〈程序〉→〈分程序〉

〈分程序〉→**begin**〈说明语句表〉;〈执行语句表〉**end**

〈说明语句表〉→〈说明语句〉|〈说明语句表〉;〈说明语句〉

〈说明语句〉→〈变量说明〉|〈函数说明〉

〈变量说明〉→**integer**〈变量〉

说明:**integer** 表示变量的类型为无符号整数。

〈变量〉→〈标识符〉

〈标识符〉→〈字母〉|〈标识符〉〈字母〉|〈标识符〉〈数字〉

〈字母〉→ a|b|c|d|e|f|g|h|i|j|k|l|m|n|o|p|q|r|s|t|u|v|w|x|y|z

说明:英文大小写字母不区分。

〈数字〉→0|1|2|3|4|5|6|7|8|9

〈函数说明〉→**integer function**〈标识符〉(〈参数〉);〈函数体〉

说明:函数可以递归调用,函数类型为 **integer**,函数的值存放在标识符(函数名)中。

〈参数〉→〈变量〉

说明:参数传递方式为值调用(传值),对这个具体问题只需要一个参数。

〈函数体〉→**begin**〈说明语句表〉;〈执行语句表〉**end**

〈执行语句表〉→〈执行语句〉|〈执行语句表〉;〈执行语句〉

〈执行语句〉→〈读语句〉|〈写语句〉|〈赋值语句〉|〈条件语句〉

〈读语句〉→**read**(〈变量〉)

说明:将键盘输入的数据传送给变量。

〈写语句〉→**write**(〈变量〉)

说明:将变量的值传送到显示屏上。

〈赋值语句〉→〈变量〉:=〈算术表达式〉

〈算术表达式〉→〈算术表达式〉-〈项〉|〈项〉

〈项〉→〈项〉*〈因子〉|〈因子〉

〈因子〉→〈变量〉|〈常数〉|〈函数调用〉

〈常数〉→〈无符号整数〉

〈无符号整数〉→〈数字〉|〈无符号整数〉〈数字〉

〈函数调用〉→〈标识符〉(〈算术表达式〉)

〈条件语句〉→**if**〈条件表达式〉**then**〈执行语句〉**else**〈执行语句〉

说明:当条件表达式的值为 **true**,执行 **then** 后面的语句,否则执行 **else** 后面的语句。

⟨条件表达式⟩→⟨算术表达式⟩⟨关系运算符⟩⟨算术表达式⟩

说明：条件表达式成立取值为 **true**，不成立取值为 **false**。

⟨关系运算符⟩→<|<=|>|>=|=|<>

说明：关系运算符<,<=,>,>=,= 和<>分别表示小于、小于等于、大于、大于等于、等于和不等于，它们之间无优先级。

使用上面定义的语言，写出计算 $n!$ 的程序如下：

```
begin
  integer m;
  integer function F(n);
    begin
      integer n;
      if n<=0 then F:=1
      else F:=n*F(n-1)
    end;
  read(m);
  m:=F(m);
  write(m)
end
```

4.5 一些设计准则

至此，我们已经对程序设计语言的特性做了较为全面的讨论，从中可以得出设计一个程序设计语言的基本准则，这些准则是从语言的设计者、实现者和使用者的综合需求提出来的。

1. 可写性

语言通过提供一些构造来方便地表达设计方法以帮助完成程序设计。语言提供的这些构造，使得程序员可以把注意力集中在理解问题和求解问题上，而不必把注意力集中到表达求解的工具上。可写性表现在简单性、可表达性、正交性和准确性等方面。

(1) 简单性

语言应该是程序员容易掌握的，它的各种性质应该是容易学习和便于记忆的。

(2) 可表达性

用来度量在问题求解阶段，将求解算法映射到程序结构的能力。我们知道，机器语言的可表达性很低，数据抽象和控制抽象提高了语言的表达能力。因此，抽象对语言的可表达性至关重要。

(3) 正交性

语言的正交性使语言只提供较少的原始成分和构造方法，就可以任意组合出新的成分，使得语言简洁，便于记忆，又具有较强的表达能力。ALGOL 68 语言是具有正交性的例子。

(4) 准确性

一个可使用的程序设计语言，它的语法和语义描述应当是精确的。如果这种描述存在大量的二义性，就会使语言的设计者、实现者和使用者对该语言有不同的理解，产生出错误的结果。

2．可读性

语言的可读性与可写性有直接的关系,可写性好的语言其可读性也好。语言的可读性也影响到语言的可修改性和可维护性。语言的数据抽象和控制抽象,以及模块化程序设计都有助于提高可读性。通常在语言中允许加入注释,从另一个侧面提高程序的可读性。因此,大多数语言都有如何加入注释的约定。

3．可靠性

可靠性指一个软件系统正常工作的能力。如果一个语言实现的软件系统不能保持正常工作,那么该语言就失去了使用价值。为此,许多语言都采取有效措施来提高软件系统的可靠性。例如,Ada 语言的数据抽象、信息隐蔽、模块的独立性、可见部分与实现部分的严格区分、私有类型、派生类型、子类型、强类型及异常处理机制等对提高可靠性都是有利的。此外,效率是附加的准则。效率通常指编译效率和执行效率。通常的程序可能只编译一次,而执行多次,因此执行效率比编译效率更重要。动态语言的执行效率总是偏低的,因而就效率而言,静态特性更为重要。还可提出其他一些准则(例如通用性),但都不如可写性、可读性和可靠性更重要。

习 题 4

4-1 FORTRAN,ALGOL 和 Pascal 语言的语法是如何定义的？试比较 3 种定义方法各自的特点。

4-2 试说明抽象机与虚拟机的区别。

4-3 试写出 Pascal 语言定义的"数"的产生式,然后将产生式转换成语法图。

4-4 试写出 Pascal 语言定义"表达式"的产生式,将产生式转换成语法图。然后与 Pascal 程序设计教科书中的语法图进行比较,看是否存在差异。

4-5 用 BNF 形式定义 C 语言的语法。

4-6 试设计一个最小的语言,该语言面向的问题是将两个字符串连接成一个字符串。设计好语言后,用该语言编写出解决上述问题的程序。

下篇 程序设计语言的实现(编译)

第5章 编译概述

本章将讨论编译的一些基本概念,程序的编译执行和解释执行的区别,以及编译过程的5个阶段。

5.1 引言

低级语言是与机器有关的语言,机器只能执行用机器语言编写的程序。高级语言是与机器无关的语言,机器不能直接执行用高级语言编写的程序,必须将高级语言程序转换成等效的机器语言程序,机器才能直接执行。从本章开始,将讨论实现这种转换的方法和技术。

5.2 翻译和编译

将一种语言编写的程序转换成完全等效的另一种语言编写的程序称为翻译(Translate)。在计算机中,翻译是由一个程序来实现的,该程序称为翻译程序(Translator)。翻译程序接受的程序称为源程序(Source Program),转换后的程序称为目标程序(Object Program 或 Target Program)。编写源程序的语言称为源语言(Source Language),编写目标程序的语言称为目标语言(Target Language),编写翻译程序的语言称为(宿)主语言(Host Language),运行翻译程序的机器称为(宿)主机(Host Machine)。它们之间的关系如图5-1所示。

将高级语言程序翻译成低级语言程序称为编译。实现编译的程序称为编译程序(或编译器)。如果编译的目标程序是汇编语言程序,则目标程序还需要经过汇编程序(汇编器)汇编后机器才能直接执行。

图 5-1 源程序、目标程序和翻译程序之间的关系

源语言、目标语言和宿主语言通常是3种不同的语言。例如,在 PC 上用 FORTRAN 语言编写的源程序,将它编译成 PC 的机器语言程序,而编译程序是用 C 语言编写的,其中 PC 就是宿主机。如果一个编译程序能生成可供其宿主机执行的机器代码,则称该编译程序为自驻留的(Self-resident)。如果编译程序是用源语言编写的,则称该编译程序为自编译(Self-compiling)的。如果一个编译程序生成的不是宿主机的机器代码,而是别的机器的机器代码,则称为交叉编译(Cross-compiling)。

事实上,编译程序生成的机器代码还不能直接在目标机上运行,它需要有运行时库程序(Runtime Library Routine,简称运行程序)伴随,才能正确运行。运行程序主要是一系列的子程序,编译程序没有把这些子程序插入到目标程序,所以需要这些子程序伴随。它们的关系如图5-2所示。

图 5-2　程序的编译执行

5.3 解　　释

BASIC 是最简单的高级语言，它的最早版本的实现不是编译执行，即不需要将源程序编译成目标程序，而是对源程序进行解释（分析），直接计算出结果。通常的做法是，将源程序转换成一种比较容易执行的中间代码（这种中间代码与机器代码不同），中间代码的解释由软件支持，因为硬件解释器在这里不能直接使用。通常称这种支持解释的软件为解释程序或解释器(Interpreter)。

Pascal 语言最早的实现是先将源程序编译成一种抽象的中间代码 P 码（P-code），然后再对 P 码解释执行。C、C++、FORTRAN 和 Ada 等都是编译型的语言。事实上，后来的 Pascal 也是编译型语言。

LISP、ML、Prolog 和 Smalltalk 均是解释型的语言。Java 通常被当作一种解释型语言，Java 编译器产生一种字节码的中间语言，这种字节码可以在 Java 虚拟机上运行。解释执行特别适合于动态语言和交互式环境，因为可以立即得到计算结果，便于人机对话。解释器边翻译边解释执行，重复执行的程序需要重复翻译，比编译执行要花去更多的时间，执行效率较低。因此，像 BASIC 这样的语言，在调试程序时，使用解释（便于对话），在执行程序时，使用编译。图 5-3 给出了程序解释执行的示意图。

图 5-3　程序的解释执行示意图

5.4 编 译 步 骤

将一个程序从原来的语法形式翻译成可执行形式的过程是任何编程语言实现中的重要环节。翻译有时很简单，像 Prolog、LISP 或 Perl 语言那样，通过某种解释即可执行。但对大多数语言来说，这个过程是相当复杂的。

逻辑上可以将编译过程分成两部分，即源程序的分析和可执行目标程序的合成。对大多数编译程序来说，这些逻辑步骤不是清楚地分开，而是混在一起的。但是，为了学习上的方便，我们还是按编译过程的逻辑步骤，一步步地讨论。图 5-4 展示了一个典型编译器的结构。

1. 词法分析

编译器将源程序看成一个很长的字符串，首先对它进行从左到右的扫描，并进行分析，识别出符合词法规则的单词（符号），或称记号（Token），如基本字、标识符、常数、运算符和界符等。这些符号以某种内码表示方法提供给后续过程进一步处理。

如果在词法分析过程中发现不符合词法规则的非法单词符号，则做出词法出错处理，给出相应的出错信息。

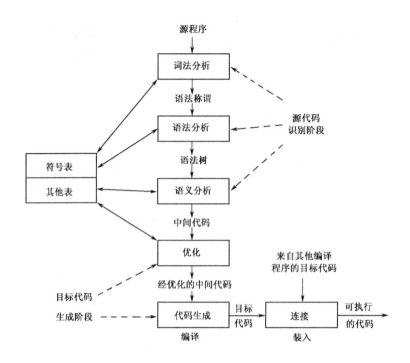

图 5-4 典型编译器的结构

2．语法分析

语法分析是对词法分析识别出来的符号流（也可看成符号串），按语法规则进行分析，识别出各类语法单位，如表达式、短语、子句、句子和程序等，以便后续步骤进行分析与合成。

语法分析通常是一种结构分析，分析的结果形成一棵语法树（分析树）。如果在分析过程中发现不符合语法规则的符号串，将做出语法出错处理，给出相应的出错信息。

3．语义分析

对经过词法分析和语法分析后的程序，如果没有错误，就可对其进行语义分析，并可按语义要求对各种语法单位进行实质性翻译。这时可以直接产生目标程序，但这样直接产生的目标程序的执行效率比起手工编写的程序低得多。因此，大多数编译器采用中间语言来描述源程序的语义。这种中间语言往往对应某种抽象机，其结构简单，语义明确，易于翻译成二进制代码，同时也便于优化和移植。

4．优化

语义分析产生的中间代码不依赖于任何实际的机器，因此它易于实现一些等效变换，使生成的目标程序占用空间少，执行更快，从而使目标程序优化（Optimization）。

5．目标代码生成

根据优化后的中间代码及有关信息，可生成较为有效的目标代码，即目标机的机器语言程序或汇编语言程序。如果生成的是汇编语言程序，还需由汇编器将其汇编成目标机的机器语言程序。

为使目标机的机器语言程序更加有效，代码生成还应充分利用机器资源，如充分利用寄存器，选择执行时间短的指令等。

以上是编译器的 5 个编译阶段,从逻辑上来看,编译器就是按这 5 个阶段对源程序进行编译的。事实上,按上述 5 个阶段编译出来的目标程序不能立即执行,因为有些语言允许源程序的各个模块独立进行编译,生成的目标程序称为目标模块(Object Module),这些目标模块和输入/输出、标准函数等系统模块需要经过连接程序(Linker)进行连接,成为一个可重定位程序(Relocatable Program),再由装入程序(Loader)装入到内存中,机器才能正确执行(参见图 5-4)。

6. 符号表管理

程序员在编写程序时,对各种数据对象和实体进行说明,编译程序根据这些说明,为各种实体建立描述符,并搜集这些实体的属性信息,以供编译各阶段使用。

描述符实际上是存放实体属性的表格,根据实体的不同,表格的形式也不同,其中用得最多的是符号表。编译程序应当有一组表格管理程序,负责对这些表格的建立和维护(包括引用、查找和更新等)。

7. 出错处理

编译程序各个阶段都可能发现源程序中的错误,特别是在语法分析阶段,可能出现大量的语法错误。发现错误后,编译程序就要进行处理,报告错误的性质,发生错误的地方等,同时要将错误所造成的影响限制在尽可能小的范围,以便对源程序的剩余部分继续编译下去,查出剩余部分的错误。

自从 FORTRAN 语言问世,第一个编译程序出现以来,计算机科学家对编译理论做了大量研究。20 世纪 50 年代,以乔姆斯基为代表的一些科学家对语言的文法进行了大量深入的研究,以摩尔为代表的科学家对自动机理论(Automata Theory)进行了研究,并取得了不少的成果。这些成果都用来发展编译技术,构造了许多新的方法。例如,词法分析器就是一个有限状态自动机 FA(Finite Automaton),语法分析器就是一个下推自动机 PDA(PushDown Automaton)。在附录中,简要介绍了这两类自动机,对此有兴趣的读者,可深入参阅有关自动机理论的教材或参考书。

习 题 5

5-1 你知道哪些语言是解释执行的语言?哪些语言是编译执行的语言?
5-2 什么是翻译?什么是编译?
5-3 编译包括哪 5 个阶段?每个阶段完成什么工作?
5-4 词法分析器是什么自动机?语法分析器是什么自动机?

第6章 词法分析

本章将讨论语言的词法分析过程,以及词法分析器的设计和实现。词法分析器实际上是一个有限自动机,由于本章不讨论有限自动机,因此引入状态转换图的概念,用状态转换图来识别语言的单词符号,然后设计一个程序来实现状态转换图,这个程序就是词法分析器。

6.1 词法分析概述

编译程序要对高级语言编写的源程序进行分析和合成,生成目标程序。词法分析是对源程序进行的首次分析,实现词法分析的程序称为词法分析程序(或词法分析器)(Lexical Analyzer),也称扫描器(Scanner)。

像用自然语言书写的文章一样,源程序是由一系列的句子组成的,句子是由单词符号按一定的规则构成的,而单词符号又是由字符按一定的规则构成。因此,源程序实际上是由满足程序语言规范的字符按照一定的规则组合起来构成的一个字符串。

词法分析的功能是,从左到右逐个地扫描源程序的字符串,按照词法规则,识别出单词符号作为输出,对识别过程中发现的词法错误,输出有关的错误信息。

【例 6.1】 下列程序段:

```
int i = 0, sum = 0;
while(i<10)
{
    sum = sum + i;
    i = i + 1;
}
```

输入字符串如图 6-1(a)所示。其中符号"␣"表示空白(空格),符号"↙"表示回车(Enter)。词法分析前进行预处理工作,包括取消注解、剔除无用的空白、跳格、回车、换行等。预处理后的字符串如图 6-1(b)所示。识别出的单词流如图 6-1(c)所示。

由词法分析识别出的单词流是语法分析的输入,语法分析据此判断它们是否构成了合法的句子。由词法分析识别出的常数和由用户定义的名字,分别在常数表和符号表中予以登记,在编译的各个阶段都要频繁地使用符号表。

词法分析可以作为单独的一遍,这时词法分析器的输出形成一个输出文件,作为语法分析器的输入文件,如图 6-2(a)所示。但词法分析比较简单,也可以将它作为语法分析的一个子程序,每当语法分析需要下一个新单词时,就调用词法分析子程序,从输入字符串中识别一个单词后返回,这是一种自然而有效的工作方式,如图 6-2(b)所示。

i	n	t	␣	i	=	0	,	␣	s
u	m	=	0	;	↙	w	h	i	l
e	(	i	<	1	0	)	↙	{	↙
␣	␣	s	u	m	=	s	u	m	+
i	;	↙	␣	␣	i	=	i	+	1
;	↙	}	↙						

（a）输入字符串

i	n	t	i	=	0	,	s	u	m
=	0	;	w	h	i	l	e	(	i
<	1	0	)	{	s	u	m	=	s
u	m	+	1	;	i	=	i	+	1
;	}								

（b）预处理后的字符串

int	i	=	0	,	sum	=	0	;	while
(	i	<	10	)	{	sum	=	sum	+
i	;	i	=	i	+	1	;	}	

（c）输出单词流

图 6-1 词法分析器的输入和输出

（a）词法分析器作为单独的一遍　　　　　（b）词法分析器作为一个子程序

图 6-2 词法分析器与语法分析器的关系

6.2 单词符号的类别

单词符号是程序语言最基本的语法符号，为便于语法分析，通常将单词符号分为五类。

1．标识符

用来命名程序中出现的变量、数组、函数、过程、标号等，通常是一个字母开头的字母数字串，如 length、nextch 等。

2．基本字

也可称为关键字或保留字。如 **if**、**while**、**for**、**do**、**goto** 等，它们具有标识符的形式，但它们不是由用户而是由语言定义的，其意义是约定的。多数语言中规定，它们不能作为标识符或标识符的前缀，即用户不能使用它们来定义用户使用的名字，故我们称它为保留字，这些语言如 Pascal 和 C 等。但也有的语言允许将基本字作为标识符或标识符的前缀，这类语言如 Fortran 等。

3．常数

包括各种类型的常数，如整型、实型、字符型、布尔型等。如：5、3.1415926、'a'、**TRUE** 等都是常数。

4．运算符

如算术运算符＋、－、＊、/；关系运算符＜、＜＝、＞、＞＝、＝＝、！＝和逻辑运算符 &&

（与）、||（或）、!（非）等。

5. 界符

如 ,、;、:、(、)等单字界符和 := 、/* 、*/ 等双字界符,以及空白符等。

对于一个程序语言来说,基本字、运算符、界符的数目是确定的,通常在几十个到几百个之间。标识符、常数则由用户定义,如何指定,指定多少,程序语言未加限制,但规定了它们应满足的构词规则。

6.3 词法分析器的输出形式

识别出来的单词应采用某种中间表示形式,以便为编译后续阶段方便地引用。通常一个单词用一个二元式来表示:

（单词类别,单词的属性）

第一元用于区分单词所属的类别,以整数编码表示。第二元用于区分在该类别中的哪一个单词符号,即单词符号的值。

单词的编码随类别不同而不同。由于基本字、运算符、界符的数目是确定的,一般每个单词可以定义一个类别码,单词与它的类别码为一一对应的关系,即一字一码。这时,它的第二元就没有识别意义了,显然对这类单词的识别很简单。也可将关系运算符全部归为一类,用第二元的值来区分是哪一个关系运算符,这种分类在一定程度上可以简化以后的语法分析。常数可通归一类,也可按整型、实型、字符型、布尔型等分类,标识符类似处理。在这种情况下,每一类别中的常数或标识符将由第二元单词的属性值来区别。通常将常数在常数表中的位置编号作为常数的属性值,而将标识符在符号表中的位置编号作为标识符的属性值。

【例 6.2】 从以下源代码（片断）

```
...
int i = 0, sum = 0;
...
```

中识别出的单词序列应为

```
...
(int 的编码, - )
(标识符的编码, i 在符号表中的位置)
( = 的编码, - )
(整型常数的编码, 0 在常数表中的位置)
( , 的编码, - )
(标识符的编码, sum 在符号表中的位置)
( = 的编码, - )
(整型常数的编码, 0 在常数表中的位置)
( ; 的编码, - )
...
```

6.4 词法分析器的设计

状态转换图（State Transition Diagram）,简称转换图,是设计词法分析器的有效工具。状态转换图是有限有向图,图中的结点代表状态（State）,结点间的有向边代表状态之间的转换

(Transition)关系,有向边上标记的字符表示状态转换的条件。

图 6-3 表示在状态 i 下,若输入字符为 x,则转换到状态 j;若输入字符为 y,则转换到状态 k。

状态的数量是有限的,其中必有一个初始状态(用双箭头指向),若干个终止状态(用双圆圈表示)。大部分终止状态可对应一类单词符号的成功识别,所以也称为识别状态。在识别状态下,可以给出相应单词的类别编码和属性值(即二元式表示)。某些终止状态是在多识别了一个字符后才成为识别状态的,对于这种情况,多识别的字符应予退回,在终态上标以"*"作为区别。

例如,识别标识符的状态转换图如图 6-4 所示。其中,0 状态为初态,2 状态为终态。识别标识符的过程是,从初态 0 开始,若下一个输入字符为字母,则读入它,并转入状态 1;在状态 1 下,若下一个输入字符是字母或数字,则读入它,并重新进入状态 1;一直重复这一过程,直到读入一个非字母或数字时(该输入字符已经读过),进入状态 2;状态 2 是终态,表示已成功识别出一个标识符,识别过程结束。但是,已经多读了一个字符,应该把它退还给输入字符串,以备识别下一个单词符号时使用。

图 6-3　状态转换图　　　　　图 6-4　识别标识符的状态转换图

有了状态转换图后,就可以方便地设计和实现词法分析器了。下面以一个简单的程序语言的词法分析器为例进行介绍。表 6-1 列出了该语言的所有单词符号及其编码,其中,助记符是用于方便书写和记忆的。

表 6-1　单词符号的编码

单词符号	类别编码	助 记 符	单词符号	类别编码	助 记 符
标识符	1	$SYMBOL	/	13	$DIV
常数(整型)	2	$CONSTANT	<	14	$L
int	3	$INT	<=	15	$LE
if	4	$IF	>	16	$G
else	5	$ELSE	>=	17	$GE
while	6	$WHILE	!=	18	$NE
for	7	$FOR	==	19	$E
read	8	$READ	=	20	$ASSIGN
write	9	$WRITE	(	21	$LPAR
+	10	$ADD	)	22	$RPAR
-	11	$SUB	,	23	$COM
*	12	$MUL	;	24	$SEM

图 6-5 是识别表 6-1 的单词符号的状态转换图。虽然这只是一个简单的示例,但实际的词法分析器的状态转换图也并不太复杂。

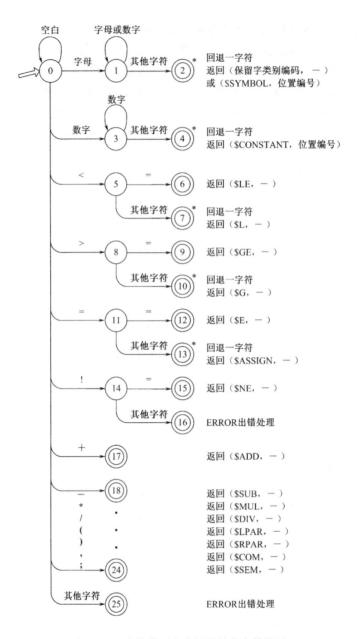

图 6-5 一个简单词法分析器的状态转换图

状态转换图易于编程实现。图中每个状态对应一段程序，遇到分支可使用 if 语句实现，如果分支较多，可采用 case 语句，遇到回路可采用 while 语句。在编写图 6-5 的状态转换图对应程序时，将会用到下面的变量和函数。

（1）character

全局字符变量，用来存放最新读入的字符。

（2）token

字符数组，用来存放已读入的字符序列。

（3）getchar()

读入一个字符的函数,从输入字符串中读入一个字符到变量 character 中。

(4) getnbc()

读入非空白字符的函数,检查变量 character 中的字符是否为空白字符,若是,则调用 getchar()读入下一个字符,直到 character 中的字符是非空白字符为止。

(5) concat()

连接字符串的函数,把 character 中的字符连接到 token 数组的末尾。例如,token 的值为"abc",character 的值为'd',调用 concat()函数后,token 的值为"abcd"。

(6) letter()

判断字母的函数,若 character 中的字符是字母,返回 true 值,否则返回 false 值。

(7) digit()

判断数字的函数,若 character 中的字符是数字,返回 true 值,否则返回 false 值。

(8) retract()

回退字符的函数,将刚读入 character 中的字符回退到输入字符串中,并把 character 的值置为空白。

(9) reserve()

处理保留字的函数,对存放在 token 中的字符串查保留字表,若查到(表示该字符串是一个保留字),则返回该保留字的类别编码,否则返回 0(假设 0 不是任何单词符号的类别编码)。

(10) symbol()

处理标识符的函数,对 token 中的字符串查符号表,若查到,则返回它在符号表中的位置编号,否则将该字符串存入符号表,并返回它在符号表中的位置编号。

(11) constant()

常数存入常数表的函数,将 token 中的数字串(实际上是字符串)转换成标准的二进制值(整数值),存入常数表中,并返回它在常数表中的位置编号。(注:为简化起见,本例只考虑类型为整型的常数。)

(12) return(num, val)

返回二元式的函数,其中,num 为单词符号的类别编码,val 是 token 中的字符串在符号表中的位置编号,或者是它在常数表中的位置编号,或者无定义(可用 0 值表示)。

(13) error()

出错处理的函数,处理出现的词法错误。有一类词法错误可以在词法分析时发现,如出现字母表以外的非法字符、不合规则的常数、标识符的前缀为保留字等。但还有一类词法错误,例如,把 if 写成 fi,词法分析会将 fi 当作标识符处理;le ngth 中间多了一个空格,词法分析会将 le 和 ngth 当作两个标识符处理。这类词法错误往往要推迟到语法分析时才能发现,不属于本函数处理的范畴。

对应于图 6-5 的状态转换图,用 C 语言构造相应的词法分析器如下:

```
Word_Struct LexAnalyze()
{
token = " ";                   /* 置 token 为空串 */
getchar();
getnbc();                      /* 读入非空白字符 */

switch( character )
```

```
        {
    case 'a':
    case 'b':
    case 'c':
    …
    case 'z':
        while(letter() || digit())    /* 当前字符为字母或数字 */
        {
            concat();
            getchar();
        }
        retract();
        num = reserve();
        if(num ! = 0)   return(num, 0);    /* 返回保留字 */
        else
        {
            val = symbol();
            return( $ SYMBOL, val);    /* 返回标识符 */
        }
        break;
    case '0':
    case '1':
        case '2':
    …
    case '9':
        while( digit() )    /* 当前字符为数字 */
        {
            concat();
            getchar();
        }
        retract();
        val = constant();
        return( $ CONSTANT, val);    /* 返回常数 */
        break;
    case '<':
        getchar();
        if( character = = '=') return( $ LE, 0)    /* 返回"<="符号 */
        else
        {
            retract();
            return( $ L, 0)    /* 返回"<"符号 */
```

}
        break;
    case '>':
        getchar();
        if(character == '=') return($GE, 0)   /* 返回">"符号 */
        else
        {
            retract();
            return($G, 0)   /* 返回">="符号 */
        }
        break;
    case '=':
        getchar();
        if(character == '=') return($E, 0)   /* 返回"=="符号 */
        else
        {
            retract();
            return($ASSIGN, 0)   /* 返回"="符号 */
        }
        break;
        case '!':
        getchar();
        if(character == '=') return($NE, 0)   /* 返回"!="符号 */
        else error();
        break;
    case '+':
        return($ADD, 0);   /* 返回"+"符号 */
        break;
    case '-':
        return($SUB, 0);   /* 返回"-"符号 */
        break;
    case '*':
        return($MUL, 0);   /* 返回"*"符号 */
        break;
    case '/':
        return($DIV, 0);   /* 返回"/"符号 */
        break;
    case '(':
        return($LPAR, 0);   /* 返回"("符号 */
        break;
    case ')':

```
      return($RPAR,0);    /* 返回")"符号 */
      break;
    case ',':
      return($COM,0);     /* 返回","符号 */
      break;
    case ';':
      return($SEM,0);     /* 返回";"符号 */
      break;
    default:
      error();
    }
  }
```

注意,本例将词法分析器实现为一个函数 LexAnalyze(),返回类型是二元式对应的结构类型。函数每执行一次,就会从输入字符串中识别出一个单词符号并按二元式形式输出。在实际的词法分析中,可连续调用该函数,将输入字符串中的所有单词符号识别出来,并输出相应的二元式序列;也可将其作为语法分析程序的一个子程序,当语法分析需要下一个新单词时,就调用该函数,从输入字符串中识别一个单词后返回。

6.5 符 号 表

在程序中,用户用标识符定义各种名字来代表不同的数据对象,编译程序将这些名字保存在符号表中。符号表除了记录名字本身外,还记录与名字相关联的各种属性信息,如名字的种属(常量、变量、数组、过程等),名字的数据类型(整型、实型、布尔型、字符型等),为名字分配数据空间的存储地址及编译过程中的一些特征标志和其他有关信息。在词法分析阶段,当识别出一个新的名字时,便将此名字登入符号表。与之相关联的其他属性值,可在词法分析、语法分析、语义分析及中间代码生成等阶段陆续填入。总之,符号表的登记工作应在准确获得相关信息后及时完成。随后,在编译各阶段每当需要引用名字及其有关信息时,只要查询符号表便可获得。因此,在编译中对符号表的访问相当频繁,所需的时间开销占了编译时间的很大比例。如何组织好符号表,为符号表上的操作选择好的算法,是提高编译效率不可忽视的问题。

6.5.1 符号表的组织

符号表为每个名字设立一个表项,每个表项是一个记录,通常由两个域构成,一个是名字域,另一个是信息域。信息域通常设若干子域及标志位。不同种属的名字信息是不同的,因此,信息域的构成也不同。但不管怎样,名字的存储分配信息(名字的绑定信息)始终是信息域中的一个重要组成部分。

名字的长度、信息域的组成及长度可能是各不相同的。除非给出某种约定,否则符号表项各域的长度很难一致,因此常采用间接表技术。以名字域为例,图 6-6(a)给出了 4 个名字在符号表中的登记状况,其中约定名字域长度为 10。如果在符号表外另设一字符串数组,每个名字的字符串记录在字符串数组中,每个字符串以 eow 作为结束标志,而符号表的名字域中为一个指针,它指向该名字在字符串数组中的开始位置,于是图 6-6(a)的内容就可以用

图 6-6(b)来表示。不难发现,这种间接表方式使符号表长度一致,存储空间使用更有效。信息域各子域也可这样组织。

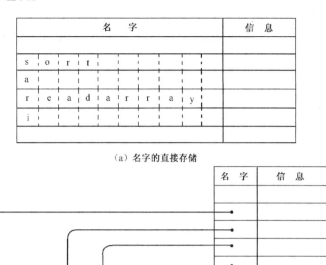

图 6-6 名字的存储技术

如何确定名字的存储分配信息呢?编译程序在编译时刻确定名字运行时刻的存储分配信息,并将它填入符号表中。如果生成的目标代码是汇编语言代码,由于汇编程序具有管理不同名字的存储分配功能,所以在由源程序生成汇编代码后,需扫描符号表,为每一名字生成汇编语言的数据定义并提供给汇编程序,汇编程序据此对名字做存储分配。如果生成的目标代码是机器代码,则每个数据目标的存储位置与一个固定的起始地址(如活动记录的开始地址)相关。单独的数据模块中的数据目标位置也是如此。FORTRAN 语言的 COMMON 区是单独存放的,其起始位置是确定的,其中的数据目标的位置与该起始位置相关。

动态栈式分配时,每一名字对过程活动记录中某一位置(如 current 指针的位置)的位移量,即相对地址是可知的,它就是符号表中名字的存储信息。运行时,当过程活动的位置确定后,这些名字的真正地址也就确定了。

6.5.2 常用的符号表结构

在一个源程序中,有可能定义了上百个名字,并对它们引用了上千次,因此,这些操作的总代价在编译时是不可忽视的。通常,可以用插入 n 个名字和进行 e 次查找所需的总时间来评价各种符号表结构的优劣。

1. 线性表

这种表格结构简单而自然。用 N 个数组 $A_1, A_2, \cdots, A_N$ 来存放符号表的 N 个子域,其中的一个数组,如 A_1 相应于名字域。显然,确定下标 i 便可知道名字为 $A_1[i]$ 的各信息子域 $A_2[i],\cdots,A_N[i]$。数组元素的当前位置由指针 P 指示,它指出了下一个符号表项将要存放的位置。如果一个符号表已经包含了 n 个名字,则 P 指向 $n+1$ 项。

插入一个新名字时,首先要查符号表以确定这个名字是否已在符号表中,其代价与 n 成正比。而查询某个名字的信息,其代价也与 n 成正比。因此插入 n 个名字并在 n 个名字上进行 e 次查找所需的总代价与 $c\times n(n+e)$ 成正比,其中 c 是一个常数,它与实现符号表操作的一组指令的执行时间是相关的。

2. 散列表(Hash Table)

它在编译中广泛使用。它将所有名字分成 m 组,由 hash 函数(其值为 $0,1,\cdots,m-1$)来计算一个名字 S 应属的组号 hash(S)。具有相同 hash 值的同一组名字形成一个链表,其链头位置记录在长度为 m 的 hash 表的 hash(S)项。因此散列表是由长度为 m 的指针数组构成,如图 6-7 所示。其中设名字 cp 和 n 的 hash 值均为 9,match 的 hash 值为 20,而 last,action,ws 均为 32,斜线/表示链尾。这种形式的散列表是一种开放散列表。

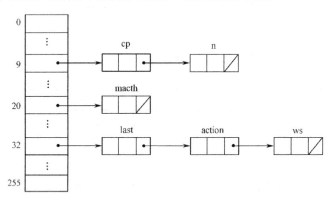

图 6-7 长度为 256 的散列表

在这种结构的表中插入 n 个名字,并在 n 个名字上进行 e 次查找所需的总代价与 $n\times(n+e)/m$ 成正比。很明显,其效率比线性表高,因为 m 并不小。特别当 m 取值为 n 时,总代价是 $n+e$ 的线性函数。然而,开放散列表的空间开销随 m 的增大而增加,因此这是一种以空间换取时间的方法。m 取多大为宜?符号表使用频度高,时间矛盾突出时 m 宜取大些。对中等规模的程序,m 取几百,查表可以做到即查即得,这时查表时间相对来说是一个很小的量。如果空间不富裕,则 m 宜取小些。

使用开放散列表的一个要点是设计一个好的 hash 函数,一要计算速度快,二要把所有的名字均匀地分布到 m 个链表中去,这样有利于提高速度。

例如,如果将每个标识符记录在 character string 中,每个字母或数字占一个字节,用 eow 作为标识符结束标志,它也占一个字节。符号表采用上述 hash 表结构,设 hash 函数将 a,$\cdots$,z,0,$\cdots$,9 对应于 1,2,$\cdots$,26,27,$\cdots$,36,然后将标识符的每个字母或数字对应的数值相加得到 Sum,以 Sum mod 5 作为该标识符的 hash 值。hash 表中存放相应 hash 链的指针,最新出现的标识符总是处于 hash 链的链头。如果在词法分析时依次遇到下列标识符:temp,swap,grammar5,show5,v3rd,reference1,exchange6,则相应的符号表如图 6-8 所示。其中 hash 链中元素的名字域是指向名字在 character string 中起始位置的指针,第二元为信息域,第三元为链接元。

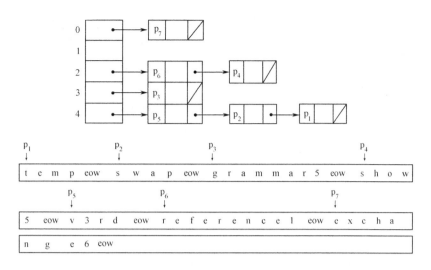

图 6-8 符号表示意图

6.6 Lex 介绍

在软件工程发展过程中,计算机科学家们为了降低软件开发的强度,缩短开发周期,减少代码的重复书写,一直以来都致力于代码自动生成方面的研究。随着现代化信息环境日趋复杂,各种应用软件的开发难度也随之加大,这需要更有技巧,更有方法地从事软件开发,开发团队之间也必须无障碍地沟通,否则极可能无法在有限的开发时间中完成任务;另一方面,由于时间上的压力,一般编程人员只注重程序的编写速度,却忽略了代码的实用性与维护性,加上大型程序多由团队共同参与开发,每个人都有各自的编程风格,这将造成系统完成后在测试及维护上沉重的负担,由此可以看出代码自动生成技术更显出了其显著的优越性。代码生成技术不仅可以大大加快软件的开发进度,而且能有效地提高软件质量,Lex/Yacc 就是最早用于自动化编写编译程序的工具。

在 1975 年之前,编写编译器一直是一个非常费时间的工作,这一年 Lesk 和 Johson 发表了关于 Lex 和 Yacc 的论文,这些工具极大地简化了编写编译器的工作。Lex 和 Yacc 工具在处理问题时能简化输入的困难,提供更易维护的编码库,并且能很容易地调整出程序的正确语义。从而使编程人员不需要编写编译程序的源代码,只需要按照规范,写出相应的词法规则和语法规则即可,这样不仅能大大减少编程的工作量,缩短开发周期,提高软件质量和可维护性,而且具有较高的编译效率。Lex 最初是贝尔实验室开发的词法分析程序的自动生成工具,经过多年的发展,如今已成为 Unix 系统中最重要的工具之一。

6.6.1 Lex 原理

Lex 源程序是用一种面向问题的语言写成的,而这个语言的核心就是正则表达式,用来描述输入串的词法结构。在正则表达式中用户可以描述当某一个词形被识别出来时要完成的动作,例如在高级语言的词法分析器中,当识别出一个关键字时,它应该向语法分析器返回该关键字的内部编码。Lex 并不是一个完整的语言,它只是某种高级语言(称为 Lex 的宿主语言)的扩充,因此 Lex 没有为描述动作设计新的语言,而是借助其宿主语言来描述动作。Lex 可以根据词法规则说明书的要求来生成单词识别程序,由该程序识别出输入文本中的各个单词。

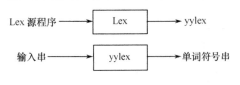

图6-9 Lex示意图

如图6-9所示,Lex自动地把输入串词法结构的正则表达式及相应的动作转换成一个宿主语言的程序,即词法分析程序,它有一个固定的名字yylex。yylex将识别出输入串中的词形,并且在识别出某词形时完成指定的动作。

在第一阶段,编译器读入源代码然后把字符串转换成对应的标记。使用正则表达式,可以设计特定的表达式以便Lex能从输入代码中扫描匹配字符串。在Lex上每一个字符串对应一个动作,在此不返回标记而是简单的打印被匹配的字符串,例如使用下面这个正则表达式扫描标识符:

Letter(letter|digit)*

Lex首先会载入这个正则表达式,并生成C代码的词法分析器来扫描标识符。这个正则表达式所匹配的字符串以一个简单字符开头,后面跟着零个或多个字符或数字。这个例子很好的显示了正则表达式中所允许的操作:重复,用"*"表示;交替,用"|"表示。

这就是Lex所使用的技术。Lex把正则表达式翻译成模拟FSA的计算机程序,通过搜索计算机生成的状态表,很容易使用下一个输入字符和当前状态来判定下一个状态。需要注意的是,Lex不能用于识别像括号这样的外壳结构,识别外壳结构需要使用一个混合堆栈。当遇到"("时,就把它压入栈中,当遇到")"时,就在栈的顶部匹配它,并且弹出栈。然而,Lex只有状态和状态转换能力,由于它没有堆栈,所以它不适合用于剖析外壳结构。Yacc给FSA增加了一个堆栈,并且能够轻易处理像括号这样的结构。

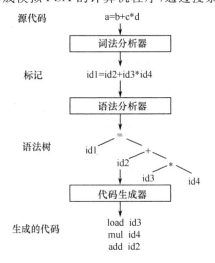

图6-10 Lex编译顺序

1. Lex程序的结构

Lex为词法分析器或扫描器生成C程序代码。它使正则表达式匹配输入字符串并且将它们转换成对应的标记。标记通常是代表字符串或简单过程的数值。Lex编译顺序过程如图6-10所示。

Lex程序分为三个部分:定义段、规则段、用户子程序段。其中前两部分是必需的。

```
...定义...
%%
...规则...
%%
...子程序...
```

(1) 定义段

定义段介绍了将拷贝到最终程序中的原始C程序代码。一般包括文字块(literal block)、定义(definition)、内部表声明(internal table declaration)、起始条件(start condition)和转换(translation),这部分尤其重要。Lex规定用特殊的定界符"%{"和"%}",定义部分起始于"%

{"符号,终止于"%}"符号,其间可以是包括 include 语句、声明语句在内的 C 语句。

```
%{
#include "stdio.h"
#include "y.tab.h"
extern int lineno;
%}
```

（2）规则段

规则部分起始于"%%"符号,终止于"%%"符号,其间则是词法规则。每个规则都由两部分组成:模式和动作(C 代码),由空白分开。当 Lex 生成的词法分析程序识别出某个模式时,将执行相应的动作。如果模式后面跟着"|"而不是 C 代码,那么这个模式将使用与文件中的下一个模式相同的 C 代码;当输入字符不匹配模式时,词法分析程序的动作就为它匹配上了代码为"ECHO"的模式,ECHO 将标记的拷贝写到输出。模式部分可以由任意的正则表达式组成,动作部分是由 C 语言语句组成,这些语句用来对所匹配的模式进行相应处理。

```
%%
[/t] {;}
[0-9]+/.? |[0-9]*/.[0-9]+
    { sscanf(yytext,"%1f", &yylval.val);
      return NUMBER; }
/n { lineno++;return '/n'; }
.  { return yytex+[0]; }
%%
```

（3）用户子程序部分

用户子程序部分可以包含用 C 语言编写的子程序,而这些子程序可以用在前面的动作中,这样就可以达到简化编程的目的。下面是带有用户子程序的 Lex 程序片段。

```
"/*" skipcmnts();
. /* rest of rules */
%%
skipcmnts()
{
    for ( ; ; )
        {
            while (input()! = '*'
            if (input()! = '/')
                unput(yytext[yylen-1]);
            else return;
        }
}.
```

2. 正则表达式

Lex 使用的标记描述称为正则表达式,它是 grep 和 egrep 命令使用的常见模式的扩展版本。Lex 将这些正则表达式转变为词法分析程序,能够用来极快地扫描输入文本的形式,而且分析的速度并不依赖于词法分析程序尝试匹配的表达式的数量。Lex 词法分析程序几乎总是比 C 语言手工编写的词法分析程序快。

正则表达式中使用的是标准 ASCII 字符集,如表 6-2 所示。

表 6-2　正则表达式元字符列表

元字符	匹配内容
.	匹配除换行符("\n")以外的任何单个字符
*	匹配前面表达式的零个或多个拷贝
[]	匹配括号中的任意字符类
^	作为正则表达式的第一个字符匹配行的开头。也用于方括号中的否定
$	作为正则表达式的最后一个字符匹配行的结尾
{}	当括号中包含一个或两个数字时,指示前面的模式被允许匹配多少次
\	用于转义元字符,通常作为 C 转义序列的一部分,区别其他正则表达式字符
+	匹配前面的正则表达式的一次或多次出现,区别于 *
?	匹配前面的正则表达式的零次或一次出现
|	匹配前面的正则表达式或随后的正则表达式,相当于"或"
/	只有在后面跟有指定的正则表达式时才匹配前面的正则表达式
()	将一系列正则表达式组成一个新的正则表达式

上述运算符需要作为正文字符出现在正则表达式中时,必须借助于双引号""或反斜线\,具体用法是用 xyz"++"或 xyz\+\+来表示字符串 xyz++。为避免死记上述十多个运算符,建议在使用非数字或字母字符时都用双引号或反斜线。要表示双引号本身可用"\",要表示反外线用"\"或\\。

注意在识别规则中空格表示正则表达式的结束,因此要在正则表达式中引进空格必须借助双引号或反斜线,但出现在方括号[]之内的空格是例外。几个特殊符号:

　　\n 是回车换行(newline)
　　\t 是 tab
　　\b 是退格(back space)

每一个正则表达式代表一个有限状态自动机。可以用状态和状态之间的转换来代表一个(FSA),其中包括一个开始状态以及一个或多个结束状态或接受状态。每一个 FSA 都表现为一个计算机程序。

在图 6-11 中状态 0 是开始状态,而状态 2 是接受状态。当读入字符时,就进行状态转换;当读入第一个字母时,程序转换到状态 1。如果后面读入的也是字母或数字,程序就继续保持在状态 1,如果读入的字符不是字母或数字,程序就转换到状态 2,即接受状态。例如,这个状态 3 机器是比较容易实现的:

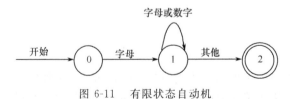

图 6-11　有限状态自动机

```
start: goto state0
state0: read c
    if c = letter goto state1
    goto state0
state1: read c
    if c = letter goto state1
    if c = digit goto state1
    goto state2
state2: accept string
```

6.6.2　Lex 进阶

1. 字符串

通常来说，带引号的字符串经常出现在源程序中，下例是 Lex 中一种匹配双引号字符串的方法：

```
%{
    char * yylval;
    #include <string.h>
%}
%%
\"["\n]*["\n] {
            yylval = strdup(yytext+1);
            if (yylval[yyleng-2] ! = '"')
                warning("improperly terminated string");
            else
                yylval[yyleng-2] = 0;
            printf("found '%s'\n", yylval);
        }
```

上面的例子确保匹配的字符串不超越行边界，并且删除不闭合的双引号字符串。如果想增加转义控制序列，例如"\n"或"\"，初始化声明可以简化此工作：

```
%{
    char buf[100];
    char * s;
%}
    %x STRING

%%

\"                  { BEGIN STRING; s = buf; }
<STRING>\\n         { *s++ = '\n'; }
<STRING>\\t         { *s++ = '\t'; }
```

```
<STRING>\\\"      { *s++ = '\'; }
<STRING>\"        {
                    *s = 0;
                    BEGIN 0;
                    printf ("found '%s'\n", buf);
                  }
<STRING>\n        { printf ("invalid string"); exit(1); }
<STRING>.         { *s++ = *yytext; }
```

在定义段中定义了唯一的开始状态 STRING。当扫描器扫描到一个双引号时,宏 BEGIN 使 Lex 转入 STRING 状态,Lex 保持在 STRING 状态,只识别以字符串 <STRING> 开始的范式,直到执行另一个 BEGIN,从而获得了一个专门用于扫描字符串的小环境,当探测到结尾的双引号时,程序转回状态 0,即初始状态。

2. 保留字

当程序有比较庞大的保留字集的时候,为了提高效率,可以让 Lex 简单的匹配字符串,然后在源代码中判断字符串是否是保留字。例如下面这段代码效率是低下的:

```
"if"              return IF;
"then"            return THEN;
"else"            return ELSE;

{letter}({letter}|{digit})* {
         yylval.id = symLookup(yytext);
         return IDENTIFIER;
}
```

这里的 symLookup 返回符号表中的索引。在 Lex 中,更好的方法是同时搜索保留字和标志。像下例这样:

```
{letter}({letter}|{digit})* {
   int i;
   if ((i = resWord(yytext)) ! = 0)
      return (i);
   yylval.id = symLookup(yytext);
   return (IDENTIFIER);
}
```

匹配保留字显著地减少了要求的状态数,因此可以明显减小扫描表。

3. Lex 的调试

Lex 有很多方便调试的工具。对于不同版本的 Lex 其特征可能各不相同。在 Linux 中,通过指定命令行参数"-d"可以控制 Lex 在 lex.yy.c 中的调试状态,通过设置变量 yy_flex_debug 可以打开或关闭 flex(GNU 版本的 Lex)中调试信息的输出,输出信息包括应用的规则和相应的匹配文字。如果同时使用 Lex 和 Yacc,那么则需要在 Yacc 输入文件中增加下面的代码:

```
extern int yy_flex_debug;
    int main(void) {
        yy_flex_debug = 1;
        yyparse(); }
```

相应的,也可以选择编写自己的调试代码,通过定义函数来显示各标志(token)对应的内容,以及联合体 yylval 中每一个成员变量的值。下面的例子说明了这个方法。当定义了 DEBUG 时,调试函数就能起作用,显示标志(token)和与之相应的值的变化轨迹:

```
%union {
    int ivalue;
    ...
};

%{
  #ifdef  DEBUG
  int dbgToken(int tok, char * s) {
        printf("token %s\n", s);
      return tok;
  }
  int dbgTokenIvalue(int tok, char * s) {
    printf("token %s (%d)\n", s, yylval.ivalue);
    return tok;
  }
  #define RETURN(x) return dbgToken(x, #x)
  #define RETURN_ivalue(x) return dbgTokenIvalue(x, #x)
#else
  #define RETURN(x) return(x)
  #define RETURN_ivalue(x) return(x)
#endif
%}
%%
[0-9]+              {
                        yylval.ivalue = atoi(yytext);
                        RETURN_ivalue(INTEGER);
                    }
"if"                RETURN(IF);
"else"              RETURN(ELSE);
```

6.6.3 Lex 例子

Lex 的输入文件分成三个段,段间用%%来分隔。第一个例子是最短的可用 Lex 文件:

```
%%
```

输入字符将被一个字符一个字符地直接输出。由于 Lex 规定必须存在一个规则段,所以第一个%%总是存在的。如果不指定任何规则,默认动作就是匹配任意字符然后直接输出到输出文件,默认的输入文件和输出文件分别是 stdin 和 stdout。下面是效果完全相同的例子:

```
%%
    /* 匹配除换行外的任意字符 */
.   ECHO;
    /* 匹配换行符 */
\n  ECHO;
%%
int yywrap(void) {
    return 1;
}
int main(void) {
    yylex();
    return 0;
}
```

上面的规则段中指定了两个范式。每一个范式必须从第一列开始,紧跟后面的必须是空白区(空格,TAB 或换行),以及对应的动作。动作可以是单行的 C 代码,也可以是括在花括号中的多行 C 代码。任何不是从第一列开始的字符串都会被逐字复制进所生成的 C 文件中,可以利用这个特点在 Lex 文件中增加注释。在上例中有"."和"\n"两个范式,对应的动作都是 ECHO。Lex 预先定义了一些宏和变量,如表 6-3 所示。ECHO 就是用于直接输出范式所匹配的字符的宏。这也是对任何未匹配字符的默认动作。通常 ECHO 是这样定义的:

```
#define ECHO fwrite(yytext, yyleng, 1, yyout)
```

变量 yytext 是指向所匹配的字符串的指针(以 NULL 结尾),而 yyleng 是这个字符串的长度。变量 yyout 是输出文件,默认状态下是 stdout。当 Lex 读完输入文件之后就会调用函数 yywrap,如果返回 1 表示程序的工作已经完成了,否则返回 0。每一个 C 程序都要求一个 main 函数。在本例中只是简单地调用 yylex,即 Lex 扫描器的入口。然而有的 Lex 版本实现的库中包含了 main 和 yywrap,这就是为什么第一个例子中 最短的 Lex 程序能够正确运行的原因。

表 6-3 Lex 中预定义变量

名 称	功 能
int yylex(void)	调用扫描器,返回标记
Char * yytext	指针,指向所匹配的字符串
yyleng	所匹配的字符串的长度
yylval	与标记相对应的值

续表

名 称	功 能
int yywarp(void)	约束,若返回 1 表示扫描完成后程序结束,否则返回 0
FILE * yyout	输出文件
FILE * yyin	输入文件
INITIAL	初始化开始环境
BEGIN	按条件转换开始环境
ECHO	输出所匹配的字符串

下面是一个没有任何动作的程序。所有输入字符都被匹配了,因为所有范式都没有定义对应的动作,所以没有任何输出:

```
%%
.
\n
```

而下例中,在文件的每一行前面插入行号。有的 Lex 实现预先定义和计算了 yylineno 变量,输入文件是 yyin,默认指向 stdin。

```
%{
    int yylineno;
%}
%%
^(.*)\n  printf("%4d\t%s", ++yylineno, yytext);
%%
int main(int argc, char *argv[]) {
    yyin = fopen(argv[1], "r");
    yylex();
    fclose (yyin);
}
```

在上例中,定义段由替代式、C 代码和开始状态构成。定义段中的 C 代码被简单地原样复制到了生成的 C 文件的顶部,而且必须用%{和 %}括起来。替代式简化了正则表达式规则。例如,可以定义数字和字母:

```
digit   [0-9]
letter  [A-Za-z]
%{
    int count;
%}
%%
    /* match identifier */
{letter}({letter}|{digit})*    count++;
%%
int main (void) {
```

```
        yylex();
        printf ("number of identifiers = %d\n", count);
        return 0;
    }
```

范式和对应的表达式必须用空白区分隔开。在规则段中,替代式要用花括号括起来(如 {letter})以便和其字面意思区分开来。每当匹配到规则段中的一个范式,与之相对应的 C 代码就会被运行。

下面的例子是一个扫描器,用于计算一个文件中的字符数、单词数和行数(类似 Unix 中的 wc 程序):

```
%{
    int nchar, nword, nline;
%}
%%
\n           { nline++; nchar++; }
[^ \t\n]+    { nword++, nchar += yyleng; }
.            { nchar++; }
%%
int main(void) {
    yylex();
    printf ("%d\t%d\t%d\n", nchar, nword, nline);
    return 0;
}
```

习 题 6

6-1 试编写一个 C 源程序的预处理程序。该程序的功能是去掉注释和多余的空白符,把所有的有效字符连接起来放入输入字符串中。

6-2 试编写一个对源程序列表打印的程序,该程序按通常的自由格式语言列表打印,即对经过习题 6-1 预处理后的 C 程序进行打印。

6-3 请用 C 语言编写 getchar(),getnbc(),concat() 和 retract() 函数。

6-4 什么是单词符号的类别?单词符号可分为哪几个类别?在词法分析器的输出中应该如何表示?

第 7 章 自上而下的语法分析

本章介绍语法分析的基本思想和基本结构。语法分析就是对一个高级语言的句子结构进行分析。正规文法和有限自动机适合于描述和识别高级语言的单词符号,但无法对其句子结构进行描述和识别。高级语言的句子结构可以用上下文无关文法来描述,而下推自动机可用于识别上下文无关文法所描述的语言,因此,上下文无关文法及其对应的下推自动机就成为编译技术中语法分析的理论基础。虽然我们不讨论下推自动机,但是在本章中介绍的递归下降分析法和预测分析法都是下推自动机的实现模型。

7.1 引　　言

语法分析是对源程序经过词法分析后转换成的单词流(即单词符号的序列),按文法规则进行判断,对能构成正确句子的单词流,给出相应的语法树;对不能构成正确句子的单词流,判定其出现了语法错误(Syntax Error),并做出适当的处理。语法分析主要完成语法检查(Syntax Check)工作。

从上下文无关文法的角度看,单词流中的每一个单词都对应于文法中的一个符号(即终结符),因此我们可以把单词流看作一个由符号组成的串,即符号串。而语法分析的过程,就是按文法规则对这个符号串(又称为输入符号串,简称输入串)进行分析的过程。

语法分析通常用一个程序来完成,这个程序称为语法分析程序或语法分析器(Syntax Analyzer),其功能如图 7-1 所示。

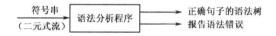

图 7-1　语法分析程序的功能

语法分析的方法通常有两类,即自上而下(或称自顶向下)的分析方法和自下而上(或称自底向上)的分析方法。

自上而下的语法分析方法是对给定的上下文无关文法 $G=(V_T,V_N,S,P)$ 及符号串 $\omega(\omega\in V_T^*)$,判断 ω 是否是文法 G 的一个合法句子。判断方法是从文法开始符出发,看能否找到一个最左推导序列,使得 $S\underset{L}{\Rightarrow}\omega$($L$ 表示最左推导);或者从根结点 S 开始,根据最左推导,看能否向下构造一棵语法树,使得该语法树的叶结点自左至右的连接正好是 ω。在图论中 ω 称为该语法树的边缘(Edge)。

自下而上的语法分析方法是对给定的上下文无关文法 $G=(V_T,V_N,S,P)$ 及符号串 $\omega(\omega\in V_T^*)$,从 ω 出发,看能否找到一个最左归约(最右推导的逆过程)序列,逐步向上归约,直至文法的开始符 S;或者对生成 ω 的语法树,按最左归约对语法树进行剪枝,最后只剩下根结点 S。

本章主要介绍自上而下的语法分析方法。自上而下的语法分析可分为不确定的自上而下语法分析和确定的自上而下语法分析两类。回溯分析法属于不确定的自上而下语法分析方法,而递归下降分析法和预测分析法都属于确定的自上而下语法分析方法。

7.2 回溯分析法

先举例描述自上而下的分析过程。

【例 7.1】 文法 G(S) 的产生式集合为

```
S→xAy
A→ab | a
```

若输入串为 xay,它的自上而下语法分析过程如下。

第 1 步:首先建立根结点 S,输入串的待匹配指针指向输入串的第一个符号 x。

第 2 步:因为 S 的产生式只有一个,所以从 S 生长推导树如图 7-2(a)所示。此时推导树的待匹配结点为终结符 x,而输入串的待匹配符号为 x,两者匹配。因此,输入串的待匹配指针后移,指向下一个待匹配符号 a,而推导树的下一个待匹配结点变为 A(A 是一个非终结符,必须展开成终结符后才能继续与符号串匹配)。

第 3 步:非终结符 A 有两个候选式,先选用第一个候选式生长 A 子树,得到图 7-2(b)的推导树,这时待匹配结点为终结符 a,而此时输入串的待匹配符号也为 a,匹配成功。于是输入指针再次后移,指向下一个待匹配符号 y,而推导树的下一个待匹配结点变为 b。

第 4 步:谋求第三次匹配时,推导树的待匹配结点为终结符 b,与输入串的待匹配符号 y 不同,匹配失败。这说明第 3 步中选用 A 的第一个候选式谋求匹配是不合适的。故注销 A 子树,输入指针回退到第二次匹配前的符号 a,即恢复到第 3 步前的状态。

第 5 步:选用 A 的第二候选式生长 A 子树,得到图 7-2(c)的推导树。这时,推导树的待匹配结点变为终结符 a,与输入串的待匹配符号 a 相同,第二次匹配成功。输入指针后移,指向下一个符号 y,而推导树的下一个待匹配结点变为 y。

第 6 步:谋求第三次匹配时,输入串的待匹配符号与推导树的待匹配结点均为 y,第三次匹配成功。此时输入串结束,推导树也构造完毕,自上而下语法分析完成。图 7-2(c)为输入串 xay 的推导树,输入串 xay 是文法 G 的一个合法句子。

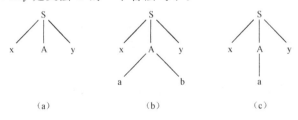

图 7-2 输入串 xay 的回溯分析过程

显然,在上述分析过程中,当选用一个候选式来试探与输入串的匹配可能时,很可能会遇到匹配失败的情况,这时需回溯(Backtracking)到这一次试探前的现状,包括注销已生长的子树,输入串的待匹配指针指针回退到失败前的位置,以便选取其他的候选式。

回溯分析法实际上是一种试探的方法,其分析效率是非常低的。特别是当匹配失败发生在多级试探后,逐级回溯的开销是令人难以忍受的。回溯分析法给出了自上而下的思想,但在实际的编译程序中并不常用。

7.2.1 回溯的原因

引起自上而下分析过程产生回溯的原因有以下三种情况。

1. 由于文法含有公共左因子而引起回溯

所谓公共左因子,是指在文法的产生式集合中,同一个非终结符的多个候选式具有相同的前缀。如例 7.1,问题发生的原因在非终结符 A 的两个候选式 ab 和 a 具有相同的前缀 a,即公共左因子 a。

如果文法存在以下形式的产生式:

$$A \to \alpha\beta_1 \mid \alpha\beta_2$$

当输入串的待匹配符号可以与 α 匹配时,很难确定应该选择哪一个候选式来谋求与输入串的匹配,因此需要采取试探的方法来分析每一个候选式,分析的过程中会不可避免的产生回溯。相反,如果所有的候选式都没有公共左因子,那么只要选择能与输入串的待匹配符号匹配的那个候选式即可,而这种选择是唯一的,不会产生回溯。

2. 由于文法含有左递归而引起回溯

【例 7.2】 设有文法 G(S):

(1) S→Sa

(2) S→b

对符号串 baa 的推导过程如图 7-3 所示。

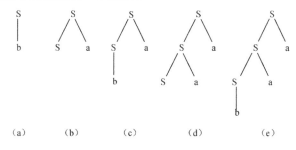

图 7-3 符号串 baa 的推导过程

第 1 步:输入指针指向输入串的第一个符号,待匹配符号为 b;推导树的待匹配结点为 S。因为产生式(2)的右端正好与符号 b 匹配,所以考虑选用产生式(2)生长推导树,结果如图 7-3(a)所示,待匹配结点变为 b。待匹配符号和待匹配结点匹配,进入下一步。

第 2 步:输入指针后移,待匹配符号变为 a;待匹配结点后移,发现已经到达推导树的结尾,无法继续完成与符号串的匹配。很明显,造成匹配失败的原因在于第 1 步产生式的选择,所以回溯到第 1 步,重新选用产生式(1)来推导,结果如图 7-3(b)所示,待匹配结点变为 S_1,输入指针回退到 b。

第 3 步:待匹配符号为 b,待匹配结点为 S。因为产生式(2)的右端正好与符号 b 匹配,所以考虑选用产生式(2)生长推导树,结果如图 7-3(c)所示,待匹配结点变为 b。待匹配符号和待匹配结点匹配,进入下一步。

第 4 步:输入指针后移,待匹配符号为 a;待匹配结点后移,变为 a。待匹配符号和待匹配结点匹配,进入下一步。

第 5 步:输入指针后移,待匹配符号为 a;待匹配结点后移,发现已经到达推导树的结尾,无法继续完成与符号串的匹配。造成匹配失败的原因在于第 3 步产生式的选择,所以回溯到第 3 步,重新选用产生式(1)来推导,结果如图 7-3(d)所示,待匹配结点变为 S,待匹配指针回退到 b。

第 6 步:待匹配符号为 b,待匹配结点为 S。因为产生式(2)的右端正好与符号 b 匹配,所以考虑选用产生式(2)生长推导树,结果如图 7-3(e)所示,待匹配结点变为 b。待匹配符号和待匹配结点匹配,进入下一步。

第 7 步:输入指针后移,待匹配符号为 a;待匹配结点后移,变为 a。待匹配符号和待匹配结点匹配,进入下一步。

第 8 步:输入指针后移,待匹配符号为 a;待匹配结点后移,变为 a。待匹配符号和待匹配结点匹配,进入下一步。

第 9 步:输入指针后移,发现输入串结束;待匹配结点后移,发现已经到达推导树的结尾。输入串与推导树完全匹配,分析完毕。输入串 baa 是文法 G 的一个合法句子,推导成功。

很明显,造成本例分析过程多次回溯的原因在于文法 G 含有左递归的产生式 S→Sa,需要多次试探才能确定何时停止递归推导。

3. 由于 ε 产生式而引起回溯

【例 7.3】 设有文法 G(S):

(1) S→aAS

(2) S→b

(3) A→bAS

(4) A→ε

对输入串 ab 的推导过程如图 7-4 所示。

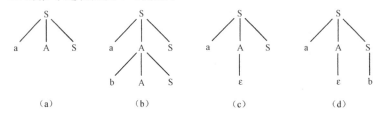

图 7-4 输入串 ab 的推导过程

第 1 步:输入串的待匹配符号为 a;推导树的带匹配结点为 S。选用产生式(2)生长推导树,结果如图 7-4(a)所示,待匹配结点变为 a。待匹配符号和待匹配结点匹配,进入下一步。

第 2 步:待匹配符号后移,变为 b;待匹配结点后移,变为 A。因为产生式(3)的右端正好与符号 b 匹配,所以考虑选用产生式(3)生长推导树,结果如图 7-4(b)所示,待匹配结点变为 b。待匹配符号和待匹配结点匹配,进入下一步。

第 3 步:待匹配符号后移,发现输入串结束;待匹配结点后移,变为 A。此时,输入串已经分析完毕,推导树还有 ASS 三个结点未被分析,输入串和推导树匹配失败。造成匹配失败的原因在于第 2 步产生式的选择,所以回溯到第 2 步,重新选用产生式(4)来推导,结果如图 7-4(c)所示。待匹配符号回退到 b,待匹配结点变为 S。

第 4 步:待匹配符号为 b,待匹配结点为 S。因为产生式(2)的右端正好与符号 b 匹配,所以考虑选用产生式(2)生长推导树,结果如图 7-4(d)所示,当前结点变为 b。待匹配符号和待匹配结点匹配,进入下一步。

第 5 步:待匹配符号后移,发现输入串结束;待匹配结点后移,发现已经到达推导树的结尾。输入串与推导树完全匹配,分析完毕。输入串 ab 是文法 G 的一个合法句子,推导成功。

分析以上推导过程,在第 2 步和第 3 步,[对应图 7-4(b)和图 7-4(c)]产生回溯的原因在于终结符 A 对应了两个产生式,而其中一个是 ε 产生式 A→ε。此时,虽然非终结符 A 的两个候选式 bAS 和 ε 不存在公共左因子,但面对当前符号为 b 时,仍然无法确定应该选用哪一个候选式,分别考虑这两个候选式:

(1) 用候选式 bAS 替换 A[对应图 7-4(b)],此时 bAS 的开始符号 b 与待匹配符号 b 匹配。

(2) 用候选式 ε 替换 A[对应图 7-4(c)],这时紧跟在 A 后面的符号 S 可能与待匹配符号 b 匹配。换句话说,经过本次推导后,A 被替换成空串 ε,A 不再负责与待匹配符号 b 的匹配,但这并不代表整个匹配的失败,因为 A 后面还有其他符号(在本例中是 S),与待匹配符号 b 的匹配的任务可以交给这些符号来完成。

因此,在这种情况下无法唯一确定选择哪个候选式进行推导,需要采取试探的方法逐一分析,在试探的过程中就会产生回溯。然而,并非所有的 ε 产生式都会引起回溯,在有的情况下,即使文法中包含 ε 产生式,仍然可以确定一个唯一的候选式,详细情况我们会在后续章节中予以讨论。

综上所述,由于文法本身的特点,例 7.1～例 7.3 都只能使用回溯分析法。回溯分析法实际上是一种不确定的自上而下语法分析方法,它使用试探的方法穷举每一种可能,当分析不成功时则推翻分析退回到适当位置再重新试探其余候选可能的推导,这样需要记录已选过的产生式,直到把所有可能的推导序列都试完仍不成功才能确认输入串不是该文法的句子。该方法的主要缺陷为:

① 若产生式存在多个候选式,选择哪个进行推导完全是盲目的。
② 如果文法存在左递归,语法分析可能无限循环下去。
③ 回溯会引起时间和空间的大量消耗。
④ 如果被识别的语句是错的,算法无法指出错误的确切位置。

因此,回溯分析法是一种低效的语法分析方法,在实际的编译器中很少使用。针对自上而下语法分析中产生回溯的原因,下面我们讨论消除回溯的方法,从而引入确定的自上而下语法分析方法——递归下降分析法和预测分析法。

7.2.2 提取公共左因子

为了消除自上而下语法分析中的回溯,我们期望对任何一个非终结符产生式,针对当前的待匹配符号,要么只有一个产生式可以推导出第一个终结符与它匹配,要么根本就没有可匹配的终结符。

在例 7.1 的文法中,对非终结符 A 有两个产生式 A→ab 和 A→a,它们都可能与待匹配符号 a 匹配,但选择前一个产生式推导,造成了虚假匹配。发生问题的原因在于两个产生式最左端有公共的左因子。由此,我们可得到启示,为了解决回溯问题,可以提取 A 的两个产生式的公共左因子,改写为

$A \to a(b \mid \varepsilon)$

即例 7.1 的文法可改写为

$S \to xAy$
$A \to aB$
$B \to b \mid \varepsilon$

为了实现自上而下的语法分析，要求文法必须没有公共左因子，使得分析不产生回溯，提高分析效率。通常若文法 G 的产生式为

$A \to \alpha\beta_1 \mid \alpha\beta_2 \mid \cdots \mid \alpha\beta_n \mid \delta_1 \mid \delta_2 \mid \cdots \mid \delta_n$

其中，α 是公共左因子，$\delta_1 \mid \delta_2 \mid \cdots \mid \delta_n$ 是不含公共左因子的候选式，可引入文法 G'，它的产生式为

$A \to \alpha B \mid \delta_1 \mid \delta_2 \mid \cdots \mid \delta_n$
$B \to \beta_1 \mid \beta_2 \mid \cdots \mid \beta_n$

若在 β_1、β_2、β_3 … 中仍含有公共左因子，可再进行提取，这样反复进行提取直到所有产生式均无公共左因子为止。

不难证实文法 G' 与文法 G 是等价的，且文法 G' 不存在公共左因子。文法 G 到文法 G' 是一种等价的文法变换，这种变换提供了提取公共左因子的一般方法。

7.2.3 消除左递归

一个文法要能产生无限个不同的句子，必须具有递归产生式。左递归是递归的一种形式，在自上而下语法分析中必须考虑左递归对分析过程的影响。

形如 $A \to A\alpha$ 的产生式是左递归的。如果用它进行最左推导可能导致推导无限进行下去。如推导

$A \Rightarrow A\alpha \Rightarrow A\alpha\alpha \Rightarrow A\alpha\alpha\alpha \Rightarrow \cdots$

导致分析过程无法终止，这种递归称为直接左递归(Direct Left Recursion)。有些文法如

$S \to Aa$
$A \to Sb \mid c$

虽然没有左递归产生式，但推导

$S \Rightarrow Aa \Rightarrow Sba \Rightarrow Aaba \Rightarrow Sbaba \Rightarrow \cdots$

仍是无法终止的，这种递归称为间接左递归(Indirect Left Recursion)。因此，为了进行自上而下的语法分析，必须消除文法的左递归(直接左递归和间接左递归)。

1. 直接左递归的消除

消除直接左递归的方法是，将左递归的产生式改写成等价的右递归产生式。假设文法的产生式形式为

$A \to A\gamma \mid \omega$

其中，$A \in V_N, \gamma, \omega \in (V_T \cup V_N)^*$，且 ω 不以 A 开头。很明显，A 推导出 $\omega\gamma^*$ 的串。

如果增加一个新的非终结符 A'，构造无左递归的文法：

$$A \to \omega A'$$
$$A' \to \gamma A' | \varepsilon$$

则 A 也能推导出 $\omega \gamma^*$。

同理,标识符的文法

$$I \to IL | ID | L$$

可改写成

$$I \to LI'$$
$$I' \to LI' | DI' | \varepsilon$$

一般地,设文法 G 含有直接左递归的产生式为

$$A \to A\alpha_1 | A\alpha_2 | \cdots | A\alpha_n | \beta$$

其中,β 为不含左递归的候选式。引入文法 G',相应于 A 的产生式为

$$A \to \beta A'$$
$$A' \to \alpha_1 A' | \alpha_2 A' | \cdots | \alpha_n A' | \varepsilon$$

显然它不是左递归的,而且与文法 G 的 A 产生式一样,都推导出 $\beta(\alpha_1 | \alpha_2 | \cdots | \alpha_n)^*$ 的符号串,因此是等价的。很明显,这种形式变换给出了消除直接左递归的一般方法。

2. 间接左递归的消除

设间接左递归文法为 G,消除文法 G 的间接左递归的算法如下:

(1) 将文法 G 的所有非终结符按任一给定的顺序排列,设为 $A_1, A_2, \cdots, A_n$;

(2) 消除可能的左递归;

```
for(i = 1; i≤n; i + +){
    for(j = 1; j≤i-1; j + +)
        把一个形如 A_i → A_j α 的产生式改写为 A_i → δ_1 α | δ_2 α | ⋯ | δ_k α;
        (其中, A_j → δ_1 | δ_2 | ⋯ | δ_k 是 A_j 的所有产生式)
    消除 A_i 产生式的直接左递归;
}
```

(3) 化简。删除多余产生式,即在从文法开始符开始的任何推导中都不出现的非终结符的产生式。

上述算法不允许文法 G 含 ε 产生式,如含有 ε 产生式,应先进行文法变换,消除 ε 产生式。

【例 7.4】 文法 G 为

$$S \to Qc | c$$
$$Q \to Rb | b$$
$$R \to Sa | a$$

其中,S、Q、R 均可推导两次而导致左递归,根据上述算法,将它们排序为 R、Q、S。按算法,当 $i=2, j=1$ 时,将产生式 $Q \to Rb | b$ 改写为

$$Q \to Sab | ab | b$$

当 $i=3, j=2$ 时,将产生式 $S \to Qc | c$ 改写为

$$S \to Sabc \mid abc \mid bc \mid c$$

消除左递归后得到

$$S \to abcS' \mid bcS' \mid cS'$$
$$S' \to abcS' \mid \varepsilon$$

连同

$$Q \to Sab \mid ab \mid b$$
$$R \to Sa \mid a$$

构成了消除左递归后的产生式集合。在这个产生式集合中,关于 Q 的产生式和关于 R 的产生式为多余产生式,可删除,化简后的文法 G' 为

$$S \to abcS' \mid bcS' \mid cS'$$
$$S' \to abcS' \mid \varepsilon$$

算法并未对非终结符的排序加以规定,排序不同,结果可能不同,但彼此还是等价的。通过上述变换已将文法变换成无公共左因子、无左递归的等价文法。

7.3 递归下降分析法

在不含左递归的文法 G 中,如果对每一个非终结符的所有候选式的第一个终结符(集合)都是两两互不相交的(即无公共左因子),则可能(仅是可能)构造一个不带回溯的自上而下分析程序,这个分析程序由一组递归过程组成,每个过程对应文法的一个非终结符。这样的分析程序称为递归下降分析程序或递归下降分析器(Recursive Descent Parser),其分析方法称为递归下降分析法(Recursive Descent Parse)。

7.3.1 递归下降分析器的构造

下面用实例来说明递归下降分析器的构造方法。

【例 7.5】 设有文法 G_1:

$$E \to E + T \mid T$$
$$T \to T * F \mid F$$
$$F \to (E) \mid i$$

文法 G_1 没有公共左因子,但有左递归,为了构造递归下降分析器,首先必须消除 G_1 的左递归。消除左递归后得到的文法 G_1' 如下:

$$E \to TE'$$
$$E' \to +TE' \mid \varepsilon$$
$$T \to FT'$$
$$T' \to *FT' \mid \varepsilon$$
$$F \to (E) \mid i$$

G_1' 无公共左因子和左递归,可以对它构造递归下降分析器。下面是用 C 语言构造递归下降分析器的一个算法示例,构造方法比较简单,每一个非终结符对应一个递归函数,该函数的功能是对相应产生式右部的符号进行识别。算法如下:

```c
void E()
{
  T();
  E´();
}
void E´()
{
  if(sym = = '+')
  {
    advance();
    T();
    E´();
  }
}
void T()
{
  F();
  T´();
}
void T´()
{
  if(sym = = '*')
  {
    advance();
    F();
    T´();
  }
}
void F()
{
  if(sym = = '(')
  {
    advance();
    E();
    if(sym = = ')') advance();
    else error();
  }
  else if(sym = = 'i') advance();
  else error();
}
```

其中,sym 为输入串指针 ip 指向的符号(即待匹配符号),advance()把输入串指针 ip 后移一位,指向下一个待匹配符号,error()为出错处理程序。E′和 T′均有 ε 产生式,即 E′→ε 和 T′→ε,所以在函数 E′()中,如果未匹配符号+,就认为自动匹配 ε;在函数 T′()中,如果未匹配符号 *,就认为自动匹配 ε。F 不含 ε 产生式,所以在函数 F()中,如果既未匹配符号(又未匹配符号 i,则认为匹配失败,转入出错处理程序 error()。

输入串 i+i*i♯的递归下降分析过程如图 7-5 所示(输入串最后的符号♯为句末符)。

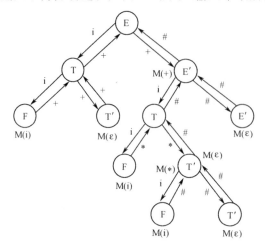

图 7-5 i+i*i♯的分析过程(1)

图 7-5 是跟踪递归过程最直观的方法。每调用一个递归过程,在图中加入一个结点,并以该过程名为结点名,从调用过程引入一箭弧指向被调用的过程,箭弧标记为当前输入符号。当被调用过程执行完时,返回到调用过程,由被调用的过程引一箭弧到调用过程,标记仍为当前指向的输入符号。若在执行某一过程时,符号 x 获得匹配,则在相应的结点标记 M(x),ip 指向下一输入符号。

设分析开始时 ip 指向输入串的首字符 i,进入函数 E,E 调用 T,标记为 i;T 调用 F,标记仍为 i;在执行 F 时,匹配 i,则 F 标记 M(i),ip 向前指向+;F 执行完后返回 T,T 再调用 T′;T′匹配 ε,执行完后返回 T;这时 T 也执行完,返回 E,ip 仍指向+;在 E 过程中再调用 E′,ip 仍指向+,如此继续执行下去,最后返回 E,ip 指向句末符♯,分析成功,i+i*i 是文法 G_1(或 G_1')的合法句子。

7.3.2 扩充的 BNF

在 BNF(巴科斯·诺尔范式)中所使用的元语言符号只有→,<,>,|共 4 种,在消除公共左因子时,引入了圆括号,现在引入方括号和花括号,使其定义语言的表达能力更强,通常称为花括号法或扩充的 BNF。

(1) {α}表示 α 的 0 次到任意多次重复,即(α*)。

(2) [α]表示 α 可有可无(即 α|ε)。

利用扩充 BNF,标识符的定义可写为

```
I→L{L|D}
L→a|b|c|d|e|f|g|h|i|j|k|l|m|n|o|p|q|r|s|t|u|v|w|x|y|z
```

D→0|1|2|3|4|5|6|7|8|9

用这种定义系统不仅能增强表达能力,而且直观易懂,有许多语言采用这一系统进行定义。这种定义系统也便于消除左递归和提取公共左因子。例如

E→T|E+T

可写成

E→T{+T}

利用这个定义系统,文法 G_1 可改写成 G_1':

E→T{+T}
T→F{*F}
F→i|'('E')'

其中,被定义的圆括号与元语言符号冲突,特别用单引号括起来。G_1' 可方便地用转换图来描述,图 7-6 是对应 G_1' 的非终结符的转换图。

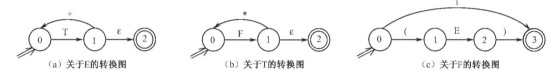

(a) 关于E的转换图　　　　(b) 关于T的转换图　　　　(c) 关于F的转换图

图 7-6　G_1' 非终结符对应的转换图

这种转换图可用来识别(匹配)输入串。例如,图 7-6 的识别过程是从 E(开始符)的转换图 7-6(a)的初态 0 开始工作,状态 0 只有一条以非终结符 T 为标记的箭弧,不论什么输入符号均"调用"T 的转换图 7-6(b)。图 7-6(b)从初态 0 开始工作,不论什么输入符号均"调用"转换图 7-6(c)。在图 7-6(c)的状态 0 下,如果输入符号为 i,则识别(匹配)i,进入终结状态 3;如果输入符号为(,则识别(,再调用 E 的转换图 7-6(a),待 E 的转换图识别完成回到图 7-6(c)的状态 2;如果当前的输入符号为),则进入图 7-6(c)的状态 3,这时应当返回 T 的转换图 7-6(b)进入状态 1;其他情况下出错。在图 7-6(b)的状态 1,若输入符号为 *,则识别 *,进入状态 0,其他情况下沿 ε 箭弧进入状态 2(这里认为自动识别 ε),结束图 7-6(b)的工作而回到图 7-6(a)的状态 1。这样不断递归调用和识别,直到进入图 7-6(a)的终态 2,输入符号为句末符时,工作完毕,识别成功。

事实上,上述的每一个转换图的作用如同一个递归过程,因此按图 7-6 可以很方便地构造文法 G_1' 的递归下降分析程序如下:

```
void E()
{
  T();
  while (sym = = '+')
    {advance();T();}
}
void T()
{
  F();
```

```
    while (sym == '*')
      {advance();F();}
}
void F()
{
  if(sym == '(')
  {
  advance();
  E();
  if(sym == ')') advance();
  else error();
  }
  else if(sym == 'i') advance();
  else error();
}
```

按照这样的递归下降分析程序,对输入符号串 i+i*i# 的分析过程如图 7-7 所示。

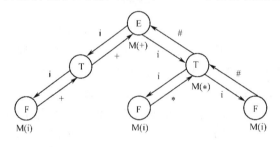

图 7-7 i+i*i# 的分析过程(2)

显然,图 7-7 要比图 7-5 简单得多,状态转换图是构造自上而下分析器的有效工具。但是,即使消除了所有的左递归和提取了所有公共左因子,最终所得的转换图也未必可直接用来构造递归下降分析器,这里不再赘述。用扩充 BNF 定义非终结符的公式称为定义式,而不称为产生式,两者略有差别。

如果将递归下降分析中采用一组递归过程进行分析的方法作一变化,便可得到另一种更有效的方法——预测分析法。

7.4 预测分析法

预测分析法(Forecasting Parse)是一种表驱动的方法,它由下推栈、预测分析表和控制程序组成。它实际上是一种下推自动机的实现模型。

7.4.1 预测分析过程

预测分析表是一个 $M[A,a]$ 形式的矩阵,其中 A 为非终结符,a 为符号串中的终结符或符号串的结束符'#',矩阵元素 $M[A,a]$ 中存放着 A 的一个产生式 A→α,或者一个出错标志。前者表示待匹配的文法符号为 A 而待匹配输入符号为 a 时,应采用 α 来进一步分析;后者表示 a

不可能与 A 匹配。

例如,文法 G_1' 的预测分析表如图 7-8 所示。为简单起见,出错标志均以空白表示。

	i	+	*	(	)	#
E	E→TE'			E→TE'		
E'		E'→+TE'			E'→ε	E'→ε
T	T→FT'			T→FT'		
T'		T'→ε	T'→*FT'		T'→ε	T'→ε
F	F→i			F→(E)		

图 7-8 G_1' 文法的预测分析表

预测分析器的控制程序在任何时候均根据下推栈的栈顶符号 X 和当前的输入符号 a(即输入指针指向的符号)决定下一步应采取的动作。

分析开始时,向下推栈推入栈底符 # 和文法开始符,输入指针指向输入串 ω 的第一个符号。如果我们假定语法分析到某一时刻时(包括初始时刻),下推栈栈顶符号为 X,输入指针所指的输入符号为 a,分析器的动作有下列三种选择:

(1) 若 X=a=#,则符号串和下推栈均已为空,表示输入串 ω 是该文法的一个合法句子。分析过程结束。

(2) 若 X=a≠#,栈顶文法符号与输入符号匹配,则上托 X 出栈,输入指针指向下一个输入符号。这一次匹配成功,继续下一次匹配。

(3) 若 X 为一非终结符,则查分析表。若 **M**[X,a]中存放着关于 X 的一个产生式 X→a,则上托 X 出栈,将 a 符号串按照逆序推入栈中,使 a 的前缀处于栈顶位置。若 **M**[X,a]中为出错标志,则调用出错处理程序 error。

例如,对文法 G_1' 的输入串 i+i*i 的预测分析过程如图 7-9 所示。其中下推栈一列的最右符号为栈顶符,符号串一列的最左符号为当前的输入符号(即输入指针指向的符号),查分析表一列为 **M**[X,a]的内容(其中 X 为栈顶符号,a 为当前的输入符号)。

下 推 栈	输 入 串	查 分 析 表
#E	i+i*i#	E→TE'
#E'T	i+i*i#	T→FT'
#E'T'F	i+i*i#	F→i
#E'T'i	i+i*i#	
#E'T'	+i*i#	T'→ε
#E'	+i*i#	E'→+TE'
#E'T+	+i*i#	
#E'T	i*i#	T→FT'
#E'T'F	i*i#	F→i
#E'T'i	i*i#	
#E'T'	*i#	T'→*FT'
#E'T'F*	*i#	
#E'T'F	i#	F→i
#E'T'i	i#	
#E'T'	#	T'→ε
#E'	#	E'→ε
#	#	结束

图 7-9 i+i*i# 的预测分析过程

由上例可知,预测分析法的关键在于预测分析表。对于不同的上下文无关文法,其预测分析过程是相同的,不同的仅是预测分析表的内容。下面我们介绍如何根据一个文法构造相应的预测分析表。

7.4.2 预测分析表的构造

要构造一个文法的预测分析表,必须首先求出该文法的 FIRST 集和 FOLLOW 集。下面首先引入 FIRST 集和 FOLLOW 集的概念,然后介绍预测分析表的构造方法。

1. FIRST 集

设 α 是文法 G 的任一符号串,即 $\alpha \in V^*$,定义

$$FIRST(\alpha) = \{a | \alpha \overset{*}{\Rightarrow} a\cdots, a \in V_T\};\text{特别地},\text{若有 } \alpha \overset{*}{\Rightarrow} \varepsilon,\text{则 } \varepsilon \in FIRST(\alpha)。$$

即 $FIRST(\alpha)$ 是由 α 的所有可能推导的开头终结符及可能的 ε 组成的集合。

设有文法 G,X 是 G 的一个文法符号,即 $X \in V$,$FIRST(X)$ 的构造方法是,连续使用下列规则,直至每个 FIRST 集都不再增大为止。

(1) 若 $X \in V_T$,则 $FIRST(X) = \{X\}$。

(2) 若 $X \in V_N$,且有产生式 $X \to a\cdots$,其中 $a \in V_T$,则 $a \in FIRST(X)$;特别地,若有产生式 $X \to \varepsilon$,则 $\varepsilon \in FIRST(X)$。

(3) 若有产生式 $X \to Y\cdots$,其中 $Y \in V_N$,则 $FIRST(Y) - \{\varepsilon\} \subseteq FIRST(X)$;若有产生式 $X \to Y_1 Y_2 \cdots Y_k$,其中 $Y_1, Y_2, \cdots, Y_{i-1} \in V_N$,且对任何 $j(1 \leq j \leq i-1)$,$\varepsilon \in FIRST(Y_j)$,即 $Y_1 Y_2 \cdots Y_{i-1} \overset{*}{\Rightarrow} \varepsilon$,则 $FIRST(Y_j) - \{\varepsilon\} \subseteq FIRST(X)$,其中 $1 \leq j \leq i$;特别地,若 $\varepsilon \in FIRST(Y_i)$,其中 $1 \leq i \leq k$,即 $Y_1 Y_2 \cdots Y_k \overset{*}{\Rightarrow} \varepsilon$,则 $\varepsilon \in FIRST(X)$。

对文法 G 的任何符号串 $\alpha = X_1 X_2 \cdots X_n (X_i \in V, i = 1, 2, \cdots, n)$,$FIRST(\alpha)$ 的构造方法是,首先,$FIRST(X_1) - \{\varepsilon\} \subseteq FIRST(\alpha)$;若对任何 $1 \leq j \leq i-1$,$\varepsilon \in FIRST(X_j)$,则 $FIRST(X_i) - \{\varepsilon\} \subseteq FIRST(\alpha)$;特别地,若 $\varepsilon \in FIRST(X_i)$,其中 $1 \leq i \leq n$,则 $\varepsilon \in FIRST(\alpha)$。

2. FOLLOW 集

设 S 是文法 G 的开始符,对 G 的任一非终结符 A,即 $A \in V_N$,定义

$$FOLLOW(A) = \{a | S \overset{*}{\Rightarrow} \cdots Aa\cdots, a \in V_T\};\text{特别地},\text{若有 } S \overset{*}{\Rightarrow} \cdots A,\text{则 } \# \in FOLLOW(A),\text{其中 } \# \text{ 是输入结束符}。$$

$FOLLOW(A)$ 是在文法的所有句型中紧跟在 A 后的终结符及可能的 $\#$ 组成的集合。

对文法 G 的每个非终结符 A,即 $A \in V_N$,构造 $FOLLOW(A)$ 的方法是,连续使用下列规则,直至每个 FOLLOW 集都不再增大为止。

(1) 对文法的开始符 S,有 $\# \in FOLLOW(S)$。

(2) 若有产生式 $B \to \alpha A \beta$,其中 $\beta \in V^*$,则 $FIRST(\beta) - \{\varepsilon\} \subseteq FOLLOW(A)$。

(3) 若有产生式 $B \to \alpha A$,或 $B \to \alpha A \beta$ 且 $\varepsilon \in FIRST(\beta)$,则 $FOLLOW(B) \subseteq FOLLOW(A)$。

求 $FOLLOW(A)$,实际上是考查 A 在产生式右边的出现情况。

【例 7.6】 求文法 G_1' 的 FIRST 集和 FOLLOW 集。

先构造所有非终结符的 FIRST 集,由规则(2),得

$$FIRST(F) = \{(, i\}$$
$$FIRST(T') = \{*, \varepsilon\}$$

$$\text{FIRST}(E') = \{+, \varepsilon\}$$

由规则(3)，因产生式 E→TE′ 和 T→FT′，有

$$\text{FIRST}(T) - \{\varepsilon\} \subseteq \text{FIRST}(E)$$
$$\text{FIRST}(F) - \{\varepsilon\} \subseteq \text{FIRST}(T)$$

所以得

$$\text{FIRST}(E) = \text{FIRST}(T) = \text{FIRST}(F) = \{(, i\}$$

至此，所有 FIRST 集已不再扩大。

再构造所有非终结符的 FOLLOW 集，由规则(1)，♯∈FOLLOW(E)，得

$$\text{FOLLOW}(E) = \{\sharp\}$$

由规则(2)，因产生式 F→(E)，有

$$) \in \text{FOLLOW}(E)$$

所以得

$$\text{FOLLOW}(E) = \{), \sharp\}$$

因产生式 T→FT′，有

$$\text{FIRST}(T') - \{\varepsilon\} \subseteq \text{FOLLOW}(F)$$

所以得

$$\text{FOLLOW}(F) = \{*\}$$

因产生式 E→TE′，有

$$\text{FIRST}(E') - \{\varepsilon\} \subseteq \text{FOLLOW}(T)$$

所以得

$$\text{FOLLOW}(T) = \{+\}$$

由规则(3)，因产生式 E→TE′，有

$$\text{FOLLOW}(E) \subseteq \text{FOLLOW}(E')$$
$$\text{FOLLOW}(E) \subseteq \text{FOLLOW}(T)$$

所以得

$$\text{FOLLOW}(E') = \{), \sharp\}$$
$$\text{FOLLOW}(T) = \{+,), \sharp\}$$

因产生式 T→FT′，有

$$\text{FOLLOW}(T) \subseteq \text{FOLLOW}(T')$$
$$\text{FOLLOW}(T) \subseteq \text{FOLLOW}(F)$$

所以得

$$\text{FOLLOW}(T') = \{+,), \sharp\}$$
$$\text{FOLLOW}(F) = \{+, *,), \sharp\}$$

至此所有 FOLLOW 集已不再扩大。

最后结果为

$$FIRST(E) = FIRST(T) = FIRST(F) = \{(, i\}$$
$$FIRST(E') = \{+, \varepsilon\}$$
$$FIRST(T') = \{*, \varepsilon\}$$
$$FOLLOW(E) = FOLLOW(E') = \{), \#\}$$
$$FOLLOW(T) = FOLLOW(T') = \{+,), \#\}$$
$$FOLLOW(F) = \{+, *,), \#\}$$

3. 预测分析表的构造方法

在对一个符号串进行预测分析的过程中，如果当前的分析状态是：输入串的当前指针指向符号 a(即待匹配的输入符号)，栈顶符号是非终结符 A(即待展开的文法符号)。那么考虑以下两种情况：

(1) 如果 A→α 是一个产生式，且 a∈FIRST(α)，那么下一步推导可以用 α 替换展开后的 A，即上托 A 出栈，并将 α 符号串按照逆序推入栈中，此时匹配成功的希望最大。所以，预测分析表中 $M[A, a]$ 元素应填为 A→α。

(2) 如果 A→α 是一个产生式，且 ε∈FIRST(α)(即 α=ε 或 α$\overset{*}{\Rightarrow}$ε)，且 a∈FOLLOW(A)，则栈顶的 A 应被 ε 匹配，即上托 A 出栈。此时输入指针不后移，让跟在 A 后面的符号，即 A 出栈后新出现在栈顶的符号(可能是终结符 a，也可能是其他的文法符号)继续与输入符号 a 匹配，这样匹配成功的希望最大。所以，预测分析表中 $M[A, a]$ 元素应填为 A→α。

综上所述，对文法 G 可按下列方法构造预测分析表。

① 对文法 G 的每个产生式 A→α，执行②和③两个动作。
② 对每个终结符 a∈FIRST(α)，将 A→α 记入预测分析表的 $M[A, a]$ 项中。
③ 若 ε∈FIRST(α)，则对每个 b∈FOLLOW(A)，将 A→α 记入 $M[A, b]$ 项中。
④ 把其余无定义(空白)的 $M[A, a]$ 项标上出错标记。

【例 7.7】 求文法 G_1' 的预测分析表。

在例 7.6 中已经求出了文法 G_1' 的所有非终结符的 FIRST 集和 FOLLOW 集，因此可构造相应的预测分析表，构造过程如下：

对于产生式 E→TE'，因 FIRST(TE')={(, i}，故 E→TE' 记入 $M[E, (]$ 及 $M[E, i]$ 中；

对于产生式 E'→+TE'，因 FIRST(+TE')={+}，故 E'→+TE' 记入 $M[E, +]$ 中；

对于产生式 E'→ε，因 FOLLOW(E')={), #}，故 E'→ε 记入 $M[E',)]$ 及 $M[E', \#]$ 中；

同样，T→FT' 应记入 $M[T, (]$ 及 $M[T, i]$ 中，T'→*FT' 应记入 $M[T', *]$ 中，T'→ε 应记入 $M[T', +]$、$M[T',)]$ 及 $M[T', \#]$ 中，而 F→(E) 记入 $M[F, (]$ 中，F→i 记入 $M[F, i]$ 中。其余表项标上出错标记。

于是就得到了图 7-8 的预测分析表。

事实上，在预测分析程序的具体实现中可有如下变通：

(1) 并不是将整个产生式 A→α 记入 $M[A, a]$ 中。因为 $M[A, a]$ 中的产生式左部非终结符一定是 A，故只是将产生式右部 α 记入 $M[A, a]$ 中。

(2) 若 α=$x_1 x_2 \cdots x_n$，则记入 $M[A, a]$ 中的是 α 的逆序 $x_n x_{n-1} \cdots x_1$，而相应控制程序原来在上托 A 后会将 α 符号串按逆序推入栈中，现在改为将 $M[A, a]$ 中符号串顺序推入栈中，这将使分析过程更加简便快速。

（3）若 M[A,a]中的文法符号序列 $x_n x_{n-1} \cdots x_1$ 中的 x_1 为终结符，则它必为 a，这样才能保证与输入字符 a 匹配。因此，先将 x_1 推入栈中，再在下一次分析时上托 x_1 出栈，然后将输入指针移向下一输入符号，这一分析过程可简化为，x_1 无须入栈，只将输入指针移向下一输入符号，这将节省一个分析步骤。

（4）为了节省存储空间并提高算法的效率，可以对预测分析表进行简化，甚至在分析表中只保存产生式编号，产生式另存在一个语法表中。一般情况下，分析表是稀疏矩阵，即使改为仅填写编号，空间浪费也很大，因此可考虑进一步的改进，如引入状态表的思想等。

上述变通方法可有效地节省分析表空间，提高分析效率。

7.4.3　LL(1)文法

一般来说，当一个文法的分析程序对输入串进行从左到右扫描并进行自上而下的语法分析时，如果仅利用当前的非终结符（即位于下推栈栈顶的非终结符）和向前查看 1 个输入符号（即输入串的待匹配符号）就能唯一决定采取什么动作，那么这个文法称为 LL(1)文法。其中，LL 的含义是从左到右扫描输入串，采用最左推导分析句子（第一个 L 代表从左到右扫描输入串，第二个 L 代表采用最左推导）；数字 1 表示分析句子时需要向前查看 1 个输入符号。

有 LL(1)文法就有 LL(K)文法。LL(K)文法是向前查看 K 个输入符号，以决定下一步的动作。LL(K)文法在选择候选式时比 LL(1)文法更加准确，但其预测分析表的体积会随着 K 的增加而迅速扩大。对于大多数程序设计语言而言，K＝0 或 1 就足够了。

本章中我们主要讨论 K＝1 的情形，即 LL(1)文法。下面给出 LL(1)文法的定义。

设有文法 G，若它的任一非终结符的产生式 $A \rightarrow \alpha_1 | \alpha_2 | \cdots | \alpha_n$ 均满足下列条件：

(1) $\text{FIRST}(\alpha_i) \cap \text{FIRST}(\alpha_j) = \Phi$，其中 $i,j = 1,2,\cdots,n$，且 $i \neq j$。

(2) 若 $\alpha_i \overset{*}{\Rightarrow} \varepsilon$，则 $\text{FIRST}(\alpha_j) \cap \text{FOLLOW}(A) = \Phi$，其中 $j = 1,2,\cdots,n$ 且 $j \neq i$。

则称 G 是 LL(1)文法。

显然，在自上而下语法分析时，如果当前输入符号为 a，下推栈顶待匹配的文法符号为一非终结符 A，而关于 A 的产生式为 $A \rightarrow \alpha_1 | \alpha_2 | \cdots | \alpha_n$，如果这个文法是 LL(1)的，则当 $a \in \text{FIRST}(\alpha_i)$ 时，或 $\alpha_i \overset{*}{\Rightarrow} \varepsilon$，而 $a \in \text{FOLLOW}(A)$ 时，$A \rightarrow \alpha_i$ 便是唯一与 a 匹配的产生式，而其他的 $A \rightarrow \alpha_j (j \neq i)$ 均不可能与 a 匹配，即 LL(1)文法定义中的两个条件保证了自上而下的匹配的唯一性。

按照上述 LL(1)文法的定义，可以给出一个判定 LL(1)文法的判定定理：一个文法 G 是 LL(1)文法，当且仅当对于 G 的每一非终结符 A 的任何两个不同的产生式 $A \rightarrow \alpha | \beta$，下面的条件成立：

(1) $\text{FIRST}(\alpha) \cap \text{FIRST}(\beta) = \Phi$。

(2) 若 $\beta \overset{*}{\Rightarrow} \varepsilon$，则 $\text{FIRST}(\alpha) \cap \text{FOLLOW}(A) = \Phi$。

前面介绍的构造预测分析的算法可对任何文法 G 构造预测分析表 M。对于某些文法的 M 矩阵，有些 M[A,a]可能含有多个产生式，或者说 M[A,a]有多重定义入口。但对于 LL(1)文法，上述的两个条件保证了在任何时候，最多只有一个候选式可能与当前非终结符匹配，即 LL(1)文法的预测分析表的每个登记项最多只有一个产生式。

因此，我们也可以按照以下方法来判定一个文法是否是 LL(1)文法：

如果文法 G 的预测分析表 M 不含多重定义入口，那么 G 是 LL(1)文法；反之，G 不是 LL(1)文法。

7.4.4 非 LL(1)文法

很容易证明,如果文法 G 包含左递归或公共左因子,那么 G 一定不是 LL(1)文法。因此,消除左递归和公共左因子将有助于将非 LL(1)文法改写成 LL(1)文法,但是并非所有的非 LL(1)文法都可以改写成 LL(1)文法。例如,具有二义性的 if-then-else 结构的文法 G:

S→iCtS|iCtSeS|a
C→b

经提取公共左因子后,G 改写成 G′:

S→iCtSS′|a
S′→eS|ε
C→b

G′无公共左因子和左递归,求 FIRST 集和 FOLLOW 集得

FIRST(S) = {i,a}
FIRST(S′) = {e,ε}
FIRST(C) = {b}
FOLLOW(S) = FOLLOW(S′) = FIRST(S′) − {ε} ∪ {#} = {e,#}
FOLLOW(C) = {t}

构造预测分析表如图 7-10 所示。由于 $M[S′,e]$ 有两个产生式(多重定义入口),因此 G′不是 LL(1)文法。

	a	b	e	i	t	#
S	S→a			S→iCtSS′		
S′			S′→eS S′→ε			S′→ε
C		C→b				

图 7-10 文法 G_1' 的预测分析表

事实上,不必构造预测分析表也可判定 G′不是 LL(1)文法。因为 S′→eS|ε 且 FIRST(eS)∩FOLLOW(S′)={e}≠Φ,所以 G′不是 LL(1)文法。这个文法是二义的,无法改写成 LL(1)文法。但是,如果规定 $M[S′,e]$ 仅含一个产生式 S′(eS,这就意味着把 e 与最近的 t 相结合。即通过人为的规定使文法的预测分析表不含多重入口,在以后的分析中就不会出现多个候选相冲突的情况了。这种规定就是 Pascal 语言中 if-then-else 语句所用到的"最近匹配原则"。

对于自上而下的语法分析方法,关键在于当需要 A 匹配 a 时,能够唯一地选择 A 的一个候选式进行匹配。

所有的自上而下的语法分析方法都必须先提取公共左因子和消除左递归。

习 题 7

7-1 给定文法 G:

S→aSa|aa

请对输入符号串 aaaa 进行带回溯的递归下降分析,写出它的分析过程(规定 S 的第一个产生式优先使用)。

7-2 给定文法 G：

    S→Aa|Ab|c
    A→Ad|Se|f

请消除文法的左递归,并提取公共左因子。

7-3 给定文法 G：

    S→(L)|a
    L→L,S|S

请消除文法 G 的左递归,并写出递归下降分析的相应递归过程。

7-4 请给出消除右递归的一般形式。

7-5 给定文法 G：

    S→A|S;A
    A→B|A+B
    B→bS*|a

(1) 消除文法 G 的左递归得 G'。
(2) 构造 G' 的预测分析表。
(3) G' 是 LL(1) 文法吗？

7-6 对习题 7-3 中给出的文法 G,在消除左递归后,它是 LL(1) 文法吗？

第 8 章 自下而上的语法分析

本章将讨论自下而上语法分析的基本思想,并具体讨论算符优先分析法和 LR 分析法,这两种方法具有各自的特点,但它们都是下推自动机不同的实现模型。

8.1 引　　言

自下而上分析法,也称移进－归约分析法,或自底向上分析法。与自上而下语法分析的最左推导序列相反,自下而上语法分析是从输入串出发,寻找一个最左归约序列(它是最右推导序列的逆序),逐步向上归约,直至文法开始符(注意:输入串在这里是指从词法分析器送来的单词符号组成的二元式的有限序列)。也可以说,从语法树的末端开始,步步向上"归约",直至根结点。

自下而上分析采用一个存放文法符号的先进后出栈,把输入符号逐个"移进"栈里,随时观察栈顶的情况,当栈顶形成某产生式的一个候选时,即将这一部分替换(归约)为该产生式的左端符号。这样不断地"移进—归约",直到输入符号串移进完,且栈里仅剩文法开始符为止。

8.1.1　分析树

【例 8.1】　设有文法 G:

(1) S→SAS

(2) S→b

(3) A→ccA

(4) A→a

以下讨论输入串 bccab 的归约过程。图 8-1 展示了符号栈在"移进—归约"过程中的变化情况。

图 8-1　归约过程符号栈的变化情况

① 首先移进第一个输入符号 b,因为 S→b 是一个产生式,于是把栈顶的 b 归约成 S。

② 归约后得到的文法符号 S 进栈,b 已被逐出栈。

③ 移进 c,栈顶无任何产生式的候选式,未形成归约条件。

④ 再移进下一个 c,未形成归约条件。

⑤ 移进 a,栈顶的 a 是产生式 A→a 的候选式,把 a 归约成 A。

⑥ a 被逐出栈,A 进栈,栈顶的 ccA 是产生式 A→ccA 的候选式,应把 ccA 归约成 A。

⑦ ccA 被逐出栈,A 进栈。

⑧ 移进 b,栈顶的 b 是产生式 S→b 的候选式,应将 b 归约成 S。
⑨ b 被逐出栈,S 进栈。这时栈顶的 SAS 是产生式 S→SAS 的候选式,将 SAS 归约成 S。
⑩ SAS 被逐出栈,S 进栈。这时输入符号已读完,栈里仅剩文法开始符,分析成功。

语法分析可用一棵树表示,这棵树称为分析树(Parse Tree)。在上述分析过程中,每次归约均可画出一棵子树,随着归约的完成,这些子树也被连接成一棵完整的分析树。

图 8-2 表明了分析树的形成过程。在分析过程中,步骤②进行归约时得到子树图 8-2(a);步骤⑥进行归约时得到子树图 8-2(b);步骤⑦进行归约时得到子树图 8-2(c),这时子树图 8-2(b)已连入到子树图 8-2(c)中;步骤⑨归约时,形成子树图 8-2(d);步骤⑩归约时形成子树图 8-2(e),这时子树图 8-2(a),图 8-2(c)和图 8-2(d)均已连入图 8-2(e)中,子树图 8-2(e)正是文法 G 对输入符号串 bccab 的分析树。

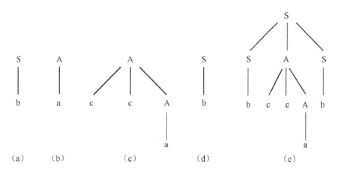

图 8-2 分析树的形成过程

这样形成的分析树是与推导树(语法树)完全一致的。但是,采用不同的自下而上分析方法所产生的分析树略有不同,因此,推导树也未必与分析树完全相同(参见 8.2 节)。

从另一个角度出发,如果我们想像在自下而上分析开始之前已有语法树[如图 8-2(e)所示],分析过程即对语法树进行"剪枝",分析的正常结果是最后只剩下树根 S。图 8-3 表明分析过程的剪枝情况,其中虚线部分表示归约时应剪去的枝。

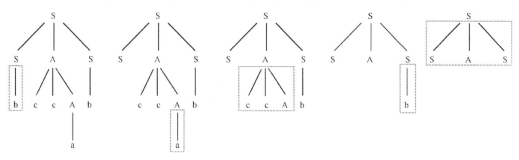

图 8-3 语法树的剪枝过程

现在的问题是,如何判断栈顶符号串的可归约性,以及如何进行归约。不同的自下而上分析法有不同的判别方法,但它们的共同特点是,输入单词符号归约,即在从左到右移进输入串的过程中,一旦发现栈顶形成可归约串,立即进行归约,这就是所谓的"移进—归约"。移进—归约分析过程主要包括以下 4 个动作:

(1) 移进

读入一个单词并压入栈内,输入串指针后移。

(2) 归约

检查栈顶若干个符号能否进行归约,若能,就以相应产生式左部替代该符号串。

(3) 识别成功

当是栈内只剩下栈底符号和文法开始符号,输入串指针也指向语句的结束符,表示语法分析成功结束。

(4) 识别失败

如果不能到达第(3)步的状态,表示出现了语法错误,转入出错处理程序。

自下而上分析方法是一种移进—归约过程:初始时栈内仅有栈底符"♯",输入串指针指向最左边的单词符号。从左到右把输入串的符号一个一个地移进栈,在移进过程中不断查看位于栈顶的符号串,判断它是否形成某个特定的模式(可归约串),一旦形成,就将此符号用相应的产生式左部替换(归约),若替换后再形成特定的模式,就继续替换,直到栈顶符号串不再形成特定的模式为止。然后继续移进符号,重复上面的过程直到栈顶只剩下文法的开始符,输入串读完为止,这样就表示成功地识别了一个句子。

8.1.2 规范归约、短语和句柄

设有文法 G,S 是文法的开始符,设 $\alpha\beta\delta$ 是 G 的一个句型,若有

$$S \stackrel{*}{\Rightarrow} \alpha A \delta \text{ 且 } A \stackrel{+}{\Rightarrow} \beta$$

则称 β 是句型 $\alpha\beta\delta$ 关于非终结符 A 的短语(Phrase)。特别地,如果有

$$A \Rightarrow \beta$$

则称 β 是句型 $\alpha\beta\delta$ 关于规则 $A \rightarrow \beta$ 的直接短语(Direct Phrase),或简单短语(Simple Phrase)。一个句型的最左直接短语称为该句型的句柄(Handle)。

对例 7.5 的文法 G_1 的句型 $i_1 * i_2 + i_3$(注意,这里的 i_1,i_2 和 i_3 均是文法符号 i,加下标的目的是区分 3 个不同的 i)存在推导

$$E \Rightarrow E+T \Rightarrow E+F \Rightarrow E+i_3 \Rightarrow T+i_3 \Rightarrow T*F+i_3 \Rightarrow T*i_2+i_3$$
$$\Rightarrow F*i_2+i_3 \Rightarrow i_1*i_2+i_3$$

因为 $E \stackrel{*}{\Rightarrow} T+i_3$ 且 $T \stackrel{+}{\Rightarrow} i_1*i_2$,所以 i_1*i_2 是句型 $i_1*i_2+i_3$ 关于 T 的短语;又有 $E \stackrel{*}{\Rightarrow} E+F$ 且 $F \Rightarrow i_3$,所以 i_3 是句型 $i_1*i_2+i_3$ 关于规则 $F \rightarrow i$ 的直接短语。

这样判断一个句型的短语比较困难,且不直观,我们可以借助推导树非常直观地判断句型的所有短语。对文法 G_1,若有句型 $T*F+i$,它的推导树如图 8-4 所示(注意,下标是便于区分而加上的)。

在句型的语法树中,任何子树的边缘是子树根的短语,只有一代的子树,则子树的边缘是直接短语。在图 8-4 中,有两棵只有一代的子树,即以 T_2 和 F_1 为根的子树,所以 T_3*F_2 和 i_3 是直接短语;另有以 E_2 为根的子树,T_3*F_2 是 E_2 的短语;以 T_1 为根的子树,i_3 是 T_1 的短语;以 E_1 为根的子树,T_3*F_2+i 是 E_1 的短语。在两个直接短语中,T_3*F_2 是最左直接短语,即句柄。

现在返回考察图 8-3 的剪枝过程,它实际上直观描述了对句子 bccab 的归约过程,每一次剪枝(虚线部分)代表了一次归约,每次归约都是对最左直接短语(句柄)进行的。曾经在4.2.3 节中定义过,最右推导叫做规范推导,最左归约叫做规范归约。不难看出,对句柄进行

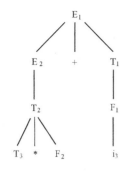

图 8-4　句型 T＊F+i 的推导树

的归约都是规范归约。从图 8-3 中还可以看出，每次归约的句柄的右边的叶子均是终结符，这是因为右边的那些终结符尚未进栈，分析器还不知道它们。这也是在自下而上分析中，总是采用"最左"概念的原因。

可以看出，规范归约构成的分析树与推导树（语法树）完全相同。

不同的自下而上分析方法，判断是否形成可归约串的方法是不同的。如果每一步归约，都以栈顶符号串是否已形成最左素短语为准，这是算符优先分析法；如果每一步归约，都以栈顶符号串是否已形成句柄为准，这是 LR 分析法。下面分别对两种分析法进行介绍。

8.2　算符优先分析法

算符优先分析法（Operator Precedence Parse）是仿效四则运算的计算过程而构造的一种语法分析方法。算符优先分析法的关键是比较两个相继出现的终结符的优先级而决定应采取的动作。与其他分析方法相比，算符优先分析法具有简单、有效的优点，特别适合表达式的分析。但它只适合于算符优先文法（Operator Precedence Grammar），这是一个不大的文法类。

8.2.1　算符优先文法

在算术表达式中，运算的优先顺序主要采用四则运算的口诀：先乘除后加减，从左算到右。这个口诀确定了乘除运算优先于加减运算，同级运算一律从左算到右，即代数中的"左结合"法则。如果计算的每一步做一个运算，那么四则运算的每一步是唯一的。

算符优先分析法实质上就是仿效上述计算过程而设计的一种方法，它规定：用算符（实质上指终结符）之间的运算优先关系来确定语句的合法性。并不是所有上下文无关文法都可以建立这样的关系，只有所谓的算符优先文法（Operator Precedence Grammar）才适合这种方法。

一个文法 G，如果它不含 ε 产生式，并且任何产生式的右部都不含两个相连的非终结符，即不含 P→ε 或 P→…QR…（Q 和 R 都是非终结符）形式的产生式，则 G 是一个算符文法（Operator Grammar）。

例如，前面给出的算术表达式文法 G_1 就是一个算符文法。设符号串 ω 是文法 G_1 的一个句型（ω 代表了一个合法的算术表达式结构），如果把 ω 的所有终结符都看作是运算符，所有非终结符都看作是操作数，那么算符文法的定义保证了算术表达式的两个运算符之间只有一个操作数，即在算符文法的任何一个句型中都不会出现两个相邻的非终结符。

对算符文法 G 的任何 a,b∈V_T，定义 a 和 b 之间的优先关系如下（其中 P,Q,R∈V_N）：

(1) a ≐ b 当且仅当 G 中含有形如 P→…ab… 或 P→…aQb… 的产生式。

(2) a ⋖ b 当且仅当 G 中含有形如 P→…aQ… 的产生式，且 $Q \overset{+}{\Rightarrow} b…$ 或 $Q \overset{+}{\Rightarrow} Rb…$。

(3) a ⋗ b 当且仅当 G 中含有形如 P→…Qb… 的产生式，且 $Q \overset{+}{\Rightarrow} …a$ 或 $Q \overset{+}{\Rightarrow} …aR$。

(4) 若 a、b 在任何情况下都不可能相继出现，则 a、b 无优先关系。

若算符文法 G 的任何两个终结符 a 和 b 之间没有优先关系，或者至多只有 ≐、⋖ 和 ⋗ 中的一个优先关系,则称 G 为算符优先文法。

这里借用关系运算符＝,＜和＞来表示优先关系,但为了区别,在中间加了一个点。对算符优先文法来说,两个终结符之间要么只存在一种优先关系,要么根本不存在这种优先关系。可以用一个优先关系表(Precedence Relation Table)来记录一个文法 G 中所有终结符(包括句首和句末♯)之间的优先关系。

文法 G_1 的算符优先关系表如图 8-5 所示,它实际是一个矩阵形式,其中的空白表示不存在优先关系。

	+	*	i	(	)	♯
+	⋗	⋖	⋖	⋖	⋗	⋗
*	⋗	⋗	⋖	⋖	⋗	⋗
i	⋗	⋗			⋗	⋗
(	⋖	⋖	⋖	⋖	≐	
)	⋗	⋗			⋗	⋗
♯	⋖	⋖	⋖	⋖		≐

图 8-5 文法 G_1 的算符优先关系表

其中,"♯"是一个特殊符号,表示输入符号串的开始符和结束符。可以增加 $S' \rightarrow ♯S♯$ 产生式以定义♯作为开始符和结束符。

根据优先关系的定义,文法 G_1 的优先关系可这样求得:

(1) 由 F→(E),有(≐)。
(2) 因为 E→E+T,

由 $T \overset{+}{\Rightarrow} i$,有 + ⋖ i;

由 $T \overset{+}{\Rightarrow} T*F$,有 + ⋖ *;

由 $T \overset{+}{\Rightarrow} (E)$,有 + ⋖ (;

由 $E \overset{+}{\Rightarrow} i$,有 i ⋗ +;

由 $E \overset{+}{\Rightarrow} (E)$,有) ⋗ +;

由 $E \overset{+}{\Rightarrow} E+T$,有 + ⋗ +。

照这样的方法可以求出图 8-5 中所有的优先关系。显然,i 应该首先计算,所以对任何运算符 a 都有 a ⋖ i 和 i ⋗ a,对栈底的♯(第一列末端的♯),有♯⋖ a,对输入的♯(最后一列的♯)有 a ⋗ ♯。表中的空白表示两个终结符之间不存在优先关系。

从优先关系表可以看出:

① 相同终结符之间的优先关系未必是≐,例如 + ⋗ +,* ⋗ * 等。
② 如果 a ⋖ b 未必有 b ⋗ a,例如 + ⋖),) ⋗ + 等。
③ 两个终结符之间未必有优先关系,例如 i 和 i,) 和 (等。

这表明,两个终结符之间的优先关系≐,⋖和⋗不同于数学中的＝,＜和＞。

8.2.2 算符优先分析算法

算符优先分析法是以最左素短语作为可归约串的自下而上分析方法。下面首先引入最左素短语的概念,然后介绍算符优先分析算法。

文法 G 的某句型的一个短语 α 是素短语(Prime Phrase)的充要条件是它至少含有一个终

结符,且除它自身外不再含更小的素短语。换句话说,素短语是包含终结符的最小短语。

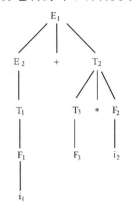

图8-6　句型 i+F*i 的语法图

最左素短语是指在具有多个素短语的句型中处于最左边的那个素短语。例如,文法 G_1 的一个句型 $i+F*i$ 的语法图如图 8-6 所示。其中,i_1,F_3 和 i_2 是直接短语;i_1 是句柄;i_1,F_3,i_2,F_3*i_2 是短语;i_1 和 i_2 是素短语;i_1 是最左素短语。

现在考虑算符优先文法 G,把它的句型的一般形式写成

$$\sharp N_1 a_1 N_2 a_2 \cdots N_n a_n N_{n+1} \sharp$$

其中,前一个 ♯ 是栈底符号,最后的 ♯ 是句末符(输入串结束符),此外的文法符号可能有一部分在栈里,另有一部分是尚未入栈的输入符号串。一开始,只有前一个 ♯ 入栈,其余的是整个尚未入栈的输入符号串,它们应当全是终结符。上述句型的特点是,每个 a_i 均是终结符,每两个终结符之间至多只有一个非终结符(可以没有非终结符),这是根据算符文法的定义可知的。

可以证明,算符优先文法 G 的任何句型的最左素短语是满足如下条件的最左子串:

$N_j a_j N_{j+1} \cdots N_i a_i N_{i+1}$,其中

$a_{j-1} \lessdot a_j$

$a_j \doteq a_{j+1}, \cdots, a_{i-1} \doteq a_i$

$a_i \gtrdot a_{i+1}$

现在考虑算符优先文法中使用的一个分析栈 S,它既可存放终结符,也可存放非终结符,当其栈顶形成最左素短语时,就进行归约。因此,算符优先分析法的归约串是最左素短语。若用 k 表示栈的深度,分析算法如下:

```
S[0] = '♯';                    /*初始化栈:♯入栈*/
k = 0;                         /*k 指向栈顶符号*/
b = 下一输入符号;
while(b! = '♯')                /*处理每一个输入符号,直至结束符♯*/
{
  if(S[k]∈V_T) j = k;
  else j = k-1;                /*j 指向栈顶终结符*/
  a = S[j];                    /*a 为栈顶终结符*/
  if(a < b || a ≐ b)           /*a < b 或者 a ≐ b*/
  {
    k = k+1;
      S[k] = b;                /*b 入栈*/
    b = 下一输入符号;           /*继续读入下一个输入符号*/
  }
  else if(a > b)               /*a > b*/
  {
```

```
    if(S[j-1]∈V_T) j=j-1;
        else j=j-2;  /* j 指向 a 前面的一个终结符 */

    while(S[j] ⋖ a)   /* 如果 S[j] ⋖ a,则继续向前搜索 */
    {
        if(S[j-1]∈V_T) j=j-1;
        else j = j-2;
    }
    把 S[j+1]…S[k]归约为某个非终结符 N; /* 此时,j+1 指向最左素短语的首符号,即 S[j+
                                          1]…S[k]为最左素短语,假设相应的产生式左部符
                                          号为 N */
    k = j+1;  /* 最左素短语出栈 */
    S[k] = N;  /* 相应产生式左部符号入栈 */
}
else error();  /* a 和 b 无优先关系,出错 */
}
```

由以上算法可知,算符优先分析过程是对当前句型不断寻找最左素短语进行归约的过程。寻找最左素短语的方法是,首先找到最左素短语的末符号(S[k]),然后逐步向前搜索直至最左素短语的首符号(S[j+1])。

算符优先分析法是一种表驱动的分析方法。分析表就是优先关系表,有一个下推栈和输入串。初始时,♯入栈作为栈底符,输入指针指向输入串的首字符。此后,控制程序根据栈顶终结符 a(若位于栈顶的符号为终结符,则该终结符就是栈顶终结符;若位于栈顶的符号为非终结符,根据算法文法的特点,位于次栈顶的符号一定是终结符,则该终结符就是栈顶终结符)和输入指针所指的输入符 b,查优先关系表。可能有以下 4 种情况:

① $M[a,b]$ 为 ⋖ 或 ≐ 时,移进 b,即将 b 推入栈顶,输入指针指向下一输入符。

② $M[a,b]$ 为 ⋗ 时,将栈顶含 a 的素短语按对应的产生式归约,即按含 a 素短语的长度 n,在栈顶上托 n 个文法符出栈,然后将对应产生式左部文法符推入栈顶。输入指针不变。

③ $M[a,b]$ 为空白时,表示出现了语法错误,调用相应出错处理程序。

④ a=b=♯ 时,分析成功结束。

例如,对文法 G_1,输入串 i+i*i 的算符优先分析过程如图 8-7 所示。

步 骤	下 推 栈	输 入 串	动 作
1	♯	i+i*i♯	♯ ⋖ i,移进 i
2	♯i	+i*i♯	i ⋗ +,用 F→i 归约
3	♯F	+i*i♯	♯ ⋖ +,移进 +
4	♯F+	i*i♯	+ ⋖ i,移进 i
5	♯F+i	*i♯	i ⋗ *,用 F→i 归约
6	♯F+F	*i♯	+ ⋖ *,移进 *
7	♯F+F*	i♯	* ⋖ i,移进 i
8	♯F+F*i	♯	i ⋗ ♯,用 F→i 归约
9	♯F+F*F	♯	* ⋗ ♯,用 T→T*F 归约
10	♯F+T	♯	+ ⋗ ♯ 用 E→E+T 归约
11	♯E	♯	♯ = ♯ 结束

图 8-7 i+i*i 的算符优先分析过程

在上述分析过程中,总共发生了 5 次归约,不难证实,这 5 次归约都是按最左素短语归约的。与按句柄归约的 8 次归约相比,分析速度加快了,原因是避免了句柄归约中按单非产生式 T→F、E→T 及 T→F 的 3 次归约,因为这 3 次归约的句柄只含非终结符,不是素短语。此外,算符优先分析过程中的归约是一种结构归约,处于栈顶待归约的最左素短语与对应的产生式在结构上应一致,即长度一致,对应的终结符一致,而对应的非终结符可以不一致。如图 8-7 中第 9 步栈顶之 F∗F 与 T∗F 结构一致,第 10 步栈顶之 F+T 与 E+T 结构一致。

作为表驱动的算符优先分析法,其关键是构造算符优先关系表。虽然可以从优先关系的定义出发,定义每一对终结符之间的优先关系,但要穷尽可能的推导以避免遗漏可能的优先关系是很困难的,缺乏可操作性。为了规范构造算符优先关系表的过程,下面讨论在构造 FIRSTVT 集和 LASTVT 集的基础上构造算符优先关系表的一般方法。

8.2.3 算符优先关系表的构造

要构造一个算符文法的算符优先关系表,必须首先求出该文法的 FIRSTVT 集和 LASTVT 集。下面首先引入 FIRSTVT 集和 LASTVT 集的概念,然后介绍算符优先关系表的构造方法。

1. FIRSTVT 集

设 P 是文法 G 的任一非终结符,即 $P \in V_N$,定义

$$\text{FIRSTVT}(P) = \{a \mid P \stackrel{+}{\Rightarrow} a\cdots, \text{或 } P \stackrel{+}{\Rightarrow} Qa\cdots, a \in V_T, Q \in V_N\}$$

即 FIRSTVT(P)是由 P 的所有可能推导的第一个终结符组成的集合。

应注意 FIRSTVT(P)和 FIRST(P)的区别,FIRST(P)是由 P 的所有可能推导的开头终结符组成的集合,两者不要混淆。

对算符文法 G 可连续使用下列两条规则求每个非终结符 P 的 FIRSTVT(P),直至它们不再增大时为止:

① 若有产生式 P→a⋯,或 P→Qa⋯,则 a∈FIRSTVT(P)。

② 若有产生式 P→Q⋯,则 FIRSTVT(Q)⊆FIRSTVT(P)。

规则①按 FIRSTVT(P)的定义可直接得出。规则②也不难理解,由产生式 P→Q⋯,有推导 P⇒Q⋯,所以 Q 推出的第一个终结符也是 P 推出的第一个终结符,可得出规则②。

2. LASTVT 集

设 P 是文法 G 的任一非终结符,即 $P \in V_N$,定义

$$\text{LASTVT}(P) = \{a \mid P \stackrel{+}{\Rightarrow} \cdots a, \text{或 } P \stackrel{+}{\Rightarrow} \cdots aQ, a \in V_T, Q \in V_N\}$$

即 LASTVT(P)是是由 P 的所有可能推导的最后一个终结符组成的集合。

对算符文法 G 可连续使用下列两条规则求每个非终结符 P 的 LASTVT(P),直至它们不再增大时为止:

① 若有产生式 P→⋯a,或 P→⋯aQ,则 a∈LASTVT(P)。

② 若有产生式 P→⋯Q,则 LASTVT(Q)⊆LASTVT(P)。

规则(1)按 LASTVT(P)的定义可直接得出。规则②也不难理解,由产生式 P→⋯Q,有推导 P⇒⋯Q,所以 Q 推出的最后一个终结符也是 P 推出的最后一个终结符,可得出规则②。

【例8.2】 求文法 G_1 的 FIRSTVT 集和 LASTVT 集。

由产生式 F→(E)|i,有

    FIRSTVT(F) = {(,i}

    LASTVT(F) = {),i};

由产生式 T→T*F|F,有

    FIRSTVT(T) = {*,(,i}

    LASTVT(T) = {*,),i};

由产生式 E→E+T|T,有

    FIRSTVT(E) = {+,*,(,i}

    LASTVT(E) = {+,*,),i}。

至此,所有 FIRSTVT 集和 LASTVT 集已不再扩大。

上述算法很容易编写一个程序来实现。但是,用人工来求 FIRSTVT 集和 LASTVT 集很容易出现遗漏。这里介绍一个直观、简便的矩阵法,它不易产生遗漏。

设矩阵为 $M[P,a]$,其中,P 为文法 G 的非终结符;a 为 G 的终结符。构造 FIRSTVT 集的矩阵规则如下:

① 若有 P→a⋯ 或 P→Qa⋯,则 $M[P,a]=1$。

② 若有 P→Q⋯,则对所有的 $M[Q,a]=1$ 使得 $M[P,a]=1$。

③ 重复执行规则①和②,直到 M 矩阵不再变化为止。

构造 LASTVT 集的矩阵规则如下:

① 若有 P→⋯a 或 P→⋯aQ,则 $M[P,a]=1$。

② 若有 P→⋯Q,则对所有的 $M[Q,a]=1$ 使得 $M[P,a]=1$。

③ 重复执行规则①和②,直到 M 矩阵不再变化为止。

对文法 G_1 使用上述规则,得到的 FIRSTVT 矩阵如图 8-8 所示,LASTVT 矩阵如图 8-9 所示。

FIRSTVT	+	*	i	(	)
E	1	1	1	1	
T		1	1	1	
F			1	1	

图 8-8 文法 G_1 的 FIRSTVT 矩阵

LASTVT	+	*	i	(	)
E	1	1	1		1
T		1	1		1
F			1		1

图 8-9 文法 G_1 的 LASTVT 矩阵

在矩阵中,对应某非终结符为 1 的终结符属于该非终结符的 FIRSTVT 集或 LASTVT 集,从图 8-8 和图 8-9 中可以得到如下结果:

    FIRSTVT(E) = {+,*,i,(}   LASTVT(E) = {+,*,i,)}

    FIRSTVT(T) = {*,i,(}   LASTVT(T) = {*,i,)}

    FIRSTVT(F) = {i,(}   LASTVT(F) = {i,)}

这一结果与前述按定义求出的结果完全一致。

3. 算符优先关系表的构造方法

在求出文法 G 的每个非终结符的 FIRSTVT 集和 LASTVT 集后,可按照以下算法构造文法 G 的算符优先关系表 M。

```
for(文法 G 的每个产生式 P→X₁X₂…Xₙ)
{
  for(i = 1; i<n; i++)
  {
    if (Xᵢ,Xᵢ₊₁∈Vᴛ) M[Xᵢ,Xᵢ₊₁] = '≐';
    if (Xᵢ,Xᵢ₊₂∈Vᴛ,Xᵢ₊₁∈Vɴ,其中 i≤n-2) M[Xᵢ,Xᵢ₊₂] = '≐';
    if (Xᵢ∈Vᴛ,Xᵢ₊₁∈Vɴ)
      for(FIRSTVT(Xᵢ₊₁)中的每个 a)
        M[Xᵢ,a] = '<';
    if (Xᵢ∈Vɴ,Xᵢ₊₁∈Vᴛ)
      for(LASTVT(Xᵢ)中的每个 a)
        M[a,Xᵢ₊₁] = '>';
  }
}
```

利用以上算法,可以方便地求得文法 G_1 的算符优先关系表如图 8-5 所示。

在算符优先分析中,仅研究终结符之间的优先关系,而不考虑非终结符之间的优先关系,但句柄是由终结符和非终结符一起构成的,所以算符优先分析相对来说是非规范的分析。

8.3 LR 分析法

LR 的意思是自左向右扫描,自下而上进行归约。LR 分析法是另一种自下而上的分析方法,其功能强大,适用于一大类文法。这种方法比起自上而下的 LL 分析法和自下而上的算符优先分析法对文法的限制要少得多。也就是说对于大多数无二义性上下文无关文法描述的语言都可以用相应的 LR 分析器识别。而且这种方法还具有分析速度快,能准确、及时地指出出错位置等优点。它的主要缺点是对于一个实用语言语法分析器的构造工作量相当大,实现比较复杂。

LR 分析器实质上是下推自动机的另一种实现模型。与算符优先分析法不同的是,LR 分析法采用规范归约。它有一个下推栈,用来存放已移进(的终结符)和归约(的非终结符)的整个符号串,可看成记住"历史";另一方面,LR 分析器还要面对"现实"的当前输入符号;之后再推测将来可能碰到的输入符号串,即要展望"将来"。LR 分析器根据"历史"、"现实"和"将来"判断作为产生式右部的短语(句柄)是否已在分析栈的栈顶形成,从而确定这一次分析应采取的动作究竟是归约,是移进还是语法出错。向前展望的符号越多,分析能力越强。如果向前展望 k 个符号,则称为 LR(k)分析法(括号中的 k 表示向前展望的输入串符号的个数),通常我们只考虑 $k\leq1$ 的情况。

$k\leq1$ 的 LR 分析法可分为 LR(0),SLR(1),LR(1),LALR(1) 几种。从分析能力看,LR(1)最强,LALR(1)次之,再次 SLR(1),LR(0)最弱。它们的分析表的形式和控制程序都是相同的,差别在于分析表的内容。

在为一个上下文无关文法构造 LR 分析表时会发现,在状态 S 下,当前输入符为 a 时,可能采取的分析动作有移进和归约两类。有些文法在某些状态下的分析动作既有移进又有归约,或者有两个以上不同的归约,我们称发生了"移进—归约"冲突(Shift—reduce Conflict)或"归约—归约"冲突(Reduce—reduce Conflict)。显然,一个 LR 分析表不应含有任何冲突。LR(0)采取了简单的方法构造分析表,分析表不大,分析简单,但只对无冲突的文法有效。SLR(1)采取简单的办法解决一类文法的冲突,分析能力强于 LR(0),而分析表大小与 LR(0)相同。LR(1)则采取精确的办法解决一大类文法的冲突,分析能力最强,但分析表比前两种大了许多。LALR(1)则是在 SLR(1)和 LR(1)之间的折中,分析能力强于 SLR(1)而稍弱于 LR(1),但分析表的大小与 SLR(1)相同。图 8-11 的 G_1 文法的 LR 分析表其实是 SLR(1)分析表。限于篇幅,本节只讨论 LR(0)和 SLR(1)分析法。

8.3.1 LR 分析过程

LR 分析法也是一种表驱动的方法,它是一个由分析栈、控制程序和分析表以及输入串组成的下推自动机,其结构如图 8-10 所示。

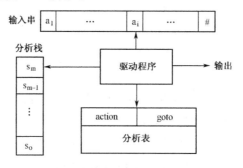

图 8-10 LR 分析器的结构

分析表有 action 表和 goto 表两部分。

action 表是一个状态及终结符的二维矩阵,action[s,a]定义了在状态 s 下,当前输入符为 a 时应采取的分析动作。动作有如下 4 种:

① action[s,a]=shift j,将状态 j 移进(shift)分析栈栈顶,在分析表中简记为 s_j。

② action[s,a]=reduce j,将栈顶内容按第 j 个产生式归约(reduce),简记为 r_j。

③ action[s,a]=accept,分析成功,输入串被接受(accept),简记为 acc。

④ action[s,a]=error,语法错误,在分析表中记录出错处理程序入口,为简单起见,这里用空白表示。

goto 表是一个状态及非终结符的二维矩阵,goto[s,X]定义了在状态 s 下,面对文法符 X 时的状态转换。

将文法 G_1 的产生式编号如下:

(1) E→E+T
(2) E→T
(3) T→T*F
(4) T→F
(5) F→(E)
(6) F→i

它的分析表如图 8-11 所示。

状态	action						goto		
	i	+	*	(	)	#	E	T	F
0	s_5			s_4			1	2	3
1		s_6				acc			
2		r_2	s_7		r_2	r_2			
3		r_4	r_4		r_4	r_4			
4	s_5			s_4			8	2	3
5		r_6	r_6		r_6	r_6			
6	s_5			s_4				9	3
7	s_5			s_4					10
8		s_6			s_{11}				
9		r_1	s_7		r_1	r_1			
10		r_3	r_3		r_3	r_3			
11		r_5	r_5		r_5	r_5			

图 8-11 文法 G_1 的 LR 分析表

分析栈可分为状态栈和符号栈两部分。状态栈存放分析的状态信息,同时还隐含了分析的"历史"和"展望"信息。符号栈存放分析过程中移进和归约的文法符号信息。

驱动程序又称控制程序,它对任何 LR 分析器都适用。初始时,状态栈中置初始状态 0,输入指针指向输入串第一个符号。以后根据状态栈栈顶状态 s 和输入指针所指当前输入符 a 查分析表 action[s,a]:

(1) 若 action[s,a]=s_j,则将状态 j 推入栈顶,输入指针指向下一输入符号。

(2) 若 action[s,a]=r_j,则按第 j 个产生式 A→β 归约,设 |β|=t,应上托 t 个状态出栈,再根据当前的栈顶状态 s_i 及归约后的非终结符 A,查 goto 表,若 goto[s_i,A]=k,则将状态 k 推入栈顶。

(3) 若 action[s,a]=acc,则分析成功,输入串被接受。

(4) 若 action[s,a] 或 goto[s,A] 为空白(error),则转出错处理程序。

利用文法 G_1 的 LR 分析表,假定输入串为 i+i*i,LR 分析过程如图 8-12 所示。其中,状态栈一列表示状态栈存放的状态信息,左边为栈底,右边为栈顶。符号栈一列表示符号栈存放

序号	状态栈	符号栈	输入串	动作
1	0	#	i+i*i#	action[0,i]=s_5
2	0,5	#i	+i*i#	action[5,+]=r_6,F→i,goto[0,F]=3
3	0,3	#F	+i*i#	action[3,+]=r_4,T→F,goto[0,T]=2
4	0,2	#T	+i*i#	action[2,+]=r_2,E→T,goto[0,E]=1
5	0,1	#E	+i*i#	action[1,+]=s_6
6	0,1,6	#E+	i*i#	action[6,i]=s_5
7	0,1,6,5	#E+i	*i#	action[5,*]=r_6,F→i,goto[6,F]=3
8	0,1,6,3	#E+F	*i#	action[3,*]=r_4,T→F,goto[6,T]=9
9	0,1,6,9	#E+T	*i#	action[9,*]=s_7
10	0,1,6,9,7	#E+T*	i#	action[7,i]=s_5
11	0,1,6,9,7,5	#E+T*i	#	action[5,#]=r_6,F→i,goto[7,F]=10
12	0,1,6,9,7,10	#E+T*F	#	action[10,#]=r_3,T→T*F,goto[6,T]=9
13	0,1,6,9	#E+T	#	action[9,#]=r_1,E→E+T,goto[0,E]=1
14	0,1	#E	#	action[1,#]=acc,接受

图 8-12 关于 i+i*i 的 LR 分析过程

的符号信息。输入串一列表示尚未处理的输入串,其中最左边的符号为当前输入符号。动作一列表示在当前栈顶状态和当前输入符号下,查分析表后应采取的动作。分析开始时,状态栈底置 0 状态,符号栈底置♯,输入指针指向输入串最左边那个符号。当符号栈顶为文法开始符,状态栈顶为 1 状态,输入指针指向结束符♯时,表示分析成功,输入串是文法 G_1 的合法句子。若在查分析表时遇到空白(error),则输入串语法出错。

现在我们关心的主要问题是如何构造 LR 分析表,下面将逐步引入分析表的构造方法。

8.3.2 活前缀

LR 分析是典型的规范归约,是规范推导的逆过程。图 8-13 展示了 $i+i*i$ 的规范推导过程,共 8 步推导,其中黑体字为每次推导出的符号串。

图 8-12 共进行 8 次归约,其中黑体字是每次归约的句柄。两个图的黑体字顺序正好相反,一个从上到下,一个从下到上。从图 8-12 还可以看出:

① 归约符号串总是在栈顶。
② 句柄之后的待入栈符号总是终结符。
③ 规范句型(由规范推导推出的句型)在符号栈中的符号串是规范句型的前缀。

为此,我们引入活前缀(Viable Prefix)的概念。

规范句型中不含句柄之后任何符号的一个前缀,称为该规范句型的一个活前缀。即若 A→αβ 是文法的一个产生式,S 为文法开始符,并有

$$S \underset{R}{\overset{*}{\Rightarrow}} \delta A\omega \underset{R}{\Rightarrow} \delta\alpha\beta\omega$$

$$
\begin{array}{l}
E \Rightarrow \\
\mathbf{E+T} \Rightarrow \\
E+\mathbf{T*F} \Rightarrow \\
E+T*\mathbf{i} \Rightarrow \\
E+\mathbf{F}*i \Rightarrow \\
E+\mathbf{i}*i \Rightarrow \\
\mathbf{T}+i*i \Rightarrow \\
\mathbf{E}+i*i \Rightarrow \\
i+i*i
\end{array}
$$

图 8-13 $i+i*i$ 规范推导

则 δαβ 的任何前缀都是规范句型 δαβω 的活前缀。

上述定义表明,αβ 是规范句型 δαβω 关于 A 的直接短语,并且它是一次最右推导(规范推导),所以 αβ 是最左直接短语,是一个句柄。因此 δαβ 的任何前缀均不含句柄后的任何符号,而句柄 αβ 是 δαβ 的后缀,是分析栈栈顶的符号串。

8.3.3 LR(0)项目集规范族

规范句型的活前缀不含句柄后的任何符号,这就决定了活前缀与句柄之间只能有以下三种关系:

① 活前缀不含句柄的任何符号,此时期待从剩余输入串中识别由 A→αβ 中的 αβ 能推导出的符号串。
② 活前缀只含句柄的真前缀,即产生式 A→αβ 中 α 已被识别出在分析栈栈顶之上,期待从剩余输入串中识别由 β 所能推导出的符号串。
③ 活前缀已含句柄的全部符号,这表明产生式 A→αβ 的右部符号 αβ 已在分析栈栈顶之上,应将 αβ 归约为 A。

由此可见,句柄是一类活前缀的后缀,如果能识别一个文法的所有活前缀,自然也就能识别这个文法的所有句柄了。所以我们将讨论如何识别文法的活前缀。

首先,分别采用下列形式表示上述三种情况,即

$A \to \cdot \alpha \beta$

$A \to \alpha \cdot \beta$

$A \to \alpha \beta \cdot$

它们都用圆点"·"来指示识别位置,圆点之左是在分析栈栈顶的已识别部分,圆点之右是期待从剩余输入串中识别的符号串(可以把圆点理解为栈内外的分界线)。称在文法 G 的产生式不同位置加小圆点为文法 G 的一个 LR(0)项目,简称项目。

一个产生式,如 $E \to E+T$,根据圆点的位置不同有四个不同的项目,即

$E \to \cdot E+T$(预期要归约的句柄是 E+T,但都未进栈)

$E \to E \cdot +T$(预期要归约的句柄是 E+T,仅 E 进栈,期待 +T 的进栈)

$E \to E+ \cdot T$(预期要归约的句柄是 E+T,仅 E+ 进栈,期待 T 的进栈)

$E \to E+T \cdot$(E+T 已经进栈,可进行归约)

产生式 $A \to \beta$ 对应的项目数共有 $|\beta|+1$ 个。特别地,$A \to \varepsilon$ 对应的项目只有一个,即 $A \to \cdot$ 。

通常,我们把 $E \to E+T \cdot$ 这类圆点在最后的项目称为归约项目,特别把文法开始符的归约项目称为接受项目;把 $E \to \cdot T$ 及 $E \to \cdot E+T$ 等这类圆点后为非终结符的项目称为待约项目;把 $E \to E \cdot +T$ 这类圆点后为终结符的项目称为移进项目。

归约项目 $E \to E+T \cdot$,表示 E+T 已经全部入栈,形成了句柄,可以进行归约。

移进项目 $E \to E \cdot +T$,期待终结符 + 入栈,而扫描到 +,可以直接入栈。

待约项目 $E \to \cdot E+T$,期待非终结符 E 入栈,但非终结符 E 不能够直接入栈,只有等 E 的某个候选式的所有符号入栈,形成句柄,归约成 E 后,E 才能够入栈。

对于像 G_1 这样的文法,文法开始符的产生式不唯一,它有两个产生式,即

$E \to E+T \mid T$

这样就有两个文法开始符的归约项目,造成接受项目不唯一。同时文法开始符 E 可以出现在产生式右部,归约为 E 并不意味着分析的结束,即关于 E 的归约项目不一定是接受项目。

为了 LR 分析中接受项目的唯一性与确定性,对任何文法 G,我们总是将其拓广为等价的文法 G',增加一个新的非终结符 S' 作为 G' 的文法开始符,增加一个新的产生式 $S' \to S$,其中 S 为 G 的文法开始符,这样,接受项目便唯一确定了。

通常,可以利用文法的全部项目作为状态来构造一个识别所有活前缀的状态转换图,其中 $S' \to \cdot S$ 为唯一的初态,任何其他状态均被认为是状态转换图的终态,用它们作为活前缀的识别态。

如果状态 i 为

$X \to X_1 \cdots X_{i-1} \cdot X_i \cdots X_n$

而状态 j 为

$X \to X_1 \cdots X_i \cdot X_{i+1} \cdots X_n$

则由状态 i 画一标记为 X_i 的有向边指向状态 j;如果状态 i 对应项目的圆点之后的 X_i 为一非终结符,并有产生式 $X_i \to \alpha_1 \mid \alpha_2 \mid \cdots \mid \alpha_m$,则从状态 i 画标记为 ε 的有向边指向所有 $X_i \to \cdot \alpha_k$(k=1,$\cdots$,m)的状态,这样就构成了一个识别活前缀的状态转换图(因为存在带 ε 的有向边,这个转换图实质上是非确定的有限自动机)。为了消除带 ε 的有向边,我们引入有效项目的概念。

对于项目 $A \to \alpha \cdot \beta$,如果有

$$S \underset{R}{\overset{*}{\Rightarrow}} \delta A\omega \underset{R}{\Rightarrow} \delta\alpha\beta\omega$$

则称 A→α·β 对活前缀 δα 有效。

如果项目 A→α·Bβ 对活前缀 δα 有效,即有

$$S \underset{R}{\overset{*}{\Rightarrow}} \delta A\omega \underset{R}{\Rightarrow} \delta\alpha B \beta\omega$$

设 $\beta\omega \underset{R}{\overset{*}{\Rightarrow}} \omega'$, $B \in V_N$, 关于 B 的产生式为 B→η, 则有

$$S \underset{R}{\overset{*}{\Rightarrow}} \delta A\omega \underset{R}{\Rightarrow} \delta\alpha B \beta\omega \underset{R}{\overset{*}{\Rightarrow}} \delta\alpha B\omega' \underset{R}{\Rightarrow} \delta\alpha \eta\omega'$$

这表明 B→·η 也是对活前缀 δα 有效的项目。因此对一个活前缀有效的项目可能不止一个,于是对活前缀 δα 有效的项目的集合称为对 δα 的有效项目集。

文法 G 的所有有效项目集组成的集合称为文法 G 的 LR(0) 项目集规范族(Canonical Collection of Sets of Items)C。

设 I 是文法 G 的一个 LR(0) 项目集,closure(I) 是按如下规则构造的项目集:
① 对任何项目 i∈I,都有 i∈closure(I);
② 若项目 A→α·Bβ∈closure(I),且 B→η 为文法 G 的一个产生式,则 B→·η ∈closure(I);
③ 重复规则②,直至 closure(I) 不再增大时为止。

设 I 是文法 G 的一个 LR(0) 项目集,$X \in V_T \cup V_N$,定义状态转换函数 go(I,X) 为

$$go(I,X) = closure(\{A \rightarrow \alpha X \cdot \beta | A \rightarrow \alpha \cdot X \beta \in I\})$$

如果项目 A→α·Xβ 对活前缀 δα 有效,即有

$$S \underset{R}{\overset{*}{\Rightarrow}} \delta A\omega \underset{R}{\Rightarrow} \delta\alpha X \beta\omega$$

这表明 A→αX·β 对活前缀 δαX 有效。因此若 I 是对活前缀 δα 有效的项目集,则 go(I,X) 便是对活前缀 δαX 有效的项目集。所以 go(I,X) 是有效项目集(即状态)之间的状态转换函数。

如果将每个有效项目集作为一个状态,且均看成是终止状态,将含 S'→·S 项目的状态作为初始状态,而将 G'中的文法符号作为字母表 Σ,将 go(I,X) 作为状态转换函数,便可构造出 LR(0) 项目集规范族(即状态集)和识别活前缀的不带 ε 边的状态转换图(实质上是确定的有限自动机)。构造 LR(0) 项目集规范族的算法如下(伪代码):

```
begin
    C : = {closure({S'→·S})};
    repeat
      for C 中每一项目集 I 和每文法符号 X do
        if go(I,X) 不空且 go(I,X) ∉ C then 将 go(I,X) 加入 C 中
    until C 不再增大
end
```

此算法先置 C 的初态(仅包含第一个项目集),之后每经过一次 **for** 语句,就扩大一次 C 中的项目集数,直到项目集数不再增加为止。算法从 I_0 开始,按该项目集内的项目顺序依次求出所有后继项目集,这样一层一层向下生成所有项目集的方法避免了项目集的遗漏。

设文法 G_2 经拓广后的文法为 G_2'：

    0. S'→S
    1. S→BB
    2. B→aB
    3. B→b

文法 G_2' 的所有项目如下：

    1. S'→ • S   6. B→ • aB
    2. S'→S •   7. B→a • B
    3. S→ • BB   8. B→aB •
    4. S→B • B   9. B→ • b
    5. S→BB •   10. B→b •

用其构造的状态转换图如图 8-14 所示。其中，每一个状态都是活前缀识别态，带双圆圈的状态为句柄识别态，状态 2 是特殊的句柄识别态，称为接受状态。状态 6 和 9 是移进项目，状态 1 是开始状态，状态 1,3,4 和 7 是待约项目。

现在求它的 LR(0) 项目集规范族，求解过程如下：

I_0 = closure({S'→ • S}) = {S'→ • S, S→ • BB, B→ • aB, B→ • b}
go(I_0, S) = {S'→S •} = I_1
go(I_0, B) = {S→B • B, B→ • aB, B→ • b} = I_2
go(I_0, a) = {B→a • B, B→ • aB, B→ • b} = I_3
go(I_0, b) = {B→b •} = I_4
go(I_2, B) = {S→BB •} = I_5
go(I_2, a) = {B→a • B, B→ • aB, B→ • b} = I_3
go(I_2, b) = {B→b •} = I_4
go(I_3, B) = {B→aB •} = I_6
go(I_3, a) = {B→a • B, B→ • aB, B→ • b} = I_3
go(I_3, b) = {B→b •} = I_4

至此 C 中的项目集数已不再增加，故文法 G_2' 的 LR(0) 项目集规范簇 C 为 {I_0, I_1, …, I_6}。

根据 LR(0) 项目集规范簇可画出无 ε 边的识别活前缀的状态转换图，如图 8-15 所示，其中每一个状态对应一个项目集。

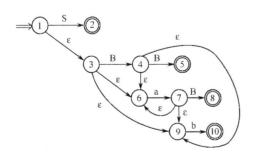

图 8-14 识别 G_2' 活前缀的状态转换图

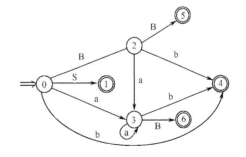

图 8-15 对应图 8-13 的消除 ε 边的状态转换图

8.3.4 LR(0)分析表的构造

有了LR(0)项目集规范族之后,可以构造LR(0)分析表,其构造算法如下:

① 若项目 A→α·aβ∈I_k,且 go(I_k,a)=I_j,a 为终结符,则置 action[k,a]=s_j(意义为把(j, a)移进栈)。

② 若项目 S'→S·∈I_k,则置 action[k,♯]=acc(意义为接受)。

③ 若项目 A→α·∈I_k,其中 A≠S',则对任何终结符 a 或结束符♯置 action[k,a]=r_j(意义为用编号为 j 的产生式进行归约,假定 A→α 的编号为 j)。

④ 若 go(I_k,A)=I_j,且 A 为非终结符,则置 goto[k,A]=j。

⑤ 表中凡不能用上述规则填入信息的空白处均置出错标志。

文法 G_2' 的 LR(0)分析表如图 8-16 所示。读者可以利用 G_2' 的 LR(0)分析表对输入符号串 aabab 进行分析,观察其归约过程。

状态	action			goto	
	a	b	♯	S	B
0	s_3	s_4		1	2
1			acc		
2	s_3	s_4			5
3	s_3	s_4			6
4	r_3	r_3	r_3		
5	r_1	r_1	r_1		
6	r_2	r_2	r_2		

图 8-16 文法 G_2' 的 LR(0)分析表

【例 8.3】 构造文法 G_1 的 LR(0)项目集规范族。

首先,将 G_1 拓展为 G_1'',产生式编号如下:

0. S'→E
1. E→E+T
2. E→T
3. T→T*F
4. T→F
5. F→(E)
6. F→i

LR(0)项目集规范族求解过程如下:

I_0 = closure({S'→·E}) = {S'→·E, E→·E+T, E→·T, T→·T*F, T→·F, F→·(E), F→·i}

go(I_0,E) = {S'→E·, E→E·+T} = I_1

go(I_0,T) = {E→T·, T→T·*F} = I_2

go(I_0,F) = {T→F·} = I_3

go(I_0,() = {F→(·E), E→·E+T, E→·T, T→·T*F, T→·F, F→·(E), F→·i} = I_4

go(I_0,i) = {F→i·} = I_5

go(I_1,+) = {E→E+·T, T→·T*F, T→·F, F→·(E), F→·i} = I_6

go(I_2,*) = {T→T*·F, F→·(E), F→·i} = I_7

$go(I_4,E) = \{F \to (E\cdot), E \to E\cdot + T\} = I_8$

$go(I_4,T) = \{E \to T\cdot, T \to T\cdot * F\} = I_2$

$go(I_4,F) = \{T \to F\cdot\} = I_3$

$go(I_4,() = \{F \to (\cdot E), E \to \cdot E+T, E \to \cdot T, T \to \cdot T*F, T \to \cdot F, F \to \cdot (E), F \to \cdot i\} = I_4$

$go(I_4,i) = \{F \to i\cdot\} = I_5$

$go(I_6,T) = \{E \to E+T\cdot, T \to T\cdot * F\} = I_9$

$go(I_6,F) = \{T \to F\cdot\} = I_3$

$go(I_6,() = \{F \to (\cdot E), E \to \cdot E+T, E \to \cdot T, T \to \cdot T*F, T \to \cdot F, F \to \cdot (E), F \to \cdot i\} = I_4$

$go(I_6,i) = \{F \to i\cdot\} = I_5$

$go(I_7,F) = \{T \to T*F\cdot\} = I_{10}$

$go(I_7,() = \{F \to (\cdot E), E \to \cdot E+T, E \to \cdot T, T \to \cdot T*F, T \to \cdot F, F \to \cdot (E), F \to \cdot i\} = I_4$

$go(I_7,i) = \{F \to i\cdot\} = I_5$

$go(I_8,)) = \{F \to (E)\cdot\} = I_{11}$

$go(I_8,+) = \{E \to E+\cdot T, T \to \cdot T*F, T \to \cdot F, F \to \cdot (E), F \to \cdot i\} = I_6$

$go(I_9,*) = \{T \to T*\cdot F, F \to \cdot (E), F \to \cdot i\} = I_7$

至此 C 中的项目集数已不再增加,故文法 G''_1 的 LR(0) 项目集规范族 C 为 $\{I_0, I_1, \cdots, I_{11}\}$。

G''_1 的 LR(0) 分析表如图 8-16 所示。其中,状态 2 和 9 出现了多重定义入口,即出现了"移进—归约"冲突。

如果文法 G 的 LR(0) 分析表没有多重定义入口,则称文法 G 为 LR(0) 文法。文法 G_2 为 LR(0) 文法,而文法 G_1 不是 LR(0) 文法。事实上,LR(0) 文法非常少,大多数上下文无关文法都不是 LR(0) 文法。

状态	action						goto		
	i	+	*	(	)	#	E	T	F
0	s_5			s_4			1	2	3
1		s_6				acc			
2	r_2	r_2	s_7/r_2	r_2	r_2	r_2			
3	r_4	r_4	r_4	r_4	r_4	r_4			
4	s_5			s_4			8	2	3
5	r_6	r_6	r_6	r_6	r_6	r_6			
6	s_5			s_4				9	3
7	s_5			s_4					10
8		s_6			s_{11}				
9	r_1	r_1	r_1/s_7	r_1	r_1	r_1			
10	r_3	r_3	r_3	r_3	r_3	r_3			
11	r_5	r_5	r_5	r_5	r_5	r_5			

图 8-17 G''_1 的 LR(0) 分析表

为了解决上述"移进—归约"冲突,必须增加"展望"信息,最简单的方法是向前"展望"一个符号,下面将讨论的 SLR(1) 分析表的构造就使用了这种方法。

8.3.5 SLR(1) 分析表的构造

从上述识别活前缀的状态转换图中可以看到,对某个活前缀有效的所有项目都在同一项目集中,如例 8.3 中,I_4 是对活前缀"("有效的项目集。而对一个活前缀有效的项目集中的每个项目,分别指出了在识别这个活前缀后应做什么,如例 8.3 中,对识别活前缀"T^*"后的项目集 I_7 中的三个项目便指出了识别活前缀 T^* 后应做的事,待约项目 F→T^*・F 期待着由剩余输入串中识别能由 F 推导出的符号串,移进项 F→・(E)及 F→・i 期待着"("和 i 的输入。

在 I_9 这样的项目集中,归约项目 E→E+T・ 指出了应将栈顶已识别的句柄 E+T 归约为 E,而移进项 T→T・*F 则表明期待着输入 *,这便造成了识别了活前缀后的 I_9 究竟采取归约还是采取移进动作的冲突。由此可见,同一项目集中的不同项目所指出应采取的动作往往会发生冲突。例如,一个 LR(0)项目集规范族中的识别了活前缀 $\delta\alpha$ 后的项目集 I 为

$$I = \{X\to\alpha\cdot a\beta, A\to\alpha\cdot, B\to\alpha\cdot\}$$

其中,移进项目 X→α・$a\beta$ 指出了将下一输入符 a 移入分析栈,归约项目 A→α・指出了应将栈顶之 α 归约为 A,而归约项目 B→α・指出了应将栈顶之 α 归约为 B,因此形成了"移进—归约"冲突和"归约—归约"冲突。如果 LR(0)项目集规范族中每一项目集,都不存在冲突,则相应文法 G 是 LR(0)的。一旦发生冲突,不同的 LR 分析器,提出了不同的解决冲突的方法。

解决上述冲突的一种简单方法是考察相应归约项目的 FOLLOW(A)和 FOLLOW(B),如果{a}与 FOLLOW(A)、FOLLOW(B)两两不相交,则移进或归约的动作便可唯一确定。即当前状态为 I,当前输入符为 b 时,有

① 若 a=b,则移进输入符 a。

② 若 b∈FOLLOW(A),则栈顶 α 用 A→α 归约。

③ 若 b∈FOLLOW(B),则栈顶 α 用 B→α 归约。

④ 此外出错。

一般而言,设 LR(0)项目集规范族的某一项目为

$$I = \{A_1\to\alpha\cdot a_1\ \beta_1, A_2\to\alpha\cdot a_2\ \beta_2, A_m\to\alpha\cdot a_m\ \beta_m, B_1\to\alpha\cdot, B_2\to\alpha\cdot, \cdots, B_n\to\alpha\cdot\}$$

若{$a_1,a_2,\cdots,a_m$}∩FOLLOW(B_i)=Φ,其中 i=1,2,$\cdots$,n,且 FOLLOW(B_i)∩FOLLOW(B_j)=Φ,其中 i,j=1,2,$\cdots$,n,且 i≠j,则可通过判断当前的输入符号 a 属于哪一个集合来解决冲突。

① 若 a=a_i,其中 i=1,2,$\cdots$,m,则移进 a。

② 若 a∈FOLLOW(B_i),其中 i=1,2,$\cdots$,n,则用产生式 B_i→α 进行归约。

③ 此外,按"出错"处理。

这种通过非终结符的 FOLLOW 集和向前"展望"的一个符号(跟随符)解决冲突的方法,称为 SLR(1)方法。使用 SLR(1)方法可构造一个文法 G 的 SLR(1)分析表,构造方法如下:

① 构造 LR(0)的项目集规范族 C={$I_0,I_1,\cdots,I_n$},并令项目集 I_i 的相应状态为 i,I_0=closure({S'→・S})。

② 对每一个项目集 I_i,在 action 表中记入 i 状态的分析动作:

若 A→α・$a\beta$∈I_i,而 go(I_i,a)=I_j,则 action[i,a]=s_j;

若 A→α・∈I_i,且 A→α 为第 j 个产生式,则对所有 b∈FOLLOW(A),action[i,b]=r_j;

若 S'→S・∈I_i,则 action[i,♯]=acc。

③ 若 go(I_i,A)=I_j,其中 A∈V_N,则在 goto 表的 goto[i,A]项内记入 j。

④ 凡不能由规则②、③登记的空白表项,均标记出错标志"error"。

按上述方法构造的分析表,如果没有多重定义入口,则该分析表称为 SLR(1)分析表,相应的文法 G 称为 SLR(1)文法。

【例 8.4】 构造文法 G_1 的 LR 分析表,并判断它是否为 SLR(1)文法。

文法 G_1 的拓广文法 G''_1 的产生式编号为

    0. $S' \rightarrow E$

    1. $E \rightarrow E + T$

    2. $E \rightarrow T$

    3. $T \rightarrow T * F$

    4. $T \rightarrow F$

    5. $F \rightarrow (E)$

    6. $F \rightarrow i$

文法 G''_1 的项目集规范族 C 已在例 8.3 中求得。

文法 G''_1 的 FOLLOW 集如下:

    FOLLOW(S') = { # }

    FOLLOW(E) = { + ,) , # }

    FOLLOW(T) = { + , * ,) , # }

    FOLLOW(F) = { + , * ,) , # }

根据项目集规范族及相应的状态转换函数,按 SLR(1)分析表构造方法,在 action 表及 goto 表中逐一登记相应的内容。由项目集 I_0 及状态转换函数 go(I_0,E),go(I_0,T),go(I_0,F),go(I_0,() 及 go(I_0,i),有

    goto[0,E] = 1

    goto[0,T] = 2

    goto[0,F] = 3

    action[0,(] = s_4

    action[0,i] = s_5

由 I_1,有

    action[1,#] = acc

    action[1,+] = s_6

由 I_2,及 FOLLOW(E) = { + ,) , # },有

    action[2,+] = action[2,)] = action[2,#] = r_2

    action[2,*] = s_7

    ……

由 I_{11},及 FOLLOW(F) = { + , * ,) , # },有

action[11,+] = action[11,*] = action[11,)] = action[11,#] = r_5

由此构造文法 G_1 的分析表如图 8-11 所示。表中不存在多重定义入口,所以该分析表是 SLR(1)分析表,文法 G_1 是 SLR(1)文法。

并非所有的上下文无关文法都可以简单地用 FOLLOW 集和跟随符来解决"移进－归约"冲突和"归约－归约"冲突，有一大类文法需用其他 LR 方法来解决冲突。考虑归约项目 $A \to \alpha \cdot$ 和输入符 $b \in \text{FOLLOW}(A)$ 的情况，仅凭这两个条件就决定使用产生式 $A \to \alpha$ 进行归约的动作有归约"扩大化"之嫌，因为所有 LR 分析法都是按句柄进行归约的规范归约（即最左归约）过程，它的逆过程是规范推导（即最右推导）过程：

$$S \overset{*}{\underset{R}{\Rightarrow}} \delta A \omega \underset{R}{\Rightarrow} \delta \alpha \omega$$

推导序列中的每一句型都是规范句型，因此将句柄 α 归约为 A 的动作，只当输入符为"规范句型"中跟随在 A 后的终结符时才是合法的。但根据 FOLLOW 集的定义，$\text{FOLLOW}(A) = \{a | S \overset{*}{\Rightarrow} \cdots Aa \cdots, a \in V_T\}$，即 A 的 FOLLOW 集是"句型"中跟随在 A 后的终结符，显然，规范句型中跟随在 A 后的终结符集合只是 FOLLOW(A) 的一个子集。因此对于项目集

$$I = \{X \to \alpha \cdot \alpha \beta, A \to \alpha \cdot, B \to \alpha \cdot\}$$

即使 $\{a\}$，FOLLOW(A) 和 FOLLOW(B) 存在两两相交的情况，还不能断言一定存在冲突。LR(1) 分析法，在每个项目中还精确定义了在规范句型中跟随的终结符（称为搜索符），这才从根本上解决了判断冲突的标准，并由此产生了 LALR(1) 分析法。限于篇幅，LR(1) 和 LALR(1) 分析法这里不予展开了。

8.4 Yacc 介绍

Yacc 是语法解析器（Parser）的自动生成工具，需要与词法解析器 Lex 一起使用，再把两部分产生出来的 C 程序一并编译。该工具和 LEX 都是源于贝尔实验室的 UNIX 计划，如今 Yacc 也成为了 UNIX 系统的标准实用程序。Yacc 大大地简化了在语法分析器设计时的手工劳动，将程序设计语言编译器的设计重点放在语法制导翻译上来，从而方便了编译器的设计和对编译器代码的维护。

BISON 是 Yacc 的 GNU 版本。Yacc 本来只在 Unix 系统上才有，但现时已普遍移植往 Windows 及其他平台。Yacc 是识别程序自动生成工具中的典型代表，它自 20 世纪问世以来，几经改进用来开发了许多编译系统。

Yacc 为语法分析器或剖析器，生成 C 程序代码。Yacc 使用特定的语法规则以便解释从 Lex 得到的标记并且生成一棵语法树，语法树把各种标记当作分级结构，例如，操作符的优先级和相互关系在语法树中是很明显的，然后 Yacc 对语法树进行一次深度遍历，生成原代码。图 8-18 显示了用 Lex 和 Yacc 共同构建编译器的原理。

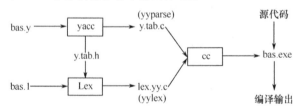

图 8-18　用 Lex/Yacc 构建一个编译器

语法分析必须建立在词法分析的基础之上，所以生成的语法分析程序还需要有一个词法分析程序与它配合工作。yyparse 要求这个词法分析程序的名字为 yylex，用户写 yylex 时可

以借助于 Lex。因为 Lex 产生的词法分析程序的名字正好是 yylex,所以 Lex 与 Yacc 配合使用是很方便的。Yacc 工作示意图如图 8-19 所示。

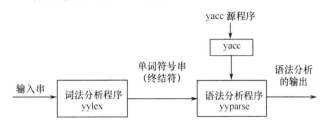

图 8-19 Yacc 工作示意图

在图 8-19 中,"Yacc 源程序"是用户用 Yacc 提供的一种类似 BNF 的语言写的要处理的语言的语法描述。Yacc 会自动地将这个源程序转换成用 LR 方法进行语法分析的语法分析程序 yyparse,同 Lex 一样,Yacc 的宿主语言也是 C 语言,因此 yyparse 是一个 C 语言的程序,用户在主程序中通过调用 yyparse 进行语法分析。

在 Yacc 源程序中除了语法规则外,还要包括当这些语法规则被识别出来时,即用它们进行归约时要完成的语义动作,语义动作是用 C 语言编写的程序段。语法分析的输出可能是一棵语法树,可能是生成的目标代码,还可能是关于输入串是否符合语法的信息,需要什么样的输出都是由语义动作和程序部分的程序段来实现的。

8.4.1 Yacc 原理

Yacc 的文法由一个使用 BNF 文法(BackusNaur form)的变量描述。BNF 文法规则最初由 John Backus 和 Peter Naur 发明,并且用于描述 Algol 语言。BNF 能够用于表达上下文无关语言。现代程序语言中的大多数结构可以用 BNF 文法来表达。例如,数值相乘和相加的文法是:

```
E → E + E
E → E * E
E → id
```

上面举了三个例子,代表三条规则(依次为 r1,r2,r3)。这段文法表示,一个表达式可以是两个表达式的和、乘积,或者是一个标识符。可以用这种文法来构造下面的表达式:

```
E => E * E      (r2)
  => E * z      (r3)
  => E + E * z  (r1)
  => E + y * z  (r3)
  => x + y * z  (r3)
```

每一步都扩展了一个语法结构,用对应的右式替换了左式,右面的数字表示应用了哪条规则。为了剖析一个表达式,需要把一个表达式逐步简化成一个非终结符。这叫做"自底向上"或者"移进归约"分析法,这需要一个堆栈来保存信息。下面就是用相反的顺序细述了和上例相同的语法:

```
1  . x + y * z            移进
2  x . + y * z            归约(r3)
3  E . + y * z            移进
4  E + . y * z            移进
5  E + y . * z            归约(r3)
6  E + E . * z            移进
7  E + E * . z            移进
8  E + E * z .            归约(r3)
9  E + E * E .            归约(r2)    进行乘法运算
10 E + E .                归约(r1)    进行加法运算
11 E .                    接受
```

"."左边的结构在堆栈中,而右边的是剩余的输入信息。以标记移入堆栈开始,当堆栈顶部和右式要求的记号匹配时,就用左式取代所匹配的标记。概念上,匹配右式的标记被弹出堆栈,而左式被压入堆栈。Yacc 把所匹配的标记认为是一个句柄,需要做的就是把句柄向左式归约,这个过程一直持续到把所有输入都压入堆栈中,而最终堆栈中只剩下最初的非终结符。在第 1 步中把 x 压入堆栈中,第 2 步对堆栈应用规则 r3,把 x 转换成 E,然后继续压入和归约,直到堆栈中只剩下一个单独的非终结符,开始符号;在第 9 步中,应用规则 r2,执行乘法指令,同样,在第 10 步中执行加法指令。这种情况下,乘法就比加法拥有了更高的优先级。

考虑一下,如果在第 6 步时不是继续压入,而是马上应用规则 r1 进行归约,这将导致加法比乘法拥有更高的优先级,这就叫做"移进—归约"冲突(Shift-Reduce Conflict)。在这种情况下,操作符优先级就可以起作用了。另一个例子,可以看到规则 E →E + E 是模糊不清的,因为既可以从左面又可以从右面递归,为了挽救这个危机,可以重写语法规则,或者给 Yacc 提供指示以明确操作符的优先顺序。

下面的语法存在"归约—归约"冲突(Reduce-Reduce Conflict)。堆栈中的 id 既可以归约为 T,也可以归约为 E。

```
E → T
E → id
T → id
```

当存在"移进—归约"冲突时,Yacc 将进行移进;当存在"归约—归约"冲突时,Yacc 将执行列出的第一条规则。对于任何冲突,它都会显示警告信息,只有通过书写明确的语法规则,才能消灭警告信息。

1. Yacc 程序结构

词法分析是对输入文件的第一次重组,将有序的字符串转换成单词序列;语法分析是在第一次重组的基础上将单词序列转换为语句,它使用的是上下无关文法的形式规则。一般的程序设计语言的形式方法大多是 LALR(1)文法,它是上下无关文法的一个子类。多数程序设计语言的语法分析都采用 LALR(1)分析表,Yacc 也正是以 LALR(1)文法为基础。类似于 Lex,它通过对输入的形式文法规则进行分析产生 LALR(1)分析表,输出以该分析表为驱动的语法分析器 C 语言源程序。Yacc 的输入文件称为 Yacc 源文件,它包含一组以 BNF 范式书写的形式文法规则以及对每条规则进行语义处理的 C 语言语句。

Yacc 源文件的文件后缀名一般用.y 表示。Yacc 的输出文件一般有两个,在 BISON 下:一个是后缀为.c 的包含有语法分析函数 int yyparse()的 C 语言源程序 xxx.tab.c(其中 xxx 是源文件的文件名),称为输出的语法分析器;另一个是包含有源文件中所有终结符(词法分析中的单词)编码的宏定义文件 xxx.tab.h(当 BISON 加参数-d 时生成),称为输出的单词宏定义头文件。Yacc 的源文件程序结构由三个部分组成,即

```
定义部分
%%
语法规则部分
%%
```

用户附加 C 语言代码部分与 Lex 不同,Yacc 对源文件格式没有严格的要求,任何 Yacc 指令都可以非顶行书写。

Yacc 在对源文件进行编译时,将对所有的单词和非终结符进行编码,并用该编码建立分析表和语法分析器。单词的编码原则是:字符单词使用其对应的 ASCII 码,有名单词则由分析器进行编码。用户在对有名单词进行命名时,一定要注意不要和使用该单词名的 C 源程序中已有的宏名相同,否则在编译该 C 模块时是会产生宏定义冲突的。

(1) 定义部分

Yacc 的定义部分比 Lex 复杂,定义部分结构如下:

```
%{C 语言代码部分%}
语义值数据类型定义
单词定义
非终结符定义
优先级定义
```

其中,C 语言代码部分同 LEX,语义值数据类型定义部分定义了进行语法分析时语义栈中元素的数据类型,可用宏 YYSTYPE 定义。

结合次序和优先级别的定义,将让 Yacc 在编译源文件时,对由文法的二义性引起的移进—归约冲突时,能正确的选择移进或归约。二元'+'和'-'的优先级低于'*'和'/',它们优先级又都低于一元减(取负)'-',且它们都是左结合的,那么可以定义:

```
%left '+' '-'
%left '*' '/'
%left UMINUS /* 虚拟单词,它和一元减有相同的优先级别和结合次序 */
```

上面的定义说明了它们的优先级,规则是越在后面定义的优先级越高。而%left 说明了是左结合的。在规则部分,对一元减做如下处理:

```
exp :
| '-' exp %prec UMINUS
……
```

它规定了一元减'-'就是前面定义的 UMINUS。这样就区别了同一算符在不同上下文环境中的优先级别和结合次序。

（2）语法规则部分

Yacc 利用 BNF 范式定义形式语言的递归生成规则。Yacc 采用下述符号作为每个产生式的控制符号:冒号":"分割产生式的左右两个部分;竖杠"|"分割同一非终结符对应的多条规则;分号";"结束一个产生式。注意:在书写语法规则时一定要区别单词、非终结符和上述控制符号,否则将会导致出错。综上,每个产生式的规则如下:

```
非终结符：规则一
        | 规则二
……… | 规则 n
```

其中,每个规则是由单词和非终结符组成的语法符号串,每个语法符号用白字符分隔。如产生式 exp—>exp+exp|exp—exp|NUM 可表示为:

```
exp: exp '+' exp
   | exp '-' exp
   | NUM
   ;
```

规则部分可以是空串,如产生式 input—>ε 可表示为

```
input : /* 空串 */
      ;
```

2. 语法

Yacc 采用指定的语法并编写识别语法中有效"句子"的分析程序,语法是语法分析程序用来识别有效输入符号的一系列规则,例如:

```
statement→NAME = expression
expression→NUMBER + NUMBER|NUMBER - NUMBER
```

竖线"|"意味着同一个符号有两种可能性,例如,表达式可以是加法也可以是减法。箭头左侧的符号被认定为规则的左边,通常被缩写成 LHS(Left-Hand Side),右侧的符号是规则的右边,通常缩写成 RHS(Right-Hand Side)。有些规则可以有相同的左边,竖线是对应于这种情况的一个速记符号(short hand)。实际上,出现在输入中的和被词法分析程序返回的符号是终结符或标记,而规则的左侧出现的是非终结的符号(或非终结符)。终结符和非终结符必须是不同的,标记出现在规则左侧是错误的。

通常使用树状结构来表示所分析的句子。例如,如果用语法分析输入"fred=12+13",树状结构如图 8-20 所示。"12+13"是一个表达式,"fred=expression"是一条语句。

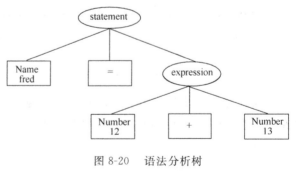

图 8-20　语法分析树

每个语法都包括起始符号,这些起始符号必须位于语法分析树的根部。在这个语法中,statement 是起始符号。

8.4.2　Yacc 进阶

1. 递归

当设计一个列表时,可以这样使用左递归,

```
list :
    item
    | list ',' item
    ;
```

或者使用下面的右递归:

```
list :
    item
    | list ',' list
```

当使用左递归时,堆栈中项的数目永远不会超过三个,即一边前进一边简化。当使用右递归时,列表中所有的项都会被压入堆栈,在压入最后一个项之后,才开始简化。因此,使用左递归更好。

2. If-Else 歧义

在 if-else 结构中,"移进一归约"冲突(Shift-Reduce Conflict)经常出现。假定有下面的规则:

```
stmt :
    IF expr stmt
    | IF expr stmt ELSE stmt
    ...
```

以及下面的状态:

```
IF expr stmt IF expr stmt  .  ELSE stmt
```

需要确定是否应该移进 ELSE,或者归约堆栈顶部的 IF expr stmt。如果移进,那么结果会是这样:

```
IF expr stmt IF expr stmt . ELSE stmt
IF expr stmt IF expr stmt ELSE . stmt
IF expr stmt IF expr stmt ELSE stmt .
IF expr stmt stmt .
```

第二个 ELSE 和第二个 IF 配对。如果归约,又会这样:

```
IF expr stmt IF expr stmt . ELSE stmt
IF expr stmt stmt . ELSE stmt
IF expr stmt . ELSE stmt
IF expr stmt ELSE . stmt
IF expr stmt ELSE stmt .
```

第二个 ELSE 和第一个 IF 配对。现代程序语言通常把 ELSE 和最近的未配对的 IF 配对,所以前面的结果才是希望得到的。当遇到"移进一归约"冲突(Shift-Reduce Conflict)时,默认行为是"移进"。尽管 Yacc 的动作是正确的,但它仍然会显示一个"移进-归约"冲突(Shift-Reduce Conflict)的警告,为了阻止警告信息,可以给 IF-ELSE 结构定义更高的优先权:

```
% nonassoc IFX
% nonassoc ELSE


stmt:
    IF expr stmt  % prec IFX
    | IF expr stmt ELSE stmt
```

3. 错误信息

一个成熟的编译器应当给用户提供有意义的错误信息。例如,下面的信息没有传达多少有意义的信息:syntax error。如果在 Lex 中跟踪行号,那么至少可以给用户提供出错的行号:

```
void yyerror(char * s) {
    fprintf (stderr, "line % d: % s\n", yylineno, s);
}
```

当 Yacc 发现一个解析错误,默认动作是调用 yyerror,然后从 yylex 中返回一个值或 1。下面的例子中,把输入流刷新为一个分隔符,然后继续扫描:

```
stmt:
    ';'
    | expr ';'
    | PRINT expr ';'
    | VARIABLE = ' expr ';
    | WHILE '(' expr ')' stmt
    | IF '(' expr ')' stmt  % prec IFX
    | IF '(' expr ')' stmt ELSE stmt
    | '{' stmt_list '}'
    | error ';'
    | error '}'
    ;
```

error 是 Yacc 中的一个特殊标志,它会匹配任意输入直到碰到紧随其后的错误符号。在这个例子中,当 Yacc 遇到错误时它会调用 yyerror,把输入流刷新为下一个分号或者右花括号,然后继续扫描。

4. 继承属性

到目前为止的例子都使用了综合属性。在一棵语法树的任意一点都能基于子结点的属性来判断此结点的属性,例如下面这个规则:

```
expr: expr '+' expr { $ $ = $ 1 + $ 3;}
```

由于是从底向上剖析的,两个操作数的值都是可用的,并且可以计算出对应左边的值。一个结点的继承属性依赖于其父结点或兄弟结点的值。下面的语法定义了一个 C 变量的声明:

```
decl : type varlist
type : INT | FLOAT
varlist:
      VAR                { setType($1, $0); }
      | varlist ',' VAR  { setType($3, $0);}
```

对上例的分析如下：

```
. INT VAR
INT . VAR
type . VAR
type VAR .
type varlist .
decl .
```

当把 VAR 归约到 varlist 的时候，应当为符号表注明此变量的类型。注意，这个类型隐藏在堆栈中，解决这个问题的办法是把堆栈索引向后推。$1 指向右边第一项，可以把索引值向后推，使用 $0、$-1 等。如果要指定一个特定类型的标志，可以用语法：$<tokentype>0，用尖括号括起来。在这个特殊例子中，注意必须总是指向变量列表之前的不确定类型。

5. 嵌入动作

Yacc 中的规则可以包含嵌入动作：

```
list: item1 { do_item1 ($1) ;} item2 { do_item2 ($3); } item3
```

注意每个动作也在堆栈中占有一个位置，所以在 do_item2 中必须用 $3 指向 item2。实际上，这个语法被 Yacc 翻译成了下面这样：

```
list :item1_rule01 item2 _rule02 item3
_rule01: {do_item1 ($0);}
_rule02: {do_item2 ($0);}
```

6. 调试 Yacc

Yacc 含有允许调试的工具。这个特性可能随 Yacc 版本的不同而各不相同。通过定义 YYDEBUG 并且把它设置成非零值，Yacc 就会在 y.tab.c 中生成调试状态代码，这也需要在命令行指定参数"-t"。如果设置了 YYDEBUG，通过设置 yydebug 可以打开或者关闭调试信息的输出。输出信息包括扫描到的标志和移进—归约动作。

```
%{
#define YYDEBUG1
%}
%%
...
%%
int main (void){
    #if YYDEBUG
```

```
        yydebug = 1;
    #endif
        yylex();
}
```

在 Yacc 中可以通过指定命令行参数"-v"保存剖析状态,状态会保存在文件 y.output 中,状态在调试程序时非常有用。另外还可以通过定义宏 TRACE 来编写自己的调试代码,如同下面的例子,当定义 DEBUG 之后,归约的过程会带着行号显示。

```
%{
#ifdef DEBUG
#define TRACE printf ("reduce at line %d\n", __LINE__);
#else
#define TRACE
#endif
%}

%%

statement_list:
        statement
            { TRACE $$ = $1;}
        | statement_list statement
            { TRACE $$ = newNode (';', 2, $1, $2);}
        ;
```

8.4.3 Yacc 例子

以构造一个小型的加减法计算器为例。下面是 Yacc 输入文件的定义段:

```
%token INTEGER
```

这个定义声明了一个 INTEGER 标记。当运行 Yacc 时,它会在 y.tab.c 中生成一个剖析器,同时会产生一个包含文件 y.tab.h:

```
#ifndef YYSTYPE
#define YYSTYPE int
#endif
#define INTEGER 258
extern YYSTYPE yylval;
```

Lex 文件要包含这个头文件,并且使用其中对标记值的定义。为了获得标记,Yacc 会调用 yylex,yylex 的返回值类型是整型,可以用于返回标记,而在变量 yylval 中保存着与返回的标记相对应的值。例如,

```
[0-9]+      {
                yylval = atoi (yytext);
```

```
                    return INTEGER;
            }
```

上例将整数的值保存在 yylval 中,同时向 Yacc 返回标记 INTEGER。yylval 的类型由 YYSTYPE 决定,由于它的默认类型是整型,所以在这个例子中程序运行正常。0~255 之间的标记值约定为字符值。例如,如果有这样一条规则:

```
    [-+]        return *yytext;            /* 返回操作符 */
```

上例将会返回减号和加号的字符值。注意必须把减号放在第一位避免出现范围指定错误。由于 Lex 还保留了"文件结束"和"错误过程"这样的标记值,所以生成的标记值通常是从 258 左右开始。下面为计算器设计的完整的 Lex 输入文件:

```
%{
#include <stdlib.h>
void yyerror(char *);
#include "y.tab.h"
%}
%%
[0-9]+              {
                    yylval = atoi(yytext);
                    return INTEGER;
                    }
[-+\n]              return *yytext;
[ \t]               ; /* skip whitespace */
.                   yyerror("invalid character");
%%
int yywrap(void) {
    return 1;
}
```

Yacc 在内部维护着两个堆栈:一个解析栈和一个内容栈。解析栈中保存着终结符和非终结符,并且代表当前剖析状态;内容栈是一个 YYSTYPE 元素的数组,对于解析栈中的每一个元素都保存着对应的值。例如,当 yylex 返回一个 INTEGER 标记时,Yacc 把这个标记移入解析栈,同时,相应的 yylval 值将会被移入内容栈中。解析栈和内容栈的内容总是同步的,因此从栈中找到对应于一个标记的值是很容易实现的,下面为计算器设计的 Yacc 输入文件:

```
%{
    #include <stdio.h>
    int yylex (void);
    void yyerror (char *);
%}
%token INTEGER
%%
program:
```

```
            program expr '\n' { printf ("%d\n", $2); }
            |
            ;
        expr:
            INTEGER              { $$ = $1; }
            | expr '+' expr      { $$ = $1 + $3; }
            | expr '-' expr      { $$ = $1 - $3; }
            ;
        %%
        void yyerror (char *s) {
            fprintf (stderr, "%s\n", s);
        }

        int main(void) {
            yyparse();
            return 0;
        }
```

通过利用左递归,已经指定一个程序由 0 个或多个表达式构成。每一个表达式由换行结束。当扫描到换行符时,程序就会打印出表达式的结果。当程序应用下面这个规则时:

```
        expr: expr '+' expr      { $$ = $1 + $3; }
```

在解析栈中用左式替代了右式。在本例中,首先弹出"expr '+' expr",然后压入"expr"。通过弹出三个成员,压入一个成员达到缩小堆栈的目的。在 C 代码中可以通过相对地址访问内容栈中的值,"$1"代表右式中的第一个成员,"$2"代表第二个,后面的以此类推。"$$"表示缩小后的堆栈的顶部。在上面的动作中,把对应两个表达式的值相加,弹出内容栈中的三个成员,再把之前得到的和压入堆栈中。这样,解析栈和内容栈中的内容依然是同步的。

当把 INTEGER 归约到 expr 时,数字被压入内容栈中。当 NTEGER 被压入分析栈中之后,Yacc 会就用到下面这条规则:

```
        expr: INTEGER            { $$ = $1; }
```

INTEGER 标记被弹出分析栈,然后压入一个 expr。对于内容栈,弹出整数值,然后又把它压回去。当遇到换行符时,与 expr 相对应的值就会被打印出来;当遇到语法错误时,Yacc 会调用用户提供的 yyerror 函数。如果需要修改 yyerror 的调用界面,改变 Yacc 包含的外壳文件就能实现。值得注意的是,这个例子仍旧有二义性的语法:Yacc 会显示"移进一归约"警告,但是依然能够用默认的移进操作语法处理。

习 题 8

8-1 已知文法 G:

S→AB
A→Ab|bB
B→a|Sb

(1)写出 bBABb 的推导过程。

(2)画出 bBABb 的语法树。

(3)求 bBABb 的短语、直接短语、句柄和最左素短语。

8-2 已知文法 G：

　　S→SbF|F

　　F→FaP|P

　　P→c

(1)试证明 FaPbc 是文法 G 的一个句型。

(2)画出 FaPbc 的语法树。

(3)求出 FaPbc 的短语、直接短语、句柄和最左素短语。

8-3 已知文法 G：

　　S→AS|b

　　A→SA|a

(1)列出 G 的 LR(0)项目集规范族。

(2)这个文法是 LR(0)文法吗？是 SLR(1)文法吗？若是，请构造出相应的分析表。

8-4 考虑表格结构的文法 G：

　　S→a|∧|(T)

　　T→T,S|S

(1)给出(a,(a,a))和(((a,a),∧,(a)),a)的最左推导和最右推导。

(2)指出它们的规范归约及每一步归约的句柄，并给出自下而上构造语法树的过程。

8-5 对上题的文法求 FIRSTVT 集和 LASTVT 集,它是一个算符优先文法吗？

8-6 试证明文法 B→B∨B|B∧B|┐B|(B)|i 不是算符优先文法。若令∨,∧均为右结合,且优先级由低到高顺序为┐,∨和∧,能否构造优先关系表？

8-7 设有文法 G：

　　S→AB

　　B→cBd|cd

　　A→aAb|ab

它是否为 SLR(1)文法？若是，请构造相应的 SLR(1)分析表。

8-8 设有文法 G：

　　S→bA|aB

　　A→Sa|a

　　B→Sb|b

它是否为 SLR(1)文法？若是，请构造相应的 SLR(1)分析表。

8-9 设有文法 G：

　　P→P(F)|F

　　F→abFda|a

(1)试求每个非终结符的 FIRSTVT 集和 LASTVT 集。

(2)试构造文法 G 的优先关系表。

第 9 章　语义分析和中间代码生成

本章将讨论语言的语义,对语法正确的句子进行语义分析。语义分析的目的是生成代码并实现句子的语义。通常,语义分析生成的不是最终的目标代码,而是便于实现优化的某种中间代码。它是语言编译的第 3 个阶段,即语义分析和中间代码生成阶段。

9.1　语义分析概论

源程序(字符串)经过词法分析和语法分析后,已将词法错误和语法错误检查出来,并由程序员进行了修正,得到语法上正确的句子,下一步对这些语法上正确的句子,按照句子的语义规则进行语义分析(Semantic Analysis),其目的是生成代码并实现其语义。因此,语义分析与代码生成是紧密相关的。但是,直接按照语义规则生成的代码,其执行效率和质量较低,通常,都是将句子翻译成某种复杂性较低的抽象的中间代码(Intermediate Code),经过优化(Optimization)后再翻译成目标代码。这样"翻译"出来的目标代码质量较高,并可以提高执行效率。

对词法分析和语法分析来说,已经有相当成熟的理论和算法,甚至可以自动生成词法分析器和语法分析器(如,LEX AND YACC)。对中间代码的产生而言,目前尚无一种公认的形式化系统,因此,这部分工作在相当程度上仍处于经验阶段。其原因是,语义形式化要比语法形式化难得多。

9.1.1　语义分析的任务

语义分析的任务归纳起来,主要是语义检查和语义处理。
(1) 语义检查

主要进行一致性检查和越界检查。例如,参与运算的表达式是否按照语言规定保持了类型一致,赋值语句左部的变量的类型是否与右部表达式值的类型一致,形参和实参的类型是否一致,数组元素的维数与数组说明的维数是否一致,每一维的上下界是否越界,在相同作用域中名字是否被重复说明等。

(2) 语义处理

对说明语句,通常将其中定义的名字及其属性信息记录在符号表中,以便进行存储分配。对执行语句,生成语义上等价的中间代码段(即这一段中间代码的语义与该执行语句的语义等价),实现将源程序翻译成中间代码的过程。

9.1.2　语法制导翻译

在语法分析过程中,根据每个产生式所对应的语义子程序(语义动作)进行翻译(生成中间代码)的方法称为语法制导翻译(Syntax-directed Translation)。

语义子程序实际上完成语义检查和语义处理,每一个语句(或语法单位)对应一组语义子程序,它实际上描述该语法单位的语义规则,它的核心任务是生成相应的中间代码。因此,对于给定的输入符号串,每当用一个产生式进行匹配(自上而下语法分析)或归约(自下而上语法分析)时,就调用相应的语义子程序。于是,随着输入符号串从左到右的逐步匹配或归约,依次调用相应的语义子程序,直到最后完成语法分析,也随之完成了到中间代码的翻译。语义子程序有时也称为语义动作。本书仅介绍针对 LR 分析法的语义分析。

在描述语义动作时,需要赋予每个文法符号 X(终结符和非终结符)以各种不同的"值",这些值可以统称为语义值(Semantic Value),如"类型"、"种属"、"地址"或"代码"等。我们将用记号 X.TYPE,X.CAT 或 X.VAL 来表示这些值。如果在一个产生式中,同一文法符号出现多次,而它们的语义值又各不相同时,为了便于区分,可使用下角标。例如,将文法 G 的一个产生式 E→E+E 表示为 E→E_1+E_2。这样就可对前后 3 个 E 的语义值加以区分,如 E.VAL,E_1.VAL 和 E_2.VAL。对应每个产生式的语义动作写在产生式后的花括号内。例如,算术表达式 E 的值的语义可以表示为

(1) E→E_1 + E_2 {E.VAL = E_1.VAL + E_2.VAL}
(2) E→0   {E.VAL = 0}
(3) E→1   {E.VAL = 1}

其中,(1)规定了 E 的语义值 E.VAL 等于 E_1 的语义值 E_1.VAL 与 E_2 的语义值 E_2.VAL 之和;(2)规定了 E 的语义值 E.VAL 为 0;(3)规定了 E 的语义值 E.VAL 为 1。终结符+的语义可理解为二进制加,0 和 1 分别理解为二进制的数字 0 和 1。这样,产生式(1),(2)和(3)生成的句子就有了具体的意义。按照它们的语义动作,就可在分析句子的同时,一步步地算出每个句子的值。

应当注意,由文法生成的句子在未执行语义动作之前是没有任何意义的。例如,使用上述产生式(1),(2)和(3),存在推导

E⇒E+E⇒E+E+E⇒E+E+E+E⇒E+E+E+E+E⇒E+E+E+E+0⇒E+E+E+1+0⇒E+E+1+1+0⇒E+0+1+1+0⇒1+0+1+1+0

推导出的句子 1+0+1+1+0 是没有任何意义的,它只是上述文法的一个合法句子。如果给出输入符号串为 1+0+1+1+0,一旦语义分析器认为它是一个合法句子,它的值 11 也就被语义子程序计算出来了。

通常,语义子程序不是计值程序,而是某种中间代码生成程序,所以随着语法分析的进行,中间代码也逐步生成。事实上,语法制导翻译方法既可以用来生成各种中间代码,也可用来直接产生目标指令,甚至可以用来对输入符号串解释执行。

9.2 中间代码

中间代码有很多形式,如三地址代码、后缀式、语法树等,而三地址代码是最常见的。三地址代码的语句的一般形式为

x = y op z

它通常包含一个操作码(op)和三个地址(x,y 和 z)。对运算类操作,两个地址(y 和 z)指出两个运算对象,另一个地址(x)用来存放运算结果。

编译中常出现的三地址语句有以下几种:
(1) 二元运算类赋值语句

         x = y op z

其中,op 为二元运算符或逻辑运算符。

（2）一元运算类赋值语句

         x = op z

其中,op 为一元运算符,如一元减 uminus,逻辑否定 not,移位符,类型转换符等。

（3）复写类赋值语句

         x = y

（4）变址类赋值语句

         x = y[i]

把从地址 y 开始的第 i 个地址单元的值赋给 x。

         x[i] = y

把 y 的值赋给从地址 x 开始的第 i 个地址单元。

（5）地址和指针类赋值语句

         x = &y

把 y 的地址赋给 x。

         x = * y

把 y 所指向的单元中的内容赋给 x。

         * x = y

将 y 的值赋给 x 所指向的单元。

（6）无条件转移语句

         goto L

将要执行的语句是标号为 L 的语句。

（7）条件转移语句

         if x rop y goto L

或

         if a goto L

rop 为关系运算符<、<=、==、>、>=、<>,若 x 和 y 满足关系 rop,或 a 为 true 时,就转而执行标号为 L 的语句,否则顺序执行下一条语句。

（8）过程参数语句 param x 和过程调用语句

         call P, n

源程序中的过程调用语句 $P(x_1, x_2, \cdots, x_n)$ 可用下列三地址代码表示：

         param x_1
         param x_2
         ...
         param x_n
         call P, n

其中，n 为实际参数个数。

(9) 过程返回语句

  return y

其中，y 为过程的返回值。

在本节中我们把中间代码定义成三地址代码的形式，源程序经过语义分析后转换为三地址代码，即三地址语句的序列。例如，赋值语句 a:=−b∗c+d 经语义分析后可转换为

  t_1 = uminus b
  t_2 = t_1 ∗ c
  t_3 = t_2 + d
  a = t_3

其中，t_i 为编译器引入的临时变量。

语义分析生成的所有三地址语句都输出到三地址语句表中，每一个表项存放一条三地址语句。语句表开始为空，输出指针 ip 指向第 1 个表项，每生成一条新的三地址语句，就将它输出到 ip 指向的位置，然后 ip 自动加 1（这里假设存储器按字节进行编址），指向下一个空表项。随着语义分析的进行，新产生的三地址语句逐步填入语句表中，直至语义分析结束，语句表中存放了语义分析的结果，即所有的三地址代码。在这个过程中，输出指针 ip 始终指向下一个空表项的位置（即用于存放下一条新三地址语句的位置）。

9.3 语义变量和语义函数

编译器在语义分析时，要用到一些工作单元和子程序，将它们称为语义变量和语义函数（或语义过程），现在先引进一些常见的语义变量和语义函数，以后还会根据需要逐步引入更多的语义变量和语义函数。

(1) i.NAME

语义变量，它和终结符 i 相关联，表示与 i 对应的普通变量的标识符字符串（即变量名）。

(2) E.PLACE

语义变量，它和非终结符 E 相关联，表示与 E 对应的变量（普通变量或临时变量）在符号表中的位置（若该变量是一个普通变量）或整数编码（若该变量是一个临时变量）。

(3) newtemp()

语义函数，每调用一次，产生一个新的临时变量，并返回其整数编码 i。在后面的使用中，将该临时变量表示为 t_i，其中 i=1,2,⋯。

(4) entry(i)

语义函数，为名字为 i 的变量查符号表，若该变量已出现在符号表中，则返回它在符号表中的位置（入口），否则，返回 0。

(5) emit(RESULT,OPD1,oper,OPD2) 或 emit(RESULT,oper,OPD)

语义函数，根据指定的参数产生一个新的三地址语句，并传送到输出指针 ip 指向的位置，然后 ip 自动加 1，指向下一个位置。

(6) error()

语义函数，表示出错。

9.4 说明语句的翻译

说明语句通常有变量说明和程序单元说明，这里只讨论变量的类型说明。语言的类型说明形式有很多种，在此考虑语法形式

  <类型说明>→<变量名表>:<类型>
  <变量名表>→<变量名表>,<变量>|<变量>

说明语句的翻译主要是将有关的说明信息存放在相应的描述符中。具体来说，简单变量的说明信息存放在符号表中，数组说明信息存放在数组描述符（内情向量）中。变量的说明信息主要包括变量名(NAME)、变量的类型(TYPE)、变量在局部区域的相对地址(OFFSET)，其中 OFFSET 的初值为 0。不同类型的变量占用存储单元的个数不同，通常用宽度 WIDTH 表示。例如，整型变量的宽度 WIDTH 为 2（即占用 2 个字节）、实型和指针变量的宽度 WIDTH 为 4（即占用 4 个字节），而数组的宽度由基类型的宽度和数组元素个数（即数组长度）的乘积来确定。当前变量的下一个变量的相对地址 OFFSET 由

  OFFSET: = OFFSET + WIDTH

来确定。

enter(NAME,TYPE,OFFSET)为语义过程，它将变量的名字、类型和相对地址填入符号表中。为了简化问题，我们仅考虑单个变量的说明，而不考虑变量名表，即

  D→i:T

文法表示为

  D→D;D|i:T
  T→real|integer|array[num] of T_1|↑T_1

其中，num 为数组元素个数；T_1 为基类型。

对于 OFFSET 的初始化，不适合放在上述产生式语义子程序中，因为 OFFSET 的初始化只能做一次，而且必须在一开始就做。因此，增加一个开始符号 S 和非终结符号 M，增加产生式

  S→MD
  M→ε

这样，说明语句的语义子程序可写成

  (1) M→ε   {OFFSET = 0;}
  (2) D→i:T   {enter(i.NAME,T.TYPE,OFFSET);
            OFFSET = OFFSET + T.WIDTH;}
  (3) T→integer   {T.TYPE = integer;
            T.WIDTH = 2;}
  (4) T→real   {T.TYPE = real;
            T.WIDTH = 4;}
  (5) T→array[num] of T_1 {T.TYPE = array(num.val,T_1.TYPE);
            T.WIDTH = num.val * T_1.WIDTH;}

```
(6)T→↑T₁            {T.TYPE = pointer(T₁.TYPE);
                     T.WIDTH = 4;}
(7)D→D;D            { }
(8)S→MD             { }
```

其中，integer 的长度为 2 个字节，real 和 pointer 的长度均为 4 个字节。当处理数组说明时，需要将数组的有关信息汇集到数组描述符中，数组描述符的格式和处理方法将在 9.5.2 节中予以介绍。

9.5　赋值语句的翻译

一个赋值语句的较通用的定义方式为

<赋值语句>→<变量>:=<表达式>

其中，<变量>既可以是普通变量，也可以是数组元素；同时，<变量>也是<表达式>的组成部分。因此，对于一个赋值语句，赋值符号":="的左部和右部都可能出现普通变量和数组元素，下面我们分别予以介绍。

9.5.1　只含简单变量的赋值语句的翻译

为简化起见，我们先对赋值语句的结构作一些限制：在赋值符号":="的左部和右部只出现简单变量，并且所有变量的类型相同。该赋值语句可以用下列文法来描述：

```
A→i:=E
E→E₁ op E₂ | -E₁ | (E₁) | i
```

其中，产生式 E→E₁ op E₂ 中的 op 可以是 +、-、*、/，分别代表二元运算加、减、乘、除；产生式 E→-E₁ 中的 - 表示一元运算 uminus；产生式右部的 E 用下标表示它不同于左部的 E，并区分所处的不同位置。

该文法是二义性的，如果约定 *、/ 优先于 +、-，且所有运算都是左结合的，则可以生成一个消除了二义性的 LR 分析表。下面给出相应的翻译方案：

```
A→i:=E              {P = entry(i.NAME);
                     if(P!=0) emit(P,=,E.PLACE);
                       else error();}

E→E₁ op E₂          {E.PLACE = newtemp();
                     emit(E.PLACE,E₁.PLACE,op,E₂.PLACE);}

E→-E₁               {E.PLACE = newtemp();
                     emit(E.PLACE,unimus,E₁.PLACE)}

E→(E₁)              {E.PLACE = E₁.PLACE}

E→i                 {P = entry(i.NAME);
                     if(P!=0) E.PLACE = P;
                     else error();}
```

上述翻译方案是由文法的产生式及相应的语义子程序组成，语义子程序是由花括号{和}间的语句序列构成，其中用到了 9.4 节描述的语义变量和语义函数。三地址语句直接写为 RESULT =OPD1 oper OPD2 或 RESULT =oper OPD。

【例 9.1】 赋值语句 a:=-b*c+d 按上述翻译方案的语法制导翻译过程,其归约次序依次为

(1) E→b,i.NAME 为 b,为简单起见,entry(i.NAME)的结果用 b 来标识,则 E.PLACE=b。

(2) E→-E_1,设 newtemp()得到的临时变量为 t_1,E.PLACE=newtemp()=t_1,t_1 是 E 的存储地址,调用 emit(),生成三地址语句 t_1=unimus b。

(3) E→c,有 E.PLACE=c。

(4) E→E_1*E_2,这时 E_1.PLACE 为 t_1,E_2.PLACE 为 c,调用 newtemp()得到临时变量 t_2,调用 emit()生成三地址语句 t_2=t_1*c。

(5) E→d,有 E.PLACE=d。

(6) E→E_1+E_2,这时 E_1.PLACE 为 t_2,E_2.PLACE 为 d,调用 newtemp()得到临时变量 t_3,调用 emit()生成三地址语句 t_3=t_2+d。

(7) A→a:=E,调用 emit(),生成三地址语句 a=t_3。

翻译至此结束,对语句 a:=-b*c+d 依次进行 7 次归约,每次归约调用相应的语义子程序,生成的三地址语句序列为:

```
t₁ = uminus b
t₂ = t₁ * c
t₃ = t₂ + d
a = t₃
```

上述翻译方案,并没有涉及参与运算的运算对象的类型。对于像 E→E_1 op E_2 这类二元运算来说,如果参与运算的两个运算对象是相同类型的,则上述翻译方案是合适的,只是生成三地址语句的语义函数 emit(E.PLACE,E_1.PLACE,op,E_2.PLACE)中作为运算符的参数 op,应取与 E_1 及 E_2 相同类型的运算符,如整型运算 op^i 或实型运算 op^r。如果参与运算的两个运算对象类型不同,例如一个为整型,一个为实型,则存在两种处理方式。一种不允许这种混合型运算,发生这种情况视为语义错误。另一种则首先将整型转换成实型,然后按实型进行运算,并以实型作为结果类型。在这种情况下,一个运算量(或表达式)应有两个语义属性,一个是它的存储位置,如 E.PLACE,一个是它的类型,如 E.TYPE。假定将整型转换成实型的这一功能由三地址语句 t=itr x 来实现,其中,itr 可视为一元运算,x 为一整型量,t 为转换后的实型量,则 E→E_1 op E_2 的语义子程序应为:

```
E→E₁ op E₂
{
    t = newtemp();E.TYPE = real;
    if(E₁.TYPE = = integer and E₂.TYPE = = integer){
        emit(t,E1.PLACE,opⁱ,E₂.PLACE);
        E.TYPE = interger;}
    else if(E₁.TYPE = = real and E₂.TYPE = = real)
        emit(t,E₁.PLACE,opʳ,E₂.PLACE);
    else if(E₁.TYPE = = integer and E₂.TYPE = = real){
        t₁ = newtemp();
```

```
            emit(t₁,itr,E₁.PLACE);
            emit(t,t₁,opʳ,E₂.PLACE);}
        else{
            t₁ = newtemp();
            emit(t₁,itr,E₂.PLACE);
            emit(t,E₁.PLACE,opʳ,t₁) ;}
        E.PLACE = t;
    }
```

9.5.2 含数组元素的赋值语句的翻译

在赋值语句和表达式中,如果除了简单变量外还允许出现数组元素(即下标变量),则为了引用这些下标变量,必须先计算出数组元素的地址。

1. 数组元素的地址计算公式

一个 n 维数组的一般化的定义方式为

    array A[$l_1:u_1,l_2:u_2,\cdots,l_n:u_n$]:integer

其中,数组元素类型 integer 也可以是 real,boolean,char 等。它定义了由相同类型的数组元素组成的 n 维矩形结构的数据空间,它们公用了一个数组名 A,第 i 维的下界为 l_i,上界为 u_i,界差(或称这一维的长度)$d_i = u_i - l_i + 1$,因而这个数组的体积,即数组元素的总数 $V = d_1 * d_2 * \cdots * d_n$。而数组元素 A[$i_1,i_2,\cdots,i_n$]的下标表[$i_1,i_2,\cdots,i_n$],定义了这 n 维矩形空间中的一个坐标点,其中每一维的下标 i_k 有 $l_k \leqslant i_k \leqslant u_k$,$k=1,2,\cdots,n$。

一个物理的存储空间是一个一维的线性空间。对一维数组来说,它恰好是线性的,因此它的数组元素与一维的存储空间之间不难建立一一对应关系,而 n 维数组 A($n \geqslant 2$)定义的 n 维数组元素的集合,也必须与一维的存储空间建立起一一映射的关系,这样每个数组元素就可以有一个唯一确定的存储位置了。当然这种一一映射可能不止一个,而按行存放和按列存放是两种常见的映射。以二维数组 A[2:4,3:5]为例,它是一个三行三列的二维空间:

    A_{23} A_{24} A_{25}
    A_{33} A_{34} A_{35}
    A_{43} A_{44} A_{45}

如果按行存放,则这些元素的线性存储次序为

    $A_{23},A_{24},A_{25},A_{33},A_{34},A_{35},A_{43},A_{44},A_{45}$

如果按列存放,则相应的存储次序为

    $A_{23},A_{33},A_{43},A_{24},A_{34},A_{44},A_{25},A_{35},A_{45}$

有些语言如 PL/1,规定按行存放,有些语言如 FORTRAN,规定按列存放,不少语言则不作规定,由编译程序决定取何种存取方式。我们只讨论按行存放。

为讨论方便,存储空间以机器字编址,而每个数组元素占一个机器字,即每个数组元素的宽度 W=1。设数组的首址,即 A[2,3]的地址为 a,则数组元素 A[i,j]的地址为

    $a+(i-2)*3+(j-3)$

为了计算 n 维数组元素 $A[i_1, i_2, \cdots, i_n]$ 的地址，不妨看一下十进制数 $i_1 i_2 \cdots i_n$ 的求值规则。十进制数的每一位 i_k 都是十进制的，$0 \leq i_k \leq 9$，即 $l_k = 0, u_k = 9, d_k = 10 (k = 1, 2, \cdots, n)$，因此十进制的值 D 为：

$$D = (i_1 - 0) * 10^{n-1} + (i_2 - 0) * 10^{n-2} + \cdots + (i_{n-1} - 0) * 10 + (i_n - 0)$$

而 n 维数组元素的下标表中，第 k 维是 d_k 进制的，$d_k = u_k - l_k + 1, l_k \leq i_k \leq u_k (k = 1, 2, \cdots, n)$。因此 n 维数组元素 $A[i_1, i_2, \cdots, i_n]$ 的存储地址 D 为

$$\begin{aligned}
D &= a + (i_1 - l_1) * d_2 * d_3 * \cdots * d_n + (i_2 - l_2) * d_3 * \cdots * d_n + \cdots + (i_{n-1} - l_{n-1}) * d_n + (i_n - l_n) \\
&= a - [(\cdots((l_1 * d_2 + l_2) * d_3 + l_3) * d_4 + \cdots + l_{n-1}) * d_n + l_n] \\
&\quad + [(\cdots((i_1 * d_2 + i_2) * d_3 + i_3) * d_4 + \cdots + i_{n-1}) * d_n + i_n]
\end{aligned}$$

令

$$C = [(\cdots((l_1 * d_2 + l_2) * d_3 + l_3) * d_4 + \cdots + l_{n-1}) * d_n + l_n]$$

CONSPART = a − C

$$\text{VARPART} = [(\cdots((i_1 * d_2 + i_2) * d_3 + i_3) * d_4 + \cdots + i_{n-1}) * d_n + i_n]$$

则

D = CONSPART + VARPART

其中，CONSPART 与数组元素的下标 $i_1, i_2, \cdots, i_n$ 无关，即对一个数组的不同元素来说，CONSPART 是相同的，因此每个数组的 CONSPART 只需计算一次。这个地址计算公式与最初的计算公式相比，计算速度有很大的提高，而且连续乘加的计算方式也有利于计算机的实现。

如果数组元素的宽度为 W，则地址计算公式有相应的改变：

$$C = [(\cdots((l_1 * d_2 + l_2) * d_3 + l_3) * d_4 + \cdots + l_{n-1}) * d_n + l_n] * W$$

$$\text{VARPART} = [(\cdots((i_1 * d_2 + i_2) * d_3 + i_3) * d_4 + \cdots + i_{n-1}) * d_n + i_n] * W$$

在上述地址计算公式中，a 为数组元素 $A[l_1, l_2, \cdots, l_n]$ 的地址，即数组的首地址，而 a − C 则是 $A[0, 0, \cdots, 0]$ 这个很可能是虚拟的数组元素的地址，而 VARPART 则是 $A[i_1, i_2, \cdots, i_n]$ 相对于 $A[0, 0, \cdots, 0]$ 的位移量。如果用变址赋值型三地址语句 x = A[i] 或 A[i] = x 访问数组元素的话，数组元素地址计算公式中的 CONSPART 相当于变址常量 A，VARPART 则相当于变址量 i。

为了在翻译中计算数组元素的地址，在遇到数组说明时，应把有关信息记录下来，成为这个数组的描述符（或称内情向量），并在符号表中相应于该数组名的登记项中，记录指向这个数组描述符的指针。数组的描述符除了包括数组元素的类型 type，数组的维数 n，数组的 CONSPART 外，还应有各维的下界 l_k，上界 u_k 及界差 d_k，从地址计算公式角度看，上界 u_k 与下界 l_k 并不引用，但有的语言对数组的每一维下标 i_k 是否越界（即 $l_k \leq i_k \leq u_k$）要做检查，因此上下界也可以包括在描述符中。描述符结构如图 9-1 所示。

l_1	u_1	d_1
l_2	u_2	d_2
...		
l_n	u_n	d_n
n	type	
CONSPART		

图 9-1 数组描述符结构

同时，为了与分析翻译过程一致，把 VARPART 的计算改写成每分析一维，作一次乘加的方式：

$$D_1 = i_1, D_k = D_{k-1} * d_k + i_k (k = 2,3,\cdots,n)$$

为了构造含数组元素的赋值语句的翻译方案,还需对相应的文法进行讨论。

2. 含数组元素的赋值语句的文法

现在,赋值语句和表达式中出现的变量既可以是简单变量,也可以是数组元素(即下标变量),变量相应的产生式为

$$V \rightarrow i[Elist] | i$$

其中,i 或为数组名,或为简单变量名。对一个 n 维数组而言,它的数组元素的下标表可以是由 n 个下标表达式组成的下标表达式表 Elist,这些下标表达式之间由逗号分开,相应的产生式为

$$Elist \rightarrow Elist_1, E | E$$

因此含数组元素的赋值语句的文法为

$$A \rightarrow V: = E$$
$$V \rightarrow i | i[Elist]$$
$$Elist \rightarrow E | Elist_1, E$$
$$E \rightarrow E_1 \text{ op } E_2 | -E_1 | (E_1) | V$$

但是,以上述文法作为基础文法来构造相应的语法制导翻译方案是困难的。根据语法制导翻译方案的定义,与产生式相应的语义子程序中涉及的语义处理,只与这个产生式中文法符号的语义属性有关。同时,在翻译的实现过程中,通常把分析栈中的每一项看成是一个二元组

(状态,指向相应文法符号属性的指针)

因为语法制导的缘故,这些文法符号的属性,随着相应的状态因归约过程在分析栈中出栈进栈的变化,而同步地消除或建立。以前述 $E \rightarrow E_1 \text{ op } E_2$ 的语义子程序为例

$E \rightarrow E_1 \text{ op } E_2$ {E.PLACE = newtemp();
                                 emit(E.PLACE = E_1.PLACE op E_2.PLACE);}

其中,E_1.PLACE,op,E_2.PLACE,是按此产生式归约前,在分析栈栈顶的三个状态所对应的文法符号 E_1, op, E_2 的属性。归约时,由它们决定了产生式左部文法符号 E 的属性 E.PLACE,然后将栈顶三个二元组上托出栈,将 E 相应的二元组下推进栈顶。因此归约后栈顶只有 E 的属性,而原来相应于 E_1, op, E_2 的属性在栈中已不可见。

对一个 n 维的数组元素 $i[E_1, E_2, \cdots, E_n]$ 来说,根据地址计算公式,从第二维开始,每分析一个下标表达式做一次乘加时,需要从数组描述符(它是数组 i 的属性)中查得这一维的界差 d_k,但是相应的产生式 $Elist \rightarrow Elist_1, E$ 不能指出相应的属性。为此,需对文法中相关的产生式作如下改造:

$$V \rightarrow i | Elist]$$
$$Elist \rightarrow i[E | Elist_1, E$$

当用产生式 $Elist \rightarrow i[E$ 归约时,作为数组 i 在符号表中的位置 entry(i.NAME) 可以传递给 Elist 的属性 Elsit.ARRAY,并在归约后处于栈顶位置。随着分析过程的推进,分析栈中又推入",",和 E,因此在用 $Elist \rightarrow Elist_1, E$ 归约时,Elist.ARRAY 指出了数组 i 的位置,从而可查得 d_k。而且 Elist.ARRAY 属性可以一直传送下去,直至最后用 $V \rightarrow Elist]$ 归约时止。

在含数组元素的赋值语句的翻译中,为变量 V 设置两个属性,V.PLACE 和 V.OFFSET。

对简单变量而言,V.PLACE 记录该简单变量的位置,V.OFFSET 始终为 0,因此对简单变量的引用方法为 V.PLACE。对数组元素而言,V.PLACE 记录该数组元素的 CONSPART 值,V.OFFSET 记录该数组元素的 VARPART 值,因此对数组元素的引用可采用变址的方法 V.PLACE[V.OFFSET]。

3. 含数组元素的赋值语句的翻译方案

改造后的含数组元素的赋值语句文法为

```
A→V:=E
V→i|Elist]
Elist→i[E|Elist₁,E
E→E₁ op E₂|-E₁|(E₁)|V
```

翻译方案中的语义动作分别叙述如下:

(1) 赋值语句左部或表达式中出现的简单变量(由 V→i 归约)和下标变量(开始时由 Elist→i[E 归约,结束时由 V→Elist]归约),两者的区别在于变量名 i 后是否有下标括号[。当 i 为简单变量时,语义动作为

```
V→i      {P = entry(i.NAME);
         if (P! = 0){
         V.PLACE = P;
         V.OFFSET = 0;}
         else error();}
```

当 i 为下标变量时,产生式 Elist→i[E 中 i 表示数组,由 i.NAME 可查得符号表中数组 i 的位置,同时第一维的下标表达式的值已在 E.PLACE 中了,所以语义动作为

```
Elist→i[E    {P = entry(i.NAME);
             if(P! = 0) {
             Elist.ARRAY = P;
             Elist.PLACE = E.PLACE;
             Elist.DIM = 1; }
             else error();}
```

其中,Elist.DIM 记录当前的下标表达式所对应的维数。

(2) 用 Elist→Elist₁,E 归约时,设下标表 Elist₁ 已归约了 $k-1$ 维,现分析到第 k 维下标表达式 E,此时应生成 $D_k = D_{k-1} * d_k + E_k$ 三地址语句,D_{k-1} 由 Elist₁.PLACE 保存,第 k 维的 d_k 可由 Elist.ARRARY 查数组描述符的第 k 维界差得到,这由语义函数 limit(Elist.ARRARY,k)实现,因此语义动作为

```
Elist→Elist₁,E  {t = newtemp();
                k = Elist₁.DIM + 1;
                emit(t,Elist₁.PLACE, *,limit(Elist₁.ARRAY,k));
                emit(t,t, +,E.PLACE);
                Elist.ARRAY = Elist₁.ARRAY;
                Elist.PLACE = t;
                Elist.DIM = k;}
```

(3) 用 V→Elist]归约时,数组元素的下标表已结束,此时由 Elist.ARRAY 可从数组描述符中查得 CONSPART,这由语义函数 getc(Elist.ARRAY)实现,而 VARPART 则由 Elist.PLACE 指出,语义动作为

```
V→Elist]     {V.PLACE = getc(Elist.ARRAY);
              V.OFFSET = Elist.PLACE;}
```

当然,当 W≠1 时,还需要生成 V.OFFSET = Elist.PLACE * W 的三地址语句。

(4) 对于表达式中的变量,需按简单变量和下标变量分别处理:

```
E→V     {if(V.OFFSET = = 0)
          E.PLACE = V.PLACE
         else{
          E.PLACE = newtemp();
          emit(E.PLACE, = ,V.PLACE[V.OFFSET]);}}
```

(5) 表达式运算及子表达式的翻译同 9.5.1 节。

```
E→E₁ op E₂   {E.PLACE = newtemp();
              emit(E.PLACE,E₁.PLACE,op,E₂.PLACE);}
E→ - E₁      {E.PLACE = newtemp();
              emit(E.PLACE,unimus,E₁.PLACE);}
E→(E₁)       {E.PLACE = E₁.PLACE;}
```

(6) 赋值语句 V:=E 左部的变量可能是简单变量,也可能是下标变量。若为下标变量,则应生成变址类型的三地址语句 V.PLACE[V.OFFSET] = E.PLACE,因此语义动作为:

```
A→V: = E    {if(V.OFFSET = = 0)
              emit(V.PLACE, = ,E.PLACE);
             else
              emit(V.PLACE[V.OFFSET], = ,E.PLACE);}
```

【例 9.2】 一个 10×20 的数组 A(即 $d_1 = 10, d_2 = 20$),其首址即数组元素 $A[1,1]$ 的地址设为 a,每个数组元素占 4 个字节,且按字节编址,则 $C = (l1 * d2 + l2) * W = 84$,因而 CONSPART = a−C 也可知,设为 a_0。在对赋值语句 a:=A[b,c]+d 翻译时,为了直观,语义动作中关于简单变量 x 的 entry(x)直接用 x 表示,则按归约次序的翻译及生成中间代码的过程为:

(1) V→a

V.OFFSET = 0,V.PLACE = a。

(2) V_1 →b

V_1.OFFSET = 0,V_1.PLACE = b。

(3) E_1 → V_1

E_1.PLACE = V_1.PLACE,即 E_1.PLACE = b。

(4) $Elist_1$ → A[E_1

$Elist_1$.array = A,$Elist_1$.PLACE = b,$Elist_1$.DIM = 1。

(5) V_2 →c

V_2.OFFSET = 0,V_2.PLACE = c。

(6) E_2 → V_2

$E_2.PLACE = V_2.PLACE$,即 $E_2.PLACE = c$。

(7) Elist→Elist$_1$, E_2

调用 newtemp(),得 t_1,$k=$Elist$_1$.DIM$+1=2$,limit$(A,k)=d_2=20$,调用 emit(),生成三地址语句 $t_1=$Elist$_1$.PLACE $* d_2$,即 $t_1=b*20$,然后再调用 emit(),生成三地址语句 $t_1=t_1+E_2$.PLACE,即 $t_1=t_1+c$,并且 Elist.array$=A$,Elist.PLACE$=t_1$,Elsit.DIM$=k=2$。

(8) V_3→Elist

因为 $W=4\neq1$,故有 $t_2=$newtemp(),并调用 emit(),生成 $t_2=V_3$.OFFSET $* W$ 即 $t_2=t_1*4$ 的三地址语句,且 V_3.OFFSET$=t2$,同时调用 getc(A),得数组 A 的 CONSPART 设为 a_0,V_3.PLACE$=a_0$。

(9) E_3→V_3

调用 newtemp(),得 t_3,调用 emit(),生成三地址语句 $t_3=a_0[t_2]$,E_3.PLACE$=t_3$。

(10) V_4→d

V_4.OFFSET $= 0$,V_4.PLACE $= d$。

(11) E_4→V_4

E_4.PLACE $= d$。

(12) E→E_3 + E_4

调用 newtemp() 得 t_4,调用 emit(),生成三地址语句 $t_4=t_3+d$,E.PLACE$=t_4$。

(13) S→V: = E

调用 emit(),生成三地址语句 $a=t_4$。

至此,赋值语句的翻译结束,生成的三地址语句序列为:

$t_1 = b * 20$

$t_1 = t_1 + c$

$t_2 = t_1 * 4$

$t_3 = a_0[t_2]$

$t_4 = t_3 + d$

$a = t_4$

9.6 控制语句的翻译

为简化起见,本书仅选择一部分控制语句进行翻译,这些语句具有普遍性和代表性,对了解控制语句的翻译技术已经足够了。

9.6.1 布尔表达式的翻译

在第 4 章中已经讨论过布尔表达式,它的结构相当复杂。但是,用于控制语句的布尔表达式却比较简单,下面的讨论仅限于关系表达式 i_1 rop i_2 或布尔量 b。因此,有关布尔表达式的产生式仅限于两个:

(1) B→b

(2) B→i_1 rop i_2

其中,rop 是关系运算符,b 为 **true**,**false** 或逻辑变量;i_1 和 i_2 是变量或常量。作为控制语句的布尔表达式,它为真或假时,要转移到不同的地方。因此,布尔表达式可翻译成两个表示转移的三地址语句:一个用于转移到为真的地方,称为真出口,记为 B.T;另一个用于转移到为假的地方,称为假出口,记为 B.F。用 ip 标记三地址语句的编号,ip 的值总是当前将要生成的三地址语句的编号,每次调用 emit()生成一个三地址语句(该三地址语句的编号就是 ip 的当前值)后,ip 值自动加 1,表示下一个将要生成的三地址语句的编号。这样,就可以写出上述两个产生式的语义子程序。对产生式 B→b 有

```
B→b{    B.T: = ip;
        B.F: = ip + 1;
        emit(if b goto 0 );
        emit(goto 0);}
```

其中,B.T 的值为 ip 的当前值,表示将要生成的第 1 个三地址语句(即 if b goto 0)的编号;B.F 的值为 ip+1,表示将要生成的第 2 个三地址语句(即 goto 0)的编号;三地址语句 if b goto 0 表示 b 为真时转移,这时转移目的地尚不可知,暂记为 0;三地址语句 goto 0 表示无条件转移(此处实际上是 b 为假时转移),同样,转移目的地尚不可知,暂记为 0。上述产生式的语义子程序也可改写成

```
B→b{    B.T: = ip;
        emit(if b goto 0 );
        B.F: = ip;
        emit(goto 0); }
```

其中,B.T 的值 ip 表示此时将要生成的第 1 个三地址语句(即 if b goto 0)的编号;B.F 的值 ip 表示此时将要生成的第 1 个三地址语句(即 goto 0)的编号。

对产生式 B→i_1 rop i_2 有

```
B→i₁ rop i₂{   B.T : = ip;
               B.F: = ip + 1;
               emit(if i₁ rop i₂ goto 0 );
               emit(goto 0 ); }
```

或者

```
B→i₁ rop i₂{   B.T: = ip;
               emit(if i₁ rop i₂ goto 0);
               B.F: = ip;
               emit(goto 0);}
```

9.6.2 无条件转移语句的翻译

通常,语言中的无条件转移是通过标号语句和 goto 语句实现的,对应的产生式分别为

```
lable→i:
S→goto i;
```

在源程序中,标号语句可能出现在 goto 语句的前面(即向前转移),也可能出现在 goto 语句的后面(即向后转移)。一个向前转移的语句形式为

```
L:
  ...
  goto L;
```

一个向后转移的语句形式为

```
goto L;
  ...
L:
```

因此,对无条件转移语句的翻译必须考虑到这两种情况。

1. 向前转移

在向前转移的情况下,首先遇到的是标号语句"L:",其翻译方法为(此时,i.NAME=L):

  lable→i:{将符号 L 填入符号表,置类型栏为"标号",置 L 的定义否栏为"已",置 L 的地址栏为 ip 的当前值。}

其中,ip 的当前值是标号 L 的后续语句对应的第一个三地址语句的编号(因为标号语句"L:"本身的翻译过程中并不会调用 emit()产生三地址语句)。

然后才遇到 goto 语句"goto L",其翻译方法为(此时,i.NAME=L):

  S→goto L {emit(goto L);}

如上所述,因为 L 已经定义,即翻译 goto L 时,L 的值已知(可在符号表中查到),所以这种情况下的翻译是比较简单和直观的。

2. 向后转移

在向后转移的情况下,首先遇到的是 goto 语句"goto L",此时标号 L 的值未知,只能将 L 填入符号表,并标记"未定义"。由于 L 尚未定义,对"goto L"只能生成不确定的三地址语句"goto 0",它的转移目标必须在 L 定义时再返填进去。如果在一段程序中有几个 goto 语句同时都转移到 L,而 L 尚未定义,则它们对应的三地址语句"goto 0"都有待返填,因此必须记住所有的待返填的三地址语句"goto 0"的编号,采用的方法是将这些三地址语句链接起来,在符号表中留下一栏,记录链首地址,如图 9-2 所示。

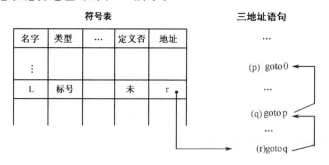

图 9-2　未定义标号的引用链

建链的方法是,若 goto L 中的标号 L 尚未记录在符号表中,则把 L 填入符号表,置 L 的"定义否"栏的值为"未",把 ip 的当前值(假设为 p)填入 L 的"地址"栏作为新链首,然后生成三地址语句 goto 0,其中的 0 为链尾标志。之后,如果又出现 goto L 语句(其中的 L 与前一个 L 相同),而这时 L 已在符号表中,且"定义否"栏标志为"未",则将 L 的"地址"栏中的编号(假设为 p)取出,把 ip 的当前值(假设为 q)作为新链首填入"地址"栏,然后生成三地址语句 goto p,以此类推。因此,结合向前转移的处理方法,goto 语句的最终翻译方案为(此时,i.NAME=L):

S→goto L {若 L 不在符号表中,则将它填入符号表,置"类型"栏为"标号",置"定义否"栏为"未",生成三地址语句 goto 0;若 L 已在符号表中,且"类型"栏为"标号","定义否"栏为"已",则生成三地址语句 goto L;若 L 已在符号表中,且"类型"栏为"标号","定义否"栏为"未",则生成三地址语句 goto 0 并更新标号 L 的引用链。}

在若干个 goto 语句后,一旦遇到标号语句"L:",则标号 L 被定义,其地址应为 ip 的当前值,即标号语句"L:"的后续语句对应的第一个三地址语句的编号。因此,结合向前转移的处理方法,标号语句的最终翻译方案为(此时,i.NAME=L):

lable→i: {若 L 不在符号表中,则它填入符号表,置"类型"栏为"标号",置"定义否"栏为"已",置"地址"栏为 ip 的当前值;若 L 已在符号表中,但"类型"栏不为"标号",或"定义否"栏为"已",则报"名字重定义"错;若 L 已在符号表中,且"类型"栏为"标号","定义否"栏为"未",则把标志"未"改为"已",然后把"地址"栏中的链首(假设为 r)取出,执行语义函数 backpatch(r,ip)回填标号 L 的引用链。}

其中,backpatch(r,ip)为语义函数,功能是把 x 为链首的链上的所有三地址语句的转移目标都填为 ip 的当前值。

9.6.3 条件语句的翻译

条件语句在程序中通常是嵌套的,为了简单,我们考虑产生式

S→if B then S_1
S→if B then S_1 else S_2

上述产生式的目标结构如图 9-3 和图 9-4 所示。按照我们的约定,B 只能生成两个三地址语句:一个是 B.T 真出口,另一个是 B.F 假出口。在生成这两个三地址语句时,它们的转移地址均不知道,只有在生成 S_1 的第一个三地址语句时,B.T 才能返填;在生成 S_2 的第一个三地址语句时,B.F 才能返填。

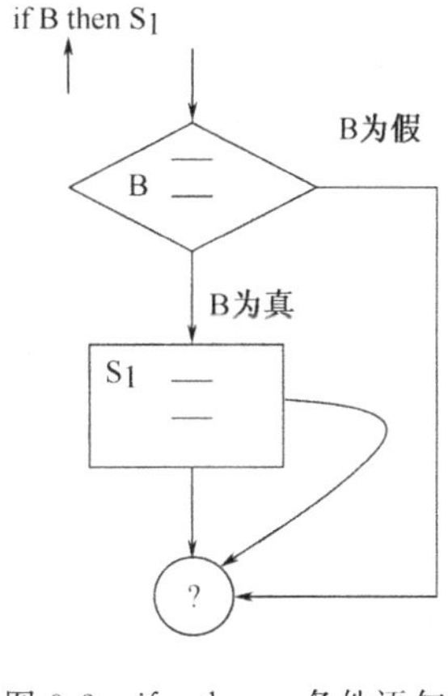

另外,在图 9-3 中,整个语句翻译完成后,B.F 仍不能确定,只能将它作为 S 的语义值 S.CHAIN 暂时保留下来。如果 S_1 本身也是控制语句(比如另一个嵌套的条件语句),它也有语义值 S_1.CHAIN 未确定,则 B.F 和 S_1.CHAIN 应转到同一个地方,因此要将它们链接起来,组成一个新的链,链首地址记录在 S 的语义值 S.CHAIN 中,这项工作由语义函数 merge( )完成。

merge(P_1,P_2)为语义函数,把以 P_1 和 P_2 为首的两条链合并为一条链,回送的函数值为合并后的链首 P_2。

按照上面的分析,对产生式 if B then S 应做两次归约。当扫描到 then 时,应做一次归约(图 9-3 中↑所指位置),以便实现 B.T 的返填;当扫描完输入串时,再做一次归约,以便将 B.F 与 S_1.CHAIN 链合并,生成新的 S.CHAIN 链。

图 9-3 if…then…条件语句的目标结构

将产生式

  S→if B then S_1

改写为

  S→M S_1
  M→if B then

因此有语义程序

  (1) M→if B then   {backpatch(B.T, ip);
             M.CHAIN = B.F;}
  (2) S→M S_1 {S.CHAIN = merge(S_1.CHAIN, M.CHAIN);}

其中，B.F 先赋给 M.CHAIN，并作为 M 的语义值暂时保留下来，以供后一次归约使用，因为后一次归约时，B 的信息已经在栈中消失。

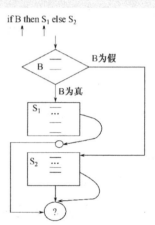

图 9-4   if…then…else…条件语句的目标结构

对图 9-4 可做类似的分析，它需做 3 次归约。当扫描到 then 时（图 9-4 中第 1 个↑所指位置），做第 1 次归约，返填 B.T；当扫描到 else（图 9-4 中第 2 个↑所指位置）时，进行第 2 次归约，首先生成三地址语句 goto 0，作为整个语句的出口，并记住该语句的位置，然后返填 B.F；当完成整个语句扫描时，进行第 3 次归约，合并相应的链。

将产生式

  S→if B then S_1 else S_2

改写为

  S→N S_2
  N→M S_1 else
  M→if B then

因此有语义程序

  (1) M→if B then   {backpatch(B.T, ip);
             M.CHAIN = B.F;}
  (2) N→M S_1 else   {q = ip;
             emit(goto 0);
             backpatch(M.CHAIN, ip);
             N.CHAIN = merge(S_1.CHAIN, q);}
  (3) S→N S_2 {S.CHAIN = merge(S_2.CHAIN, N.CHAIN);}

可以看出，许多语句的最后都有一个 S.CHAIN 链，然而对赋值语句来说，没有需要返填的三地址语句，为了统一，我们给赋值语句赋一个空链。语义程序如下：

  S→A   {S.CHAIN = 0;}

其中，0 表示空链。

【**例 9.3**】 语句 if a<b then a:=a+b else a:=a-b 的翻译过程（设 ip 的初值为 100）为
  (1) B→a<b

执行过程：B.T=ip=100；B.F=ip+1=101；emit(if a<b goto 0)；emit(goto 0)
生成三地址代码：

    100 if a<b goto 0
    101 goto 0

(2) M→if B then

执行过程：backpatch(B.T,ip)，即 backpatch(100,102)；M.CHAIN=B.F，即 M.CHAIN=101
生成三地址代码：

    100 if a<b goto 102
    101 goto 0

(3) A_1→a:=a+b

生成三地址代码：

    100 if a<b goto 102
    101 goto 0
    102 t_1 = a + b
    103 a = t_1

(4) S_1→A_1

执行过程：S_1.CHAIN=0

(5) N→M S_1 else

执行过程：q=ip=104；emit(goto 0)；backpatch(M.CHAIN,ip)，即 backpatch(101,105)；N.CHAIN=merge(S_1.CHAIN,q)，即 N.CHAIN=merge(0,104)=104

生成三地址代码：

    100 if a<b goto 102
    101 goto 105
    102 t_1 = a + b
    103 a = t_1
    104 goto 0

(6) A_2→a:=a−b

生成三地址代码：

    100 if a<b goto 102
    101 goto 105
    102 t1 = a + b
    103 a = t1
    104 goto 0
    105 t_2 = a − b
    106 a = t_2

(7) S_2→A_2

执行过程：S_2.CHAIN=0

(8) S→N S_2

执行过程:S.CHAIN=merge(S_2.CHAIN,N.CHAIN),即 S.CHAIN=merge(0,104)=104

若语句 S 之后为分号,则 S 执行完之后应当紧接着执行分号之后的语句,因此 S.CHAIN 应返填 ip 的当前值,即要将 104 的四元式转移地址确定为 107,可用下面的产生式归约实现。

  L→S|L;S

改写产生式并得到语义子程序:

  L→S   {L.CHAIN : = S.CHAIN;}
  L→X S   {L.CHAIN : = S.CHAIN;}
  X→L;   {backpatch(L.CHAIN,ip);}

因此,上例语句如果最后有分号,还应做一次归约,以便返填 S.CHAIN,即

  104 goto 0

应为

  104 goto 107

9.6.4 while 语句的翻译

通常,while 语句的语句格式为

  while B do S

其目标结构如图 9-5 所示。其中,布尔表达式的真出口 B.T 转向 S 的第一个三地址语句,假出口 B.F 导致程序控制离开 while 语句。

S 的三地址语句后,应生成一个无条件转移的三地址语句,转向测试条件 B 的第一个三地址语句。为了记住 B 的第一个三地址语句,必须对符号 while 进行一次归约(图 9-5 中第 1 个 ↑ 所指位置);为了返填 B 的真出口,需在扫描到 do 时进行一次归约(图 9-5 中第 2 个 ↑ 所指位置);整个语句扫描完成时,生成无条件转移的三地址语句,并建立 S.CHAIN。按照上述分析,对产生式略做改变,有下面的语义子程序:

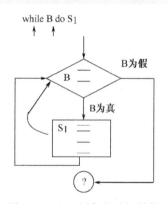

图 9-5　while 语句的目标结构

  (1) W→while   {W.CODE = ip;}
  (2) D→W B do {backpatch(B.T,ip);
          D.CHAIN = B.F;
         D.CODE = W.CODE;}
  (3) S→D S_1 {backpatch(S_1.CHAIN,D.CODE);
         emit(goto D.CODE);
         S.CHAIN = D.CHAIN;}

在(1)中,语义变量 W.CODE 记住 B 的第一个三地址语句的编号;在(2)中,D.CHAIN 记住 B 的假出口 B.F,并返填 B 的真出口;在(3)中,首先用 D.CODE(即 B 的第一个三地址语句的编号)返填 S_1.CHAIN,因为 S_1 执行完后不能直接退出,它必须转移到测试条件 B 的第一个三地址语句处执行,接着生成无条件转移三地址语句,然后建立 S.CHAIN。

【例 9.4】 语句 while A>B do if U>V then E:=F+G 的翻译过程(设 ip 的初值为 100)为

(1) W→while

执行过程：W.CODE=ip=100

(2) B_1→A>B

执行过程：B_1.T=ip=100；B_1.F=ip+1=101；emit(if A>B goto 0)；emit(goto 0)，生成三地址代码：

    100 if A>B goto 0
    101 goto 0

(3) D→W B_1 do

执行过程：backpatch(B_1.T,ip)，即 backpatch(100,102)；D.CHAIN=B_1.F=101；D.CODE=W.CODE=100，生成三地址代码：

    100 if A>B goto 102
    101 goto 0

(4) B_2→U>V

执行过程：B_2.T=ip=102；B_2.F=ip+1=103；emit(if U>V goto 0)；emit(goto 0)，生成三地址代码：

    100 if A>B goto 102
    101 goto 0
    102 if U>V goto 0
    103 goto 0

(5) M→if B_2 then

执行过程：backpatch(B_2.T,ip)，即 backpatch(102,104)；M.CHAIN=B_2.F=103，生成三地址代码：

    100 if A>B goto 102
    101 goto 0
    102 if U>V goto 104
    103 goto 0

(6) A→E：=F+G

生成三地址代码：

    100 if A>B goto 102
    101 goto 0
    102 if U>V goto 104
    103 goto 0
    104 t_1 = F + G
    105 E = t_1

(7) S_1→A

执行过程：S_1.CHAIN=0

(8) S_2→M S_1

执行过程：S_2.CHAIN=merge(M.CHAIN,S_1.CHAIN)，即 S_2.CHAIN=merge(103,0)=103

(9) S→D S₂

执行过程：backpatch(S_2.CHAIN, D.CODE)，即 backpatch(103,100); emit(goto D.CODE)，即 emit(goto 100); S.CHAIN=D.CHAIN=101，生成三地址代码：

```
100  if A>B goto 102
101  goto 0
102  if U>V goto 104
103  goto 100
104  t₁ = F + G
105  E = t₁
106  goto 100
```

其中，S.CHAIN 链（编号为 101 的三地址语句）作为整个 while 循环语句的出口，需等到将来某个时刻再确定具体的转移位置。

9.6.5 for 语句的翻译

一个较典型的 for 语句文法形式为

S→for i:=E_1 step E_2 until E_3 do S_1

假定步长表达式 E_2 的值总为正，其语义为

```
           i = E₁;
           goto over;
again:     i = i + E₂;
over:      if(i<= E₃){
               S₁;
               goto again;}
```

其目标结构如图 9-6 所示。在扫描整个 for 语句时，要生成其目标的三地址语句，需要归约 4 次。第 1 次在扫描完 E_1 时归约，第 2 次在扫描完 E_2 时归约，第 3 次在扫描完 E_3 时归约，第 4 次在扫描完 S_1 时归约。

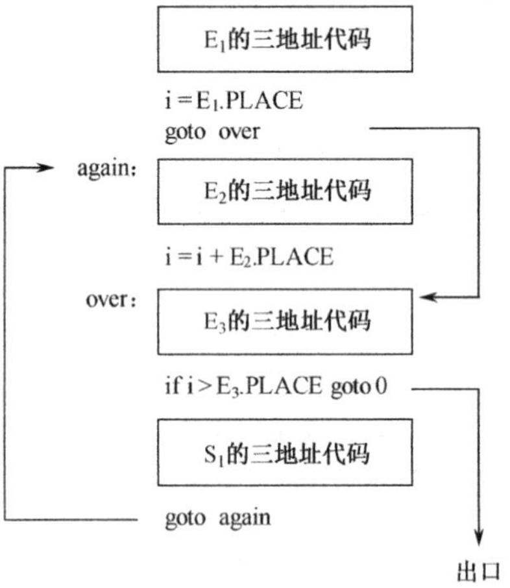

对产生式

S→for i:=E_1 step E_2 until E_3 do S_1

图 9-6 for 语句的目标结构

略作修改，即可写出如下的语义程序：

(1) F_1→for i:=E_1 　　{P = entry(i.NAME);
　　　　　　　　　　　　　emit(P, =, E_1.PLACE);
　　　　　　　　　　　　　F_1.PLACE = P;
　　　　　　　　　　　　　F_1.CHAIN = ip;
　　　　　　　　　　　　　emit(goto 0);
　　　　　　　　　　　　　F_1.AGAIN = ip;}

(2) F_2→F_1 step E_2 　　{F_2.AGAIN = F_1.AGAIN;

```
                    F₂.PLACE = F₁.PLACE;
                    emit(F₂.PLACE,F₂.PLACE, + ,E₂.PLACE);
                    backpatch(F₁.CHAIN, ip);}
(3) F₃→F₂ until E₃  {F₃.AGAIN = F₂.AGAIN;
                    F₃.CHAIN = ip;
                    emit(if F₂.PLACE > E₃.PLACE goto 0); }
(4) S→F₃ do S₁      {emit(goto F₃.AGAIN);
                    backpatch(S₁.CHAIN, F₃.AGAIN);
                    S.CHAIN = F₃.CHAIN; }
```

其中,F_1.CHAIN 链上的语句转移到 over 位置,S_1.CHAIN 链上的语句转移到 again 位置,S.CHAIN 链记录了整个 for 循环语句的出口。

9.6.6 过程调用的翻译

过程调用是将控制转移到某个子程序,转移之前必须用某种方法将实参、参数个数和返回地址等信息传递给子程序,以便这些信息在进入子程序之后被引用。参数传递方式有多种,这里仅讨论引址调用。

通常,返回地址是紧随在调用语句之后的语句的第一条指令的地址,一般存放在某个约定的通用寄存器或存储单元中,这里不需要进行特别处理。

如果实参是一个变量或数组元素,就直接传递它的地址。如果实参是某种表达式,就将表达式的值计算出来,存放在某个临时单元 T 中,然后传递 T 的地址。所有实参地址应存放在被调用子程序(程序单元)取得到的地方。通常,在被调用子程序存储单元中,对应每个形参都有一个或两个(形式)单元用来存放相应实参的信息。在引址调用中,被调用单元对形参的任何引用都当作对形式单元的间接访问。当调用语句通过转子指令 call 进入子程序后,子程序的第一步工作就是把实参的地址放到对应的形式单元中,然后才执行它自己的指令。

有的编译程序要求将参数个数的信息传递给被调用单元,因此调用语句还必须统计参数个数 n,并将它传递给被调用单元。

传递实参的一个简单方法是,把实参的地址逐一放在转子指令 call 的前面。例如,过程调用语句

    CALL P(A + B + C,D)

被翻译成

    t = A + B + C(计算表达式的代码)
    param t
    param D
    call P,2

当通过转子指令 call 进入被调用单元 P 时,P 可根据返回地址向前找到每一个实参。

调用语句的产生式

    S→CALL i(E₁,E₂,…,Eₙ)

可改写为

    S→CALL i(arglist)
    arglist→arglist₁,E
    arglist→E

可写出如下的的语义子程序：

(1) arglist→E   {建立一个存放参数信息的队列 arglist.QUEUE；
                          把 E.PLACE 存入参数队列 arglist.QUEUE；
                          arglist.DIM = 1；}

(2) arglist→arglist$_1$,E   {arglist.QUEUE = arglist$_1$.QUEUE；
                          把 E.PLACE 存入参数队列 arglist.QUEUE；
                          arglist.DIM = arglist$_1$.DIM + 1；}

(3) S→CALL i(arglist)   {for(参数队列 arglist.QUEUE 中的每一个参数 X)
                          emit(param X)；
                          emit(call i.NAME,arglist.DIM)；}

习 题 9

9-1　试给出表达式 $(5*4+8)*3$ 的语法树,并注明各结点的语义值 VAL。

9-2　试写出表达式 $-(a+b)*(c+d)-(a+b+c)$ 的翻译过程。

9-3　试写出赋值语句 $A:=B*(-C+D)$ 的翻译过程。

9-4　对下列翻译方案：

　　S→PS{print "1"}
　　S→PQ{print "2"}
　　P→a　{print "3"}
　　Q→bR {print "4"}
　　Q→dQ {print "5"}
　　R→c {print "6"}

　　当输入串为"aaadbc"时,翻译结果是什么？

9-5　试写出语句

　　if C<D then while A>B do x:=y+2*z 的翻译过程。

9-6　试写出语句

　　while A<C do if A=1 then C:=C+1 else while A≤D do A:=A+2 的翻译过程。

9-7　试写出语句

　　for i:=1 to N do S1 的语义子程序。

9-8　试写出 repeat 语句的语义子程序。

第10章 代码优化和目标代码生成

本章将讨论如何对程序的中间代码进行转换,使得转换后的中间代码能生成更有效的目标代码。通常称上述工作过程为代码优化,即编译逻辑上的第4个阶段。本章还同时讨论如何由优化的中间代码生成有效的目标代码,这是编译最后阶段的工作。

10.1 局 部 优 化

用语法制导方法生成的中间代码是按语句,甚至是按短语翻译过来的,没有考虑程序中各语句之间的关联,其生成过程是机械的,具有很大的局限性。显然,这样生成的代码不可能像手工编写程序那样简明、精致和高效,因此,必须对它进行进一步的处理。

10.1.1 优化的定义

优化是一种等价和有效的程序变换。所谓等价是指不改变程序的运行结果,即对同一输入,变换前和变换后执行的结果一样,且输出相同。有效是指变换后的程序比变换前的程序所占空间更小,执行速度更快。当然,在计算机中,这是一对矛盾的两个方面,为了达到目标程序有效,必须采取一定的折中。折中也是计算学科中一个重复使用的重要概念,如同重复使用的绑定概念一样,读者要很好地掌握它。

程序的优化可以使程序更有效,但要使目标程序很精致,仅进行一次优化往往很难达到目的。因此,许多编译程序采取多次优化策略,以使最后生成的目标程序更有效。但是,实现优化的程序也要占用机器时间,增加开销,因此,在选择优化次数和优化技术时,也要根据最后的效果,在有效和开销上做出适当的折中。

原则上,一个程序在不同阶段均可进行优化。首先,在编写程序时,程序员就要考虑选择有效的算法和数据结构,这对将来生成的目标代码的执行效率有决定性的影响。

编译优化主要分成中间代码优化和目标代码优化两个阶段。中间代码优化可分成局部优化和全局优化。局部优化是指对基本块(Basic Block)的优化。在基本块之间的优化称为全局优化。局部优化可做的工作不多,它是最简单最基本的优化。全局优化要对数据流进行分析,本书不讨论数据流,仅讨论最有明显效果的循环优化。

所谓基本块,是指程序中的一段语句序列,它只有一个入口语句,即该语句的第一个语句;只有一个出口语句,即该语句序列的最后一个语句。

编译优化有一部分是与目标机有关的。例如,如何合理使用资源,充分利用寄存器和选择适当的指令等。但有些优化是独立于目标机的,例如,公共表达式可以不必重复运算。

10.1.2 基本块的划分

为了实现局部优化,首先必须在(以中间代码表示的)程序中划分出基本块。按照基本块的定义,首先必须找出程序中的入口语句和出口语句,然后才可以划分出基本块。

1. 入口语句

求出中间代码中各个入口语句的规则为:

(1) 程序的第一个语句;
(2) 能由转向语句(条件转移语句或无条件转移语句)转移到的语句;
(3) 紧跟在条件转移语句之后的语句。

2．出口语句

求出中间代码中各个出口语句的规则为:
(1) 转向语句;
(2) 停止语句。

3．划分基本块的算法

可按下述算法划分基本块:
(1) 求出中间代码中各个入口语句。
(2) 对每一入口语句构造一个基本块。它是由该入口语句到下一个入口语句(不包括下一个入口语句),或到一个转移语句(包括该转移语句),或到一个停止语句(包括该停止语句)之间的语句序列组成的。即由一入口语句到下一出口语句之间的语句序列组成一个基本块。
(3) 凡未被纳入某一基本块中的语句,都是程序中控制流程无法到达的语句,从而也是不会执行的语句,可以把它们从语句序列中删除。

下列中间代码是一个程序段,按照上述算法,可以将它分成 6 个基本块,标记为 $B_1 \sim B_6$,每一个基本块的第一个语句为入口语句,并用箭头加以标识。

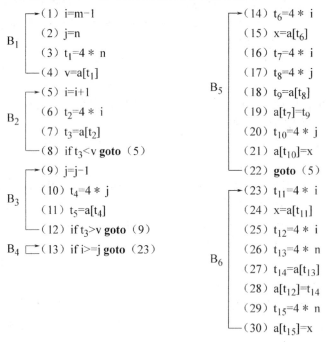

其中,$a[t]=x$ 为变址存语句;$x=a[t]$ 为变址取语句,数组元素绑定于变址地址 $a[t]$。

10.1.3 程序流图

程序流图(Program Flow Graph)是程序结构的图形表示。一个基本块是程序流图的一个结点,一个程序的所有基本块是程序流图的结点集(记为 N)。特别地,把程序第一条语句所在的结点称为首结点(记 n_0)。因此,程序流图 G 可定义为

$$G=(N,E,n_0)$$

其中,E 为有向边(代表控制流)的集合,如果结点 n_i 将控制转向 n_j,则有一条由 n_i 指向 n_j 的有向边。程序流图也可简称流图(Flow Graph)。流图的意义是,结点代表计算,有向边代表控制流,首结点指程序的起始点。

构造程序流图的算法为:

(1) 输入基本块集(结点集)N。

(2) 含程序第一条语句的基本块为首结点 n_0。

(3) 设 $B_i,B_j \in N$,若满足条件:

(a) B_j 紧跟在 B_i 之后,且 B_i 的出口不是无条件转移或停止语句;

(b) B_i 的出口语句为转移语句,其转移点恰为 B_j 的入口语句。

则 B_i 与 B_j 之间有一有向边 $B_i \to B_j$。结点间的所有有向边的集合就是 E。

由 10.1.2 节中的例子构造的程序流图如图 10-1 所示。

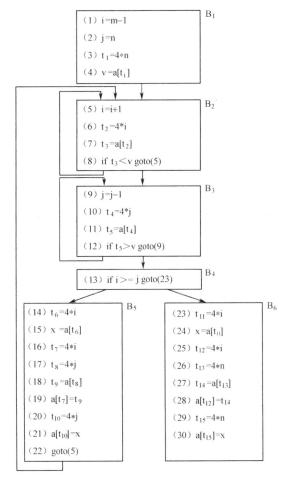

图 10-1 程序流图示例

10.1.4 基本块内的优化

基本块内的优化就是局部优化,其优化手段不多,效果相对也不明显,但它是基础性的优化,具有普遍意义。这里介绍 4 种优化方法。

1. 合并已知量

对于语句

  A = OP B

或

  A = B OP C

一类的语句,若 B 及 C 为常数,则编译时即可将它们计算出来,把值存放在临时单元 T 中,相应的语句换成

  A = T

2. 删除公共子表达式

删除公共子表达式实际上是删除多余运算。例如,若有两条赋值语句

  A : = B + C * D

和

  U : = V - C * D

其中,C,D 进行同样的计算,若在计算第 2 个赋值语句之前,C 和 D 未重新赋值,则 C,D 只需在第 1 个赋值语句中计算,并将其值保存在临时单元 T 中,第 2 个赋值语句改为

  U : = V - T

这样,就节省了一次乘运算。

3. 删除无用赋值

若有三地址语句

  (p)A = B + C
   ⋮
  (q)A = M + N

在(p)和(q)之间,没有引用过 A,则(p)对 A 的赋值应当删除。类似的无用赋值还可找出一些其他形式,这里不再赘述。

4. 删除死代码

在语句 **if** B **then** S1 **else** S2 中,如果 B 的值是固定的 **true** 或 **false**,则其中的一个分支在程序执行中永远得不到执行,这些分支的代码是"死代码",可以删除。

例如,有一个基本块代码序列:

(1) F = 1   (7) I = H * G
(2) C = F + E (8) J = D/4
(3) D = F + 3 (9) K = J + C
(4) B = A * A (10) L = H

(5) G = B − D　(11) L = I − J

(6) H = E

首先,合并已知量,由(1)F＝1,可得

(1) F = 1　　　(7) I = H * G

(2) C = 1 + E　(8) J = 1

(3) D = 4　　　(9) K = 2 + E

(4) B = A * A　(10) L = H

(5) G = B − 4　(11) L = I − 1

(6) H = E

其次,删除公共子表达式。由(6)将(7)改为

(7) I = E * G

然后,删除无用赋值。(10)是无用赋值,可删除。最后,如果 F,C,H,D 和 J 在基本块外不再被引用,则可删除(1),(2),(3),(6)和(8),可得结果

(4) B = A * A　(9) K = 2 + E

(5) G = B − 4　(10) L = I − 1

(7) I = E * G

上面所述的局部优化方法仅仅是从直观上进行了讨论,事实上,已经有实现局部优化的有效工具,那就是基本块的无环路有向图 DAG(Directed Acyclic Graph),这里不再赘述。

10.2　全　局　优　化

要进行全局优化,必须对程序的数据流进行分析,这是比较复杂的。这里只讨论对循环进行的优化。我们知道,对一个迭代程序,在执行迭代循环时,可能要完成成千上万次迭代,若能节省一条指令,就相当于节省成千上万条指令。因此,循环优化对提高目标代码的有效性特别有意义。

什么是循环？循环就是程序中重复执行的代码序列。为了优化目标,必须找出程序中的循环。由循环语句构成的循环是不难找出的,但由条件转移和无条件转移语句构成的循环其结构要复杂些。为了找出循环,必须对程序中的控制流进行分析。控制流分析也是程序中数据流分析的基础,它是优化的重要工具。下面将对循环优化进行讨论。

10.2.1　循环的定义

循环是程序流图中具有唯一入口结点的强连通子图。

(1) 强连通

所谓强连通是指任意两个结点之间必有一条通路,而且该通路上的各结点都属于该结点序列。如果序列只包含一个结点,则必有一个有向边从该结点引向它自身。或者说,子图中任何两个结点 m 和 n 可相互到达,即 m 至 n 有通路 m→n,n 至 m 也有通路 n→m,且通路上的结点均属于该子图。

(2) 入口结点

设子图的结点集为 $N_1 \subseteq N$,且结点 $n \in N_1$,另有一结点 $m \in N$,但 $m \notin N_1$,且有通路 m→n,则称 n 为入口结点。首结点 n_0 一定是入口结点。

图 10-2 给出了一个程序流图。

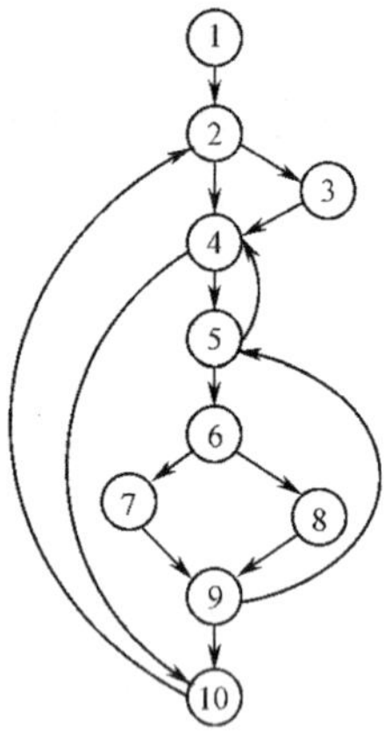

由结点序列{5,6,7,8,9}组成的子图是强连通的,仅有的入口结点为 5,故子图{5,6,7,8,9}是一循环。

由结点序列{4,5}组成的子图是强连通的,但 4,5 均为子图的入口结点,所以子图{4,5}不是循环。

由结点序列{2,4}组成的子图不是强连通的,4 与 2 之间虽有通路 4→10→2,但通路上的 10 不在子图中。

10.2.2 必经结点集

为了找出程序流图中的循环,就需要分析流图中结点之间的控制关系,为此引入必经结点和必经结点集的概念。

(1) 必经结点 在流图中,对任意两个结点 n_i 和 n_j,若从首结点出发,到达 n_j 的任一通路必须经过 n_i,则称 n_i 是 n_j 的必经结点,并记为 $n_i \mathrm{DOM} n_j$,DOM 是 Dominate 的缩写。

图 10-2 一个程序流图

(2) 必经结点集 流图中结点 n 的所有必经结点的集合称为 n 的必经结点集,记为 $\mathrm{D}(n)$。

若把 DOM 看作流图中结点集上定义的一个关系,则由定义可以看出,它具有以下的代数性质:

(1) 自反性 对流图中任意结点 n 有 $n\mathrm{DOM}n$;
(2) 传递性 对流图中任意结点 n_1, n_2 和 n_3,如果 $n_1 \mathrm{DOM} n_2$ 且 $n_2 \mathrm{DOM} n_3$,则 $n_1 \mathrm{DOM} n_3$;
(3) 反对称性 若 $n_1 \mathrm{DOM} n_2$ 且 $n_2 \mathrm{DOM} n_1$,则 $n_1 = n_2$。

关系 DOM 是一个偏序关系,所以,任何结点 n 的必经结点集是一个有序集。

在图 10-2 中,各结点的必经结点集为

D(1) = {1}   D(6) = {1,2,4,5,6}
D(2) = {1,2}   D(7) = {1,2,4,5,6,7}
D(3) = {1,2,3}   D(8) = {1,2,4,5,6,8}
D(4) = {1,2,4}   D(9) = {1,2,4,5,6,9}
D(5) = {1,2,4,5}   D(10) = {1,2,4,10}

10.2.3 循环的查找

首先引入回边(Back Edge)的概念。若流图 $G = (N, E, n_0)$ 中的有向边 $n \to d$,且 d 是 n 的必经结点,即 $d \in D(n)$,则称 $n \to d$ 为流图的一条回边。

在图 10-2 中,一共有 3 条回边:

(1) 5→4,因为 4∈DOM(5)。
(2) 9→5,因为 5∈DOM(9)。
(3) 10→2,因为 2∈DOM(10)。

若 $n \to d$ 是流图 $G = (N, E, n_0)$ 的一条回边,M 是流图中有通路到达 n 而不经过 d 的结点集,则循环 LOOP 可定义为

$$\mathrm{LOOP} = \{n, d\} \cup M$$

可以证明，LOOP 就是 G 的一个具有唯一入口结点的强连通子图。这里不再证明。

在图 10-2 中，3 条回边组成 3 个循环：

(1) 回边 5→4 组成的循环为{5,4,6,7,8,9}。

(2) 回边 9→5 组成的循环为{9,5,6,7,8}。

(3) 回边 10→2 组成的循环为{10,2,3,4,5,6,7,8,9}。

10.2.4 循环的优化

在循环中可采用代码外提、强度削弱、删除归纳变量、循环展开和循环合并等 5 种优化措施，这里只讨论前 3 种优化措施。

1. 代码外提

在循环 L 中，对 x:=OP y 或 x:=y OP z 一类的运算，如果 y,z 均为循环不变量（或为常数，或它的定值点均在 L 之外），则称该运算为循环不变运算。因为它在循环中每次运算的结果都是相同的，因此没有必要每次都在循环中计算它，可以将它提到循环入口结点之前所增设的前置结点中，只做一次运算即可。循环不变运算代码外提的优化效果非常明显。在图 10-3 中，B_2,B_3 构成了循环。在 B_2 中，语句(3)和(7)中的运算均为 2*j，在循环中 j 没有定值点，因此 2*j 是个循环不变运算。同样，语句(6)和(10)中的运算 a_0－11 也是循环不变运算。因此经代码外提后的流图如图 10-4 所示。

2. 强度削弱

在循环 L 中，若变量 i 有唯一的定值 i:=i±c，其中 c 为常数，±表示可正可负，则称 i 为 L 中的基本归纳变量。如果变量 j 的定值均为 j:=c_1*i±c_2 形式，其中 i 为基本归纳变量，c_1,c_2 为循环不变量，则称 j 为 i 的同族归纳变量。在图 10-4 的 B_3 中，语句(14)为 i 的唯一定值点，故 i 是基本归纳变量。此外，在语句(4),(5),(8),(9)处，有

$t_2 = 10 * i$
$t_3 = t_2 + t_1 = 10 * i + t_1$
$t_6 = 10 * i$
$t_7 = t_6 + t_5 = 10 * i + t_5$

因为 t_1,t_5 均为循环不变量，故 t_2,t_3,t_6,t_7 均为 i 的同族归纳变量。

基本归纳变量 i 每循环一次增(减)一个常数 c，与 i 同族的归纳变量 j=c_1*c 就相应地增(减)c_1*c，这就表明，计算 j 的 c_1*i 的乘法可以用执行时间短得多的加法来代替，这是一种计算强度的削弱。此外，将普通加法转换成变址器加法，同样可提高运算速度，这是另一种强度削弱。图 10-4 的流图经强度削弱后，如图 10-5 所示。

在图 10-5 中，(4′),(8′),(5′),(9′)中均为＋10，这可由变址加实现。

3. 删除循环变量

基本归纳变量除自身的递归定值外，通常作为循环控制并参与同族归纳变量的计算。在强度削弱后，同族归纳变量在循环中的计算只是增(减)一个常量而使其与基本归纳变量无关，如图 10-5 中的(4′),(8′),(5′),(9′)。如果将控制条件由依赖于基本归纳变量变换成依赖于同族归纳变量，则基本归纳变量除了唯一的递归定值外，已别无他用，因而可删除。如果将图 10-5 中语句(2)变换成

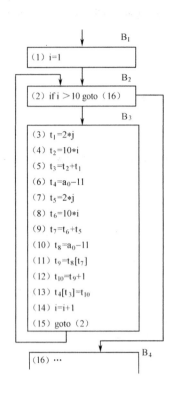
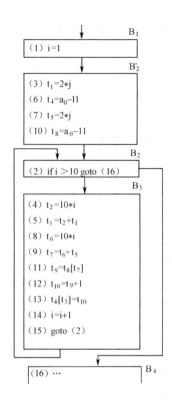

图 10-3　循环优化的例子　　　　图 10-4　经代码外提后的流图

(2′) s: = 100 + t₁
(2″) if t₃ > 5 goto(16)

并且因变换后的(2′)是一个循环不变运算而可以外提到前置结点 B'_2 中去,故删除归纳变量后的流图如图 10-6 所示。在图 10-6 中,如果 t_2,t_6 在循环出口之后是不活跃的(即不再被引用),则(4′),(8′)是无用赋值,可删除,此时 B_3 中的语句为

(11) $t_9 = t_8[t_7]$
(12) $t_{10} = t_9 + 1$
(13) $t_9 4[t_3] = t_{10}$
(5′) $t_3 = t_3 + 10$
(9′) $t_7 = t_7 + 10$
(15) goto (2″)

表 10-1 是 B_3 在优化前和优化后的比较,因为 B_3 是循环体,重复执行次数越多,优化效果就越好。

表 10-1　B_3 优化前后的比较

B_3	语句数	乘法数	加法数	变址加
优化前	13	4	6	0
优化后	6	0	1	2

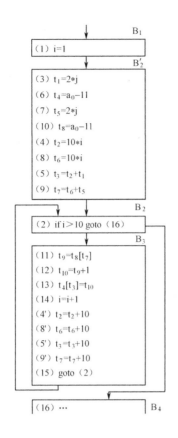 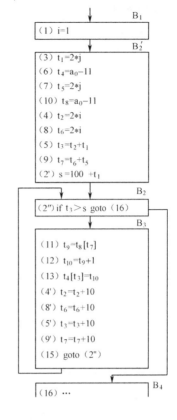

图 10-5 强度削弱后的流图　　图 10-6 删除归纳变量后的流图

10.3 并 行 优 化

在高性能科学计算领域,并行计算和向量计算是提高计算机性能的主要途径。为了更好地利用这些拥有强大计算能力的并行计算机与向量计算机,相关的研究人员在高级语言的自动向量化与并行化研究中投入了大量的人力物力,取得了丰富的研究成果,使并行化方法与向量化方法等编译优化方法日趋成熟,并形成了一整套行之有效的优化流程。在本节中,我们将讨论高级语言自动并行优化技术中的关键部分。

10.3.1 数据的依赖关系分析

数据的依赖性分析是所有并行性自动识别的基础,利用数据之间的依赖关系来判别两个操作、语句或是循环的两次迭代是否可以并行执行。

10.3.1.1 常见的数据依赖关系

如果有代码

$S_1: A: = B + C$

$S_2: D: = A + 2$

$S_3: E: = A * 3$

由于在语句 S_2 中使用的变量 A 是由语句 S_1 计算得到的,因此语句 S_1 和 S_2 不能同时执行,将这种依赖性称为真相关,用 $S_1 \rightarrow S_2$ 来表示。类似的,语句 S_3 也依赖于语句 S_1,因此 S_1 必须在 S_2 与 S_3 之前被执行。

如果有代码

$S_1: A: = B + C$
$S_2: B: = D/2$

语句 S_1 使用变量 B 来计算变量 A 的值,而之后语句 S_2 又计算了变量 B 的值。由于语句 S_1 使用的是 B 的旧值,而语句 S_2 又赋予了变量 B 新的值,因此语句 S_1 必须在语句 S_2 之前被执行,将这种由变量的引用指向赋值的依赖性称为反相关,用 $S_1 \circ \rightarrow S_2$ 来表示。

如果有代码

$S_1: A: = B + C$
$S_2: D: = A + 2$
$S_3: A: = E + F$

语句 S_1 对变量 A 进行了赋值,而语句 S_3 也对变量 A 进行了赋值。如果 S_3 先于 S_1 执行,则在这段代码后,变量 A 中的值为语句 S_1 的执行结果,而不是语句 S_3 的执行结果,从而导致之后对变量 A 的引用将得到错误的结果,将这种数据依赖性称为输出相关,用 $S_1 \cdot \rightarrow S_3$ 来表示。

10.3.1.2 数据依赖图的构造

根据语句间的依赖关系,可以构造代码的语句依赖关系图。依赖关系图的构造方法是,每一条语句为图的一个结点,语句间的依赖关系构成图的有向边,由每一条语句所对应的结点,指向依赖这一语句的所有语句结点。

上面这三段代码的语句依赖关系构成的依赖关系图如图 10-7 所示。语句 S_2 与 S_3 之间没有有向边,因此这两句语句可以被并行执行。

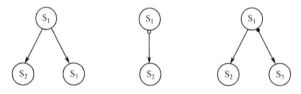

图 10-7　以上三段代码的数据依赖图

除了上述三种数据依赖以外,在构造数据依赖图时,我们还需要考虑控制流对数据依赖图的影响。如以下代码

```
S₁:A: = B + C
    if (X ≥ 0)then
S₂:  A: = 0
    else
S₃:  D: = A
```

语句 S_1, S_2, S_3 之间存在着依赖关系:

$S_1 \bullet \rightarrow S_2$

$S_1 \rightarrow S_3$

S_2 对变量 A 进行了赋值,而 S_3 对变量 A 进行了引用。但是由于 S_2 与 S_3,分别属于同一个条件结构中的两个不同分支,因此这两条语句的执行有着互斥性,从而使得语句 S_3 中所引用的变量 A 的值不可能来自于 S_2。所以语句 S_2 与语句 S_3 之间并不存在数据依赖关系。

由于代码的最终流程要在执行时才能最后确定,因此静态分析得到的数据流只是保守地提供了数据间可能的依赖关系。往往需要根据程序的流程进行动态分析。

如以下代码:

```
S₁: A: = B + C
    if(X ≥ 0)then
S₂: A: = A + 2
    endif
S₃: D: = A * 2.1
```

其中,S_1 与 S_2 分别对变量 A 进行赋值,而在 S_2 与 S_3 中又分别引用了变量 A。而 S_2 是否执行取决于变量 X 的取值,当 X 大于等于 0 时 S_2 将被执行,而当 X 小于 0 时 S_2 将不被执行。因此,根据 X 的取值不同,我们得到以下两种不同的依赖关系图。当 X 大于等于 0 时,由于 S_2 对变量 A 重新赋值,因此 S_1 与 S_3 之间的依赖关系被 S_2 与 S_3 之间的依赖关系所取代。而当 X 小于 0 时,因为 S_2 不再被执行,所以所有与 S_2 有关的依赖关系也随之消失。这段代码的数据依赖图如图 10-8 所示。

然而 X 的取值往往要等到程序执行时才能确定,因此虽然在 S_3 中变量 A 的取值只可能来自 S_1 和 S_2 中的某一句语句,但是编译器只能保守地计算所有可能的依赖关系,从而构成如图 10-9 所示的依赖关系图。

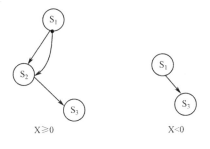
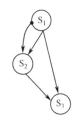

图 10-8 动态数据依赖图   图 10-9 最终数据依赖图

10.3.1.3 循环中的数据依赖关系

在循环中数据的依赖性分析不仅仅关注不同语句间数据依赖性,也关心同一语句在不同迭代间,或不同语句在不同迭代间的数据依赖关系。可用上标来区分循环的不同迭代。例如代码段

```
    DO I: = 1,3
S₁: A(I): = B(I)
```

```
        DO J: = 1,2
S₂:     C(I,J): = A(I) + B(J)
        EndDO
EndDO
```

在这段循环代码中,S_1 被执行了 3 次,分别记作 S_1^1,S_1^2,S_1^3。S_2 被执行了 6 次,分别记作 $S_2^{1,1}$,$S_2^{1,2}$,$S_2^{2,1}$,$S_2^{2,2}$,$S_2^{3,1}$ 和 $S_2^{3,2}$(用于标识外层循环不同迭代的上标在前,用于标识内层循环不同迭代的下标在后)。这样,可将循环迭代看成是笛卡儿坐标系上不同的点,从而得到不同语句在不同迭代间执行次序关系图,如图 10-10 所示。

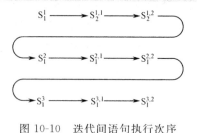

图 10-10 迭代间语句执行次序

下面我们考虑在循环迭代空间上的数据依赖关系。

(1) 迭代内的真相关

考虑以下代码段:

```
        DO I: = 2,N
S₁:     A(I): = B(I) + C(I)
S₂:     D(I): = A(I)
        EndDO
```

在这段循环代码中,语句 S_1 对数组元素 A(I) 进行了赋值,在同一个循环迭代中语句 S_2 又引用了该数组元素,因此语句 S_2 依赖于语句 S_1。这样的依赖关系发生在同一个循环迭代内,将这种依赖关系称为迭代内的真相关,用 $S_1 \cdot \to = S_2$ 来表示。

(2) 跨迭代的真相关

考虑以下代码段:

```
        DO I: = 2,N
S₁:     A(I): = B(I) + C(I)
S₂:     D(I): = A(I-1)
        EndDO
```

在这段循环代码中,S_1 与 S_2 之间仍然存在着数据依赖性。在第 i 次循环迭代中语句 S_1^i 对数组元素 A(i) 赋值,而在后一循环迭代中语句 S_2^{i+1} 引用了该数组元素。因此 S_2^{i+1} 依赖于 S_1^i,这一依赖关系是第 i+1 次循环迭代中的 S_2^{i+1} 依赖于第 i 次循环迭代中的 S_1^i,所以称之为跨迭代的真相关,用 $S_1 \to_< S_2$ 来表示。

(3) 跨迭代的反相关

考虑以下代码段:

```
        DO I: = 2,N
S₁:     A(I): = B(I) + C(I)
S₂:     D(I): = A(I+1)
        EndDO
```

在这段循环代码中,第 i 次循环迭代中的时所引用的数组元素 A(i+1) 将在第 i+1 次循环迭代中被语句 S_1^{i+1} 重新赋值。因此在 S_1^{i+1} 和 S_2^i 之间存在着反相关,用 $S_1 \circ \to_< S_2$ 来表示这

种跨迭代的反相关。

这里"="和"<"被用来标示数据依赖在循环的迭代空间中的方向,因此被称为数据的相关方向。在嵌套循环中,数据依赖关系在每层循环上都有一个相关方向,这些相关方向组成了一个相关方向向量。

10.3.1.4 依赖关系的 GCD 分析方法

在实际应用中,大部分数组引用的下标常常以 C×I+K 的形式出现,其中 C 与 K 为常数。对于这种形式的数组访问可以利用求取最大公因子方法来检查两个数组引用是否可能指向同一内存空间,从而判断两次引用之间是否存在数据依赖。

以下述代码为例:

```
        DO I:= L,N
S₁:     A(c * I + j):= ...
S₂:     ...:= A(d * I + k)
        EndDO
```

在这段代码中,c,d,j,k 为常数,为了判断 S_1 与 S_2 是否会因为数组 A 的引用产生相关性。我们首先计算常数 c 与 d 的最大公因子,如果 c 与 d 的最大公因子不能整除 j-k,则无论循环变量 I 的取值如何,下标表达式 c*I+j 与 d*I+k 的取值永远不会相等。从而在语句 S_1 与语句 S_2 不会引用数组 A 中同一个数组元素,即 S_1 与 S_2 之间不存在依赖关系。反之,如果 c 与 d 的最大公因子能够整除 j-k 则语句 S_1 与语句 S_2 之间可能存在依赖关系。

比如,当 c=d=2,j=0,k=1 时,2 与 2 的最大公因子为 2,2 无法整除 1,所以 A(2*I) 与 A(2*I+1) 不会引用同一个数组元素,因此 S_1 与 S_2 之间不存在依赖关系。实际上 S_1 所赋值的是数组 A 中的偶数元素,而 S_2 所引用的则是数组 A 中的奇数元素。

GCD 方法在整数范围内检测两个数组引用的下标是可能取相等的值,从而判断相关语句是否存在数据依赖。此外数组引用的下标的取值范围还会受到循环变量上下界的限制。

考虑以下代码段:

```
        DO I:= 1,10
S₁:     A(19 * I + 3):= ...
S₂:     ...:= A(2 * I + 21)
        EndDO
```

根据 GCD 测试方法,19 与 2 的最大公因子为 1,它能够整除 18,因此在整数范围内 A(19*I+3) 与 A(2*I+21) 可能是同一个数组元素。然而由于循环变量 I 的下限为 1 上限为 10,在进行依赖性分析的时候只需要考虑在这一范围内 A(19*I+3) 与 A(2*I+21) 是否可能为同一数组元素。经过计算 19*I+3 的取值范围为 [21,193],2*I+21 的取值范围为 [23,41],它们的交集是 [23,41]。因此只有在这一范围内,这两处对数组 A 的引用可能指向同一个数组元素。而当 I 等于 2 时,下标 19*I+3 等于 41 是符合这一条件的。另一方面当 I 等于 10 时,下标 2*I+21 的值为 41。这两次数组引用所引用的是数组 A 的同一个元素,因而 $S_1^2 \rightarrow S_2^{10}$。然而当将上面的循环代码做如下改动:

```
        DO I:= 2,9
S₁:     A(19 * I + 3):= ...
S₂:     ...:= A(2 * I + 21)
        EndDO
```

循环变量的上、下界修改为 2 和 9,此时下标 $19*I+3$ 的取值范围为 $[41,174]$ 而 $2*I+21$ 的取值范围为 $[25,39]$。这两个取值范围的交集为空,因此这两个对数组 A 的引用不会指向同一个数组元素,S_1 与 S_2 之间不存在数据依赖性。

10.3.2 向量化代码生成

基本的向量化代码可以根据循环代码的数据依赖图生成。通过图论中的基本算法,可以检验数据依赖图中是否存在环。只要数据依赖图中不存在环,则该循环能够直接生成向量化代码。

考虑以下代码:

```
        DO I:=1,N
S_1:    A(I):=B(I)
S_2:    C(I):=A(I)+B(I)
S_3:    E(I):=C(I+1)
        EndDO
```

这段循环代码中各条语句间的依赖关系构成了如图 10-11 所示依赖关系图。

在这个数据依赖图中没有环,从而只需要交换 S_2 与 S_3 的位置就可以保证反相关 $S_3·\to S_2$ 的执行次序,由此得到如下向量代码:

```
S_1:    A(1:N):=B(1:N)
S_2:    E(1:N):=C(2:N+1)
S_3:    C(1:N):=A(1:N)+B(1:N)
```

图 10-11 迭代语句依赖关系图

再考虑以下代码:

```
        DO I:=2,N
S_1:    A(I):=B(I)
S_2:    C(I):=A(I)+B(I-1)
S_3:    E(I):=C(I+1)
S_4:    B(I):=C(I)+2
        EndDO
```

其中,存在如下数据依赖关系:

$S_1 \to_= S_2$ $S_1°\to_= S_4$
$S_2 =\to S_4$ $S_3°\to_< S_2$
$S_4 \to_< S_2$

某些数据依赖关系构成的数据依赖图如图 10-12 所示。其中,S_4 所引用的 C(I) 在同一循环迭代的 S_2 中被赋值,而 S_2 又引用了前一迭代中由 S_4 所赋值的 B(I),使得依赖关系 $S_2 \to S_4$ 和依赖关系 $S_4 \to S_2$ 构成了环。如果在循环的数据依赖关系图中存在环,在生成向量化代码时必须找到图中所有的环,在环中的所有语句都不能生成相应的向量代码。如

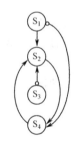

图 10-12 含环的数据依赖关系图

果不能通过代码的等价变形来消除数据依赖关系图中的环,则这些代码必须被串行执行。虽然在环内的语句必须被串行执行,但环外的语句依然可以生成相应的向量代码。因而上面这段循环代码依然可以生成如下向量化代码:

```
S₁:     A(2:N): = B(2:N)
S₂:     E(2:N): = C(3:N+1)
        DO I = 2,N
S₃:     C(I): = A(I) + B(I - 1)
S₄:     B(I): = C(I) + 2
        EndDO
```

10.3.3 反相关与输出相关的消除

形成输出相关和反相关的原因并不是在语句间有真正的数据传递关系,而只是因为数据间使用了相同的存储空间。因此,通过变量换名或者数据复制即可消除这些数据依赖关系。

通过引入新变量名,取代旧变量名可以消除输出相关和反相关,这一方法被称为变量换名。考虑以下代码:

```
S₁:     A: = B + C
S₂:     D: = A + 1
S₃:     A: = D + E
S₄:     F: = A - 1
```

其中,变量 A 被两次赋值,从而形成了语句 S_1 与 S_3 之间的输出相关,以及 S_2 与 S_3 之间的反相关。只需要将 S_1 和 S_2 中的变量 A 替换成为 A_1,即可消除 S_1 与 S_3 之间的输出相关与 S_2 与 S_3 之间的反相关。

标量的反相关和输出相关可以通过变量换名得以消除,而数组的反相关和输出相关则需要通过数据复制来消除。

考虑以下代码:

```
        DO I: = 1,N
S₁:     A(I): = B(I) + C(I)
S₂:     D(I): = (A(I) + A(I + 1))/2
        EndDO
```

图 10-13 数据依赖关系图

这段代码的数据依赖关系图如图 10-13 所示。从图中可看出,由一条真相关与一条反相关构成了环。为了解消这一关系图中的环,可以将语句数组 A 复制到数组 TEMPA 中,得到如下代码:

```
        DO I: = 1,N
S₁:     TEMPA(I): = A(I + 1)
S₂:     A(I): = B(I) + C(I)
S₃:     D(I): = (A(I) + TEMPA(I))/2
        EndDO
```

新代码的数据依赖关系图如图 10-14 所示。

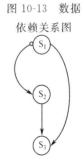

图 10-14 新代码的数据依赖关系图

在新的数据依赖关系图中不在存在环,因此这段代码可以生成以下向量代码:

```
S₁:     TEMPA(1:N): = A(2:N+1)
S₂:     A(1:N): = B(1:N) + C(1:N)
S₃:     D(1:N): = (A(1:N) + TEMPA(1:N))/ 2
```

10.3.4 标量扩张

在生成向量化代码时,向量化编译器用临时数组取代在循环中被赋值的标量以便进行向量计算,我们将这一变换称为标量扩张。

在下面这段代码中:

```
        DO I: = 1,N
S₁:     X: = A(I) + B(I)
S₂:     C(I): = X * *2
        EndDO
```

使用数组 XTEMP 替代标量 X 后,得到以下代码:

```
        Allocate(XTEMP(1:N))
        DO I: = 1,N
S₁:     X: = A(I) + B(I)
S₂:     C(I): = X * *2
        EndDO
        X: = XTEMP(N)
        Free(XTEMP)
```

进而可以生成向量代码:

```
        Allocate(XTEMP(1:N))
S₁: XTEMP(1:N): = A(1:N) + B(1:N)
S₂: C(1:N): = XTEMP(1:N) * *2
        X: = XTEMP(N)
        Free(XTEMP)
```

10.3.5 循环条块化

通常自动向量化技术会产生向量长度较长的向量计算,而向量处理器常常受到寄存器与数据宽度的限制只能处理固定长度的向量计算。因此,在向量化过程中有必要根据向量处理器的计算能力将向量计算分割成若干长度固定的向量计算。分割向量计算最常见的方法为循环条块化。

考虑向量代码:

```
A(1:N): = B(1:N) + C(1:N)
```

假设目标向量处理器只能实现向量长度为 4 的向量计算,为了适应向量处理器的计算能力。经过循环条块化,会将以上代码中的向量计算划分成若干长度为 4 或小于 4 的向量计算,如下所示:

```
DO J = 1,N,4
    IF J + 4<N then
        A(J:J + 3): = B(J:J + 3) + C(J:3)
    Else
        A(J:N): = B(J:N) + C(J:N)
    ENDIF
End Do
```

10.4 目标代码生成

目标代码生成是经语法分析和语义分析后生成的中间代码,或经优化后的中间代码(例如四元式)变换成目标代码。这是编译的最后阶段,是与目标机相关的阶段。通常有3种可能的形式:

(1) 能够立即执行的机器语言代码,所有地址均已完全定位(代真)。

(2) 待装配的机器语言模块(目标模块)。当需要执行时,由连接程序(Linker)将各目标模块连接起来,并与某些运行支持程序(Run-time Support Routine)连接成可重定位(Relocalable)的目标程序,由装入程序(Loader)装入内存执行。

(3) 汇编语言代码,尚需汇编程序汇编,变换成可执行的机器语言代码。

代码生成与目标机有直接关系。为了生成有效的目标代码,需要根据目标机的特性,选择合适的指令,生成最短的目标代码。另外,为了目标代码的有效性,还需合理使用目标机的设备,特别是充分利用寄存器。这里不涉及某台具体的机器,而是针对某种抽象机进行讨论。

10.4.1 一个计算机模型

此处,假定抽象的目标机是各种目标机的公共子集。它有若干通用寄存器,同时这些通用寄存器也可用作变址器,它的指令形式是二地址形式,形如

```
OP 源,目的
```

其中,OP是操作码;源和目的是两个操作对象,它们可以是内存地址、寄存器或常数(直接数)。指令的模式有

(1) 直接地址型	OP R_i, M	$(R_i)OP(M) \Rightarrow R_i$
(2) 寄存器型	OP R_i, R_j	$(R_i)OP(R_j) \Rightarrow R_i$
(3) 变址型	OP R_i, $C(R_j)$	$(R_i)OP((R_j)+C) \Rightarrow R_i$
(4) 间接型	OP R_i, *R_j	$(R_i)OP((R_j)) \Rightarrow R_i$
	OP R_i, *M	$(R_i)OP((M)) \Rightarrow R_i$
	OP R_i, *$C(R_j)$	$(R_i)OP(((R_j)+C)) \Rightarrow R_i$
(5) 寄存器到内存	MOV R_i, M	$(R_i) \Rightarrow M$
(6) 内存到寄存器	MOV M, R_i	$(M) \Rightarrow R_i$
(7) 转移	J X	goto X

还有其他许多指令,因为在后面的讨论中用不到,这里不再赘述。由于代码生成过程比较简单,它是直接由机器指令或汇编语句来实现中间代码的,我们不做更多的讨论,下面重点讨论在代码生成过程中寄存器的分配问题。

10.4.2 简单的代码生成方法

给定一个语句,如

    p: x = y OP z,

其中,p 是语句所在的位置。这个语句一般可由两条指令实现,例如

    MOV y, R_i
    OP R_i, z

第 1 条指令将变量 y 的当前值从它的存储位置传送到寄存器 R_i 中;第 2 条指令将 R_i 中的 y 值与 z 值进行 OP 运算,其结果(即 x 的值)留在 R_i 中。因此,在为 x=y OP z 生成代码前,必须确定一个保存 x 值的寄存器 R_i,即为 x 分配一个寄存器 R_i。它可以有 3 种分配情况:

(1) 最理想的情况是,如果 y 已占有寄存器 R_i,而且 y 的当前值在 p 点后不再被引用,或者 y 同 x,即语句为 x=x OP z,则 y 占用的寄存器 R_i 可分配给 x。此时,相应的两条指令中的第 1 条指令已无必要,故语句 x=y OP z 只生成一条指令:OP R_i, z,这是最佳情况。

(2) 若有空余的可用寄存器 R_i,则将 R_i 分配给 x,并生成前述两条指令。

(3) 若寄存器均被占用,则只能从被占用的寄存器中选择一个 R_i 分配给 x,为此需先将原占用 R_i 的变量的值复制副本到内存中,然后再生成上述两条指令。此时,选择 R_i 的标准是使复制 R_i 副本的代价尽可能小。因此,最好选择占用 R_i 的变量同时在内存中已有副本的;或者在 p 点后该变量不再被引用的;或者离 p 点最远处才被引用的。前两种情况可以避免生成复制副本的指令,第 3 种情况下复制副本指令已不可避免,但仍希望避免频繁调度寄存器。

例如,基本块中有下列语句序列:

    t := a − b
    u := a + c
    v := a − t
    w := v + u

假定可用寄存器为 R_0, R_1,根据上述代码生成方法,可以得到下列目标代码:

    MOV a, R_0
    SUB R_0, b (t 占有 R_0)
    MOV a, R_1
    ADD R_1, c (u 占有 R_1)
    MOV R_1, u (释放 R_1)
    MOV a, R_1
    SUB R_1, R_0 (v 占有 R_1)
    MOV R_1, v (释放 R_1)
    ADD R_1, u (w 占有 R_1)

其他形式的语句在生成目标代码时的方法类似。

10.4.3 循环中的寄存器分配

访问寄存器的指令的执行速度比访问内存的指令要快,因此要生成有效的代码就得充分

利用寄存器,这在简单代码生成方法中已有考虑,但它仅局限在基本块中。从全局来看,把若干寄存器固定分配给循环中频繁引用的变量,是提高运行效率的一种策略。将一定数量的寄存器固定分配给循环中哪几个变量才能获益最多,这需要一个判断标准,通常以执行代价最省作为衡量标准。

一条指令的执行代价可以定义为该指令访问内存的次数。一条指令的执行代价至少为 1,因为必须访问内存后才能取得指令。现将不同寻址类型的指令的执行代价列表如下:

寄存器型	OP R_i,R_j	执行代价为 1
直接地址型	OP R_i,M	执行代价为 2
变址型	OP R_i,C(R_j)	执行代价为 2
间接型	OP R_i,∗R_j	执行代价为 2
	OP R_i,∗M	执行代价为 3
	OP R_i,∗C(R_j)	执行代价为 3

与原来简单代码生成方法相比,循环中某变量被固定分配了寄存器后,有两种节省执行代价的可能。

(1) 在原来方法中,仅当变量在基本块中被定值时,其值才在寄存器中。如果该变量固定占有了寄存器,则在该变量定值前的每一次引用,就可少访问一次内存,并节省一个执行代价。如果循环 L 中的变量 x 在基本块 B 中定值前引用次数为 USE(x,B),则将寄存器固定分配给 x 后,循环 L 执行一次,可节省的执行代价为

$$\sum_{B\in L} \text{USE}(x,B)$$

(2) 在原来方法中,若一变量 x 在基本块中被定值,它就占有了寄存器,若它在基本块后是活跃的(即在基本块后仍要被引用),则在基本块出口处应将 x 在寄存器中的值保存到内存中,并释放 R_i 供后续基本块使用。因此要生成下面一条指令:

MOV R_i,M

倘若将循环中的这种变量 x 固定分配给寄存器,则基本块出口处的上述存储指令可省去,因此节省执行代价为 2。如果循环中的变量 x 在基本块 B 中定值且在基本块后是活跃的,设 LIVE(x,B) = 1(否则 LIVE(x,B) = 0),那么因固定分配使 x 在 L 中又可节省的执行代价为

$$\sum_{B\in L} 2*\text{LIVE}(x,B)$$

因此,循环中的变量 x 在被固定分配了寄存器后,总共可节省的执行代价为

$$\sum_{B\in L} [\text{USE}(x,B)+2*\text{LIVE}(x,B)]$$

循环中每个变量都可求得可节省的执行代价。若循环中可供固定分配的寄存器共有 n 个,则应将它们分配给执行代价节省最多的 n 个变量。当然,上述计算公式只是一个近似计算公式。

例如,图 10-15 给出了一个内循环的流图,控制语句由有向边代替,基本块出口之后活跃的变量已列在每个基本块之后,如果可固定分配的寄存器为 R_0,R_1,R_2,则该将它们分配给哪 3 个变量呢?

循环中每个变量在 4 个基本块中因固定分配寄存器

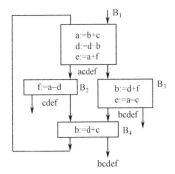

图 10-15 一个内循环的流图

而能节省的执行代价统计于表 10-2 中。每一变量的 USE 项列左,2 * LIVE 项列右,表的最后一行为每个变量总共能节省的执行代价的累加数。

表 10-2　图 10-15 中分配寄存器给各变量节省的执行代价

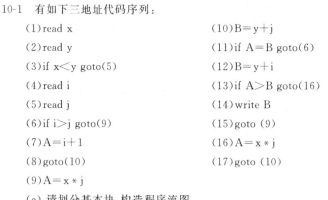

	a		b		c		d		e		f	
B_1		2	2		1		1	2	2	1		
B_2	1						1					2
B_3	1			2	1		1		2	1		
B_4				2	1		1					
∑	4		6		3		6		4		4	

显然,b,d 可固定分配到寄存器,另一个寄存器可固定分配给 a,e,f 中的任一个。
由于固定分配寄存器,原来的简单代码生成方法应做适当修正。
在目标代码阶段的其他优化措施,如删除死代码、控制流优化、代数化简、强度削弱、重新安排计算次序等都是一些简单、直观的方法,这里不再一一详述。

习　题　10

10-1　有如下三地址代码序列:

(1) read x　　　　　　(10) B=y+j
(2) read y　　　　　　(11) if A=B goto(6)
(3) if x<y goto(5)　　(12) B=y+i
(4) read i　　　　　　(13) if A>B goto(16)
(5) read j　　　　　　(14) write B
(6) if i>j goto(9)　　(15) goto (9)
(7) A=i+1　　　　　　(16) A=x*j
(8) goto(10)　　　　　(17) goto (10)
(9) A=x*j

(a) 请划分基本块,构造程序流图。
(b) 根据必经结点找出回边及由回边组成的循环。

10-2　试将下面的程序段划分为基本块,构造其程序流图,并进行优化。

(1) C=100
(2) A=0
(3) B=10
(4) A=A+B
(5) if B≥C then goto(8)
(6) B=B+10
(7) goto(4)
(8) write A

10-3　试将下面的程序段划分为基本块,构造其程序流图,并进行优化。

(1) i=1
(2) read j,k
(3) A=k*i
(4) B=j*i

(5) C=A*B
(6) i=i+1
(7) if i<100 then goto(3)
(8) write C

10-4 试将下面的程序段划分为基本块,构造其程序流图,并进行优化。
(1) A=0
(2) i=1
(3) B=j+1
(4) C=B+i
(5) A=C+A
(6) if i≥100 then goto(9)
(7) i=i+1
(8) goto(3)
(9) write A

10-5 对下列基本块内的代码序列可进行哪些局部优化?
(1) F=1
(2) C=F+E
(3) D=F+3
(4) B=A*A
(5) G=B−D
(6) H=E
(7) I=H*G
(8) J=D/4
(9) K=J+C
(10) L=H
(11) L=I−J

10-6 对下列代码序列可进行哪些循环优化?
(1) P=0
(2) I=1
(3) $t_1=4*I$
(4) $t_2=addr(A)-4$
(5) $t_3=t_2[t_1]$
(6) $t_4=4*I$
(7) $t_5=addr(A)-4$
(8) $t_6=t_5[t_4]$
(9) $t_7=t_3*t_6$
(10) $P=P+t_7$
(11) I=I+1
(12) If I≤20 goto(3)

10-7 对下列中间代码用简单代码生成方法生成目标代码,可用寄存器为 R_0,R_1。
(1) $t_1=b+c$
(2) $t_2=a-c$
(3) $t_3=d+1$
(4) $t_4=e*f$
(5) $t_5=t_3+t_4$
(6) $s=t_2/t_5$

10-8 对图 10-16 给出的程序流程图,如果将寄存器 R_0,R_1,R_2 固定分配给循环中的 3 个变量,试问分配给哪 3 个变量可使执行代价最节省?

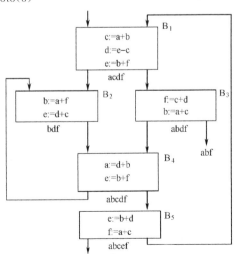

图 10-16 习题 10-8 的程序流程图

第 11 章 运行时存储空间的组织

在前面几章中已经依次讨论了将源程序编译成目标程序的 5 个阶段,其中所讨论的方法都是最基本的。要执行和实现目标程序,还需要一个运行环境来支持,要对程序中的变量进行存储分配,并提供各种运行信息。这就是本章要讨论的核心内容,即运行时存储空间的组织,以及符号表的组织和管理。本章会涉及到许多语义问题,均用 4.1.2 节中定义的抽象机 GAM 的操作进行解释。

11.1 程序的存储空间

一个程序要运行,必须要提供指令和数据,这些指令和数据都必须驻留在内存中。因此,编译系统应当为程序运行提供代码空间和数据空间。

11.1.1 代码空间

代码空间是源程序经编译后生成的目标代码的存储区域。该存储区线性存放目标指令序列。对抽象机 GAM 来说,其代码空间就是它的代码存储器(C),当前执行的指令位置由指令指针 ip 指示。其具体地址用 $C[i]$ 表示,它指代码存储器的第 i 个单元。若将 ip 指向程序的第一条指令,程序便处于开始执行的状态,以后每执行一条指令,ip 自动加 1(为叙述方便,我们约定,GAM 按字编址,即每条指令占一个字)使它指向下一条指令。若要改变指令执行顺序,只需将转移目的地址赋给 ip 即可。

原则上,代码存储器没有复杂的组织或管理问题,执行顺序由程序控制,机器硬件保证执行。代码空间存放的代码在运行时是不会改变的。

11.1.2 数据空间

程序中都会定义一定数量的各种类型的变量和常数,编译程序必须给它们分配相应的存储位置。它们所占的存储区域称为程序的数据空间。对抽象机 GAM 来说,程序的数据空间就是数据存储器(D)。数据存储器的内容在运行时是可以改变的,即是动态的。若某个变量分配在 D 的第 i 个单元,则用 $D[i]$ 表示该变量的存储位置(地址)。我们仍约定,D 是按字编址,一个字包含 4 个字节。

初等类型的数据,如逻辑、整数、实数等类型的变量,通常以存储器的基本存储单元(字节、字或双字)来存储。对聚合类型的数据,如数组、记录、串等,一般以相继的若干个字(或字节)来存储。

变量获得存储区的活动称为存储分配(Memory Allocation),分配的结果使变量绑定于一个存储区。一个变量一旦被"建立",就完成了这种绑定。

除了变量与常数外,数据空间还保存了程序的一些控制信息和管理信息。例如,一些变量的描述符,反映调用关系的返回地址,反映数据间引用关系的引用链,以及其他一些保护信息等。

对一个程序来说,代码长度可以在编译时完全确定下来,运行时不会改变,因此,编译时可以静态安排代码空间。但对数据空间来说,变量的属性影响了存储分配。例如,变量的类型影响了对数据分配的存储单元个数(存储长度)。若变量的类型是动态的,相应的存储长度在运行时会变化。又如,变量的作用域决定了变量绑定于某一存储区的程序范围,变量的生存期决定了这种绑定的时间范围。

有的语言在编译时能进行存储分配,使变量绑定于一个固定的存储区,这种存储分配策略称为静态分配。而大多数语言要在运行时才能完成存储分配,这种分配策略称为动态分配。在动态分配的语言中,有的语言因变量生存期具有嵌套特性而采用栈分配(Stack Allocation)策略,有的语言因生存期无规律特性而采用堆分配(Heap Allocation)策略。

11.1.3 活动记录

一个活动记录(Activation Record)是一个程序单元的数据空间。一个程序单元被激活(控制转移到该单元)时,对它的信息管理是通过相应的活动记录来实现的。每次激活一个单元都应建立相应的活动记录,这个单元在代码空间的代码与该活动记录绑定,这就构成了该程序单元的一个单元实例。若一个单元被多次激活,就应建立多个活动记录,这些活动记录分别绑定于该程序单元的同一代码段,这就形成了多个单元实例。因此,一个程序单元可以有多个单元实例,而这些单元实例的代码段都是相同的,所不同的仅仅是存储空间。

通常,一个活动记录的内容如图 11-1 所示。

(1)返回地址 当调用单元激活被调用单元时,调用单元将返回地址存放在活动记录的第一个存储单元,以备被调用单元活动结束后能返回调用单元。

(2)动态连接 这是指向调用单元最新活动记录的指针,以备被调用单元活动结束后能恢复调用单元的活动记录。

(3)静态连接 这是指向被调用单元直接外层的程序单元的最新活动记录的指针,以备被调用单元能引用非局部环境。

(4)现场保护 通常,用相继的若干存储单元来保存控制从一个单元转移到另一个单元时的机器状态。有的操作系统自动进行现场保护,无须编译系统保护。此处约定由操作系统提供现场保护,后面讨论活动记录时将略去现场保护这一内容。

图 11-1 活动记录的内容

(5)参数个数 保存由调用单元传送给被调用单元的参数个数。有的编译系统由被调用单元自己计数,无须传送参数个数信息。

(6)形式单元 为被调用单元的形式参数分配的存储单元,以备调用单元传送实参信息。根据形式参数的属性,一个形式参数可以对应分配一个或两个形式单元。

(7)局部变量 为局部变量分配的存储单元。

(8)临时变量 为编译系统生成的临时变量分配的存储单元。

这里的活动记录内容仅仅包括了其主要内容,不同的编译系统设计格式可能不同,有时还需要增加另外一些内容。例如,增加数组描述符(内情向量)。

对静态存储分配而言,活动记录的实际地址在编译时可以确定。对动态存储分配而言,活动记录仅仅是一个抽象映像。例如,对一个局部变量分配的地址,分配给它的是在活动记录上的位移(offset),仅当在运行时,该程序单元被激活并建立活动记录之时,变量才获得(绑定)实际的存储单元。

11.1.4 变量的存储分配

局部变量的存储分配对活动记录的建立有着重要影响。从存储分配角度看,变量有4种类型:

(1) 静态变量(Static Variable)

如果每个单元的活动记录,以及每个变量的存储位置在编译时均可确定,在运行时不会变化,那么存储分配可在编译时完成,这就是静态分配。静态分配是在编译时将变量绑定于一个存储区,不管在程序单元的哪一次活动中,这些变量都绑定于相同的存储位置,这类变量称为静态变量。

(2) 半静态变量(Semistatic Variable)

如果一个语言允许程序单元的递归调用,即一个程序单元可被多次递归地激活,就要为该程序单元建立起多个活动记录。此时,变量在单元每次激活时动态地绑定于刚建立的活动记录。这类变量的长度必须是编译时可确定的,因而活动记录的长度、变量 x 在活动记录中的相对位置(即位移 offset(x))都是编译时可确定的。运行时,一旦该单元被激活,相应活动记录便获得物理存储区 D,变量 x 便绑定于 D+offset(x),这类变量称为半静态变量。

(3) 半动态变量(Semidynamic Variable)

例如在单元 U 中,有 ALGOL 68 的说明:

    [1:m] **int** a;
    [1:n] **real** b

它定义了体积为 m 的整型数组 a 和体积为 n 的实型数组 b,这类数组(上、下界为变量)称为动态数组(Dynamic Array)。如果 m 和 n 都不是常量,它们的值只有当 U 被激活时才能确定,那么编译时不可能对它们进行存储分配,即使在活动记录中想为它们的存储做出安排也是不可能的。虽然在本例中,数组 a 相对于活动记录的位移有可能在编译时确定,但它的长度在编译时是不能确定的,因此紧接着要做存储分配的数组 b 在活动记录中的相对位移在编译时也不能确定。因此,动态数组不可能绑定于活动记录的常量位移。像动态数组这一类的变量,称为半动态变量。

对于半动态变量,在编译时可以在活动记录中为它们安排描述符。描述符是数据对象的属性集,记录着程序实体的约束信息。对上例中的动态数组 a 和 b 来说,它们的描述符包含两个元素:一个元素是指向 a 或 b 在活动记录中的首地址的指针,另一个元素则记录了动态数组每一维的上、下界。很明显,数组的维数是静态可知的,因此描述符的长度也是静态可知的,所以它们在活动记录中的位移也是可确定的。只是描述符的内容,即数组在活动记录中的首地址和每一维的上、下界,在编译时是不可知的,需待 U 被激活并运行到动态数组说明时,即数组被建立时,方可确定每一维的上、下界,将它们记入描述符的第 2 个元素中,并据此算出数组的体积 D,在刚建立的 U 的活动记录顶端,为数组分配一个大小为 D 的存储区,将数组描述符的第 1 个元素指向该存储区。以后对该数组的任一元素的访问,可通过描述符计算出该数组元素对数组起始元素的位移来获得访问地址。

(4) 动态变量(Dynamic Variable)

有一类数据对象,即使到它所在单元被激活时,其活动记录的长度仍不能确定,因为这类数据对象的存储区域的大小在运行时仍有可能发生变化。例如,在 1.2 节变量类型中提到的 APL 变量可以是动态类型,它不是显式说明,而是由运行时当前值隐式确定,并随运行路径的变化而变化。又如 ALGOL 68 的灵活数组(Flexible Array),它的界是可变的,在运行中可能是二维的,也可能是三维的。再如 PL/1 和 Pascal 等语言中,允许数据的动态扩大和压缩,在一组结点构成的数据结构中,其结点可以动态加入,也可以动态删除。像链表和树就是这样的数据结构,其结点由指针来链接,结点在程序运行时分配。对于这些在运行时可能改变类型和结构的变量,不仅数据对象本身不能静态分配,而且它们的描述符的内容,甚至描述符的长度都不能静态确定,这类变量称为动态变量。总之,动态变量表示的数据对象的长度和个数,以及它们的描述符的内容和长度,都可能在它的生存期中改变。

在这种情况下,要像半动态变量那样在活动记录中为描述符安排存储区也是不可能的。只能在活动记录中为动态变量设置两个指针,一个指向该变量的描述符,另一个指向该变量的存储空间,它们都是动态可变化的。动态变量的存储区及它的描述符只能分配在堆上。

11.1.5 存储分配模式

根据以上讨论,存储分配可采取下面的 3 种方式。

1. 静态分配

如果程序语言只允许静态变量,那么变量与存储区的绑定关系在编译时便可建立,并完成存储分配,这一类语言便是静态语言。它们不允许递归调用,不允许动态数组,不允许动态类型的数据对象,即不允许有非静态变量。FORTRAN,COBOL 便是静态语言。静态语言的一个程序单元仅仅对应一个单元实例(一个代码段、一个活动记录)。

2. 栈式分配

凡不满足静态分配条件的语言,自然归入了动态分配类。但对半静态变量和半动态变量来说,所有局部变量在单元激活时隐式建立,活动记录长度或者静态可确定,或者在单元被激活时确定。同时,各单元之间的调用关系遵循"后进先出"模式,即单元 A 被激活,建立起一个单元实例,分配了 A 的活动记录。执行中 A 调用了单元 B,于是 A 的活动暂时中断(A 的活动记录并未撤销,仍保留着)分配 B 的活动记录,为已激活的 B 建立一个单元实例。随着 B 运行结束,完成了 B 的当前实例,释放 B 的活动记录,返回到被暂时中断的单元 A,继续 A 的活动,直至 A 的活动结束时,才撤销 A 的活动记录。这表明,单元 B 的生存期嵌套在单元 A 的生存期中,即它们之间存在着动态嵌套关系,相应的活动记录的建立和撤销满足"后进先出"的模式。因此,选择栈来分配活动记录是十分自然的。由于这个原因,半静态变量和半动态变量也称为栈变量(Stack Variable)。

应该指出,栈并不是栈式语言语义的一部分。这类语言的语义仅要求每激活一个单元,其局部变量应绑定于这个刚激活单元的活动记录,并遵循作用域规则。而栈是实现这种语义的有效模型。

虽然半静态变量和半动态变量都是栈式分配的,但半静态变量绑定于活动记录的常数位移,即它可在编译时分配到活动记录中。而半动态变量则在编译时只在活动记录中分配了它的描述符,需待所在单元 U 被激活后,在新建立的 U 的活动记录顶端(即栈顶)按描述符信息来分配半动态变量的存储空间。

基于栈的存储分配也完全适用于静态语言。事实上，栈式分配正被许多静态语言的实现所采用。

3. 堆式分配

由于动态变量表示的数据对象，其长度、个数都有可能在执行中改变，即在其生存期中动态改变，就不可能在栈上为这样的对象进行存储分配。例如在 Pascal 语言中，每个指针只能指向一种类型的对象。假定 P 在 A 中已被说明为类型 t 的指针，B 动态嵌套在 A 中，B 中包含了一个分配语句

```
new(P)
```

它建立一个类型为 t 的对象，并将对象的地址赋予 P。当 B 执行到这个分配语句时，B 的活动记录在栈顶，而 A 的活动记录在 B 的活动记录下面。这个 A 中定义的、B 中分配的 P 指向的对象，不能在 B 的活动记录中分配。因为 B 的活动结束时，它的活动记录就得释放，但 P 所指向的这个对象的生存期并未结束，不应该释放。可是将这个对象分配在 A 的活动记录中也是行不通的。因为如果 P 所指的这个对象是个灵活数组，这就无疑要重新构造栈了。所以，对这样一个对象可另辟一个并非栈模式的存储区进行分配，这个存储区称为堆。一般而言，出现下列情况时，要采用堆式分配：

（1）单元活动结束后，局部变量的值还需保留。

（2）调用单元与被调用单元的生存期不满足嵌套关系，即出现交叉现象，那么后进先出的模式是不合适的，必须用堆模式分配。

程序运行时，常把目标代码与全局变量、静态数据安排在存储空间的底端。在静态空间之上为栈空间，堆则安排在存储空间的另一端，栈和堆可动态地迎面增长，如图 11-2 所示。

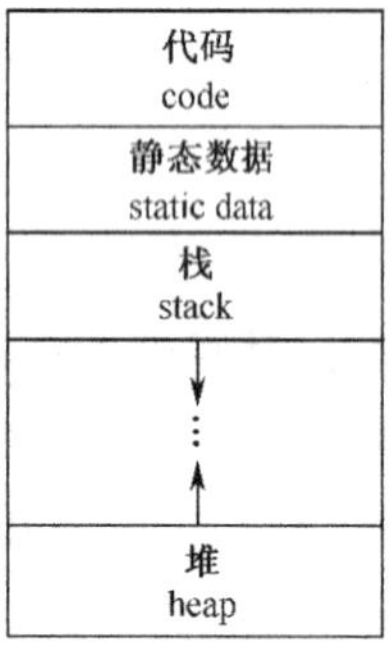

图 11-2 存储组织

11.2 静态分配

早期的 FORTRAN 语言是典型的静态语言，它的特点是，不允许过程的递归调用，无动态数组和动态类型，程序无嵌套层次结构，完全可以实现静态存储分配。近年来的 FORTRAN 语言版本已经吸收了近代语言的许多成分，例如，FORTRAN 2000，已经没有上述特性。为了说明静态分配，在这一节，以一个早期 FORTRAN 的简单程序为例，模拟整个编译过程，以便使读者对整个编译过程和静态存储分配有全面深入的理解。

首先，给出一个 FORTRAN 程序在 GAM 抽象机中的存储结构图，如图 11-3 所示。其中，假定该程序有 n 个程序单元；在 GAM 的代码存储器中存放相应的代码段；数据存储器分配每个单元的活动记录；

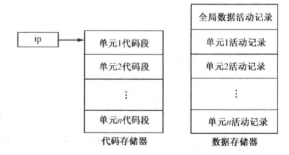

图 11-3 FORTRAN 程序在 GAM 抽象机中的存储结构

另外,有一个(也可以有多个)全局数据活动记录;ip 是指令指针,一开始它指向第一个程序单元(主程序)的第一条指令。

下面,讨论程序

```
            INTEGER I,J
            COMMON I
            CALL X
            GOTO 10
    10      CONTINUE
            END

            SUBROUTINE X
            INTEGER K,J
            COMMON I
            K = 5
            I = 6
            J = I + K
            RETURN
            END
```

的编译过程。该程序是一个示意性的程序,没有实际意义。其中,有两个程序单元,一个是主程序,另一个是子程序。COMMON 语句是公用语句,声明后面的变量分配在公用数据区。公用数据区可以有多个,可以对它命名,这里是无名公用区,一个程序只允许有一个无名公用区。10 是语句标号。CONTINUE 语句相当于一个空语句,不需要翻译成实际的指令代码,或翻译成空操作 noop。

该程序经过词法分析和语法分析后,可以生成一系列的描述符,如图 11-4 所示。图 11-4 中的各类描述符也是示意性的,实际实现中要复杂得多。其中,地址是在地址分配后填入的,这里用二元式表示。二元式(i,j)中的 i 代表程序单元,j 代表对应变量在程序单元 i 中的活动记录上的位移。公用区和主程序从 0 号单元开始分配,而子程序和函数从 1 号单元开始分配,0 号单元用来保存返回地址。主程序 MAIN、子程序 X 和公用区的活动记录如图 11-5 的(a)、(b)和(c)所示。

经过语义分析后,对每个程序单元生成目标模块,这时可以返填标号 10 的地址为 C(MAIN,3)。主程序 MAIN 和子程序 X 的目标模块如图 11-6(a)和(b)所示。

在图 11-6(a)中,第 1 条代码将返回地址保存到 X 的活动记录的第一个单元中;第 2 条代码实现转子程序,即将 X 代码段首地址置入 ip,符号 & 表示取存储单元的地址;第 3 条代码实现程序中的 GOTO 语句;第 4 条代码为空操作;第 5 条代码为停机指令。

在图 11-6(b)中,第 1 至第 3 条指令为运算代码;第 4 条代码实现返主程序;第 5 条代码为停机指令,这是对 END 的翻译,是死代码,也可以删除。

在生成代码时,可以确定标号地址,将其填入标号表中,在本例中,标号 10 被确定为 C(MAIN,3)。

目标模块生成后,还需要通过连接程序将其连接成一个可重定位(Relocatable)的代码。由于编译系统不知道操作系统将目标程序装入到内存的什么地方,因此代码中无法使用实际

名字	类型	…	地址
I	INT	…	(COMMON, 0)
J	INT	…	(MAIN, 0)

(a) 主程序MAIN的符号表

名字	类型	…	地址
K	INT	…	(X, 1)
J	INT	…	(X, 2)
I	INT	…	(COMMON, 0)

(b) 子程序X的符号表

标号	地址
10	C(MAIN, 3)

(c) 标号表

名字	类型	…	地址
I	INT	…	(COMMON, 0)

(d) 公用区COMMON的符号表

名字	地址
MAIN	(M, 0)
X	(X, 0)

(e) 单元名表

图 11-4 程序的各种描述符

(a) MAIN的活动记录　　(b) X的活动记录　　(c) COMMON的活动记录

图 11-5 活动记录

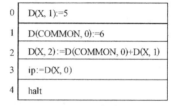

(a) 主程序MAIN的代码段　　(b) 子程序X的代码段

图 11-6 程序的目标模块

地址。通常，连接程序从 0 号单元开始分配地址，无论操作系统将目标程序装入到内存的什么地方，只需加上一个基地址就可以运行了。本例经连接程序连接后，生成的可重定位目标程序和相应的活动记录如图 11-7 所示。

连接后得到的可重定位的目标程序，再经装入程序（Loader）装入内存即可执行。

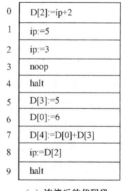

(a) 连接后的代码段　　(b) 连接后的活动记录

图 11-7 连接后的程序代码和活动记录

11.3 栈式分配

栈式分配属于动态分配，它适合一类由 ALGOL 60 派生出来的语言。这类语言的最大特性是允许递归（直接递归和间接递归）调用一个程序单元，有的允许使用动态数组，有的允许动态建立数据对象。它们的递归调用关系是先进后出的栈模型，因此采用动态的栈式存储分配。采用栈式分配的好处是，便于存储管理，及时释放无用的存储单元，可以大大节省内存。这类语言的另一个特点是静态嵌套层次结构，采用静态作用域规则，这对存储分配也有影响。

下面由浅入深地分步讨论栈式存储分配，首先讨论半静态变量的栈式存储分配。

11.3.1 只含半静态变量的栈式分配

这里实际上指只允许递归调用的栈式分配。此时，每个变量的长度，以及程序单元整个活动记录长度在编译时就可以确定。但由于递归调用，一个程序单元可以多次被激活，因而会有多个单元实例。每个活动记录是在程序单元每次被激活时动态建立在栈上的，并动态与代码段建立绑定关系。这种绑定关系是用一个当前栈指针 current 建立起来的。current 指向活动记录的开始位置，活动记录的长度在编译时是可以确定的，假定它为 L。再用另一个指针（称为释放指针）free 指向栈顶的自由空间，那么，free 的值应为自由空间的起点，即当前的栈顶，有 free＝current＋L。

按照上述设计，当前被激活的程序单元的活动记录由 current 与 free 两个指针指示。因此，程序单元的局部变量 X 的地址可标记为 D[current＋i]，其中 i 是编译时为变量 X 在活动记录上分配的位移。数组元素 a[i] 的地址为

$$D[current + offset(a) + i]$$

当单元 A 调用单元 B 时使单元 B 被激活，这时，需要从 A 的活动记录的栈顶（由 free 指示）之上建立 B 的活动记录，并使 current 指向这个活动记录的起点。如果令 B 的代码段通过 current 来引用活动记录上的变量，实际上，通过 current 使 B 的代码段和活动记录间建立起绑定关系，形成单元 B 的一个新实例。建立 B 的新活动记录的工作显然应由单元 A 在激活时完成。

单元 B 执行完后应返回单元 A，这时，还必须使 A 的代码段绑定它的活动记录，即让 current 恢复指向 A 的活动记录起点，这项工作应由单元 B 来完成。为此，在 A 调用 B 建立 B 的活动记录时，A 还必须将它的活动记录首地址（即 current 的内容）保存到 B 能引用的地方，这个地方设计在 B 的活动记录的第 2 个存储单元中，即 offset＝1。同样，A 还应将返回地址存放在 B 的第 1 个单元中。我们将保存的单元 A 的活动记录首地址称为动态连接（Dynamic Link），它是一个指向 A 的最新活动记录首地址的指针。在程序运行过程中，程序单元之间相互调用，就由动态连接形成了一个链，这个链称为动态链（Dynamic Chain）。

因此，在抽象机 GAM 中，调用语句 CALL P 将编译成下列 5 条指令（这里忽略了参数传递问题）：

(1) D[free]: = ip + 5　　　　（调用语句之后的第 5 条指令位置为返回地址）
(2) D[free + 1]: = current　　（建立动态连接）

(3) current: = free　　（将 current 调整到新建的活动记录）
(4) free: = free + L　　（调整释放指针到新的栈顶）
(5) ip: = P 的代码段首地址　　（激活被调用单元）

单元 P 运行结束并返回调用单元由下列 3 条指令实现：

(1) free: = current　　（删除 P 的当前活动记录）
(2) current: = D[current + 1]　　（恢复调用单元的活动记录）
(3) ip: = D[free]　　（将控制返回调用单元）

如上所述，调用序列

　A Call E
　E Call F
　F Call G
　G Call F

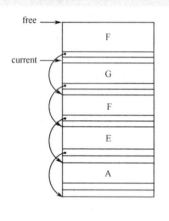

图 11-8　动态连接关系

的活动记录栈的状态如图 11-8 所示，图中特别标出了动态连接关系。

11.3.2　半动态变量的栈式分配

有些语言不只允许使用递归调用，而且还允许使用像动态数组这样的半动态变量，由于变量长度要动态确定，所以活动记录的长度也要推迟到单元被激活时才能确定。因此变量不可能绑定于常量位移，翻译时只能在活动记录中为半动态变量设置描述符（或称内情向量）。以数组 a 为例，它应包含如下信息：

(1) 动态数组在存储区的首地址 a_0。
(2) 数组的维数 n 和数组元素的类型。
(3) 每一维的上、下界 u_i, l_i（甚至它们的界差 $d_i = u_i - l_i + 1$），$i = 1, 2, 3, \cdots, n$。

显然，描述符的信息长度依赖于数组的维数，由于维数静态可知，故描述符的长度也是静态可确定的。而描述符的内容，如数组存储首地址和每一维的上、下界需待运行时才能确定，进而数组的长度才能确定。因此含动态数组的程序单元活动记录由两部分组成，一部分如同 11.1.3 节中的活动记录内容，只是用半动态变量的描述符取代了半动态变量，显然这一部分的长度是静态可确定的；另一部分是分配给动态数组的存储区。一个单元被激活后，首先，在栈顶分配活动记录的第一部分，分配后 free 指向栈顶之上；然后，在每遇到一个动态数组说明时，将当时应确定的数组每一维的上、下界连同维数和类型记入描述符，并计算出数组长度 L，自 free 所指单元（即数组首地址）开始分配该数组，free: = free + L，使 free 指向该数组后的下一可用存储单元，并将数组首地址记入描述符，直至所有动态数组都分配完成。

如果一个单元含有 11.1.4 节中所述的半动态变量的数组说明：

　[1:m]　**int** a;
　[1:n]　**real** b

则相应建立的活动记录如图 11-9 所示。活动记录的临时变量存储区之上是分配给动态数组的存储区。

随后对数组元素 a[$i_1, i_2, \cdots, i_n$] 的访问,通过查 a 的描述符的有关信息,计算该数组元素相对于数组首地址的位移 K。例如,对二维数组元素 a[i,j],假定数组按行存放,有

$$K = (i - l_1) * d_2 + j - l_2$$

其中,l_1, l_2 分别为第一、二维的下界;d_2 为第二维的界差。因此,a[i,j] 的地址为 D[a_0 + K * W],其中,W 为每个数组元素的长度,如整型元素为 4 个字节,实型为 8 个字节等。

由于是动态分配,上述活动都在运行时进行,因此相应的运行代码应在编译时生成。

图 11-9 含动态数组的活动记录

动态变量所表示的数据对象的长度、元素个数等,都可能在生存期中动态变化,因此只能在堆上分配,对这类分配我们将不做讨论。

11.3.3 非局部环境

上面的讨论仅考虑了对局部环境的引用,如果考虑对非局部环境的引用,则必须涉及到变量的作用域规则。通常,变量的作用域规则有两种:静态作用域规则和动态作用域规则。

1. 静态作用域规则

这是一种最近嵌套规则,也称词法作用域规则。类 ALGOL 语言的特点是分程序结构,两个单元或者是分离的(无公共部分),或者是嵌套的(单元 A 完全被包围在单元 B 中)。图 11-10(a)给出了静态嵌套的示意性例子,这种嵌套结构用相应的树结构直观表示[参见图 11-10(b)]。

为了表示嵌套的层次性,设最外层的单元(嵌套树的根单元)A 为第 0 层,直接嵌套在它内部的单元 B 和 E 为第 1 层,直接嵌套在第 1 层内的单元 C,F 和 G 为第 2 层,以此类推,每一个单元的嵌套深度 n_i 是静态可知的,从嵌套树看,n_i 就是 i 在树中所处的层次。C,F 和 G 都处在第 2 层,且 C 的直接外层是 B,F 和 G 的直接外层均为 E。

最近嵌套规则如下:

(1) 变量 x 在单元 U_1 中被说明,则 x 局部于 U_1,或称 x 在 U_1 中是可见的。

(2) 变量 x 在单元 U_1 中没有被说明,则必然在包围 U_1 的某个单元中被说明,并且是处在包围 U_1 并说明了 x 的那些外层单元中嵌套深度 n_i 为最大的单元(即最靠近 U_1 的单元)i 的作用域中。

换言之,如果一个变量 x 在单元 U_0 中说明,而嵌套在 U_0 中的 U_1 对它没有另做说明,则 U_0 中说明的 x 的作用域包含了 U_1,x 在 U_1 中是非局部可见的,U_1 中引用的 x 为 U_0 说明的 x。如果 x 在 U_1 中另有说明,则 U_1 中引用的 x 为 U_1 说明的 x,U_0 中说明的 x 只在 U_0 中去除了 U_1 的区域中可见。需要注意的是,有名单元 U_1 的名如果是在单元 U_0 中定义的,则 U_1 的名与 U_0 中说明的局部变量有相同的作用域。在图 13-10 的例子中,语句 z:=x+y 中的

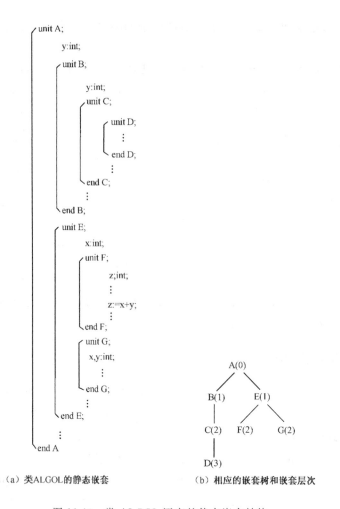

(a) 类ALGOL的静态嵌套　　　　(b) 相应的嵌套树和嵌套层次

图 11-10　类 ALGOL 语言的静态嵌套结构

z 局部于 F，x 是在 E 中定义的，y 是在 A 中定义的。同样的原因，在 F 或 G 中可调用 B，因为 B 与 A 中定义的 y 一样局部于 A，在 F 和 G 中是可见的。但是，F 或 G 不能调用 C 或 D，因为 C 或 D 没有在 F 或 G 中定义，也没有在包围它们的外层 E 和 A 中定义。因此，C,D 对 F 和 G 是不可见的，对 E 也是不可见的。

2. 动态作用域规则

这是一种最近活动规则，对非局部变量，其引用前应在最近外层中加以说明。静态作用域的最近外层是静态嵌套外层，而动态作用域的最近外层则是指动态调用外层，它也是一种嵌套，只不过是生存期的嵌套。在 A—E—F—G—F 的调用序列中，当前活动 F 的调用外层为 G，F 中的 z 是在 F 中说明的，而 x 和 y 则都是在 G 中说明的。

如前所述，一个程序单元可能有多个单元实例，在活动记录栈中可能建立起多个活动记录。在这种情况下，动态作用域规则的最近外层是指最近外层的最新活动记录。

11.3.4 非局部环境的引用

1. 静态作用域规则下的非局部环境的引用

首先,在此引入静态连接(Static Link)的概念。所谓静态连接是指向嵌套直接外层的最新活动记录的指针,它在活动记录的第 3 个存储单元中,有 offset=2。在各嵌套程序单元的活动记录中,静态连接的序列构成一个链,这个链称为静态链(Static Chain)。对于调用序列 A—E—F—G—F,如果只考虑静态链,则活动记录栈如图 11-11 所示。图中也同时画出了动态链,以及示意性地列出了每个程序单元所说明的变量。

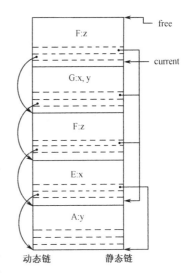

图 11-11 静态链和动态链

在嵌套深度为 n_p 的程序单元 p 中,如何引用在嵌套深度为 n_t 的程序单元 t 中说明的变量 x,这是接下来将要讨论的问题。

x 的地址由两部分之和构成,一部分是它在 t 单元活动记录的位移,另一部分是活动记录的首地址。如何计算活动记录的首地址呢?下面给出分析。

(1) $n_p - n_t = 0$ 这时 t 就是 p,x 的地址为 D[current]+offset。
(2) $n_p - n_t = 1$ t 是 p 的直接外层,x 的地址为 D[current+2]+offset。
(3) $n_p - n_t = 2$ t 是 p 的再外层,x 的地址为 D[D[current+2]+2]+offset。
(4) $n_p - n_t = 3$ t 是 p 的更外层,x 的地址为 D[D[D[current+2]+2]+2]+offset。

令 $n_t - n_p = d$,则可定义递归函数 f(d):

$$f(d) = \textbf{if } d == 0 \textbf{ then } current \textbf{ else } D[f(d-1)+2]$$

显然,f(d)就是 t 的活动记录首地址,记为 D_t,则有

$$D_t = f(d)$$

上式的物理意义是,沿静态链搜索 d 步即可到达 t 的最新活动记录 D_t。

半静态变量 x 的地址计算公式为

$$\&x = D_t + \text{offset}$$

半动态变量 x 的描述符的地址计算公式为

$$\&x = D_t + \text{offset}$$

下面讨论静态连接的设置问题。

按照静态连接的定义,它是指向直接外层最新活动记录的指针。当单元 A 调用单元 B 时,B 在 A 中是可见的。A 或者是 B 的直接外层,如图 11-12(a)所示;A 或者与 B 同层,如图 11-12(b)所示;B 或者为 A 的直接外层,如图 11-12(c)所示;B 或者为 A 的多层外层,如图 11-12(d)所示;此外再无别的情况。

按照图 11-12 所示的情形,当 A 调用 B 时,完全可以由 A 的活动记录求得 B 的静态连接。

(1) A 是 B 的直接外层 $n_A - n_B = -1$
$$D_t = current = f(0)$$
(2) A 是 B 的同层 $n_A - n_B = 0$

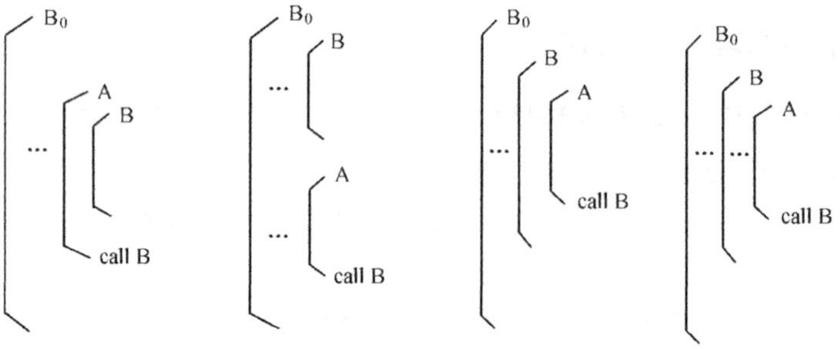

图 11-12 嵌套结构过程调用关系

(3) B 是 A 的直接外层　　$D_t = D[current+2] = f(1)$
　　　　　　　　　　　　$n_A - n_B = 1$
　　　　　　　　　　　　$D_t = D[D[current+2]+2] = f(2)$

(4) B 是 A 的多层外层　　$n_A - n_B = d$
　　　　　　　　　　　　$D_t = f(d+1)$

因此，静态连接算法为

$$D[free+2] = f(d+1)$$

B 的静态连接应为沿 A 的静态链在栈中向前搜索 $n_A - n_B + 1$ 步。考虑建立静态连接时，调用语句的语义由下列 6 条指令实现：

(1) D[free] := ip + 6　　　　　（保存返回地址）
(2) D[free + 1] := current　　　（设置动态连接）
(3) D[free + 2] := f(d + 1)　　（设置静态连接）
(4) current := free　　　　　　（建立 B 的活动记录首地址）
(5) free := free + L　　　　　 （建立新栈顶）
(6) ip := B 的代码段首地址　　 （激活 B 单元）

返回语句的语义实现与 11.3.1 节中所述相同。

2. 动态作用域规则下的非局部环境的引用

在这种情况下，活动记录中位移为 2 的静态连接是一指针，它指向动态调用直接外层的活动记录。显然，它与动态链是一致的，可以合并。从图 11-11 中也可以看出动态作用域的引用关系，因此调用语句和返回语句的操作语义如 11.3.1 节中所述。

关于堆式分配，已超出本书的讨论范围，这里不再赘述。

11.4　参　数　传　递

在 3.3.1 节中曾经讨论过程序单元之间的通信可以通过非局部变量和参数来进行。现在将讨论有关参数的传递问题，因为编译器必须实现参数传递。

被调用的单元的参数称为形式参数（Formal Parameter），调用单元的参数称为实际参数（Actual Parameter），分别简称形参和实参。实参可以按位置，也可以按关键字与对应形参结合（绑定），但实参将如何与形参结合实现参数传递呢？不同的语言有不同的参数传递方式。参数可分为数据参数和过程参数。数据参数的处理要容易些，过程参数的处理较为复杂，下面分别加以讨论。

11.4.1 数据参数传递

形参如果是某种类型的数据,实参也应是同一类型的数据,实参传递给形参的内容不同,计算的结果也不同。例如,下面的 FORTRAN 程序

```
COMMON M
M = 1
N = I(M,M + 3)
STOP
END
FUNCTION I(J,K)
COMMON L
J = J + 1
L = L + K
I = J + L
RETURN
```

分为两个程序单元,语句 FUNCTION 之前为主程序,之后为一函数。第一个语句为公用语句,它有一个变量 M,第 7 条语句也为公用语句,它有一个变量为 L,其意义是 M 和 L 占用同一存储单元。主程序以实参 M 和 M+3 来调用函数 I。对这个例子,在下面不同的参数传递方式中,其计算结果是不同的。

1. 引址调用

所谓引址调用(Call by Reference)是指把实参的地址传递给相应的形参。在被调用单元中,每个形参由编译器分配一个存储单元(称为形式单元),用来存放实参的地址。调用单元调用一个单元时,必须预先把实参的地址传递到相应的形式单元中。如果实参是常数或其他表达式(如上例的实参 M+3),那就把这个常数(或表达式的值)存放在一个临时工作单元中,然后传送这个临时单元的地址。当控制转入被调用程序单元后,对形参的任何引用和赋值都被处理成对形式单元的间接访问。当被调用单元工作完毕返回时,形式单元所指的实参具有所期望的值。

当上述 FORTRAN 主程序调用函数时,相当于执行下列指令步骤(其中假定形式单元为 J_1 和 J_2,临时单元为 T):

$$M := 1$$
$$T := M + 3 \qquad (T = 1 + 3 = 4)$$
$$J_1 := M \text{ 的地址}$$
$$J_2 := T \text{ 的地址}$$
$$J_1\uparrow := J_1 + 1 \qquad (\text{形式单元指向 } M, M = 1 + 1 = 2)$$
$$M := M + J_2\uparrow \qquad (\text{这里 L 就是 } M, M = 2 + 4 = 6)$$
$$I := J_1\uparrow + M \qquad (I = 6 + 6 = 12)$$
$$N := I$$

计算结果为 N=12,M=6。

2. 值调用

值调用可分 3 种形式,即传值(Call by Value)、得结果(Call by Result)和传值得结果(Call by Value-Result)。

(1) 传值

调用程序单元计算实参的值,并将这个值传送到相应的形参中,形参仅作为被调用单元的局部变量,并被实参初始化。这是一种单向传递。对上例相当于执行下列步骤:

```
M : = 1
T : = M + 3           (T = 1 + 3 = 4)
J₁ : = M              (J₁ = 1)
J₂ : = T              (J₂ = 4)
J₁ : = J₁ + 1         (J₁ = 1 + 1 = 2)
M : = M + J₂          (M = 1 + 4 = 5)
I : = J₁ + M          (I = 2 + 5 = 7)
```

计算结果为 N=7,M=5。

(2) 得结果

被调用单元在被调用时,形参仅作为被调用单元的局部变量,实参不向形参传值,只是将实参地址传送给形参,形参也不引用实参。被调用单元结束活动时,将形参的值复制到实参,即将形参的值单向传递给实参。显然,编译程序应对每个形参分配两个形式单元,一个用来作为被调用单元的局部变量,一个用来存放实参地址。

上例中,由于形参未被初始化,计算的结果是不确定的。如果采用得结果的参数传递方式,被调用单元必须在引用形参之前,先对形参初始化。通常的语言不采用这种参数传递方式,而是采用下面的传值得结果方式。

(3) 传值得结果

这种参数传递方式把(1)和(2)结合起来使用,即实参将值传递给形参,被调用单元活动结束后,将形参的值传递给实参,形成了信息的双向传递。所以,这种方式又称为复写入复写出(Copy-in and Copy-out)。

采用这种参数传递方式时,编译程序为每个形参分配两个形式单元(假设记为 J 和 J′),其中一个作为被调用单元的局部变量,用来存放实参传递的值,另一个用来存放实参的地址。对上例相当于执行下列步骤:

```
M : = 1               ( M = 1)
T : = M + 3           (T = 1 + 3 = 4)
J₁ : = M 的地址
J′₁ : = M             (J′₁ = 1)
J₂ : = T 的地址
J′₂ : = T             (J′₂ = 4)
J′₁ : = J′₁ + 1       (J′₁ = 1 + 1 = 2)
M : = M + J′₂         (M = 1 + 4 = 5)
I : = J′₁ + M         (I = 2 + 5 = 7)
J₁↑ : = J′₁           (M = 2)
J₂↑ : = J′₂           (T = 4)
N : = I               (N = 7)
```

计算结果为 N=7,M=2。

用这种方式计算出来的函数值与传值相同,所不同的是实参可能被形参的结果值修改,这里将 M 的值由 5 修改成 2。

3．名调用

名调用(Call by Name)是 ALGOL 60 语言定义的一种特殊参数传递方式。它用"替换规则"解释名调用参数的意义;调用的作用相当于把被调用程序单元抄写到调用程序单元调用出现的地方,但把其中任一出现的形式参数都替换成相应的实际参数(文字替换)。如果在替换时发现被调用单元的局部名和实参使用相同的名字,则必须用不同的标识符来表示这些局部名。而且,为了表现实参的整体性,必要时在替换前要先把它用括号括起来。

实现这种替换方法时,通常把实参处理成一个子程序,称为参数子程序(Thunk),每当引用形参时就调用这个子程序。对上例相当于执行下列步骤:

```
M：= 1              (实参 M+3 不用事先计算)
M：= M+1            (L 与 M 为同一存储单元)
M：= M+(M+3)        (M 原文替换形参 J,M+3 原文替换形参 K)
I：= M+M            (M 原文替换 J,L 与 M 为同一存储单元)
N：= I              (N=14,M=7)
```

计算结果为 N=14,M=7。它与前面几种方式得到的结果不同。

FORTRAN 语言的标准参数传递方式是引址调用;ALGOL 60 语言的标准方式是名调用,但也允许传值;SIMULA 67 语言提供传值、引址调用和名调用方式;Pascal 和 C++语言允许传值和引址调用。C 语言只允许传值调用。由于名调用实现起来比较复杂,程序也难读懂,新近出现的语言都不采用名调用。

在语言设计时,必须提供参数传递方式的说明方法。

11.4.2 子程序参数传递

许多语言允许子程序(过程)作为参数,这类参数有较大的实用价值。例如,有一个评估单变量函数在区间 a..b 上的特性的子程序 S,为了使 S 适用于不同的函数,且这些函数在编写子程序 S 时并不知道,所以必须在 S 中设置一个参数,以便通过它调用不同的函数(子程序)。再如,若一个语言不提供显式异常处理机制,那么可以把异常处理子程序作为参数,传递给正在执行的程序单元,用以唤醒异常处理程序。

程序单元 P 将实在过程 T 作为参数传递给过程 Q,这就意味着 P 中有过程调用语句

```
call Q(T)
```

例如

```
unit P:
  ⋮
  call Q(T)
  ⋮
end P
```

而单元 Q 中应该有形参且已被说明成过程,假设为 S。显然在单元 Q 中,应有关于 S 的调用语句：

```
unit Q(S:procedure);
    ⋮
    call S;
    ⋮
end Q
```

这时,在 Q 中调用 S 实际上是调用实在过程 T。因此,P 调用 Q 时,应将 T 的代码段首地址和 T 的引用环境传递给 Q(即传递给形参过程 S),以便在 call S 时可以调用到 T,并在 T 的环境下引用到 T 的局部变量和非局部变量。

Pascal,C 和 FORTRAN 等语言均支持这种机制。

习　题　11

11-1　根据 Pascal 语言的作用域规则,确定下列程序中 a 和 b 每次出现所适用的说明。

```
program a(input,output);
  procedure b(u,v,x,y:integer);
    var a:record a,b:integer end;
        b:record b,a:integer end;
    begin
      with a do begin a:=u;b:=v end;
      with b do begin a:=x;b:=y end
      write(a.a,a.b,b.a,b.b)
    end;
  begin
    b(1,2,3,4)
  end
```

11-2　对下列类 ALGOL 程序

```
program A;
  procedure B;
    procedure C;
      ⋮
      call B;
      ⋮
    end C;
    ⋮
    call C;
  end B;
  procedure D;
    ⋮
    call B;
```

```
            end D;
                ⋮
            call D;
        end A
```

试描述每次调用时活动记录栈的状况,直到 C 中调用 B 时,主要注意动态连接和静态连接的情况。

11-3 为什么类 ALGOL 分程序的静态连接和动态连接有相同的值?

11-4 下列程序在静态作用域规则或动态作用域规则下会有什么输出?

```
program main;
    var r:real ;
    procedure show;
        begin write(r:5:3)end ;
    procedure small;
        var r:real ;
        begin r: = 0.125;show end ;
    begin
        r: = 0.25
        show;small;writen ;
        show;small;writen ;
    end
```

11-5 试描述 n 维动态数组的 GAM 语义。

11-6 试描述允许嵌套、参数及过程参数的 GAM 语义。

11-7 一个语言如采用静态类型和动态作用域会存在什么问题?

第 12 章 MINI 语言编译器的设计与实现

编译器是一种相当复杂的程序,其代码的长度可从几千行到几百万行不等。编写甚至读懂这样的一个程序都非易事,大多数的计算机专业人员从来没有编写过一个完整的编译器。但是,几乎所有形式的计算均要用到编译器,而且任何一个与计算机打交道的专业人员都应该掌握编译器的基本结构和操作。除此之外,计算机应用程序中经常遇到的一个任务就是命令解释程序和界面程序的开发,这比编译器要小,但使用的却是很类似的技术。因此,掌握这一技术具有非常重大的实际意义。

本次实验将进行一个规模很小的微型编译器的开发,但所谓"麻雀虽小,五脏俱全",作为一次较为完整的编译开发实践,它已经足够让我们透彻地了解一个编译器的开发过程,同时能更深刻地理解和运用编译开发过程中的众多技术和方法。

12.1 MINI 语言概述

MINI 语言是本次实验要实现的一种微型语言的名称,该语言的源程序为文本形式的 ASCII 字符序列。考虑到针对现有的处理器来说,如果使用真正的机器代码作为 MINI 编译器的目标语言会太过于复杂,所以 MINI 语言将目标程序简化为一个假定的简单处理器的汇编语言,这个假定的处理器称为 MM 机(MINI Machine)。可在任意一种文本编辑器中编辑 MINI 语言的源程序并保存为扩展名为.min 的文件,然后用命令行的形式调用 MINI 编译器(MINI.EXE)对该源程序进行编译,经过词法分析、语法分析并在此基础上展开语义处理,如果源程序中没有错误,则最终生成目标代码即基于 MM 机的指令文件(扩展名为.mm)。这种目标代码文件可以使用 MM 机的模拟程序(MM.EXE)来读取并执行,从而得到程序运行结果。

MINI 语言的程序结构很简单,它的语法与 Pascal 相似但规模明显小于 Pascal。MINI 源程序是一个由分号分隔开的语句序列,它既无过程、函数也无变量声明。所有的变量都是整型变量,通过直接对一个变量赋值就默认为同时声明了该变量。MINI 语言只有两个控制语句:if 语句和 repeat 语句。这两个控制语句本身也可包含语句序列。if 语句有一个可选的 else 部分且必须由关键字 end 结束。除此之外,read 语句和 write 语句分别完成数据的输入和输出(read 语句一次只读入一个变量,而 write 语句一次只输出一个表达式)。如果程序代码需要注释,可在一对花括号{ }中添加注释文本,但注释不允许嵌套。

MINI 语言的表达式也局限于布尔表达式和整型算术表达式。布尔表达式由两个算术表达式的比较组成,所有比较使用<和=比较运算符。算术表达式可以包括整型常数、变量、参数以及 4 个整型算符+、-、*、/,它们具备和通用语言相似的数学属性。布尔表达式通常只作为测试条件出现在控制语句中。

虽然 MINI 语言缺少实用程序设计语言(如 C、Pascal)所需要的许多特征——比如过程、数组、浮点数等,但作为一次完整的编译开发实践,它已经足够体现出一个编译器的开发过程。

12.2 MINI 编译器概述

MINI 编译器的主要任务是分析基于 MINI 语言规范的字符组成的 MINI 源程序.min,把它们识别为一个个具有独立意义的单词符号(Token),并识别其有关属性再转换成长度统一的属性字,再经过语义处理和代码生成,最终得到目标代码文件即基于 MM 的指令代码文件.mm。

MINI 编译器从整体上被划分为 5 个阶段:词法分析、语法分析、语义分析、代码生成和代码优化,这 5 个阶段分别用不同的程序模块来实现(如表 12-1 所示)。一个 MINI 源程序经过 MINI 编译器的编译之后,生成面向 MM 机的指令目标代码,在整个编译过程中,这 5 个阶段分别承担了相应的翻译任务。

表 12-1 MINI 编译器的程序模块和文件

.h 头文件	.c 源文件	模块功能说明
all.h	无	数据类型的定义和编译器的全程变量
无	main.c	MINI 编译器主程序
func.h	func.c	实用程序函数
cifa.h	cifa.c	词法分析程序
yufa.h	yufa.c	语法分析程序
hash.h	hash.c	符号表的杂凑表
yuyi.h	yuyi.c	语义分析程序
code.h	code.c	用于依赖目标机器的代码生成实用程序
last.h	last.c	基于 MM 机的目标代码生成和优化程序

所有代码文件都包含了 all.h 这个头文件,它包括了编译器中各种数据类型的定义和整个编译器均可能使用到的全局变量的定义。main.c 文件是 MINI 编译器的主程序,它还负责分配和初始化全程变量。其他的模块都以文件对即 h 头文件和 c 代码文件组成(如表 12-1 所示),在头文件中给出了外部可用的函数原型以及在相关代码文件中的实现(包括静态局部函数)。cifa、yufa、yuyi 和 last 这 4 个文件分别与词法扫描程序、语法分析程序、语义分析程序和代码生成器这 4 个阶段一一对应。func 文件包括了一些实用程序函数,在生成源代码的内部表示(语法树)、显示列表与处理出错信息时均需要使用到这些函数。hash 文件包括执行与 MINI 应用相符的符号表的杂凑表。code 文件包括用于依赖目标机器 MM 的代码生成实用程序。

MINI 编译器的编译过程由 4 遍构成。第 1 遍由构造语法树的扫描程序和分析程序组成;第 2 遍和第 3 遍执行语义分析,其中第 2 遍构造符号表而第 3 遍完成类型检查;第 4 遍是代码生成器。所有的 4 遍由主控程序 main.c 来负责驱动。

主控程序(main.c):MINI 编译器的主程序,它还负责分配和初始化全程变量。

词法扫描程序(cifa.c):将源程序的字符序列收集到称为记号(token)的有意义单元中,即完成与语言单词拼写相类似的任务。

语法分析程序(yufa.c):从词法扫描程序中获取记号形式的源代码,并完成定义程序结构的语法分析,生成语法树,记录符号表。

语义分析程序(yuyi.c):分析程序的静态语义,包括声明和类型检查等,将语义信息添加到语法树结构中并进一步填写符号表。

代码生成器(last.c):将 MINI 语言的源程序翻译为目标程序即基于 MM 机的指令程序,并进行适当的代码优化。

12.3 词法分析

12.3.1 概述

编译器的词法分析阶段可将源程序读作有序字符文件并将其扫描分解为若干个记号(token)。记号与自然语言中的单词类似,每一个记号都是表示源程序中信息单元的字符序列。典型的有:关键字(keyword),例如 if 和 while,它们是字母的固定串,在该语言中具有特定的含义;标识符(identifier),它们是由用户定义的串,通常由字母和数字组成并由一个字母开头,例如变量名、过程名等;运算符(operation symbol),它们是完成某种固定操作的符号,如 +、-、*、/等,这些操作所施加的对象称为运算量;特殊符号(special symbol),如分号、引号、花括号等。

由于扫描程序的任务是格式匹配的一种典型应用,所以需要研究在扫描过程中的格式说明和识别方法,其中最主要的工具就是正则表达式和有穷自动机。考虑到扫描程序是编译器中处理源代码输入的第一个阶段,而且由于这个输入经常需要耗费较多的额外时间,所以扫描程序的操作也就必须尽可能地高效。因此在构造过程中需要特别注意扫描程序结构的一些实际细节。

扫描程序的构造问题的研究可分为以下几个部分:首先,给出扫描程序操作的一个概貌以及所涉及到的结构和概念。其次是掌握正则表达式,它是用于表示程序设计语言的词法构成结构的串格式的标准表示法,优点是非常简练和准确。接着是有穷自动机,它是由正则表达式给出的串格式的识别算法,自动机比正则表达式更直观形象且利于程序实现。最后,一旦决定采用有穷自动机表示识别过程时,如何用代码实现该自动机即编写执行该识别过程的程序就成为了关键。

12.3.2 MINI 语言词法分析程序的实现

MINI 语言的记号分为 3 种典型的类型:关键字、特殊符号和"其他"记号。关键字一共有 8 个,它们的含义类似于 Pascal 语言中的相应关键字。特殊符号共有 10 种:分别是 4 种基本的整数运算符号,2 种比较符号(等号和小于号),以及左括号、右括号、分号和赋值符号。其中,除了赋值符号是两个字符的长度之外,其余均为单个字符。"其他"记号就是数和标识符,数是一个或多个数字的序列,而标识符又是一个或多个字母的序列。所有这些记号归纳如表 12-2 所示 。

表 12-2 MINI 语言的记号

关键字(8 个)	if、then、else、end、repeat、until、read、write	
特殊符号(10 个)	+ - * / = < ( ) ; :=	
其他	数 (1 个或更多的数字序列)	标识符 (1 个或更多的字母序列)

除了上表的记号之外,MINI 语言的源程序还要遵循以下的词法规则:注释应放在一对花

括号{……}中,而且不允许嵌套;代码应是自由书写格式;空白符由空格、制表位和新行组成。所有的记号都可以用图12-1的DFA来识别。

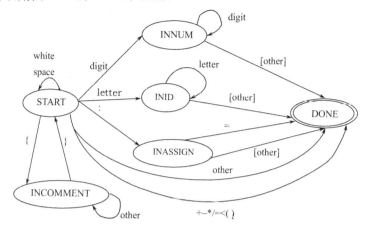

图12-1　MINI扫描程序的DFA

需要注意的是,图12-1中的DFA并未包括关键字的识别,这是因为关键字和标识符的结构相同,在MINI编译器的设计中,仅当识别出了一个标识符之后才考虑通过查找关键字表的方式来判断它是否为关键字。

关于这个DFA的实现,主要包含在cifa.h和cifa.c文件中,其核心函数是getToken( ),它消耗输入字符并按图12-1的DFA来返回下一个被识别的记号,使用的控制结构主要是一个双重嵌套switch多分支选择语句,使用的数据结构主要是一个有关"记号类型"的列表,该列表在all.h中被定义为枚举类型,该枚举类型中包含了图12-1中所有的记号以及文件结束记号EOF和错误记号ERROR。

扫描程序在识别出每个记号的同时,还会计算出该记号的特性(比如串值)并放入变量tokenString中,这个tokenString变量和getToken( )函数是提供给MINI编译器其他部分的唯一两个服务。整个扫描程序使用到了3个全程变量:文件变量source、文件变量listing、行号变量lineno。扫描程序的字符输入是由getNextChar( )函数提供的,该函数将一个256字节的字符缓冲区内的字符取到扫描程序中,当该缓冲区被耗尽时再从源程序文件即source文件中继续读取下一行。至于在图12-1中关于"INNUM"和"INID"到最终状态"DONE"的转换都应该是非消耗的,这种情况可通过提供ungetNextChar( )函数往缓冲区中反填一个字符来保障。

12.3.3　关键字与标识符的识别

MINI对于关键字的识别,是通过先将它们视为标识符,然后再在关键字表中查找它们来完成的。其实这种做法很普遍,不过由于在关键字表中查找过程的效率会影响到扫描程序的效率,所以通常需要更快速的查找算法(比如二分或哈希)。不过这个问题在MINI看来没有必要,因为MINI语言一共只有8个关键字,对于这种小型表格而言,MINI扫描程序使用了一种最简便的方法——线性搜索,即按照关键字表的顺序从表头到表尾搜索每个关键字,具体的搜索过程是由函数reservedLookup( )完成的。

12.3.4 为标识符分配空间

由于 tokenString 变量的长度固定为 40,即任何标识符的长度不能超过 40 个字符,因此如果为每一个标识符都分配一个固定的 40 字符长度的数组,那么就会浪费很多的内存空间(这是因为通常情况下绝大多数的标识符都很短)。出于这点考虑,在 MINI 编译器的 func.c 中提供了一个实用函数 copyString( ),用以复制记号串的有效部分,该函数通过 C 的标准动态分配函数 realloc( )来为某标识符申请它所需的空间,即实现了按需分配,解决了空间浪费的问题。

12.4 语 法 分 析

12.4.1 概述

语法分析的任务是确定源程序在语法上的正确性。程序设计语言的语法通常由上下文无关的文法规则来定义,其方式同扫描程序识别的由正则表达式提供的记号的词法结构相似,上下文无关文法的确利用了与正则表达式中极为类似的命名惯例和运算。但二者的主要区别在于上下文无关文法的规则通常是递归的。例如,一般来说 if 语句中应允许嵌套其他的 if 语句,但在正则表达式中却不能这样做。这个区别带来的作用很明显:上下文无关文法能识别的结构相比正则表达式能识别的结构大大地增加了,用做识别这些结构的算法也与扫描算法差别很大,这是因为它们必须使用递归调用或显式管理的分析栈,相应地,用做表示语言语义结构的数据结构现在也必须是递归而不再是线性的。在语法分析中经常使用的基本结构是树结构,可称为分析树或语法树。

12.4.2 MINI 语言的语法

MINI 语言的语法规则:MINI 程序只是一个语句序列,它共有 5 种语句:if 语句、repeat 语句、read 语句、write 语句和 assignment 语句。if 语句可以包含 then 子句和 else 子句且必须以 end 结束。除了 if 语句使用 end 作为界定标志以及 if 和 repeat 语句允许语句序列作为主体之外,其他的语法都和 Pascal 类似。所以也就不需要类似 begin-end 的语句对了。输入/输出语句由关键字 read/write 实现。read 语句一次只能读入一个变量,而 write 语句一次只能输出一个表达式。

```
<program> → stmt - sequence
stmt - sequence → stmt-sequence ; statement | statement
statement → if-stmt | repeat-stmt | assign-stmt | read-stmt | write-stmt
if-stmt → if exp then stmt-sequence end
        | if exp then stmt-sequence else stmt-sequence end
repeat-stmt → repeat stmt-sequence until exp
assign-stmt → identifier := exp
read-stmt → read identifier
write-stmt → write exp
exp → simple-exp comparison-op simple-exp | simple-exp
comparison-op → < | =
simple-exp → simple-exp addop term | term
```

```
addop  →  + | -
term   →  term mulop factor | factor
mulop  →  * | /
factor →  (exp) | **number** | **identifier**
```

MINI 的表达式有两类：布尔表达式和算术表达式。布尔表达式使用比较运算符"="和"<"，通常用在 if 语句和 repeat 语句中作为测试条件；算术表达式使用整型运算符"+"、"－"、"＊"、"/"，它们具有左结合和常规的优先关系。与此不同，比较运算是非结合的（每个没有括号的表达式只允许一种比较运算）。比较运算符的优先权都低于算术运算符。

也可以把 MINI 的表达式视为三类：算符表达式、常量表达式和标识符表达式。这些在 all.h 文件中都进行了相关的定义

MINI 中的标识符指的是简单整型变量，它没有类似数组或记录等类型的变量。MINI 中也无须显式的变量声明：任何一个变量只是通过出现在赋值语句左边或者 read 关键字的右边来隐式地声明。另外，变量只有全局作用域。

MINI 的语句序列是指用(N－1)个分号分隔开来的 N 条语句，且不能将分号放在语句序列中的最后一个语句之后。

12.4.3　MINI 语言语法分析程序的实现

在实现 MINI 的语法分析器时，采用的核心算法是自顶向下分析方法中的递归下降分析法。

递归下降分析法是一种比较简单直观、易于构造的自顶向下的语法分析方法，它要求被分析的文法满足 LL(1)文法，MINI 语言的所有文法是符合这一要求的。递归下降分析法的实现思想是针对文法中的每个非终结符号编写一个递归过程，每个过程的功能是识别由该非终结符号推出的串，当某非终结符号的产生式有多个候选式时能够按 LL(1)形式唯一地确定选择某个候选式进行推导。

MINI 的语法分析程序包括两个代码文件：yufa.h 和 yufa.c。其中 yufa.h 非常简单，只由一个声明组成：

```
TreeNode * parse(void);
```

它定义了语法分析程序 yufa.c 的核心函数 parse( )，从声明中可以看出该函数将返回一个表示语法树的指针。yufa.c 文件由 11 个相互递归的过程组成，这些过程与文法直接对应：1 个对应于 stmt-sequence，一个对应于 statement，5 个分别对应于 5 种不同的语句，剩下 4 个对应于表达式的不同优先层次。由于 MINI 程序就是由语句序列构成的，所以核心函数 parse( )只需要直接调用 stmt_sequence( )，然后由递归下降程序经过递归调用和回调自动完成语法分析并生成相应的语法树，再传递给后续的语义分析阶段。

12.5　语　义　分　析

12.5.1　概述

语义分析是一个用于计算编译过程中所需的附加语义信息的阶段。由于它包括了计算上下文无关文法和标准语法分析算法以外的信息（即语义信息），因此，它不能被视为语法。语义信息

的计算与被翻译程序的最终含义或语义密切相关,因为编译器完成的语义分析是静态定义(在程序执行之前予以明确的),所以语义分析也可称为静态语义分析。在一个典型的静态类型的语言(如C语言)中,语义分析的工作通常包括构造符号表、记录声明中建立的名字的含义、在表达式和语句中进行类型推断和类型检查、在程序的不同作用域范围内判断变量的合法性。

语义分析可以分为两类:

(1) 第一类分析是正确性分析,要求根据编程语言的语义规则判定程序的正确性,并保证它能正确执行。对于不同的语言来说,语义分析的差异很大。比如在 LISP 和 Smalltalk 这类动态制导的语言中,可能完全没有静态语义分析;而在 Ada 或 C 这类语言中就有很强的静态语义分析需求,程序必须提交执行。其他的语言介于这两种极端情况之间(例如 Pascal 语言,不像 Ada 和 C 对静态语义分析的要求那样严格,也不像 LISP 那样完全没有要求)。

(2) 第二类分析是优化性分析,是由编译程序执行的用于提高翻译程序执行效率的分析。这一类分析通常包括对"最优化"或代码改进技术的实现。在本论文的后续章节中将对这一类分析展开讨论。

12.5.2　MINI 语言的语义

MINI 语言在静态语义方面的要求比较简单,分析是由程序 yuyi.c 负责的。在 MINI 中没有明确的声明,也没有命名的常量、数据类型或过程;名字只引用变量,变量在第一次使用时隐含地声明,所有的变量都是整数数据类型;也没有嵌套作用域,因此一个变量名在整个程序中有恒定的含义,符号表也不需要保存任何作用域信息。

在 MINI 中的类型检查也比较简单。它只有两种类型:整型和布尔型。仅有的布尔型值是两个整数值进行比较的结果。因为没有布尔型运算符或变量,所以布尔值只出现在 if 或 repeat 语句的条件测试表达式中,不作为运算符的操作数或赋值给变量的值,同时,布尔值也不能使用 write 语句输出。

下面把对 MINI 语义分析程序的代码实现的讨论分成两个部分:首先讨论符号表的结构及其相关操作,然后讨论语义分析程序自身的操作(包括符号表的构造和类型检查)。

12.5.3　MINI 语言的符号表

在 MINI 语义分析程序的符号表的设计中,首先要确定哪些信息需要在符号表中保存。一般情况下,符号表需要包括数据类型和作用域信息,但考虑到 MINI 语言本身没有作用域信息,并且所有的变量都是整型,因此 MINI 符号表也就不需要保存这些信息。

然而,在代码生成阶段,变量需要分配存储器地址,并且因为该地址信息在语法树中也没有说明,所以符号表就成为了存储这些地址的最佳数据结构。其实,在 MINI 符号表中记录的变量地址可以仅仅看成是整数索引,每次遇到一个新的变量就自增。另外,为了使符号表的作用更明显和强大,还将源程序中被访问变量的行号也记录下来,并且可以在编译完成后显示出来,便于用户调试程序,这一点在使用 MINI 编译程序的过程中可以看到。

关于符号表的代码被包含在 hash.h 和 hash.c 文件中。符号表使用的结构是分离的链式杂凑表,关于 MINI 符号表的操作有如下几种:

(1) st_delete 操作:因为无作用域信息,故 MINI 符号表不需 delete 操作。

(2) st_insert 操作:插入新符号时,除标识符之外,还需行号和地址参数。

(3) st_lookup 操作:查找符号表,提取相关符号的语义信息。

(4) printSymTab 操作:用于在编译完成后向用户打印符号表汇总信息。

12.5.4　MINI 语言语义分析程序的实现

MINI 的静态语义具有标准编程语言的特性,符号表具有继承属性,表达式的数据类型具有合成属性。符号表可以通过对语法树的前序遍历来建立,类型检查可以通过后序遍历来完成。虽然这两个遍历能够较容易地合并成一个遍历,但为了使符号表建立和类型检查这两个处理步骤更加清晰,仍然把它们分成语法树上两个独立的遍历。因此,语义分析程序与编译器其他部分的接口实际上就是两个函数:buildSymtab()完成语法树的前序遍历(建立符号表),当它遇到树中的变量标识符时,调用符号表的 st_insert 操作插入该变量,遍历完成后,再调用符号表的 print 操作来打印符号表信息到列表文件中。typeCheck()完成语法树的后序遍历(执行类型检查),在计算数据类型时把它们插入到对应的树结点,并把可能的类型检查错误记录到列表文件中。

12.6　运行时环境

12.6.1　概述

在前述内容中,已经讨论过了如何实现 MINI 编译器静态分析的各阶段。主要包括词法扫描、语法分析和静态语义分析。这些分析仅仅取决于 MINI 源语言的特性,而与目标语言(汇编语言或机器语言)、目标机器以及它的操作系统平台的特性完全无关。

目标代码生成的主要环节都依赖于具体的目标机器,尤其是运行时环境。运行时环境指的是目标计算机的寄存器和存储器的结构,以及用来管理存储器并保存程序执行过程中所需要的信息。实际上,几乎所有的程序设计语言都使用下列三种运行时环境中的某一种,分别是:类似 FORTRAN77 的完全静态环境特征;像 C、C++、Pascal 以及 Ada 这些语言的基于栈的环境;以及像 LISP 这样的函数语言的完全动态环境。当然,将这三种类型混合为一体也是可能的。

编译程序只能间接地维护环境,在编译程序执行期间它必须要通过生成代码来进行必要的维护操作。相反地,由于解释程序可以在自己的数据结构中直接维护环境,因而它的任务就很简单。

12.6.2　MINI 语言的运行时环境

MINI 所需的运行时环境比较简单,由于 MINI 没有过程,而且所有变量都是全局的,因此也就不需要一个活动记录的栈,唯一所需的动态存储是在表达式赋值期间临时要用的。

MINI 运行时环境的基本思想是将变量放在程序存储器底部的绝对地址中,并将临时栈分配到顶部。这样,假设有 4 个变量 a、b、c、d,它们在存储器底部分别得到相对地址 0、1、2、3,再假设存放了 3 个临时变量 Temp1、Temp2、Temp3,那么此时程序存储器的当前状态如图 12-2 所示。

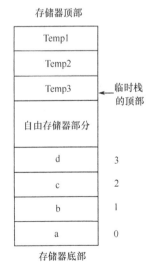

图 12-2　MINI 数据存储区分配示例

根据 MINI 的体系结构,需要设置一些记寄存器以指向该存储器的底部和顶部,接着再使用变量的绝对地址作为底部指针的偏移,使用存储器的顶部指针作为临时栈的顶部指针,或是计算固定顶部指针的临时变量的偏移。当然,如果处理器栈是可用的,就有可能将它作为临时栈。

为了实现这个运行时环境,MINI 编译程序中的符号表必须如语义分析中所描述的那样记录变量在存储器中的地址。这是通过调用 st_insert( ) 函数时提供的地址参数以及查找符号表重新得到变量地址的 st_lookup 函数完成的:

```
void st_insert( char * name, int lineno, int loc );
int st_lookup( char * name );
```

此时的语义分析程序必须在第一次遇到变量时就为其赋值,这是通过保留一个初始值为 0 的静态计数器变量 location 来实现的:

```
static int location = 0;
```

以后无论何时遇到变量,语义分析执行如下代码:

```
if (st_lookup(t->attr.name) == -1) st_insert(t->attr.name,t->lineno,location++);
else st_insert(t->attr.name,t->lineno,0);
```

当 st_lookup( ) 返回 −1 时,说明该变量当前并不在表中,则需要将这个新变量注册到符号表,这样就记录下了一个新的地址(指向这个新变量)并将位置计数器自增 1。另一种情况是变量早已在符号表中,此时符号表只需记录行号并且忽略地址参数(通过写入 0 作为一个虚构的地址来到达这个目的)。

上面所述的方法解决了在 MINI 程序中如何分配已命名变量的问题,至于位于存储器顶部的临时变量的分配以及保留这个分配所需的操作都由代码生成器负责。

12.7 代码生成

12.7.1 概述

代码生成是编译器的最后的必需阶段——用来生成针对特定目标机器的目标代码。这个目标代码是源代码语义的忠实体现。代码生成是编译器最复杂的阶段,因为它不仅依赖于源语言的特征,而且还依赖于目标机器结构、运行时环境的结构和配置在目标机器上的操作系统的细节信息。通过收集源程序进一步的语义信息,定制生成代码以便利用目标机器,如寄存器、寻址模式、管道和高速缓存的特殊性质,很多编译器的代码生成阶段通常也涉及一些优化或改善的尝试。

由于代码生成阶段较复杂,所以很多编译器一般将这一阶段分成了几个涉及不同中间数据结构的步骤,其中包括了某种称为中间代码的抽象代码。当然,编译器也可能没有生成真正的可执行代码,而是生成了某种形式的汇编代码,这样必须由汇编器、链接器和装入器来实施进一步处理。汇编器、链接器和装入器可由操作系统提供或由编译器自带。其实中间代码和汇编代码的生成有很多共同特征,这里不考虑汇编代码到可执行代码的更进一步的处理(这由现成的 MM 机模拟程序来实现)。

12.7.2 目标机器——MINI Machine

MINI Machine(简称为 MM)机器是 MINI 编译器的假定目标机器,MINI 编译器的任务就是将 MINI 源程序翻译为基于 MM 机的指令程序,至于该程序的执行任务就由 MM 模拟器(已有现成的代码)来完成。

12.7.2.1 MM 的基本结构及其指令系统

MM 由三个部分组成:指令存储区(只读)、数据区、通用寄存器(8 个)。它们都使用非负整数地址(且以 0 开头),其中指定寄存器 7 为专用的程序计数器。MM 中一些基础数据结构如下:

```
#define IADDR_SIZE 1024          /* 定义指令存储区的容量 */
#define DADDR_SIZE 1024          /* 定义数据存储区的容量 */
#define NO_REGS 8                /* 定义寄存器的数量 */
#define PC_REG 7                 /* 指定 7 号寄存器为程序计数器 */
Instruction iMem[IADDR_SIZE];    /* 指令存储区 */
int dMem[DADDR_SIZE];            /* 数据区 */
int reg[NO_REGS];                /* 寄存器 */
```

在 MM 模拟器初始化的时候,将所有寄存器和数据区置为 0,将有效地址的上界值(DADDR_SIZE − 1)装入到 dMem[0]中。然后 MM 开始执行 iMem[0]指令,模拟器在执行到 HALT 指令时停止。在整个执行过程中,可能会引发错误的情况包括 IMEM_ERR(当 reg[PC_REG] < 0 或 reg[PC_REG] >= IADDR_SIZE 时),以及在指令执行过程中的 DMEM_ERR 和 ZERO_DIV。

为了清楚地认识 MM 机器,下面给出 MM 的指令集。总的来说,MM 的基本指令有两类:寄存器指令 RO 和寄存器—存储器指令 RM,如表 12-3 所示。

表 12-3 MM 的指令集

	指 令	含 义
RO 指令 opcode r,s,t	HALT	停止执行(忽略 r,s,t)
	IN	reg[r] ← 从标准输入读入整型值(忽略 s,t)
	OUT	reg[r] → 标准输出(忽略 s,t)
	ADD	reg[r] = reg[s] + reg[t]
	SUB	reg[r] = reg[s] − reg[t]
	MUL	reg[r] = reg[s] * reg[t]
	DIV	reg[r] = reg[s] / reg[t] (可能产生 ZERO_DIV)
RM 指令 opcode r,d[s] (a=d+reg[s])	LD	reg[r] = dMem[a](将 a 中的值装入 r)
	LDA	reg[r] = a(将地址 a 直接装入 r)
	LDC	reg[r] = d(将常数 d 直接装入 r,忽略 s)
	ST	dMem[a] = reg[r](将 r 的值存入位置 a)
	JLT	if(reg[r] < 0) reg[PC_REG] = a(若 r 小于 0 转到 a)

(续表)

指　令		含　义
RM 指令 opcode r,d[s] (a=d+reg[s])	JLE	if(reg[r] <= 0) reg[PC_REG] = a
	JGT	if(reg[r] > 0) reg[PC_REG] = a
	JGE	if(reg[r] >= 0) reg[PC_REG] = a
	JEQ	if(reg[r] == 0) reg[PC_REG] = a
	JNE	if(reg[r] != 0) reg[PC_REG] = a

RO 指令主要包括 4 条算术指令和 2 条基本输入/输出指令，其中的操作数 r、s、t 均为寄存器。RM 指令主要包括 3 条装入指令、1 条存储指令和 6 条转移指令，其中的操作数 r 和 s 均为寄存器，操作数 d 代表正负偏移量，假设 a = d + reg[s]，则 a 实际上代表存储区地址，需要注意的是，当 a < 0 或 a >= DADDR_SIZE 时会产生错误 DMEM-ERR。

关于该指令集，补充以下说明：

(1) MM 的算术运算、输入以及装入操作指令都是先出现目标寄存器，再出现源寄存器。这一点类似于 80X86 系列。

(2) MM 只有 0 号到 7 号共 8 个寄存器，其中 7 号寄存器用作程序计数器。另外所有的算术运算都限定在寄存器中完成，没有直接作用于内存的操作。

(3) MM 无浮点操作和浮点寄存器。

(4) 虽然 MM 没有指定地址模式的能力，但它设计了 3 条不同的指令用来代替指定地址模式的功能：LD 代表间接模式；LDA 代表直接模式；LDC 代表立即模式。

(5) 虽然 MM 没有无条件跳转指令，但可以通过将 7 号寄存器作为 LDA 的目标寄存器来模拟这条指令。比如 LDA 7,d(s) 相当于跳转到位置 a = d + reg[s]。

(6) 虽然 MM 没有间接转移指令，但可以用 LD 来模拟。比如 LD 7,0(1) 相当于跳转到寄存器 1 中的地址所对应的指令。

(7) MM 的条件转移指令(JLT 等)可以与程序中当前指令的位置无关，这只需要把 7 号寄存器作为第 2 个寄存器参数就可以了。比如 JEQ 0,4(7) 导致当寄存器 0 的当前值为 0 时向前推进 5 条指令。

(8) MM 的无条件转移指令(用 LDA 模拟)可以与程序中当前指令的位置有关，这只需要让 7 号寄存器作为参数两次出现在 LDA 中就可以了。比如 LDA 7,-4(7) 导致无条件向后回退 3 条指令。

(9) 虽然 MM 没有过程和 JSUB 指令，但可以用 LD 来模拟。比如 LD 7,d(s) 的效果是转移到入口地址是 dMem[d + reg[s]]的过程。当然，这里要记住保存返回地址，比如 LDA 0,1(7) 可以将当前程序计数器的值加 1 后保存在寄存器 0 中，也就是过程调用结束后将要返回的地方。

12.7.2.2　MM 模拟器及其使用

MM 模拟器负责执行由 MM 机指令构成的源程序(也就是 MINI 编译器生成的目标代码 *.MM)，并有如下约定：

(1) 忽略程序中的空行。

(2) 以星号(*)开头的行被视为注释行，会被忽略掉。

(3) 除注释行之外的其他行必须以整数编号后跟一个冒号开头,然后才是 MM 机的指令,而指令之后的该行内容也被认为是注释而忽略掉。

为了进一步认识 MM 模拟器的功能和使用方法,下面给出一个 MINI 源程序 test.min。
{ 用 MINI 语言编写的用于计算从 1 累加到指定数 i 的和的程序 }

```
read i; { 输入一个整数 }
if 0 < i then { 如果 i 小于等于 0 则不执行累加计算 }
   sum := 0;
   repeat
      sum := sum + i;
      i := i - 1
   until i = 0;
   write sum { 输出 sum 即累加和 }
end
```

在命令提示符下使用命令"mini test.min"启动 MINI 编译器对该 test.min 源程序进行编译并得到目标代码 test.mm,它的指令如表 12-4 所示。

表 12-4 编译 test.min 后得到的目标代码 test.mm

行号	指令	操作数	行号	指令	操作数
0:	LD	6,0(0)	22:	LD	0,0(5)
1:	ST	0,0(0)	23:	ST	0,0(6)
2:	IN	0,0,0	24:	LDC	0,1(0)
3:	ST	0,0(5)	25:	LD	1,0(6)
4:	LDC	0,0(0)	26:	SUB	0,1,0
5:	ST	0,0(6)	27:	ST	0,0(5)
6:	LD	0,0(5)	28:	LD	0,0(5)
7:	LD	1,0(6)	29:	ST	0,0(6)
8:	SUB	0,1,0	30:	LDC	0,0(0)
9:	JLT	0,2(7)	31:	LD	1,0(6)
10:	LDC	0,0(0)	32:	SUB	0,1,0
11:	LDA	7,1(7)	33:	JEQ	0,2(7)
12:	LDC	0,1(0)	34:	LDC	0,0(0)
14:	LDC	0,0(0)	35:	LDA	7,1(7)
15:	ST	0,1(5)	36:	LDC	0,1(0)
16:	LD	0,1(5)	37:	JEQ	0,-22(7)
17:	ST	0,0(6)	38:	LD	0,1(5)
18:	LD	0,0(5)	39:	OUT	0,0,0
19:	LD	1,0(6)	13:	JEQ	0,27(7)
20:	ADD	0,1,0	40:	LDA	7,0(7)
21:	ST	0,1(5)	41:	HALT	0,0,0

最后,目标代码 test.mm 可依照下面所示步骤用 MM 模拟器装入并执行。

```
D:\Mini>mm test.mm
MM simulation ( enter h for help )…
Enter command:g
Enter value for IN instruction:100
OUT instruction prints:5050
```

```
       HALT,0,0,0
    Halted
       Enter command:q
    Simulation done
D:\Mini>
```

12.7.3 MINI 代码生成器的实现

12.7.3.1 MINI 代码生成器的 MM 接口

MINI 代码生成器需要获知的关于 MM 目标机的信息已经被封装在 code.h 和 code.c 文件中,这些文件中还包含了 7 个代码发行函数。虽然代码生成器必须要知道 MM 的众多指令名,但正是由于这 2 个文件的存在,使得关于指令格式的详细说明、目标代码文件的位置以及运行时使用的特殊寄存器这三者相互独立。

在 code.h 文件中,首先是关于寄存器的定义,很明显,代码生成器和代码发行函数都必须知道 pc(即程序计数器)和 MINI 语言的运行时环境。在前面曾经讨论过,MINI 将数据存储区的顶部分配给临时数据(以栈的方式)而底部则分配给变量。由于 MINI 中没有活动记录,也没有作用域和过程调用,所以变量和临时数据的位置都可认为是绝对地址。然而,MM 机的 LD 装入指令不支持绝对地址,所以必须通过寄存器来计算存储装入的地址。所以这里分配了两个寄存器:mp(内存指针)指示存储区的顶部,其值恒定为存储区上限即(DADDR_SIZE-1),用于访问临时变量;gp(全程指针)指示存储区的底部,其值恒定为存储区下限即 0,用于访问命名变量。这样由符号表计算出的绝对地址可以生成相对 gp 的偏移来使用。例如:假设某程序中使用了两个变量 x 和 y,并有两个临时变量 t1 和 t2,则数据存储区 dMem 的格局如图 12-3 所示。

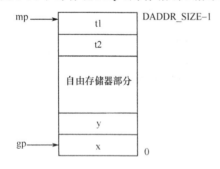

图 12-3　MINI 数据存储区示例

在图 12-3 中,从 MM 机来看,临时变量 t1 的地址为 0(mp),临时变量 t2 的地址为-1(mp),变量 x 的地址为 0(gp),变量 y 的地址为 1(gp)。在 MINI 的实现中,gp 是 5 号寄存器,mp 是 6 号寄存器。代码生成器要用到的另外两个寄存器是 0 号和 1 号寄存器,分别命名为 ac 和 ac1。通常将计算结果存放在 0 号寄存器也就是 ac 中。

关于 7 个代码发行函数,它们的原型在 code.h 中已定义,简述如下:

(1) void emitComment(char *c):该函数会以注释格式将其参数串打印到代码文件的新行中。

(2) void emitRO(char *op, int r, int s, int t, char *c):该函数用于产生 RO 类的目标代码指令。

(3) void emitRM(char *op, int r, int d, int s, char *c):该函数用于产生 RM 类的目标代码指令。

(4) int emitSkip(int howMany):该函数用于跳过将来要反填的一些位置并返回当前指令位置且保存下来。典型调用是 emitSkip(1),它跳过一个位置,这个位置后来会填上转移指令。

(5) void emitBackup(int loc)：该函数用于设置当前指令位置到先前位置来完成反填。

(6) void emitRestore(void)：该函数用于返回当前指令位置给先前调用 emitBackup 的值。

(7) void emitRM_Abs(char * op，int r，int a，char * c)：该函数用于产生诸如反填转移或任何由调用 emitSkip 返回的代码位置的转移的代码。它将绝对代码地址转变成 pc 相关地址，这由当前指令位置加 1 再减去传进的位置参数，并使用 pc 做源寄存器。通常，这个函数仅用于条件转移。

12.7.3.2　MINI 代码生成器

MINI 代码生成器在文件 last.c 中，其中提供给 MINI 编译器的唯一接口是 CodeGen 函数，其原型在 last.h 中定义为：

```
void CodeGen(TreeNode * syntaxTree, char * codefile);
```

函数 CodeGen( )本身实现的功能主要有：产生一些注释和指令、设置启动时的运行时环境，然后在语法树上调用 cGen( )，最后产生 HALT 指令终止程序。

函数 cGen( )负责完成语法树的遍历并以修改过的顺序产生代码的语法树，其函数原型为：

```
void cGen(TreeNode * tree);
```

语法树的结构中有两种树结点：句子结点和表达式结点。如果结点为句子结点，则它代表 5 种 MINI 语句(if、repeat、assignment、read、write)中的一种；如果结点为表达式结点，则它代表 3 种 MINI 表达式(标识符、整型常数、运算符)中的一种。函数 cGen( )仅仅是检测出结点是句子结点还是表达式结点，然后调用相应的函数 genStmt( ) 或 genExp( )。函数 genStmt( )负责生成语句的代码，其中包含了大量的 switch 语句用来区分 5 种语句；函数 genExp( )负责生成表达式的代码，其做法与 genStmt( )很类似。

在通常情况下，一个表达式的子表达式的代码都默认把值存到 ac 寄存器中以供后面的代码访问。当需要访问某变量时，通过函数 lookup( )访问符号表获得该变量地址并以 gp 寄存器基准的偏移装入(LD 指令)或存储(ST 指令)值。

其他需要访问内存的情况是在计算表达式的过程中：在整个表达式的值计算出来之前，左边的操作数必须存入临时变量直到右边操作数计算完成。典型的表达式代码生成序列如下：

```
cGen(p1); /* p1 是语法树中表达式结点的左孩子 */
emitRM("ST", ac, tmpOffset − − , mp, "op: push left");
cGen(p2); /* p1 是语法树中表达式结点的左孩子 */
emitRM("LD", ac1, + + tmpOffset, mp, "op: load left");
```

这里的 tmpOffset 是一个静态变量，标志着下一个可用临时变量的地址相对于内存顶部(即 mp 寄存器)的偏移。将这个代码序列结合图 12-3 来看，就会注意到 tmpOffset 的值在每次存入后会递减且在每次读出后会递增。所以完全可以把 tmpOffset 视为"临时变量栈"的顶部指针。对函数 emitRM( )的调用与该栈的压入和弹出操作相对应，这样，左操作数将在寄存器 1(即 ac1)中而右操作数在寄存器 0(即 ac)中。如果是算术操作的话，就产生相应的 RO 指令。

在众多运算符中，比较运算符的情况有点不一样。MINI 语言的语法规定了仅在 if 语句和 while 语句的条件测试表达式中允许比较运算符，在这些测试条件之外不会出现布尔变量或布尔值。虽然比较运算符可以在 if 语句或 while 语句的代码生成内部处理,但是,在 MINI 代码生成器的设计过程中采用了更普遍的做法:它更广泛应用于包含逻辑操作的语言,并将测试的结果表示为 0(假)或 1(真),这要求将常数 0 或 1 显式地装入 ac 寄存器来实现。例如:假定 MINI 中有一个关于小于运算符"<"的表达式,而且已经将左边操作数存入了 1 号寄存器,将右边操作数存入了 0 号寄存器,则代码生成器将会生成如下代码:

```
SUB 0, 1, 0
JLT 0, 2(7)
LDC 0, 0(0)
LDA 7, 1(7)
LDC 0, 1(0)
```

上面第 1 条 SUB 指令用左边操作数减去右边操作数并将结果存入 0 号寄存器,如果"<"比较的结果为真,那么 0 号寄存器的值就应为负,这样指令 JLT 0, 2(7) 将导致跳过两条指令而去执行最后一条,即将值 1 装入 0 号寄存器 ac;如果"<"比较的结果为假,那么 0 号寄存器的值就应为正,这样将执行上述第 3 条 LDC 指令和第 4 条 LDA 指令,即将值 0 装入 0 号寄存器 ac 且跳过最后一条 LDC 指令。

最后以 if 语句的讨论来结束关于 MINI 代码生成器的描述,其他的语句就不一一陈述,可以详见具体的代码实现。

MINI 代码生成器为 if 语句所做的第 1 个动作是为测试表达式产生代码。就像上面刚讨论的那样,在测试结果为假时将 0 存入 ac,为真时将 1 存入 ac。接下来要产生一条 JEQ 指令到 if 语句的 else 部分。然而 else 代码的位置在当前来看是未知的,这是因为 then 部分的代码还未生成完毕。因此,代码生成器必须用函数 emitSkip( ) 来跳过当前的语句并保存位置用于将来的反填:

```
savedLoc1 = emitSkip(1);
```

接下来代码生成器继续处理 if 语句的 then 部分,当处理完 then 部分的最后一条指令之后必须用无条件转移指令跳过 else 部分,同样的道理,这个转移指令将要跳到的位置也是未知且需要反填的:

```
savedLoc2 = emitSkip(1);
```

现在,下一步是产生 else 部分的代码,于是当前代码的位置是当初条件测试为假时的那条 JEQ 指令的目标地址,即需要反填到位置 savedLoc1,这通过下面的代码实现:

```
currentLoc = emitSkip(0);
emitBackup(savedLoc1);
emitRM_Abs("JEQ", ac, currentLoc, "if: jmp to else");
emitRestore( );
```

注意 emitSkip(0) 是用来获取当前指令位置的,emitRM_Abs( ) 用于将绝对地址转移变换成 pc 相关的转移,这是 JEQ 指令所需要的。之后就可以为 else 部分产生代码,然后用类似的方法将绝对转移(LDA)反填到 savedLoc2。

12.7.3.3 用 MINI 编译器产生和使用 MM 代码文件

由于 MINI 编译器所设定的目标代码是基于 MM 机器的指令代码,正因为有了这个良好的接口,所以 MINI 的代码生成器可以很和谐地与 MM 模拟器一起工作。整个过程如图 12-4 所示。

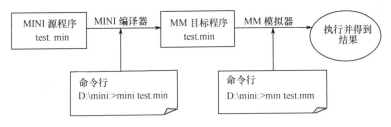

图 12-4 MINI 编译器和 MM 模拟器的接口

12.8 代码优化

事实上,由 MINI 编译器的代码生成器最初所产生的代码效率较低。对 MINI 源程序 test.min 进行编译,得到的目标代码 test.mm,可以明显感觉到目标代码 test.mm 中的指令条数较多。其实,如果依靠人工来翻译 test.min 的目标代码,可以写出最高效同时也最理想的目标代码,如表 12-5 的代码所示。

表 12-5 与 test.min 等价的理想目标代码

* 程序接受输入的一个整数 i,计算从 1 累加到 i 的结果并输出	
指 令	说 明
0: IN 0, 0, 0	将输入的整数值存入寄存器 r0
1: JLE 0, 6 (7)	若 r0 <= 0 则转指令 8(停止)
2: LDC 1, 0 (0)	r1 = 0
3: LDC 2, 1 (0)	r2 = 1
	* 循环
4: ADD 1, 1, 0	r1 = r1 + r0
5: SUB 0, 0, 2	r0 = r0 - r2
6: JNE 0, -3 (7)	直到 r0 == 0
7: OUT 1, 0, 0	输出寄存器 r1 的值即累加和
8: HALT 0, 0, 0	停止,程序结束

将表 12-5 中手写的目标代码与表 12-4 的目标代码 test.mm 进行比较,你会发现它们之间的差异很大,即表 12-4 中真实的 test.mm 代码的指令数量远远超过了表 12-5 中所述的理想代码的指令数量。

总体来说,导致 MINI 的初期目标代码效率不高的原因主要有两点:
(1) MINI 代码生成器对 MM 机的寄存器未能充分加以利用(例如 2、3、4 号寄存器)。
(2) MINI 代码生成器为测试产生了不必要的逻辑值 0 和 1,由于这些测试只出现在 if 语句和 repeat 语句中,简单代码即可实现。

实际上,针对 MINI 编译器的优化改进不必生成基本块或流图,而是直接从语法树产生代码,当然这个过程中需要附加一些属性信息和代码。

12.8.1 将临时变量放入寄存器

把临时变量放入寄存器而不放入内存中,这样可以减少因为频繁读写内存而付出的开销,从而提高代码质量。考虑到MINI编译器中的临时变量总是存放在位置tmpOffset(mp)上,要将寄存器作为临时变量的存储位置的一个方法是在初始化时将tmpOffset指向寄存器,仅当可用寄存器使用完时才开始使用实际的内存偏移。例如,假设要将除pc、gp和mp之外的所有5个可用寄存器用于临时变量的存储,那么就可以将tmpOffset的值0~(-4)映射成对寄存器0~4的引用,当值从-5开始时就使用偏移(在tmpOffset的值上加上5)。由于通常情况下的MINI的表达式极少会涉及5个以上的操作数,所以这种优化思路对于MINI这种微型编译器而言是比较有效的。

经过这个优化后,表12-4的目标代码被改进为如表12-6的目标代码。

表12-6 将临时变量放在寄存器后的test.mm目标代码

0:	LD	6,0(0)	17:	ST	0,1(5)
1:	ST	0,0(0)	18:	LD	0,0(5)
2:	IN	0,0,0	19:	LDC	1,1(0)
3:	ST	0,0(5)	20:	SUB	0,0,1
4:	LDC	0,0(0)	21:	ST	0,0(5)
5:	LD	1,0(5)	22:	LD	0,0(5)
6:	SUB	0,0,1	23:	LDC	1,0(0)
7:	JLT	0,2(7)	24:	SUB	0,0,1
8:	LDC	0,0(0)	25:	JEQ	0,2(7)
9:	LDA	7,1(7)	26:	LDC	0,0(0)
10:	LDC	0,1(0)	275:	LDA	7,1(7)
11:	JEQ	0,21(7)	28:	LDC	0,1(0)
12:	LDC	0,0(0)	29:	JEQ	0,-16(7)
13:	ST	0,1(5)	30:	LD	0,1(5)
14:	LD	0,1(5)	31:	OUT	0,0,0
15:	LD	1,0(5)	32:	LDA	7,0(7)
16:	ADD	0,0,1	33:	HALT	0,0,0

12.8.2 在寄存器中保存变量

进一步的改进可以考虑将MM的一些寄存器用于变量的存储。这比前面将临时变量放入寄存器的优化所做的工作要多一些,因为变量的位置必须在代码生成和存储符号表之前就确定下来。一个较合理的方案是适量选取几个寄存器用于存放程序中最常用的几个变量。为了能够在众多的变量中确定哪几个最常用,就必须比较各变量的引用次数(无论是读还是写)。特别是在循环中引用到的变量(在循环体或测试表达式中)应当优先考虑,道理很简单:因为循环中的变量引用在循环执行时将重复进行。类似这样的做法在当前许多编译器中都被采纳了,其中比较简单有效的一个方法是将所有循环内访问到的变量的引用次数都乘以10,如果变量访问是在双层嵌套循环中则乘以100,以此类推。

关于变量的引用计数可以在语法分析时完成。之后根据变量的存储位置的不同采用相应的变量访问方式,符号表中存储的变量地址属性必须要能体现出存储于寄存器的变量与存储于内存的变量的差异。一个简单的方案是使用枚举类型来指示变量位置:对于MINI编译器来说,只有两种可能:inReg和inMem。其中,第一种情况inReg要记录寄存器号,第二种情况inMem要记录内存地址。

经过这个优化后,表12-6所示的目标代码被改进为表12-7所示的目标代码。

表 12-7　将变量放在寄存器后的 test.mm 目标代码

0:	LD	6,0(0)		13:	LDC	0,1(0)
1:	ST	0,0(0)		14:	SUB	0,3,0
2:	IN	3,0,0		15:	LDA	3,0(0)
3:	LDC	0,0(0)		16:	LDC	0,0(0)
4:	SUB	0,0,3		17:	SUB	0,3,0
5:	JLT	0,2(7)		18:	JEQ	0,2(7)
6:	LDC	0,0(0)		19:	LDC	0,0(0)
7:	LDA	7,1(7)		20:	LDA	7,1(7)
8:	LDC	0,1(0)		21:	LDC	0,1(0)
9:	JEQ	0,15(7)		22:	JEQ	0,-12(7)
10:	LDC	4,0(0)		23:	OUT	4,0,0
11:	ADD	0,4,3		24:	LDA	7,0(7)
12:	LDA	4,0(0)		25:	HALT	0,0,0

12.8.3　优化测试表达式

关于 MINI 编译器的优化还可以从简化生成的 if 语句和 repeat 语句代码入手。因为这些表达式产生的代码很通用但效率较低，布尔值真和假应用为 0 和 1，尽管 MINI 没有布尔变量，但还是导致装入了额外的常量 0 和 1，以及由 genStmt() 函数产生的用于控制语句的额外测试。

从语法树的角度来说，此处描述的改进依赖于比较操作符必须为测试表达式的根结点。这个操作符的 genExp 代码只是简单地产生代码，将左操作数减去右操作数，把结果放入寄存器 0。if 语句或 repeat 语句的代码将检查使用了哪个比较运算符并产生相应的条件转移代码。

经过这个优化后，表 12-7 的目标代码被改进为如表 12-8 的目标代码。

表 12-8　优化测试表达式后的 test.mm 目标代码

0:	LD	6,0(0)		9:	LDC	0,1(0)
1:	ST	0,0(0)		10:	SUB	0,3,0
2:	IN	3,0,0		11:	LDA	3,0(0)
3:	LDC	0,0(0)		12:	LDC	0,0(0)
4:	SUB	0,0,3		13:	SUB	0,3,0
5:	JGE	0,10(7)		14:	JNE	0,-8(7)
6:	LDC	4,0(0)		15:	OUT	4,0,0
7:	ADD	0,4,3		16:	HALT	0,0,0
8:	LDA	4,0(0)				

12.9　MINI 编译器的使用方法

在某种编辑器（如记事本）中输入源程序并保存为"test1.min"文件，如图 12-5 所示。

利用 MINI 编译器进行编译，其命令为 MINI test1.min，如图 12-6 所示。

MINI 编译器将对源程序 test1.min 逐行进行扫描分析，如果源程序无错误，MINI 编译器将输出编译成功的信息，如图 12-7 所示。

这时 MINI 编译完成，将生成一个"test1.mm"的文件，这是为在 MM 机下运行出程序结果做准备的。如果 MINI 编译器在逐行扫描分析过程中遇到错误，将对源程序中的错误进行报告，否则继续进行下行的扫描分析，直到完成对整个源程序的扫描分析。例如修改了 test1.

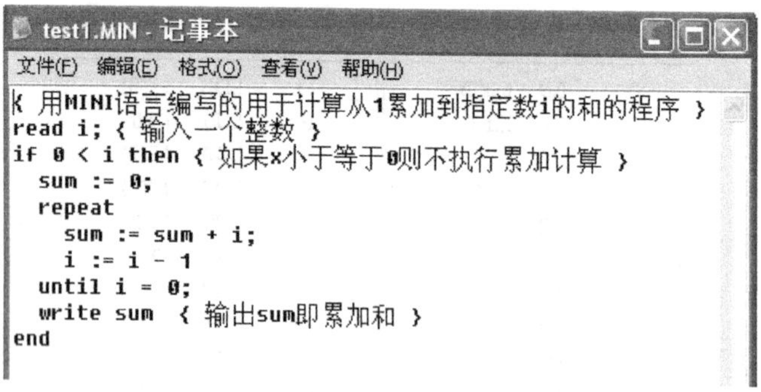

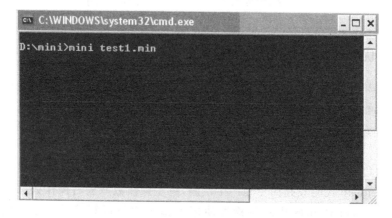

图 12-5 MINI 源程序编辑

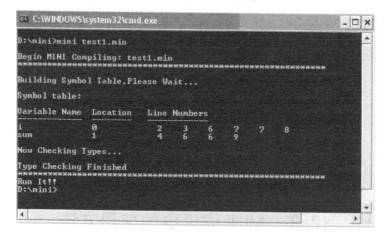

图 12-6 编译 MINI 程序

图 12-7 编译成功

min 源程序,在 write 语句之后添加了一个分号,在代码的第 2 行中删去小于号"<"时,分析器将提示错误信息,如图 12-8 所示。

基于第 3 步生成的 test1.mm,利用 MINI Machine(MM)模拟器进行该程序的执行,其命令为 mm test1.mm,如图 12-9 所示。

键入 h 查看运行命令帮助,然后键入 g 执行程序,输入数据"100"然后回车,得到运行结果"5050",如图 12-10 所示。

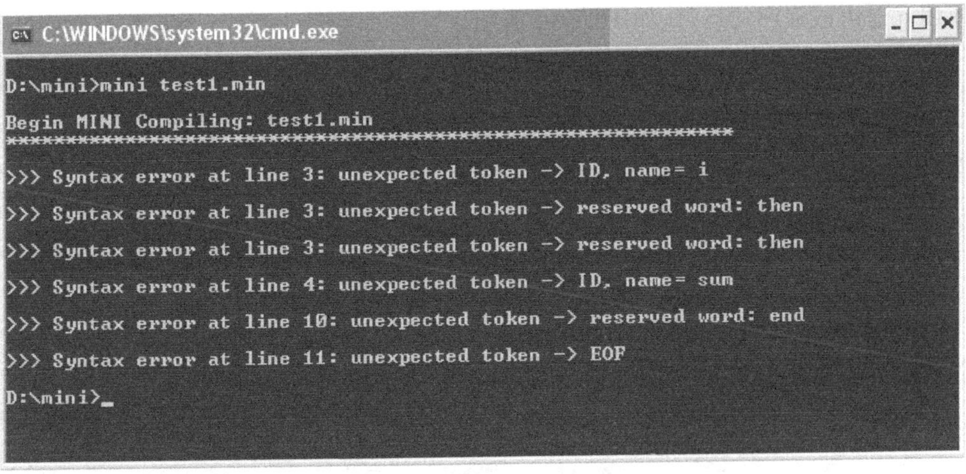

图 12-8　编译的查错与报错

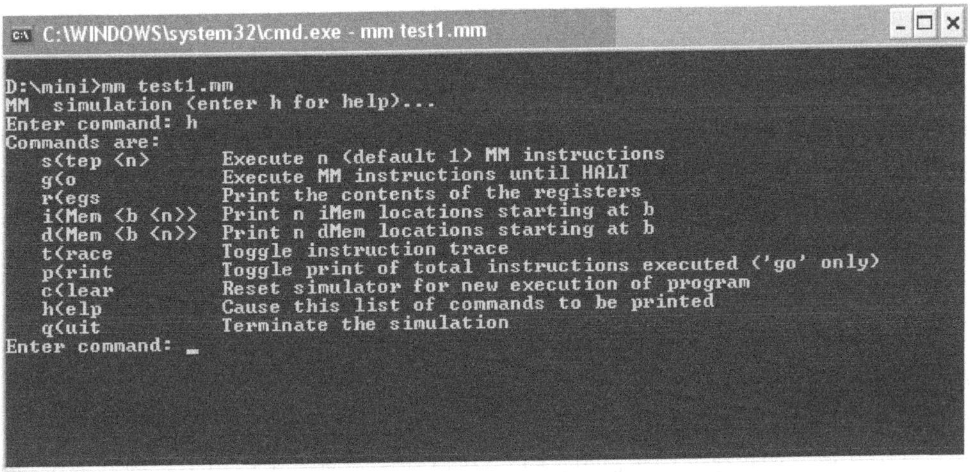

图 12-9　程序执行

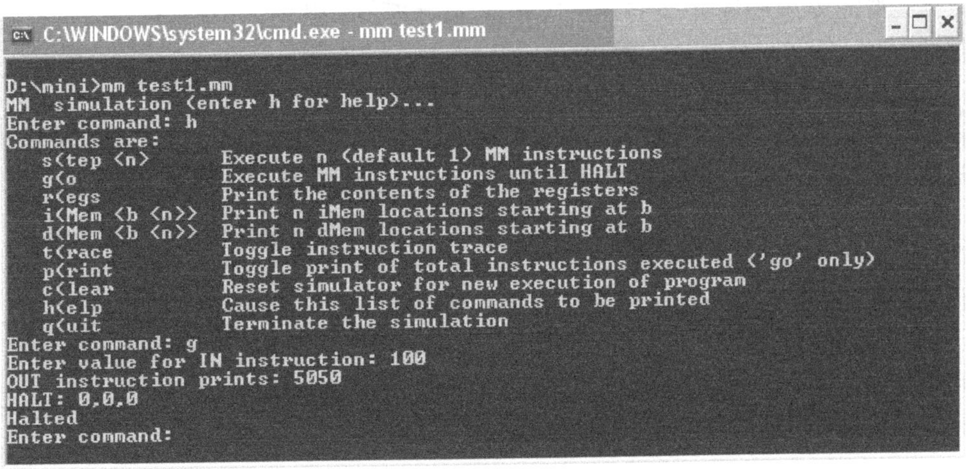

图 12-10　输入数据并得到程序执行结果

使用 q 退出该程序的运行,如图 12-11 所示。

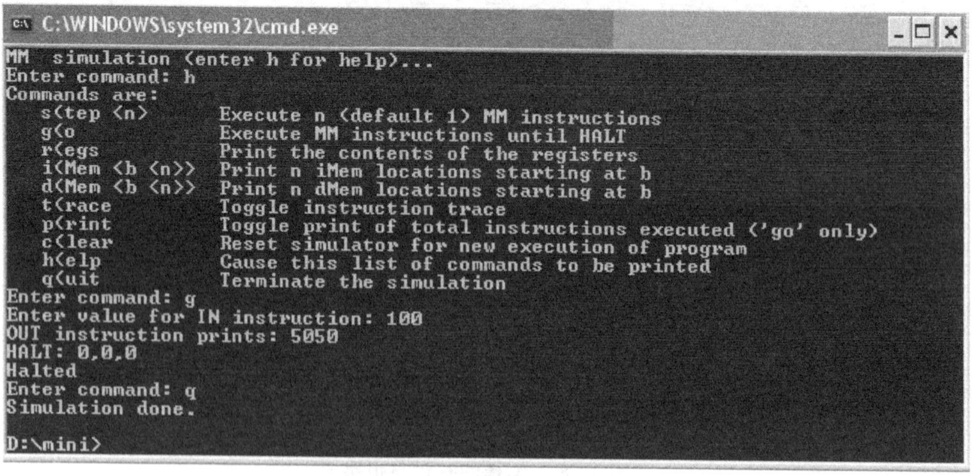

图 12-11　程序执行结束

12.10　进一步的工作

经初步实现后的 MINI 语言编译器,虽然完全具备了高级语言编译器的特征,但它的规模还非常有限,只能针对类似 MINI 这样的微型程序设计语言的源程序进行分析处理。MINI 编译器所采用的设计方式、各阶段的模块程序所运用的实现方法、程序中采用的数据结构、存储方式和设计的算法都还不是十分完善。针对这些不足之处的进一步改进,是本实验课题下一步所要完成的主要工作。下一步对 MINI 语言及 MINI 编译器的主要改进工作,可以考虑从以下几个方面入手,对这些方面进行更加细致深入的探讨和研究,实现对这些问题的更有效的解决方案。

(1) 扩充 MINI 语言的规模

由于 MINI 语言的程序结构较简单,所以 MINI 语言很难真正应用于软件开发中,更多的作用是体现在教学和科研实验中。本实验课题下一步就准备将 MINI 语言的规模扩大,增加不同数据类型定义、支持数组、支持浮点运算等,通过逐步增强 MINI 语言的功能来扩展它的应用领域。

(2) 改进 MINI 编译器的目标代码形式

在 MINI 编译器实现中,考虑到当前实现难度,MINI 源程序经过编译后并没有生成真正的二进制目标代码,而是产生基于 MM 机的目标代码,最后再用 MM 模拟器加以执行。在下一步的计划中,准备将 MINI 编译器的目标代码设计为面向特定机器的二进制目标代码。

(3) 实现更多的代码优化

代码优化能力是衡量一个编译器优劣的重要指标。MINI 编译器中的代码优化比较初级,大多停留在表层处理。在下一步的工作中,随着 MINI 语言规模的扩充,必须要提高代码优化环节在编译器设计中的地位。类似寄存器的优化分配、强度削弱、无用代码删除等优化技术都将运用在进一步的 MINI 编译器设计中。

第13章 clang/LLVM 编译器平台介绍

13.1 发展背景

1. LLVM

随着体系结构的复杂化以及编译理论的成熟,人们迫切希望生成的代码质量越来越高以充分利用硬件资源。而一些老的编译器存在以下这些缺点:

(1) 基于一二十年前的代码生成技术
(2) 没有现代的编译技术如跨文件优化和JIT等
(3) 代码很古老,难以学习,也很难做实质性的修改
(4) 模块化设计不好,不能在其他项目中复用现有代码
(5) 随着代码量的增加,运行速度越来越慢

考虑到当前编译器系统中存在的如上各种缺点,Chris Lattner 发起了 LLVM 项目。

LLVM 是 Low Level Virtual Machine 的简称,它是一个编译器框架。随着项目的不断发展,LLVM 这个名字已经无法完全代表该项目,只是这种叫法一直延续至今。LLVM 最早的时候是 Illinois 的一个研究项目,主要负责人是 Chris Lattner。LLVM 的主要作用是它可以作为多种语言的后端,提供与编程语言无关的优化和针对很多种 CPU 的代码生成功能。

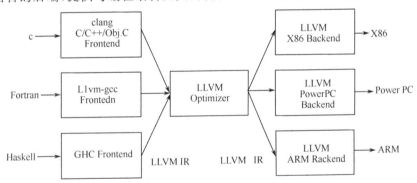

图 13-1 LLVM 的 3 阶段设计

如图 13-1 所示,LLVM 抽象出了一个底层机器,各类高级语言的前端将代码翻译成 LLVM IR。LLVM 框架对这些生成的 LLVM IR 运行通用的优化器优化代码,再根据不同的体系结构生成特定的目标代码。

LLVM 的核心思想是全时优化,即从程序编译到执行的任何可能阶段都优化程序。如图 13-2 所示:

(1) 编译时优化

编译时优化包含传统编译器所进行的那些优化如强度消减,去除死代码,并行优化等。

(2) 连接时优化

这个阶段主要进行一些过程间的分析,编译时优化所能看到的代码只是一个 translation

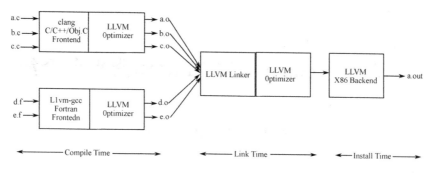

图 13-2 全时优化

unit,过程间的优化分析非常有限。链接时由于可以看到所有的代码,可以进行一些激进的全局优化算法。

（3）安装运行时优化

这个阶段的优化,主要通过对代码进行插装以便收集程序运行时信息(比如找到热点代码)。然后根据运行时信息再有针对性的优化程序。

2. clang

LLVM 目前已经不仅仅是个虚拟机框架,它目前还包含了很多的子项目,其中 clang 就是其中最具盛名的一个。

Apple(包括中后期的 NeXT)一直使用 GCC 作为官方的编译器。GCC 作为开源世界的编译器标准一直做得不错,但由于 GNU 编译器套装(GCC)系统庞大,而且 Apple 大量使用的 Objective-C 在 GCC 中优先级较低,同时 GCC 作为一个纯粹的编译系统,与 IDE 配合并不优秀,Apple 决定从零开始写 C family 的前端,也就是基于 LLVM 的 clang。clang 由 Apple 公司开发,源代码授权使用 BSD 的开源授权。除了 Apple 是对 clang 最大的支持商,还有 Google 公司也在使用 clang。2012 年 12 月份 FreeBSD 核心开发者 Brooks Davis 宣布,FreeBSD 项目正式以 clang/LLVM 为默认的 C/C++ 编译器。用 clang 编译器替代 GCC。《C++ Primer》作者 Stanley B. Lippman 认为当今世界最优秀的 C++ 编译器是 clang/LLVM。

clang 是一个 C++ 编写的、基于 LLVM 的、发布于 LLVM BSD 许可证下的 C、C++、Objective C、Objective C++ 的编译器。它的目标就是提供一个快速可重用的编译器。以下将从 clang 架构、SSA、代码转换过程、clang 与 GCC 的比较、源代码结构等方面简单介绍一下 LLVM 项目。

13.2 clang 架构

clang/LLVM 将一个 C/C++ 语言转换为机器语言大概经历两个主要阶段。首先 clang 将 C/C++ 转换为 LLVM IR,然后 LLVM 基础框架优化 LLVM IR 并将其翻译成特定体系结构上的机器语言。本节重点介绍 clang 的架构。clang 的整体架构如图 13-3 所示

1. 驱动器

驱动器 driver 会解析用户输入的命令行,根据解析所得参数创建出一系列进程(编译器→汇编器→链接器)共同完成代码的转换过程。编译器内部由两部分组成 clang 和 LLVM,clang 首先将源代码转换为 LLVM IR,之后 LLVM 基础平台对生成的 LLVM IR 做优化(具

体做哪些优化由参数指定),最终生成本地汇编。本地汇编生成后送至本地汇编器和链接器最终生成可执行程序。

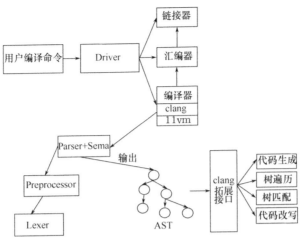

图 13-3　clang 整体架构图

2. 语法解析

clang 在具体解析代码时,会调用 Parser 和 Sema 组成的模块(语法解析语义检查)将原始代码转换为一棵复杂的 AST 树,之后的操作便基于这棵树。

3. 预处理器

clang 一个比较大的特点是它的预处理器是集成在编译器中的,Preprocessor、Lexer、SourceManager 等类组成了该模块。该模块的主要功能是对代码位置进行编码,展开头文件和宏等,对上层(语法分析模块)提供一个 token 流。

4. 拓展接口

clang 的设计目标之一是想构建一个可重用的编译器,所以它的很多组件都是以库的方式实现的。以库的方式来实现一个编译器,使得 clang 设计了很多规范。clang 的拓展接口规范了一套使用接口,所有会访问 AST 的操作均遵守该接口。代码生成、树遍历、树匹配、代码改写等 clang 自身的实现也是基于该接口的。代码生成通过访问 AST 树生成 LLVM IR,树遍历通过一个 RecursiveVistor 的类实现树的遍历,树匹配则是树遍历的一个简化包装,代码改写通过维护一个代码位置 B 树来实现高效的代码插入删除。

13.3　静态单赋值指令

LLVM 采用的中间语言是静态单赋值形式(Static Single Assignment form,通常简写为 SSA form 或是 SSA)。SSA 的思想非常简单,每个变量只被赋值一次,这种形式的代码非常有利于代码优化。通过改写变量名能够将非 SSA 形式的中间表示转换为 SSA 形式。如:

```
y = 1
y = y+1
x = y
```

可以改写为如下的 SSA 形式:

```
y1 = 1
y2 = y1 + 1
x1 = y2
```

但是简单的改写在遇到分支情况时(参见图13-4),可能不知道某个变量的来源,如代码按与上面类似的方法改写后会变成图13-5所示形式。

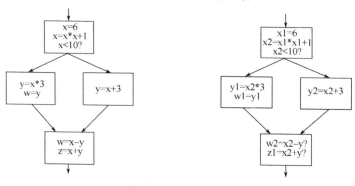

图13-4 含分支的普通代码　　图13-5 变量不确定来源的代码

代码改写后,? 有可能是1或者2。于是学者们引入了特殊函数称之为Φ(Phi)函式,用以将不同分支到达的同一变量合并。引入phi函数后上面的代码可以改写为图13-6所示形式。

编译器的很多优化可以在代码的 SSA 形式上轻松实现,如:

(1) 常数传播(constant propagation)
(2) 值域传播(value range propagation)
(3) 消除部分的冗余(partial redundancy elimination)
(4) 强度折减(strength reduction)

当优化完成后,会将SSA形式的代码还原为普通的非SSA形式(主要是去除 phi 函数),便于代码生成。

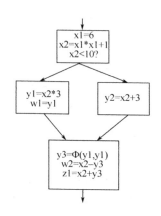

图13-6 引入 phi 函数的 SSA 表示

构造一个有分支的函数,以便于出现 phi 函数,源代码如下:

```
int f(int a,int b){
int c;
a = a * 2;
b = b + 5;
if(a>b)
c = a;
else
c = b;
return c;
}
```

编译后生成的 LLVM IR 为

```
define i32 @f(i32 %a, i32 %b) nounwind {
entry:
    %mul = mul nsw i32 %a, 2 ;对应 a = a*2;a 被重新赋值后命名为一个新的变量 %mul
    %add = add nsw i32 %b, 5 ;对应 b = b+5;b 被中心赋值后命名为一个新的变量 %add
    %cmp = icmp sgt i32 %mul, %add
    br i1 %cmp, label %if.then, label %if.else
if.then:                                      ; preds = %entry
    br label %if.end
if.else:
    br label %if.end                          ; preds = %entry
if.end:                                       ; preds = %if.else, %if.then
    %c.0 = phi i32 [ %mul, %if.then ], [ %add, %if.else ] ;合并来自不同分支的赋值
    ;通过 phi 函数确定变量的值来自哪个分支
    ret i32 %c.0
}
```

如代码所示 a 和 b 在再次赋值时，分别被重命名为%mul 和%add，保证一个变量只被赋值一次。c 的值可以来自不同分支，故用 phi 函数来合并。上面的代码就是 SSA 形式的。

注意：使用命令 clang-emit-llvm -S file.c -o file.s 获得的 LLVM IR 一般是消除了 phi 函数的，要想得到包含 phi 函数的代码，可以通过如下命令获得：

```
opt -mem2reg file.s -o file.s.s
```

13.4 代码转换过程

下面我们来看看一个用 C/C++ 编写的程序如何被一步一步的翻译成目标程序，其所经历的各种中间状态是怎么样的。

演示所用的源代码如下：

```
//example.c
extern int printf(const char *format, ...);
int g;
void my_print(int a){
if (a==1)
printf("param is 1");
for(int i=0;i<10;i++){
    g+=i;
    }
}
```

clang 没有独立的预处理器，头文件和宏的展开是在词法分析的同时进行的。所以不像其他编译器存在一个预处理后的源文件。经过词法分析和语法分析后，生成 AST 树。其结构大致如图 13-7 所示。

其中 forstmt 结构如图 13-8 所示。

Ifstmt 结构如图 13-9 所示。

clang 的语法树结构相当复杂,图 13-7、图 13-8、图 13-9 只显示了其中最主要的信息。如果想查看 ast 树的详细信息可以通过 clang-Xclang-ast-dump-xml filename.c-o filename.xml 输出 AST 树的 xml 表示。

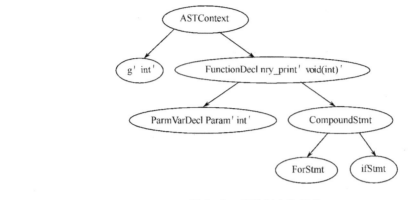

图 13-7　语法树主体部分

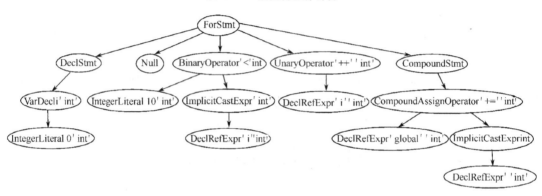

图 13-8　for 语句结构

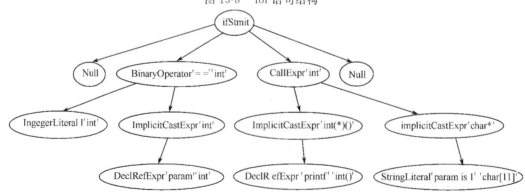

图 13-9　if 语句结构

语法树构造好之后,可以在语法树上执行各种操作。最基本的操作是通过执行一个 CodeGenAction 输出 LLVM IR。上面的代码输出的 LLVM IR 如下:

```
@.str = private unnamed_addr constant [12 x i8] c"param is\C2\A01\00", align 1 ;字符串常量
@g = common global i32 0, align 4 ;全局变量,@开头的为全局变量 % 开头的为局部变量
```

```
define void @my_print(i32 %a) nounwind { ;nounwind 代表该函数不抛异常
  entry:
    %a.addr = alloca i32, align 4;在栈上开辟一个 4 字节的空间,以 4 字节对齐,用于存放参数
    %i = alloca i32, align 4;分配局部变量 i 的存储空间
    store i32 %a, i32* %a.addr, align 4 ;将参数 %a 放到 %a.addr 指向的栈上
%0 = load i32* %a.addr, align 4;将 a 的值加载到局部变量 %0 中
    %cmp = icmp eq i32 %0, 1;比较 a 的值是否等于 1
    br i1 %cmp, label %if.then, label %if.end;a==1 执行 if.then,否则执行 if.end 部分
  if.then:                                          ; preds = %entry
    %call = call i32 (i8*, ...)* @printf(i8* getelementptr inbounds ([12 x i8]* @.str, i32 0, i32 0))
    ;调用库函数 printf(...)
    br label %if.end;这条指令直接跳转到它下一条,优化时会优化掉它
  if.end:                                           ; preds = %if.then, %entry
    store i32 0, i32* %i, align 4;初始化循环变量 %i
    br label %for.cond
  for.cond:                                         ; preds = %for.inc, %if.end
    %1 = load i32* %i, align 4;加载 %i 指向空间内容到局部变量 %1 中
    %cmp1 = icmp slt i32 %1, 10
    br i1 %cmp1, label %for.body, label %for.end
  for.body:                                         ; preds = %for.cond
    %2 = load i32* %i, align 4
    %3 = load i32* @g, align 4
    %add = add nsw i32 %3, %2
    store i32 %add, i32* @g, align 4;修改全局变量
    br label %for.inc
  for.inc:                                          ; preds = %for.body
    %4 = load i32* %i, align 4
    %inc = add nsw i32 %4, 1;循环变量值递增
    store i32 %inc, i32* %i, align 4;修改循环变量
    br label %for.cond
  for.end:                                          ; preds = %for.cond
    ret void
}
declare i32 @printf(i8*, ...)
```

上面的代码中分号后面的内容代表注释,LLVM IR 只有两条指令能操作内存,分别是 load 和 store。

LLVM 框架在生成的 IR 上运行各种优化算法优化代码,并最终生成特定机器上的汇编代码。生成的机器码如下:

```
.file"example.c"
.text
```

```
    .globl my_print
    .align 16, 0x90
    .typemy_print,@function
my_print:                           # @my_print
# BB#0:                             # %entry
    pushl %ebp
    movl %esp, %ebp
    subl $24, %esp
    movl 8(%ebp), %eax
    movl %eax, -4(%ebp)
    cmpl $1, -4(%ebp)
    jne.LBB0_2
#...
#省略若干代码
# BB#5:                             # %for.inc
                                    # in Loop: Header = BB0_3 Depth = 1
    movl -8(%ebp), %eax
    addl $1, %eax
    movl %eax, -8(%ebp)
    jmp.LBB0_3
.LBB0_6:                            # %for.end
    addl $24, %esp
    popl %ebp
    ret
.Ltmp0
    .sizemy_print, .Ltmp0-my_print
    .type.L.str,@object             # @.str
    .section.rodata.str1.1,"aMS",@progbits,1
.L.str:
    asciz "param is\302\2401"
    .size.L.str, 12
    .type g,@object                 # @g
    .comm g,4,4
    .section ".note.GNU-stack","",@progbits
```

由于生成的目标代码比较长,其中省略了若干代码。这些目标代码就是一般的汇编程序,与 LLVM 关系不大,故在此处不展开讨论。

13.5　clang 与 GCC 的比较

1. 更快的编译速度

clang 官网宣称在 Debug 模式下 clang 编译 Objective-C 速度比 GCC 快 3 倍,下面是网友在 Gentoo 测试平台下,分别用 GCC 4.7.2 版本和 clang 3.1 版本分别对 eddic 进行编译的测试结果。

图 13-10 是分别在 debug 模式以及-O2 和-O3 编译参数，GCC 4.7.2 版本和 clang 3.1 版本编译时间的比较以及运行时性能的比较。

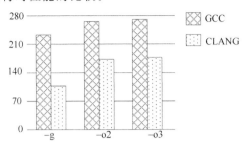

图 13-10　GCC 和 clang 编译时间的比较结果统计

这个结果显示 clang 的编译速度比 GCC 快多了，三个不同的编译模式下，clang 的速度比 GCC 快近乎两倍。

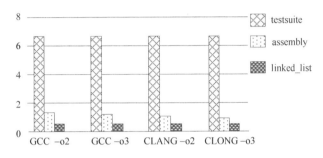

图 13-11　GCC 和 clang 运行时性能比较结果统计

在测试生成可执行文件的性能时，发现这次的差别就比较小，-O2 下 gcc 性能稍好，但在-O3下就差不多了。当然该结果也可能取决于所编译的程序不同。

以上结果说明在编译 eddic 时，clang 比 GCC 快得多，但是生成的可执行文件在执行性能上差别并不大。

另一个 clang 官网上给出的测试如下：

使用 clang 和 GCC 分别在 Mac OS/X 平台上编译"Carbon.h"文件。其中，Carbon.h 是一个包含 558 个子文件、含有 12.3M 的代码量、10000 条函数声明、2000 个结构定义和 20000 个枚举常量的大型文件。

从图 13-12 可以看出，分别从预处理和词法分析、语法分析、语义分析和建语法树三个方面来对 clang 和 GCC 的编译速度进行比较。当然，GCC 不提供在建立语法树之前进行语法分析。所以在 GCC 中只用预处理和词法分析、语义分析和建语法树。

通过比较发现，在 clang 的预处理速度大约比 GCC 快 40%。在语法分析和建立语法树方面 clang 的速度是 GCC 速度的 4 倍。

2. 更少的内存占用

除了编译时间，对内存的占用也是衡量一个编译器优劣的重要指标。代码占用的内存越少，意味着在内存中可以放入更多的代码。这对于整个项目的分析工具的使用将非常有用。图 13-13 是 clang 官网给出的编译同一个源码文件 clang 与 GCC 占用内存量的比较。

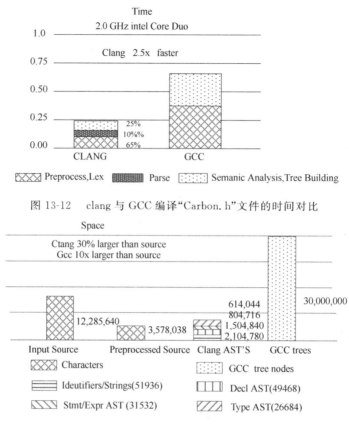

图 13-12　clang 与 GCC 编译"Carbon.h"文件的时间对比

图 13-13　clang 和 GCC 进行编译时占用内存情况的比较

clang 建立完语法树只比源码多出 30% 的代码量,而 GCC 建立语法树比源码多出了 10 倍。也就是说,对同一源文件进行编译 clang 的内存占用大约是 GCC 内存占用量的五分之一。事实上,clang 抽象语法树比 GCC 的语法树包含更多的信息。

3. 更友好的错误检测结果显示

clang 编译器不仅追求更快速的编译,它也将方面用户使用作为其目标之一。clang 编译器致力于做好错误检查的工作,尽可能地让编译器提示的警告或错误信息更加有用。当然,编译器有很多种可选的提示警告和错误的方式,但是最重要的莫过于精确地定位不合格的代码、对于错误相关的其他信息进行高亮处理,通过这种处理让用户可以更容易地发现错误和更正错误。

这里给出一个 clang 和 GCC 分别对同一种错误进行提示的方式:

```
$ gcc-4.2 -fsyntax-only t.c
    t.c:7: error: invalid operands to binary + (have 'int' and 'struct A')
  $ clang -fsyntax-only t.c
    t.c:7:39: error: invalid operands to binary expression ('int' and 'struct A')
    return y + func(y ? ((SomeA.X + 40) + SomeA) / 42 + SomeA.X : SomeA.X);
                                        ~~~~~~~~~~~~~~~~~~~~~~~~~~~~~~~~~~
```

从这里我们可以看出通过 clang 给出的诊断提示让用户可以不去查看源码就大概能知道是什么样的错误:因为 clang 打印了相关出错的信息,并且将出错的部分进行了强调(上面波浪线标出的部分）。

4. 兼容 GCC

GCC 是源码开放的、包含大量源代码的标准的编译器。它支持大量的应用扩展和依赖于 GCC 特性而建立的头文件。

GCC 的应用扩展可以被认为是一种扩展的诊断结果，包括：警告、错误、可以忽视的问题。从这个层面上，clang 是兼容 GCC 的。

5. 其他

clang 设计清晰简单，容易理解，易于扩展增强。与代码基础古老的 GCC 相比，学习曲线平缓。

另外，clang 是基于库的模块化设计，易于 IDE 集成及其他用途的重用。而由于历史原因，GCC 是一个单一的可执行程序编译器，其内部完成了从预处理到最后代码生成的全部过程，中间诸多信息都无法被其他程序重用。clang 将编译过程分成彼此分离的几个阶段，AST 信息可序列化。

通过库的支持，程序能够获取到 AST 级别的信息，将大大增强对于代码的操控能力。如，对于 IDE 而言，代码补全、重构是重要的功能，然而如果没有底层的支持，只使用 tags 分析或是正则表达式匹配是很难达成的。

注意：以上的比较与当前最新版本可能有差异。

13.6 clang/LLVM 特色

1. 可拓展的 clang

clang 编译器是高可拓展的，其内部已经预设了大量的回调点。通过注册自己的回调函数（插件），用户可以访问到从词法分析到语法分析的各种信息。

（1）模块化的 clang

clang 的实现是基于库形式的，所有组件都是独立的，组件之间耦合性非常低。这种设计非常便于 clang 组件的复用，我们可以很容易地使用 clang 的组件写出一个独立的 C/C++ 词法分析器、语法分析器或者组合出一些非常有用的工具。另外 clang 还设计了一些非常好用的接口，用以支持 AST 的匹配、遍历以及源代码的改写。

（2）代码 bug 检查

基于 clang 的组件，clang 官方开发了一个非常强大的代码静态检查工具 clang static ananyzer。该工具主要基于符号执行算法和图可达性理论，对大部分代码漏洞都进行了良好的探测。最重要的是该工具也是可拓展的，用户可以通过编写自己的 checker 来做一些定制的代码检查。

（3）clang 的作用主要是将 C/C++ 这类高级语言翻译成 LLVM IR，其提供的各种能力主要针对于 C/C++ 语言本身。而 LLVM 框架实习了一个抽象的底层工具，一旦代码被翻译成 LLVM IR，它就不再关注这个程序本身是用什么语言来写的，它会进行统一的代码优化和代码生成。

（4）构造自己的编译器

当准备实现一个自己的编译器时，LLVM 平台无疑是一个好的平台。基于 LLVM 框架，你不用考虑特定的目标机汇编，只需要生成 LLVM IR 即可，之后框架可以帮助开发者优化目标代码从而生成高效的本地代码。另外 LLVM 框架向开发者提供了大量封装好的基础类（所有的指令，代码块，函数等都已经对象化），开发者不用生成文本形式的 LLVM IR，只需要简单调用系统提供的方法构造出合适的对象，极大地简化了开发者的工作。具体细节可以参见官方实现的一个微型编译器 Kaleidoscope。

http://llvm.org/docs/tutorial/index.html

（5）代码优化

LLVM 之所以强大，其主要原因在于其强大的代码优化能力。LLVM 首次提出全时优化的概念，将大多数编译器只在编译时优化的策略，拓展到编译时、链接时、安装时，几乎不放过每一个可能存在优化的地方。LLVM 本身已经实现了相当多的优化算法，只需要将代码翻译成 LLVM IR 格式，就可以使用这些优化算法来对代码进行优化。另外 LLVM 是一个可拓展的框架，第三方开发者（或研究人员）基于这个框架，可以很容易实现一些自己的优化算法。

（6）编译器理论研究平台

在对编译器的各种理论进行探索时，我们离不开实验验证。然而我们的研究往往只是集中在某一小点上，但是编译器本身是一个庞大的系统，如果独自去实现一个研究型编译器，工作量极大，而且对于研究本身是本末倒置的。从上面的讨论中我们也已经看到，clang 这个系统提供了对 C/C++ 代码分析的全套函数库，覆盖了从词法分析、语法分析到代码生成等各个方面。而 LLVM 基础框架则抽象出了一台以 LLVM IR 为目标语言的底层机器，使得我们不必关注于各种体系结构的差异等各种因素，从而专注于所研究的点。另一方面 clang/LLVM 具有详细的说明文档，使用非常方便。

13.7 目 录 结 构

最后简单介绍一下 clang/LLVM 源代码的目录结构（如表 13-1、表 13-2、表 13-3 所示）。

表 13-1 LLVM 主目录结构

目 录	介 绍
llvm/examples	这个目录主要是一些简单例子，演示如何使用 LLVM IR 和 JIT。还有建立一个简单的编译器的例子的代码
llvm/include	这个目录主要包含 LLVM library 的公共头文件
llvm/lib	这个目录包含了大部分的 LLVM 的源码。在 LLVM 中大部分的源码都是以库的形式存在的，这样不同的工具之间就很容易共用代码
llvm/projects	这个目录包含着一些依赖 LLVM 的工程，这些工程严格来说又不算 LLVM 的一部分。如 clang 等就在该目录下
llvm/runtimes	这个目录包含了一些库，这些库会编译成 LLVM 的 bitcode，然后在 clang linking 程序的时候使用
llvm/test	这个目录是 LLVM 的测试套件，包含了很多测试用例，这些测试用例是测试 LLVM 的所有基本功能的
llvm/tools	这个目录里是各个工具的源码，这些工具都是建立在刚才上面的那些库的基础之上的。也是主要的用户接口
llvm/utils	这个目录包含了一些和 LLVM 源码一起工作的应用。有些应用在 LLVM 的编译过程中是不可或缺的

表 13-2 clang 主目录结构

目录	介绍
clang/examples	其中包含了 3 个 clang 库的使用例子。一个 C 语言解释器，一个 clang static anlyzer 的 checker，以及一个访问 AST 的一般插件
clang/include	clang 库的所有头文件，稍后会进一步介绍
clang/lib	clang 库的实现文件
clang/tools	基于 clang 库实现的工具，包括编译器，代码格式化工具等
clang/unittests	对 clang 库的各个模块的单元测试代码
clang/utils	一些辅助函数，主要用于支持 llvm 的代码生成

表 13-3 clang 头文件结构

目录	介绍
clang/examples	其中包含了三个 clang 库的使用例子。一个 C 语言解释器，一个 clang static anlyzer 的 checker，以及一个访问 AST 的一般插件
clang/include/ AST/	该目录文件定义了 AST 上的所有结点类型，Decl，Stmt，Type 等的定义均在其中，另外还包括 AST 树的一些访问机制
clang/include/ ASTMatchers/	该目录文件用于实现 ASTMatcher
clang/include/ Analysis/	该目录文件定义了如何将 AST 树转化为 CFG 的接口，用于分析代码
clang/include/ Basic/	该目录文件用于支持诊断信息的输出，语言选项，以及文件管理等内容
clang/include/ CodeGen/	该目录文件主要用于将 AST 转化为 llvm IR.
clang/include/ Driver/	驱动程序的相关接口
clang/include/ Edit/	该目录文件用于代码的改写，定义了一些代表文件偏移的对象
clang/include/ Format/	该目录文件用于代码的格式化，通过指定行距对齐等各种参数可以自定义一个自己的代码格式。目前官方提供的代码格式有 LLVMStyle，GoogleStyle，ChromiumStyle，MozillaStyle 和 WebKitStyle
clang/include/ Frontend/	该目录文件主要定义 clang 一些核心类，如非常重要的 FrontendAction，AstConsumer，以及 CompilerInstance 均在其中
clang/include/ FrontendTool/	该目录文件目前就定义了一个函数 ExecuteCompilerInvocation，用于实现 Tool
clang/include/Lex/	该目录文件主要用于实现词法分析
clang/include/ Parse/	该目录文件用于实现语法分析
clang/include/ Rewrite/	该目录文件用于实现代码改写
clang/include/ Sema/	该目录文件用于实现语义检查，以及构造 AST
clang/include/ Serialization/	该目录文件用于将 AST 串行化为 AST file 或者将串行化的文件解析加载到内存中
clang/include/ StaticAnalyzer/	该目录文件主要用于实现 clang static analyzer
clang/include/ Tooling/	该目录文件主要用于一些工具的实现，如 refactor

附录 A　形式语言与自动机简介

形式语言和自动机理论中的语言(Language)是一个广泛的概念,一个字母表(Alphabet)上的语言就是该字母表的某些字符串(String)(也称为句子 Sentence)的集合(Set)。

语言的定义可以从两个方面进行:一是从语言产生的角度;另一个是从接收(或识别)语言的角度。

产生一个语言,目的就是根据语言中的基本句子和其他句子的形成规则,得到(产生)该语言所包含的所有句子。这就是形式语言所研究的问题。

接收一个语言,目的就是使用某种自动机模型来接收串,该模型所接收的所有串,也形成一个语言。这是有限自动机所研究的问题。

A.1　常用术语

任意字符的非空集合就是一个字母表,最常用的字母表是大小写 26 个英文字母表,10 个阿拉伯数字字母表,24 个希腊字母表以及 0 和 1 的二进制字母表。

字母表具有非空性、有穷性。一般使用 Σ 表示字母表。

字母表中的字母字符按照某种顺序一个接一个地排列起来,形成的字符序列,称为一个字符串(String);一般使用 ε 代表空串。

下面给出形式语言与自动机常用的术语。

(1) 用 ε 代表空串,{ε}代表仅含有空串的集合。

(2) 用 Φ 代表空集,表示一个元素都不包含的集合。

(3) 用 Σ 代表一个字符的非空有限集合,称之为字母表,其中的元素称为字母(Letter)。

(4) 用 αβ 代表两个字符串 α 与 β 的连接(Connect)。即若

$$\alpha = a_1 a_2 a_3 \cdots a_n, \beta = b_1 b_2 b_3 \cdots b_m; m, n \geqslant 0,$$

则

$$\alpha\beta = a_1 a_2 a_3 \cdots a_n b_1 b_2 b_3 \cdots b_m.$$

显然,$\alpha\varepsilon = \varepsilon\alpha = \alpha$。

字符串 α 的连接定义为

$$\alpha^0 = \varepsilon$$
$$\alpha^n = \alpha^{n-1}\alpha$$

(5) 用 AB 代表两个集合 A 与 B 的连接。即若

$$A = \{\alpha_1, \alpha_2, \alpha_3, \cdots, \alpha_n\}, B = \{\beta_1, \beta_2, \beta_3, \cdots, \beta_m\};$$

则

$$AB = \{\alpha_1\beta_1, \alpha_1\beta_2, \alpha_1\beta_3, \cdots, \alpha_1\beta_m,$$
$$\alpha_2\beta_1, \alpha_2\beta_2, \alpha_2\beta_3, \cdots, \alpha_2\beta_m,$$
$$\alpha_3\beta_1, \alpha_3\beta_2, \alpha_3\beta_3, \cdots, \alpha_3\beta_m,$$
$$\cdots$$
$$\alpha_n\beta_1, \alpha_n\beta_2, \alpha_n\beta_3, \cdots, \alpha_n\beta_m\}$$

(6) 用 A^n 代表集合 A 的 n 次连接：

$A^0 = \{\varepsilon\}$

$A^n = A^{n-1}A$

(7) 用 A^* 代表集合 A 上所有字符串的集合。即表示集合 A 中的所有字符串进行任意次连接而形成的串的集合，也称 A^* 为集合 A 的克林闭包(Kleen Closure)。

$A^* = A^0 \cup A^1 \cup A^2 \cup \cdots \cup A^n \cdots$

例如，集合 A＝{0,1}，则

$A^0 = \{\varepsilon\}$　　　　　即长度为 0 的 0 和 1 组成的串的集合

$A^1 = A = \{0,1\}$　　　　即长度为 1 的 0 和 1 组成的串的集合

$A^2 = AA = \{00,01,10,11\}$　即长度为 2 的 0 和 1 组成的串的集合

$A^3 = A^2A = \{000,001,010,011,100,101,110,111\}$ 即长度为 3 的 0 和 1 组成的串的集合

……

$A^* = A^0 \cup A^1 \cup A^2 \cup \cdots \cup A^n \cdots$

　　 $= \{w | w$ 是 0 和 1 组成的任意串$\}$

如果一个串 ω 是一个集合 A 的闭包中的串，也称 ω 是集合 A 上的串。

对于任何集合 A，有

$(A^*)^* = A^*$；$A^0 = \{\varepsilon\}$

(8) 用 A^+ 代表一个集合，称为 A 的正闭包(Right Closure)，

$A^+ = A^1 \cup A^2 \cup A^3 \cup \cdots \cup A^n \cup \cdots$

即 A^+ 也代表集合 A 上所有的串的集合(除 ε 外)。

对于任意的集合 A，有

$A^* = A^0 \cup A^+$

$A^+ = AA^*$（即正闭包运算可以通过克林闭包运算和连接运算得到）

(9) 给定字母表 Σ，则 Σ^* 的任意子集 L 称为字母表 Σ 上的一个语言，即 L 是字母表 Σ 上的字符串的集合。

(10) 前缀和后缀：

设 Σ 是一个字母表，$x,y,z \in \Sigma^*$，且 $x=yz$，称 y 是 x 的前缀(Prefix)；如果 $z \neq \varepsilon$，则称 y 是 x 的真前缀(Real Prefix)；称 z 是 x 的后缀(Suffix)；如果 $y \neq \varepsilon$，则称 z 是 x 的真后缀(Real Suffix)；

串 abcde 的前缀、真前缀、后缀和真后缀如下：

前缀：ε,a,ab,abc,abcd,abcde

真前缀：ε,a,ab,abc,abcd

后缀：ε,e,de,cde,bcde,abcde

真后缀：ε,e,de,cde,bcde

A.2 例子语言

递归定义提供了集合(语言)的良好的定义方式，使得集合中的元素的构造规律较明显。

(1) 基础　首先定义该语言中的最基本的元素。

(2) 递归　如果该集合的元素 $x_1, x_2, x_3, \cdots$，则使用某种运算、函数或组合方法对这些元素进行处理后所得的新元素也在该集合中。

(3) 有限性　只有满足(1)和(2)的元素才包含在语言中。

例如，对于括号匹配串的语言而言，该语言是指所有的左括号和右括号相匹配的串的集合；如( )，(( ))，( )( )等都是该集合(语言)的合法的串；而)(，( ))等就不是合法的串。

如何产生(得到)这个语言呢？即如何生成该集合中的所有字符串呢？实际上，就是需要给出集合中元素的定义规则。

第一种方法是自然语言的描述方式，采用如下的递归规则：

(1) 是合法的该语言的最基本的串；

(2) 若 S 是一个合法的串，则(S)是一个合法的串；

(3) 若 S 是一个合法的串，则 SS 是合法的串。

这些规则称为形成规则，根据这些规则，可以

(1) 产生任意合法(即符合规则)的该集合中的串；

(2) 判断某个串(由左括号和右括号组成的串)是否是合法的该集合的串。

例如，可以产生串(( ))，而推断出串(( )))不是合法的串。

第二种方法是巴科斯和诺尔采用的巴科斯－诺尔范式 BNF（Backus－Naur Form），采用如下的规则：

(1) <括号相匹配的串>::=( )

(2) <括号相匹配的串>::=(<括号相匹配的串>)

(3) <括号相匹配的串>::=<括号相匹配的串><括号相匹配的串>

使用尖括号"<"和">"包括起来的部分，作为一个整体来看待，表示某个语法成分，最终，需要使用字母表中的字母来定义。

符号"::="是 BNF 本身的符号(元符号 Primary Symbol)，代表"定义为"或"就是"。

第三种方法是 Chomsky 采用的符号化的描述方式，采用如下的规则(这些规则被称为产生式(Producer)，符号"S"代表合法的串)。

(1) S→( )

(2) S→(S)

(3) S→SS

其中，"→"读作"定义为"或者"是"，它的左边和右边分别称为该产生式的左边和右边；

产生串的过程为，从 S 开始，反复利用产生式的右边代替产生式的左边(称之为推导过程)，最后，可以得到匹配的( )组成的串。

例如，串(( ))( )( )的产生过程为

S =>SS =>(S)S =>(( ))S =>(( ))(S) =>(( ))(SS) =>(( ))( )(S) => (( ))( )( )

其中，"=>"表示单步推导过程。

虽然产生式的个数是有限的，但是规则是递归的(一个符号，既出现在一个产生式的左边，又出现在该产生式的右边)，因而，所有的小括号匹配的串(有无限个)均可以由它们产生，它们组成的集合就称为一个语言。

S 称为非终结符(Non Terminator)，是指在推导过程中，可以被代替的符号。(和) 称为终结符(Terminator)，是指在推导过程中，不可以被代替的符号。

符号"→"产生式系统的元符号,不属于非终结符,也不属于非终结符。

【例1】 产生偶数个0组成的语言的产生式为

  (1) S→00

  (2) S→SS

【例2】 产生高级程序设计语言中的包含有＋、－、*、/、()的算术表达式(的语言)的产生式为

  E→i   (i代表单个变量)

  E→EAE

  E→(E)

  A→＋

  A→－

  A→*

  A→/

其中,后面4个产生式的左边是相同的符号,可以合并为

  A→＋|－|*|/

其中,符号"|"代表"或者",也是产生式系统的元符号,而＋、－、* 和/称为A的候选式。

  产生式

  E→i

  E→EAE

  E→(E)

也可以记为

  E→i|EAE|(E)

上面的7个产生式可以描述出算术表达式的形成规则,但是,没有表示出运算符不同的优先级。表示出运算符不同的优先级的产生式组合为

  E→E＋T|E－T|T

  T→T*F|T/F|F

  F→(E)|i

其中,E代表表达式,T代表项,F代表因子,(E)代表的是带小括号的表达式。该组产生式表示出先算因子,再算 *、/,最后算＋、－。

【例3】 产生标识符(以字母开头的字母、数字的串)的语言的产生式为:

  I→L

  I→IL

  I→ID

  L→a|b|c|d|e|f|g|h|i|j|k|l|m|n|o|p|q|r|s|t|u|v|w|x|y|z

  D→0|1|2|3|4|5|6|7|8|9

使用标识符表示变量,可以将标识符I的定义加入到表达式中:

  E→E＋T|E－T|T

  T→T*F|T/F|F

```
F→(E)|I
I→L|IL|ID
L→a|b|c|d|e|f|g|h|i|j|k|l|m|n|o|p|q|r|s|t|u|v|w|x|y|z
D→0|1|2|3|4|5|6|7|8|9
```

【例 4】 C 语言中简单变量的说明语句的产生式为：

C 语言中的说明语句形式为

TYPE 变量名表；

TYPE 变量名表；

…

TYPE 变量名表。

产生式为

```
S→SP|P
P→T V;
T→int|char|float
V→V,I|I
I→L|IL|ID
L→a|b|c|d|e|f|g|h|i|j|k|l|m|n|o|p|q|r|s|t|u|v|w|x|y|z
D→0|1|2|3|4|5|6|7|8|9
```

其中，S 代表简单变量的说明语句(可以由一个或多个的单个说明语句构成)，P 代表单个的说明语句，T 代表类型，V 代表变量名表(由','隔开的多个变量)，I 代表单个变量。

A.3 文法和语言的关系

语言就是某个字母表上的字符串组成的一个集合。语言中的字符串称为句子。

文法(Grammar)的作用就是产生一个语言。

有穷语言(Finite Language)的表示较容易，即使语言中的句子的组成没有什么规律，也可以使用枚举的方式列出语言中的所有句子。

对于无穷语言(Infinite Language)，使用有穷描述的方式表达。需要从语言包含的句子的一般构成规律去考虑问题。这种从语言的有穷描述来表达语言的方法对一般的语言都是有效的。尤其在使用计算机判断一个字符串是否是某个语言的句子时，从句子和语言的结构特征上着手是非常重要的。

对于一类语言，可以在字母表上，按照一定的构成规则，根据语言的结构特点，定义一个文法。使用文法作为相应语言的有穷描述，不仅可以描述出语言的结构特征，而且可以产生这个语言的所有句子。

定义 1 短语结构文法(简称文法)的定义

短语结构文法(Phrase Struct Grammar)G 是一个四元式(由四个部分组成)，即

$$G=(\Sigma,V,S,P)$$

其中，

(1) Σ 是一个有限字符的集合，叫做字母表，它的元素称为字母或者终结符；

(2) V 是一个有限字符的集合，叫做非终结符集合，它的元素称为变量或者非终结符(一

一般用大写英文字母表示);

(3) S 是一个特殊的非终结符,即 S∈V,称为文法的开始符号;

(4) P 是有序偶对 (α,β) 的集合,其中 α 是集合 $(\Sigma\cup V)$ 上的字符串,但至少包含一个非终结符;β 是集合 $(\Sigma\cup V)^*$ 的元素。一般,将有序偶对 (α,β) 记为 $\alpha\rightarrow\beta$,称为产生式。α 称为该产生式的左部,β 称为该产生式的右部。对一组有相同左部的产生式:$\alpha\rightarrow a_1$, $\alpha\rightarrow a_2$, $\cdots$, $\alpha\rightarrow a_n$ 可以简单地记为 $\alpha\rightarrow a_1|a_2|\cdots|a_n$。

定义 2 推导的定义

给定文法 G,y 和 z 是集合 $(\Sigma\cup V)$ 上的串,若 y,z 分别可以写成 pvr 和 pur(p 和 r 可能同时为空串),而 v→u 是文法 G 的一个产生式,则称串 y 可以直接推导(Direct Derivation)出串 z,记为 y=>z,或 pvr=>pur。

推导的实质是用产生式的右边代替产生式的左边。非终结符代表在推导的过程中可以被替代的符号,而终结符代表在推导的过程中不可以被替代的符号。

与之相对应,称串 pur 可以直接归约成(Direct Reduction)串 pvr。

用符号 y=>$^+$z 表示 y 可以经过多步(至少一步),推导出 z,即存在一个串的序列 $\alpha_1,\alpha_2,\alpha_3,\cdots,\alpha_n$;有

$$y=\alpha_1, z=\alpha_n$$

且

$$\alpha_i => \alpha_{i+1} \text{对所有} n>i\geq 1。$$

用符号 y=>*z 表示 y 可以经过任意步(包括 0 步)推导出 z,即

(1) y=z;

或者

(2) y=>$^+$z。

对于文法 G,如果 S=>*ω,则称 ω 是文法的一个句型(Sentence Pattern);若 ω 中包含的字符全是终结符,称 ω 是句子。

定义 3 语言的定义

给定文法 G,有开始符号 S,则把 S 可以推导出的所有的终结符串的集合(即所有句子的集合),称为由文法产生的语言,记为 L(G),即

$$L(G)=\{\omega|S=>^*\omega,\text{且}\omega\in\Sigma^*\}$$

一个文法确实产生语言 L(G),必须

(1) 该文法推导产生的所有句子都在该语言中;

(2) 语言中的任意一个句子都可以由该文法产生。

对于文法 $G=(\Sigma,V,S,P)$,约定,一个文法的所有产生式中包含的符号,就是文法中所有可能有用的终极符号和非终极符号。所列的第一个产生式的左部就是该文法的开始符号。

据此约定,对于一个文法,只需列出该文法的所有产生式即可。如产生括号匹配语言的文法,可以写成

S→( )

S→(S)

S→SS

还可以再简单写成

S→( )|(S)|SS

定义 4 文法等价的定义

设有两个文法 G_1 和 G_2，如果 $L(G_1)=L(G_2)$，则称 G_1 和 G_2 等价。

A.4 Chomsky 对文法的分类

对于文法，$G=(\sum,V,S,P)$，G 称为 0 型文法，或短语结构文法 PSG。对应的 L(G) 叫做 0 型语言或者短语结构语言(Phrase Struct Language, PSL)。

如果对于任意 $\alpha \to \beta \in P$，均有 $|\alpha| \leq |\beta|$ 成立，则称 G 为 1 型文法，或上下文有关文法 CSG (Context Sensitive Grammar)。对应的 L(G) 叫做 1 型语言或者上下文有关语言 CSL(Context Sensitive Language)。

如果对于任意 $\alpha \to \beta \in P$，均有 $|\alpha| \leq |\beta|$ 且 $\alpha \in V$ 成立，则称 G 为 2 型文法，或上下文无关文法 CFG(Context Free Grammar)。对应的 L(G) 叫做 2 型语言或者上下文无关语言 CFL(Context Free Language)。

如果对于任意 $\alpha \to \beta \in P$，$\alpha \to \beta$ 均具有形式 $A \to w$，$A \to wB$，其中，$A,B \in V$，$w \in \sum^+$，则称 G 为 3 型文法，或右线性文法 RLG(Right Linear Grammar)，也可称为正则文法 RG(Regular Grammar)。对应的 L(G) 叫做 3 型语言，也可称为右线性语言 RLL(Right Linear Language) 或正则语言 RL(Regular Language)。

由上述定义可知，正则语言类包含于上下文无关语言类，上下文无关语言类包含于上下文相关语言类，上下文相关语言类包含于递归可枚举语言类。这里的包含都是集合的真包含关系，也就是说，存在递归可枚举语言不属于上下文相关语言类，存在上下文相关语言不属于上下文无关语言类，存在上下文无关语言不属于正则语言类。

四类文法和对应的四类语言之间都有包含关系，如图 A-1 所示。

设文法 $G=(\sum,V,S,P)$，判断 G 是哪类文法的方法为

(1) G 是短语结构文法；

(2) 如果所有产生式都有左边部分长度小于等于右边部分，那么 G 是上下文有关文法；

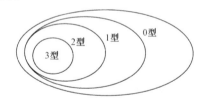

图 A-1 四类文法和四类语言之间的包含关系

(3) 如果如果所有产生式的左边部分都是单个非终极符号，那么 G 是上下文无关文法；

(4) 如果所有产生式的右边部分最多只有一个非终极符号，且该非终极符号只能出现在最右边，那么 G 是正则文法。

下面文法是 RG，CFG，CSG 和 PSG。

$G_1: S \to 0|1|00|11$

$G_2: S \to 0|1|0A|1B$

$A \to 0$

$B \to 1$

$G_3: S \to 0|0S$

下面文法是 CFG,CSG 和 PSG,但不是 RG。

　　$G_4: S \rightarrow A|B|AA|BB$
　　　　$A \rightarrow 0$
　　　　$B \rightarrow 1$
　　$G_5: S \rightarrow A|AS$
　　　　$A \rightarrow a|b|c|d|e|f|g|h|i|j|k|l|m|n|o|p|q|r|s|t|u|v|w|x|y|z$

下面文法是 CSG 和 PSG,但不是 CFG 和 RG。

　　$G_6: S \rightarrow aBC|asBC$
　　　　$aB \rightarrow ab$
　　　　$bB \rightarrow bb$
　　　　$bC \rightarrow bc$
　　　　$cC \rightarrow cc$

下面文法是 PSG,但不是 CFG、RG 和 CSG。

　　$G_7: S \rightarrow |0S$
　　　　$aB \rightarrow a$
　　　　$bB \rightarrow bb$
　　　　$bC \rightarrow bc$
　　　　$cC \rightarrow cc$

定义 5　空产生式的定义

形如 $\alpha \rightarrow \varepsilon$ 的产生式叫做空产生式,也可叫做 ε 产生式。

根据文法分类的定义,在 CSG、CFG 和 RG 中,都不能含有空产生式,所以任何 CSL、CFL 和 RL 中都不包含空句子 ε。空句子 ε 在一个语言中的存在并不影响该语言有穷描述的存在,因为除了为生成空句子 ε 外,空产生式可以不被用于语言中其他任何句子的推导中。

假设允许在 CSG、CFG 和 RG 中含有空产生式,也就允许 CSL、CFL 和 RL 中包含空句子 ε。文法 $G=(\sum,V,S,P)$,如果 S 不出现在任何产生式的右部,则:

(1) 如果 G 是 CSG,则仍然称 $G=(\sum,V,S,P\cup\{S\rightarrow\varepsilon\})$ 为 CSG;G 产生的语言仍然称为 CSL。

(2) 如果 G 是 CFG,则仍然称 $G=(\sum,V,S,P\cup\{S\rightarrow\varepsilon\})$ 为 CFG;G 产生的语言仍然称为 CFL。

(3) 如果 G 是 RG,则仍然称 $G=(\sum,V,S,P\cup\{S\rightarrow\varepsilon\})$ 为 RG;G 产生的语言仍然称为 RL。

下列结论是成立的。

(1) 如果 L 是 CSL,则 $L\cup\{\varepsilon\}$ 或 $L-\{\varepsilon\}$ 仍然是 CSL。

(2) 如果 L 是 CFL,则 $L\cup\{\varepsilon\}$ 或 $L-\{\varepsilon\}$ 仍然是 CFL。

(3) 如果 L 是 RL,则 $L\cup\{\varepsilon\}$ 或 $L-\{\varepsilon\}$ 仍然是 RL。

如果允许 CSG,CFG,RG 包含空产生式 ε,还会为问题的处理提供一些方便。例如,产生语言 $L=\{w|w\in\{0,1\}^+,且\ w\ 以\ 0\ 开始\}$ 的文法为

　　$S \rightarrow 0|0A$
　　$A \rightarrow 0|1|0A|1A$　　　　　　$A\ 产生\{0,1\}^+$

或

  S→0B
  B→ε|0B|1B   B 产生 $\{0,1\}^*$

A.5 文法产生语言

【例 5】 文法

  S→0S
  S→0

该文法产生语言 $L=\{0^n|n>0\}$。

  分析：如果开始使用第 2 个产生式 S→0，则 $S=>0$，就不能再往下进行推导了，产生串 0；如果开始使用第 1 个产生式 S→0S，n－1 次后，则 $S=>0S=>00S=>000S=>^* 0^{n-1}S$，最后，再使用第 2 个产生式 S→0，则 $S=>^* 0^n$，这对于任何 n>1 都是成立的；总之，该文法产生语言 $L=\{0^n|n>0\}$。

定义 6 递归文法的定义

  一个上下文无关文法 G，如果 A ∈ V，有 $A =>^+ αAβ$，则该文法称为递归文法；而 A 称为递归(Recursion)的非终结符。如果是 $A => αAβ$，则 A 称为直接递归(Direct Recursion)的非终结符。

  直接递归可以从产生式判断，而非直接(或称为间接)(Indirect Recursion)的递归需要根据推导过程才能进行判断。

  一个无关文法的产生式的个数总是有限的，但如果该文法是递归文法，则该文法就能够产生一个无穷的语言。若一个无关文法不是递归文法，则该文法一定产生一个有穷的语言。

定义 7 上下文无关文法空串产生式的定义

  形如 A→ε 的产生式，称为空串产生式，或 ε 产生式。

其中，A∈V。

空串产生式的作用就是在推导的过程中，对于某个句型，省略掉能够产生 ε 的非终结符号。

若某个文法有空串产生式 S→ε(S 为文法的开始符号)，则该文法产生的语言一定包含空串 ε。

【例 6】 文法

  S→0S
  S→ε

该文法产生语言 $L=\{0^n|n \geqslant 0\}$。

【例 7】 文法

  S→aSb
  S→ab

该文法产生语言 $L=\{a^n b^n|n>0\}$。

【例 8】 文法

  S→aS
  S→bS
  S→ε

该文法产生语言 L={a,b}*。

【例9】 构造文法产生字母表{a,b}上所有对称的串(没有中心点)组成的语言。

分析:aa 和 bb 是最基本合法的串;如果 x 代表合法的串,则 axa 和 bxb 是合法的串;得到文法:

$S \to aSa$
$S \to bSb$
$S \to aa$
$S \to bb$

一般地,对于字母表Σ,对任意的 $a,b \in \Sigma^+$,可以使用

$A \to ab \mid aAb$

产生 $\{a^n b^n \mid n > 0\}$;

$A \to \varepsilon \mid aAb$

产生 $\{a^n b^n \mid n \geq 0\}$;

$A \to \varepsilon \mid aA \mid bA$

产生 $\{a,b\}^*$;

$A \to a \mid b \mid aA \mid bA$

产生 $\{a,b\}^+$;

对任意的 $a \in \Sigma^+$,可以使用

$A \to \varepsilon \mid aA$

产生 $\{a^n \mid n \geq 0\}$;

$A \to a \mid aA$

产生 $\{a^n \mid n > 0\}$;

【例10】 文法

$S \to aSBC$ ①
$S \to aBC$ ②
$CB \to BC$ ③
$aB \to ab$ ④
$bB \to bb$ ⑤
$bC \to bc$ ⑥
$cC \to cc$ ⑦

产生的语言为 $L(G) = \{a^n b^n c^n \mid n > 0\}$。

注意到下面的事实,可以得出这个结论:

使用 n－1 次第①个产生式,有 $S =>^* a^{n-1} S(BC)^{n-1}$

使用 1 次第②个产生式,有 $a^{n-1} S(BC)^{n-1} => a^n (BC)^n$

使用次 n*(n－1)/2 次第③个产生式,有 $a^n (BC)^n =>^* a^n B^n C^n$

使用 1 次第④个产生式,有 $a^n B^n C^n => a^n b B^{n-1} C^n$

使用 n－1 次第⑤个产生式,有 $a^n b B^{n-1} C^n =>^* a^n b^n C^n$

使用 1 次第⑥个产生式，有 $a^n b^n C^n => a^n b^n c\ C^{n-1}$

使用 n－1 次第⑦个产生式，有 $a^n b^n c\ C^{n-1} =>^* a^n b^n c^n$

A.6 推导树

对于上下文无关文法 G，如果串 ω 能由该文法产生，则 ω 的产生过程可以用推导的办法表示，即用符号"=>"表示，也可以用推导树（Derive Tree）的办法表示。推导树是一棵有向无循环的图。推导树也称为语法树（Syntax Tree）。

推导树的结点是文法中的非终结符或者终结符，如果有空串产生式，则 ε 也可以是推导树的结点，推导树的根结点是文法的开始符号 S。如果推导使用了产生式 $A \to a_1 a_2 a_3 \cdots a_n$，其中 A 是非终结符，$a_i$ 是非终结符或者是终结符；则 $a_1, a_2, a_3, \cdots, a_n$ 都是 A 的直接后继结点（A 称为父结点，$a_1, a_2, a_3, \cdots, a_n$ 称为子结点）；一个结点和它的直接后继结点之间用有向边连接起来。

如果结点是终结符，该结点称为叶子结点。如果结点是非终结符，该结点称为非叶子结点（或称为分枝结点）。端末结点是指仅有入口，没有出口的结点。端末结点从左到右的连接，就是该推导树产生的句型。

定义 8 最左推导和右推导的定义

无关文法 G，有产生式 $A \to \beta$，对于一步直接推导 $\alpha_1 A \alpha_2 => \alpha_1 \beta \alpha_2$，若 $\alpha_1 \in \Sigma^*$，则称之为一步最左（Contrary）推导；若 $\alpha_2 \in \Sigma^*$，则称之为一步最右（a Superior Position）推导。

对于文法 G 和句型 w，如果产生 w 的每一步推导都是最左推导，则称产生 w 的推导为最左推导；如果产生 w 的每一步推导都是最右推导，则称产生 w 的推导为最右推导。

当然，还有其他方式的推导过程，而最左推导和最右推导是比较常用的推导方式。最右推导也称为规范推导（Standard Derive）。一般，常使用最左推导。

【例 11】 文法

```
S→0B|1A
A→0|0S|1AA
B→1|1S|0BB
```

对于串 0011 的产生过程：

最左推导：S =>0B =>00BB =>001B =>0011
最右推导：S =>0B =>00BB =>00B1 =>0011

也可以用推导树表示推导过程，如图 A-2 所示。

实际上，一棵推导树代表了一个句型（或者句子）的最左推导和最右推导过程以及其他所有的以任意顺序进行推导的过程。

在推导树中，从根结点到一个叶结点（或者端末结点）叫一条路径，一条路径上的非终结符的个数，叫做该路径的长度。最大的路径长度叫做该推导树的高度。

定义 9 推导树的子树的定义

在一棵推导树 T 中，以任意一个非终结符 A 为根，连同它的所有后继结点（直接的结点和非直接的结点，即它的所有子孙，并

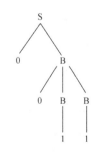

图 A-2 串 0011 的推导树

且子孙的个数＞1），构成一棵子树，称之为推导树 T 的 A－子树。

推导树本身就是树 T 最大的一棵子树；即 S－子树。而一个非终结符本身不是一棵子树。

图 A-2 表示的推导树有 4 棵子树，S－子树，另外 3 棵如图 A-3 所示。

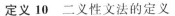

图 A-3　串 0011 的推导树的四棵子树

定义 10　二义性文法的定义

一个文法 G 是二义性（Ambiguity）的，如果 L(G) 中的某个串 x 有两棵不同的推导树，即串 x 有两种不同的最左推导或两种不同的最右推导；否则，文法 G 是非二义的文法。

定义 11　二义性语言的定义

对于一个语言 L，如果产生该语言的所有文法都是二义性的文法，则 L 是二义性的语言（Ambiguity Language）。

实际上，语言的二义性是不可判定的。二义性的语言也是没有什么实际意义的。

A.7　短语

如果 αβγ 是上下文无关文法 G 的一个句型，若有 S=>*αAγ，并且有 A=>+β，则称 β 是句型 αβγ 关于非终结符 A 的一个短语（或者简称 β）是句型 αβγ 的一个短语；特别地，若 A=>β，则 β 是句型 αβγ 的一个直接短语。句型最左边的直接短语，就是句柄。（注意：一个句型或者句子的短语是该句型或者句子的一个子串。）

根据定义，句型 αβγ 本身就是 αβγ 关于开始符号 S 的一个短语。

利用子树的概念，可以方便地理解短语的概念。在句型 αβγ 的推导树中，若 β 是 A－子树产生的串，则 β 就是句型 αβγ 关于非终结符 A 的短语，如果子树只有父子两代，则 β 就是直接短语。最左边的仅有父子两代的子树产生的直接短语就是句柄。

【例 12】　对于句型 001B 而言，推导树如图 A-4 所示。

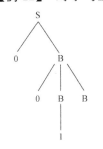

图 A-4　句型 001B 的推导树

句型 001B，有 3 个短语，1，01B 和 001B；有 1 个直接短语：1；句柄是 1。

对于文法 G 的一个给定的句型（或者句子），可以有多个短语，多个直接短语，只有一个句柄。在指明短语（直接短语，句柄）时，一定要指明它是哪一个句型（或句子）的短语（直接短语，句柄）。

素短语是一个短语，至少包含一个终结符，并且除它自身以外，不再含有任何更小的素短语。最左素短语是指句型（或句子）最左边的素短语。

对于句型 001B，只有 1 是素短语，01B 和 001B 虽然有终结符，但是它们包含有更小的素短语 1，所以不是素短语。

而最左边的 1 是最左素短语。

对于文法
　　E→E + T
　　E→T
　　T→T * F

T→F
F→(E)
F→2

句型 F+2*F 的推导树如图 A-5 所示。

句型 F+2*F 有短语 F,2,2*F,F+2*F；直接短语为 F,2；句柄为 F；素短语为 2；最左素短语为 2。

A-8 正则表达式和正则集

计算学科讨论的是什么能够被有效地自动化，而实现有效自动化的基础首先是实现对问题恰当的形式化描述。

在形式语言中，有时使用表达式的形式来代表一个语言。对于正则语言（Regular Language），可以使用正则表达式（Regular Express）来表示；正则表达式对正则语言的表示具有特殊的优势：它更简单，更方便，更容易进行处理；而且，这种表达形式还更接近语言的集合表示和语言的计算机表示。语言的集合表示形式使得它本身更容易理解和使用；而适合计算机的表示形式又使得它更容易被计算机系统处理。

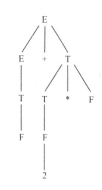

图 A-5 句型 F+2*F 的推导树

定义 12 正则集的定义

L 是字母表 Σ 上的语言，若语言 L 是有限的，则语言 L 是正则的；或者语言 L 能够由下列运算递归地产生：

(1) 若 L_1 和 L_2 是正则的，且 $L=L_1 \cup L_2$；

(2) 若 L_1 和 L_2 是正则的，且 $L=L_1 L_2$；

(3) 若 L_1 是正则的，且 $L=L_1^*$，

则 L 也是正则的。

若一个语言是正则，该语言也称为正则集（Regular Set）。

例如，空集 $\emptyset$ 和空串的集合 $\{\varepsilon\}$ 是正则的，因为它们是有限的；语言 $\{ab,a\}^*$ 也是正则的，因为是正则的语言经过运算得到的。

定义 13 正则表达式的定义

正则表达式 R 和它所表达的正则集 S(R) 的定义为：

(1) $\emptyset$ 是一个正则表达式，$S(\emptyset)=\emptyset$；

(2) ε 是一个正则表达式，$S(\varepsilon)=\{\varepsilon\}$；

(3) 若 $a\in\Sigma$，则 a 是一个正则表达式，$S(a)=\{a\}$；

(4) 若 R_1 和 R_2 是正则表达式，则 R_1+R_2 是正则表达式，$S(R_1+R_2)=S(R_1)\cup S(R_2)$；

(5) 若 R_1 和 R_2 是正则表达式，则 $R_1 R_2$ 是正则表达式，$S(R_1 R_2)=S(R_1)S(R_2)$；

(6) 若 R 是正则表达式，则 $(R)^*$ 是正则表达式，$S((R^*))=(S(R))^*$。

对于每个正则集，至少能够找到表示该正则集的一个正则表达式。对于每个正则表达式，都唯一地表示一个正则集。

若两个正则表达式 R_1 和 R_2 均表示同一个正则集，则称这两个正则表达式相等，记为 $R_1=R_2$。即若 $S(R_1)=S(R_2)$，则 $R_1=R_2$。

正则表达式

$(a+b)(a+b)$

代表语言

{aa,ab,ba,bb}

正则表达式

$a(a+b+c)*a+b(a+b+c)*b+c(a+b+c)*c$

代表语言

{w|w∈{a,b,c}+,且 w 中最后一个字母与第一个字母相同}

正则表达式

$(a+b+c)*a(a+b+c)*a(a+b+c)+(a+b+c)*b(a+b+c)*b(a+b+c)+(a+b+c)*c(a+b+c)*c(a+b+c)$

代表语言

{w|w∈{a,b,c}+,且 w 中倒数第二个字母肯定在前面出现过}

从产生语言的角度定义语言,是形式语言研究的内容。从识别语言的角度来定义语言,就是自动机研究的内容。

A.9 有限状态自动机

有限状态自动机 FA(Finite Automation)是为研究有限存储的计算过程和某些语言类而抽象出的一种计算模型。有限状态自动机拥有有限数量的状态,每个状态可以迁移到零个或多个状态,输入字串决定执行哪个状态的迁移。有限状态自动机可以表示为一个有向图(称之为状态转换图)。

1. 有限状态自动机的定义

有限状态自动机是具有离散输入和输出的系统的一种数学模型。其主要特点有以下几个方面:

(1)系统具有有限个状态,不同的状态代表不同的意义。按照实际的需要,系统可以在不同的状态下完成规定的任务。

(2)可以将输入字符串中出现的字符汇集在一起构成一个字母表。系统处理的所有字符串都是这个字母表上的字符串。

(3)系统在任何一个状态下,从输入字符串中读入一个字符,系统根据当前状态和读入的字符转到新的状态。

(4)系统中有一个状态,它是系统的开始状态。

(5)系统中还有一些状态表示它到目前为止所读入的字符构成的字符串是语言的一个句子有限状态自动机物理模型,如图 A-6 所示。

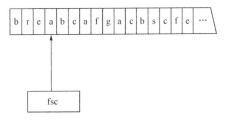

图 A-6 有限状态自动机的物理模型

一个输入存储带,带被分解为单元,每个单元存放一个输入符号(字母表上的符号),整个输入串从带的左端点开始存放,而带的右端可以无限扩充。

一个有限状态控制器 FSC(Finite State Control),该控制器的状态只能是有限多个;FSC 通过一个读头和带上单元发生耦合,可以读出当前带上单元的字符。初始时,读头对应带的最左单元,每读出一个字符,读头向右移动一个单元(读头不允许向左移动)。

有限状态自动机的一个动作表示为,读头读出带上当前单元的字符;FSC 根据当前 FSC 的状态和读出的字符,改变 FSC 的状态;并将读头向右移动一个单元。

有限状态自动机的动作可以简化为,FSC 根据当前的状态和当前带上的字符,进行状态的改变。

定义 14 有限状态自动机(接收机)的定义

字母表 Σ 上的有限状态接收机(FA)是一个五元式:

$$FA = (Q, \Sigma, \delta, q_0, F)$$

其中,

Q 是一个有限状态的集合;

Σ 是字母表,也就是输入带上的字符的集合;

$q_0 \in Q$ 是开始状态;

$F \subseteq Q$ 是接收状态(终止状态)集合;

δ 是 $Q \times \Sigma \rightarrow Q$ 的状态转换函数,即 $\delta(q, x) = q'$;代表自动机在状态 q 时,扫描字符 x 后到达状态 q'。

有限状态自动机的状态转换函数的个数应该为 $|Q| * |\Sigma|$。因为对于 Q 中的每个状态,都应该定义扫描字母表 Σ 上的每个字母的状态转换函数。称这种有限状态自动机为确定的有限状态自动机 DFA。

【例 13】 有限状态自动机 DFA = ($\{q_0, q_1\}, \{0, 1\}, \delta, q_0, \{q_0\}$),其中 δ 表示为函数形式:

$$\delta(q_0, 0) = q_1; \delta(q_0, 1) = q_1; \delta(q_1, 0) = q_1; \delta(q_1, 1) = q_0$$

或者表示为状态图的形式,如图 A-7 所示。

状态图是一个有向、有循环的图。一个结点表示一个状态;若 $\delta(q, x) = q'$,则状态 q 到状态 q' 有一条有向边,并用字母 x 作标记。

一个圆圈代表一个状态,'→'指向的状态

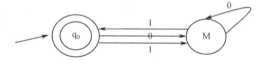

图 A-7 δ 函数的状态图形式

是开始状态,两个圆圈代表的状态是接收状态;在比较明确的情况下,可以用状态图表示一个有限状态自动机,而有向边的数目就是状态转换函数的个数。

2. 有限状态自动机识别的语言

定义 15 有限状态自动机接收(识别)的串的定义

对于有限状态自动机 FA,给定字母表 Σ 上的串 $w = w_1 w_2 \ldots w_n$;初始时,自动机 M 处于开始状态 q_0;从左到右逐个字符地扫描串 w;在 $\delta(q_0, w_1) = q_1$ 的作用下,自动机 M 处于状态 q_1,在 $\delta(q_1, w_2) = q_2$ 的作用下,自动机 M 处于状态 q_2,…;当将串 w 扫描结束后,若自动机处于某一个接收状态,则称有限状态自动机能够接收(识别)串 w。对于自动机而言,从开始状态开始,在扫描串的过程中,状态逐个地变化,直到某个接收状态,把状态的变化过程称为自动机的一条路径,而这条路径上所标记的字符的连接,就是自动机所识别的串。

定义 16 有限状态自动机接收的语言的定义

对于字母表∑上的有限状态自动机 DFA,它能识别的所有串的集合,称为有限状态自动机能识别的语言。记为 L(DFA)。

定义 17　扩展的状态转换函数的定义

给定 DFA,定义扩展的状态转换函数

$$\delta^*: Q \times \Sigma^* \to Q$$

为

$$\delta^*(q, w) = q'$$

即自动机在一个状态 q 时,扫描串 w 后到达唯一确定的状态 q'。

定义 18　扩展的状态转换函数的形式定义

$$\delta^*(q, \varepsilon) = q$$
$$\delta^*(q, x) = \delta(q, x)$$

其中,x 是一个字母;

对于串 w = αx(x 是一个字母,α 是一个字符串);

$$\delta^*(q, w) = \delta^*(q, \alpha x) = \delta(\delta^*(q, \alpha), x)$$

或者,对于串 w = xα(x 是一个字母,α 是一个字符串);

$$\delta^*(q, w) = \delta^*(q, x\alpha) = \delta^*(\delta(q, x), \alpha)$$

定义 19　DFA 接收的语言的定义

L(DFA)表示被 DFA = (Q, Σ, δ, q_0, F)接收的语言,它在字母表∑上,即 L(DFA) $\subset$ Σ^*,则

$$L(DFA) = \{w | w \in \Sigma^* \text{ 且 } \delta^*(q_0, w) \in F\}$$

若语言 L 对于某个有限状态自动机 DFA,有 L=L(DFA),则称语言 L 为一个有限状态语言 FSL。

定义 20　有限状态自动机停机的定义

有限状态自动机将输入串扫描结束时,自动停机。

3. 有限状态自动机识别语言的例子

【例 14】　构造有限状态自动机 M,识别{0,1}上的语言 L={x000y | x,y∈{0,1}*}。

分析:

语言 L={x000y | x,y∈{0,1}*},该语言的特点是语言中的每个串都包含连续的 3 个 0(即每个串都包含子串 000),因此,对于任何输入串,有限状态自动机的任务就是要检查该输入串中是否存在子串 000,一旦发现输入串包含 000,则表示输入串是个合法的句子(是属于语言中的一个串),因此,在确认输入串包含 000 后,就可以逐一地读入输入串的后面的字符,并接收该输入串。

问题的关键是如何发现子串 000。

由于字符是逐一读入的,当从输入串中读入一个 0 时,它就有可能是 000 子串的第 1 个 0,就需要记住这个 0;如果紧接着读入的是字符 1,则刚才读入的 0 就不是子串 000 的第 1 个 0,此时,需要重新寻找 000 串的第 1 个 0;如果紧接着读入的还是字符 0,它就有可能是 000 子串的第 2 个 0,也就需要记住这个 0,继续读入字符,如果还是 0,则表明已经发现子串 000,否则,需要重新

寻找子串 000。

FSC 的状态极其意义：

q_0：有限状态自动机的开始状态；也是重新寻找子串 000 时的状态；

q_1：有限状态自动机读到第 1 个 0，有可能是子串 000 的第 1 个 0；

q_2：有限状态自动机在 q_1 后又读到 1 个 0（读到连续的 2 个 0）；

q_3：有限状态自动机在 q_2 后又读到 1 个 0（读到连续的 3 个 0）；时唯一的接收状态。

因此，基本的状态转移函数为

$\delta(q_0, 0) = q_1$

$\delta(q_1, 0) = q_2$

$\delta(q_2, 0) = q_3$

其他状态转移函数为

$\delta(q_0, 1) = q_0$

$\delta(q_1, 1) = q_0$

$\delta(q_2, 1) = q_0$

$\delta(q_3, 0) = q_3$

$\delta(q_3, 1) = q_3$

得到如图 A-8 所示的有限状态自动机。

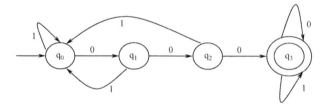

图 A-8　接收语言 $\{x000y | x,y \in \{0,1\}*\}$ 的有限状态自动机

A.10　下推自动机

对于右线性语言（正则语言），有一种自动机——有限状态自动机来对应地识别；而和大多数程序设计语言相关的上下文无关语言，对应地也有自动机——下推自动机（PDAM）来识别。

1. 下推自动机模型

下推自动机的主要部分是一个后进先出的栈存储器，一般有两个操作：入栈——增加栈中的内容（作为栈顶）；出栈——将栈顶元素移出。将栈的操作用于下推自动机的动作描述，加上状态和不确定的概念，可以构成完全识别上下文无关语言的自动机模型——下推自动机。

下推自动机物理模型如图 A-9 所示。

下推自动机有一个输入存储带，带被分解为单元，每个单元存放一个输入符号（字母表上的符号），整个输入串从带的左端点开始存放，而带的右端可以无限扩充。

下推自动机有一个有穷状态控制器（FSC），该控制器的状态只能是有穷多个；FSC 通过一个读头和带上单元发生耦合，可以读出当前带上单元的字符。初始时，读头对应带的最左单元，每读出一个字符，读头向右移动一个单元（读头不允许向左移动）。

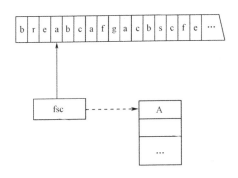

图 A-9 下推自动机的物理模型

下推自动机有一个堆栈,存放不同于输入带上的符号,只能对栈顶元素进行操作。

下推自动机的一个动作表示为,读头读出当前带上单元的字符;FSC 根据当前 FSC 的状态、读出的字符以及栈顶符号,下推自动机改变 FSC 的状态,将一个符号压入栈或将栈顶符号弹出栈,并将读头向右移动一个单元。

下推自动机的一个动作可以简化为,FSC 根据当前的状态、带上的当前字符和栈顶符号,改变 FSC 状态和进行入栈或出栈操作。

2. 下推自动机识别语言

【例 15】 语言 L={w|w∈(a,b)*,且 a 和 b 的个数是相等的},使用下列的算法使该语言能由栈接收:

初始化:栈为空,从左到右扫描串 w∈(a,b)*;

若栈为空,且 w 的当前符号是 a,则压 A 入栈;

若栈为空,且 w 的当前符号是 b,则压 B 入栈;

若栈顶为 A,且 w 的当前符号是 a,则压 A 入栈;

若栈顶为 B,且 w 的当前符号是 b,则压 B 入栈;

若栈顶为 A,且 w 的当前符号是 b,则弹 A 出栈;

若栈顶为 B,且 w 的当前符号是 a,则弹 B 出栈。

若串 w 有相同个数的 a 和 b,当且仅当 w 扫描结束后,栈为空。若串 w 不是该语言的合法的串,则在扫描串 w 时,可能没有对应的规则而停机,或者当串 w 扫描结束时,栈不为空。

PDAM 在两种情况下停机:

(1) 当串扫描结束时;

(2) 没有对应的规则时(此时,串没有扫描结束)。

【例 16】 语言 L={wcw^T|w∈(a,b)*,w^T 表示是 w 的逆},也可以利用 PDAM 进行识别。

思想:

将 w 的各个字符压入栈后,栈中的内容从栈顶到栈底的顺序刚好是 w^R 的顺序;为了将压栈和弹栈的动作区别开,增加两个状态——read 和 match,当自动机处于 read 状态时,处理整个串的前半部分,将对应的符号压入栈;当扫描到字母 c 时,自动机的状态转为 match,开始处理整个串的后半部分,将栈中的内容弹出。

使用 Z_0 表示栈底,使用 ⟨q,x,D,q′,V⟩ 规则表示"若自动机处于状态 q,x 是 w 的当前字母,当前栈顶符号为 D,则自动机的状态改变为 q',并用符号 V 代替 D,在本例中用 Z 代表任意的栈顶符号,则规则⟨read,a,Z,read,AZ⟩就表示以下 3 条规则:

⟨read,a,Z_0,read,AZ_0⟩

⟨read,a,A,read,AA⟩

⟨read,a,B,read,AB⟩

这样,就可以用下列的规则来描述自动机:

⟨read,a,Z,read,AZ⟩

⟨read,b,Z,read,BZ⟩

⟨read,c,Z,match,Z⟩

⟨match,a,A,match,ε⟩

⟨match,b,B,match,ε⟩

⟨match,ε,Z_0,match,ε⟩

若串 w 是该语言的合法的串,当且仅当 w 扫描结束后,栈为空。

定义 21 下推自动机 PDA 是一个七元式:

$$M=(Q,\Sigma,\Gamma,\delta,q_0,Z_0,F)$$

其中,

Q 是一个有限状态的集合;

Σ 是输入串的字母集合;

Γ 是栈内符号集合;

$q_0 \in Q$ 是开始状态;

$Z_0 \in \Gamma$ 是初始的栈底符号;

F⊂Q 是接收状态(终止状态)集合;

δ 是 $Q \times (\Sigma \cup \{\epsilon\}) \times \Gamma \to Q \times \Gamma^*$ 的状态转换函数。

对于确定的 PDA,有 δ(q,x,Z)=(q',Z');一般用<q,x,Z,q',Z'>代表 δ 函数。

3. 自动机接收语言方式

定义 22 PADM 以空栈方式接收的语言为 L(M),且

$$L(M)=\{w|(q_0,w,Z_0)=>^*(q,\epsilon,\epsilon),对任意 q \in Q\}$$

从定义可以看出,接收情况与接收状态无关,只要当串 w 扫描结束,而栈为空,则串 w 就能够被 PDAM 以空栈方式所接收。

参 考 文 献

1. H. Abelson, G. J. Sussoman, J. Sussman. Structure and Interpretation of Computer Programs. MIT Press: Cambridge, MA. 1985
2. A. V. Aho, J. D. Ullman. Principles of CompilerDesign. Addison－Wesley, 1979
3. A. V. Aho, R. Sethi, J. D. Ullman. Compilers: Principles, Techniques, and Tools. Reading, MA.: Addison－Wesley, 1986
4. J. Allen. Anatomy of LISP. Newyork: McGraw－Hill, 1978
5. T. Axford. Concurrent Programming Fundamental Techniques for Real－Time and Parallel Software, 1989
6. J. Backus. Can Programming Be liberated from the von Neumann style? A Functional Style and Its Algebra of Programs. Comm. ACM 218(Aug. 1978): 613－641
7. H. Bal. Programming Languages for Distributed Computing Systems. ACM Computing Surveys, vol 21 no. 3. 1989
8. W. A. Barrett and J. D. Couch. Compiler Construction: Theory and Practice. Chicago: SRA, 1979
9. D. G. Bobrow. If PROLOG is the Answer, What is the Question? Proceedings of Fourth Generation Computer Systems. OHMSHA Ltd., Tokyo, Japan and North－Holland, Am－sterdam, Holland, (1984): 138－148
10. W. F. Clocksin and C. S. Mellish. Programming in Prolog. 2nd edition, New York, NY: Springer Verlag, 1985
11. O. J. Dahl, E. W. Diikstra, and C. A. R. Hoare. Structured Programming. New York: Aca－demicPress, 1972
12. E. W. Diikstra. A Primer of ALGOL 60 Programming. New York: Academic Press, 1962
13. E. W. Diikstra. Goto Statement Considered Harmful. Comm. ACM. March 1968: 147－149
14. E. W. Diikstra. A Discipline of Programming. Englewood Clifs, NJ: Prentice－Hall, 1976
15. W. Findlay and D. A. Watt. Pascal: An Introduction to Methodical Programming. Potomac, MD: Computer Science Press, 1978
16. C. M. Geschke, J. H. Morris, Jr., and E. H. Satterthwaite. Early Experience with Mesa. Comm, ACM 208 (Aug. 1977): 540－553
17. N. Gehani. Ada: An Advanced Introduction. Englewood Cliffs, NJ: Prentice－Hall, 1983
18. C. Chezziet al. Programming Language Concepts, 2/E. New York: Wiley, 1987
19. A. Goldberg and D. Robson. Smalltalk－80: The language and its Implementation. Reading, Mass: Addison－Wesley, 1983
20. R. S. Wiener, et al. An Introduction to Obiect－Oriented Programming and C＋＋. Reading, MA: Addison－Wesley, 1988
21. N. Wirth. Modula－2. Third edition. New York, NY: Springer Verlag, 1982
22. 龚天富、李广星. 高级程序设计语言概论. 成都: 电子科技大学出版社, 1989
23. 郭浩志等. 程序设计语言概论. 长沙: 国防科技大学出版社, 1989
24. 徐家福. 系统程序设计语言. 北京: 科学出版社, 1983
25. 陈崇听. 形式语言与自动机. 北京: 北京邮电学院出版社
26. 陈火旺等. 程序设计语言编译原理. 北京: 国防工业出版社, 1984

27　陈意云等.编译原理和技术.合肥:中国科技大学出版社,1989

28　杜淑敏等.编译程序设计原理.北京:北京大学出版社,1990

29　周巢尘.形式语义学引论.长沙:湖南科学技术出版社,1985

30　徐家福等.对象式程序设计语言,南京:南京大学出版社,1992

31　江明德.面向对象程序设计.北京:电子工业出版社,1994

32　David A. Watt. Programming Language Processors:Compilers and Interpreters. Prentice Hall,1993

33　David A. Watt. Programming Language Concepts and Paradigms. Prentice Hall,1990

34　David A. Watt. Programming Language Syntax and Samantics. Prentice Hall,1991

35　Terrence W. Pratt,Marvin V. Zelkowitz. Programming Languages:Design and Imple－mentation,Fourth Edition. Prentice Hall,2001

36　蒋新国等译.Java语言规范.北京:北京大学出版社,1997

37　陈火旺、钱家骅、孙永强.程序设计语言编译原理(第3版).北京:国防工业出版社,2004

38　Andrew W. Appel等.赵克佳 等译.现代编译原理.北京:人民邮电出版社,2006

39　Alfred V. Aho等.赵建华 等译.编译原理(第2版).北京:机械工业出版社,2008